国家科学技术学术著作出版基金资助出版

中国科学院中国孢子植物志编辑委员会　编辑

中 国 地 衣 志

第 五 卷
梅衣科 （II）

王立松　王欣宇　主编

中国科学院知识创新工程重大项目
国家自然科学基金重大项目
（国家自然科学基金委员会　中国科学院　科技部　资助）

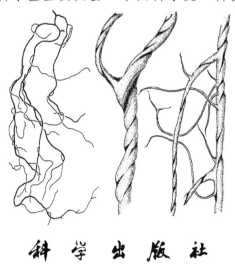

科 学 出 版 社

北 京

内 容 简 介

本卷共记载地衣 12 属 88 种及种下分类单位,包括树发类地衣 5 属 35 种 1 变型、绵腹衣属 10 种、扁枝衣属 3 种、金丝属 3 种、孔叶衣属 5 种及担子地衣 3 属 9 种,并讨论了早期文献记载但本项研究中未获得凭证标本及分类中存在问题的 22 种和种下分类单位。每个属、种均有详细形态描述、地衣特征化合物、基物、生境、地理分布及分类学讨论,附有分属和分种检索表,以及生境、形态和部分模式标本特征图。

本书可供地衣生物学、生物资源与环境生态等领域的科研人员及高校师生参考。

图书在版编目 (CIP) 数据

中国地衣志. 第五卷, 梅衣科. II / 王立松, 王欣宇主编. —北京:科学出版社,2023.9

ISBN 978-7-03-075913-9

Ⅰ. ①中… Ⅱ. ①王… ②王… Ⅲ. ①地衣志-中国 ②梅衣科-地衣志-中国 Ⅳ. ①Q949.34

中国国家版本馆 CIP 数据核字 (2023) 第 110520 号

责任编辑:刘新新 尚 册/责任校对:郑金红
责任印制:肖 兴/封面设计:刘新新

科 学 出 版 社 出版

北京东黄城根北街 16 号
邮政编码:100717
http://www.sciencep.com

北京虎彩文化传播有限公司 印刷

科学出版社发行 各地新华书店经销

*

2023 年 9 月第 一 版 开本:787×1092 1/16
2023 年 9 月第一次印刷 印张:15 插页:12
字数:356 000
定价:298.00 元

(如有印装质量问题,我社负责调换)

Supported by the National Fund for Academic Publication in Science and Technology

FLORA LICHENUM SINICORUM
CONSILIO FLORARUM CRYPTOGAMARUM SINICARUM
ACADEMIAE SINICAE EDITA

FLORA LICHENUM SINICORUM

VOL. 5

PARMELIACEAE (II)

REDACTORES PRINCIPALES

Wang Lisong   Wang Xinyu

**A Major Project of the Knowledge Innovation Program
of the Chinese Academy of Sciences**
A Major Project of the National Natural Science Foundation of China
(Supported by the National Natural Science Foundation of China,
the Chinese Academy of Sciences, and the Ministry of Science and Technology of China)

Science Press
Beijing

著 者 名 单

王立松：本卷编研指导、统稿、制图，树发类地衣编研
王欣宇：绵腹衣属和孔叶衣属编研，统稿及图版编辑
刘　栋：担子地衣编研
张雁云：砖孢发属编研
石海霞：扁枝衣属编研
杨美霞　李丽娟：金丝属编研

AUTHORS

Wang Lisong: Supervisor; Compilation of the whole text, editing of line drawings; taxonomic study and compilation of alectorioid lichens

Wang Xinyu: Taxonomic study and compilation of the genera *Anzia* and *Menegazzia*, editing of plates and whole text

Liu Dong: Taxonomic study and compilation of Basidiolichen

Zhang Yanyun: Taxonomic study and compilation of the genus *Oropogon*

Shi Haixia: Taxonomic study and compilation of the genus *Evernia*

Yang Meixia, Li Lijuan: Taxonomic study and compilation of the genus *Lethariella*

序

中国孢子植物志是非维管束孢子植物志，分《中国海藻志》、《中国淡水藻志》、《中国真菌志》、《中国地衣志》及《中国苔藓志》五部分。中国孢子植物志是在系统生物学原理与方法的指导下对中国孢子植物进行考察、收集和分类的研究成果；是生物物种多样性研究的主要内容；是物种保护的重要依据，对人类活动与环境甚至全球变化都有不可分割的联系。

中国孢子植物志是我国孢子植物物种数量、形态特征、生理生化性状、地理分布及其与人类关系等方面的综合信息库；是我国生物资源开发利用、科学研究与教学的重要参考文献。

我国气候条件复杂，山河纵横，湖泊星布，海域辽阔，陆生和水生孢子植物资源极其丰富。中国孢子植物分类工作的发展和中国孢子植物志的陆续出版，必将为我国开发利用孢子植物资源和促进学科发展发挥积极作用。

随着科学技术的进步，我国孢子植物分类工作在广度和深度方面将有更大的发展，对于这部著作也将不断补充、修订和提高。

中国科学院中国孢子植物志编辑委员会

1984 年 10 月·北京

中国孢子植物志总序

  中国孢子植物志是由《中国海藻志》《中国淡水藻志》《中国真菌志》《中国地衣志》及《中国苔藓志》所组成。至于维管束孢子植物蕨类未被包括在中国孢子植物志之内，是因为它早先已被纳入《中国植物志》计划之内。为了将上述未被纳入《中国植物志》计划之内的藻类、真菌、地衣及苔藓植物纳入中国生物志计划之内，出席1972年中国科学院计划工作会议的孢子植物学工作者提出筹建"中国孢子植物志编辑委员会"的倡议。该倡议经中国科学院领导批准后，"中国孢子植物志编辑委员会"的筹建工作随之启动，并于1973年在广州召开的《中国植物志》《中国动物志》和中国孢子植物志工作会议上正式成立。自那时起，中国孢子植物志一直在"中国孢子植物志编辑委员会"统一主持下编辑出版。

  孢子植物在系统演化上虽然并非单一的自然类群，但是，这并不妨碍在全国统一组织和协调下进行孢子植物志的编写和出版。

  随着科学技术的飞速发展，人们关于真菌的知识日益深入的今天，黏菌与卵菌已被从真菌界中分出，分别归隶于原生动物界和管毛生物界。但是，长期以来，由于它们一直被当作真菌由国内外真菌学家进行研究；而且，在"中国孢子植物志编辑委员会"成立时已将黏菌与卵菌纳入中国孢子植物志之一的《中国真菌志》计划之内并陆续出版，因此，沿用包括黏菌与卵菌在内的《中国真菌志》广义名称是必要的。

  自"中国孢子植物志编辑委员会"于1973年成立以后，作为"三志"的组成部分，中国孢子植物志的编研工作由中国科学院资助；自1982年起，国家自然科学基金委员会参与部分资助；自1993年以来，作为国家自然科学基金委员会重大项目，在国家基金委资助下，中国科学院及科技部参与部分资助，中国孢子植物志的编辑出版工作不断取得重要进展。

  中国孢子植物志是记述我国孢子植物物种的形态、解剖、生态、地理分布及其与人类关系等方面的大型系列著作，是我国孢子植物物种多样性的重要研究成果，是我国孢子植物资源的综合信息库，是我国生物资源开发利用、科学研究与教学的重要参考文献。

  我国气候条件复杂，山河纵横，湖泊星布，海域辽阔，陆生与水生孢子植物物种多样性极其丰富。中国孢子植物志的陆续出版，必将为我国孢子植物资源的开发利用，为我国孢子植物科学的发展发挥积极作用。

中国科学院中国孢子植物志编辑委员会

主编 曾呈奎

2000年3月 北京

Foreword of the Cryptogamic Flora of China

Cryptogamic Flora of China is composed of *Flora Algarum Marinarum Sinicarum*, *Flora Algarum Sinicarum Aquae Dulcis*, *Flora Fungorum Sinicorum*, *Flora Lichenum Sinicorum*, and *Flora Bryophytorum Sinicorum*, edited and published under the direction of the Editorial Committee of the Cryptogamic Flora of China, Chinese Academy of Sciences(CAS). It also serves as a comprehensive information bank of Chinese cryptogamic resources.

Cryptogams are not a single natural group from a phylogenetic point of view which, however, does not present an obstacle to the editing and publication of the Cryptogamic Flora of China by a coordinated, nationwide organization. The Cryptogamic Flora of China is restricted to non-vascular cryptogams including the bryophytes, algae, fungi, and lichens. The ferns, a group of vascular cryptogams, were earlier included in the plan of *Flora of China*, and are not taken into consideration here. In order to bring the above groups into the plan of Fauna and Flora of China, some leading scientists on cryptogams, who were attending a working meeting of CAS in Beijing in July 1972, proposed to establish the Editorial Committee of the Cryptogamic Flora of China. The proposal was approved later by the CAS. The committee was formally established in the working conference of Fauna and Flora of China, including cryptogams, held by CAS in Guangzhou in March 1973.

Although myxomycetes and oomycetes do not belong to the Kingdom of Fungi in modern treatments, they have long been studied by mycologists. *Flora Fungorum Sinicorum* volumes including myxomycetes and oomycetes have been published, retaining for *Flora Fungorum Sinicorum* the traditional meaning of the term fungi.

Since the establishment of the editorial committee in 1973, compilation of Cryptogamic Flora of China and related studies have been supported financially by the CAS. The National Natural Science Foundation of China has taken an important part of the financial support since 1982. Under the direction of the committee, progress has been made in compilation and study of Cryptogamic Flora of China by organizing and coordinating the main research institutions and universities all over the country. Since 1993, study and compilation of the Chinese fauna, flora, and cryptogamic flora have become one of the key state projects of the National Natural Science Foundation with the combined support of the CAS and the National Science and Technology Ministry.

Cryptogamic Flora of China derives its results from the investigations, collections, and classification of Chinese cryptogams by using theories and methods of systematic and evolutionary biology as its guide. It is the summary of study on species diversity of cryptogams and provides important data for species protection. It is closely connected with human activities, environmental changes and even global changes. Cryptogamic Flora of

China is a comprehensive information bank concerning morphology, anatomy, physiology, biochemistry, ecology, and phytogeographical distribution. It includes a series of special monographs for using the biological resources in China, for scientific research, and for teaching.

China has complicated weather conditions, with a crisscross network of mountains and rivers, lakes of all sizes, and an extensive sea area. China is rich in terrestrial and aquatic cryptogamic resources. The development of taxonomic studies of cryptogams and the publication of Cryptogamic Flora of China in concert will play an active role in exploration and utilization of the cryptogamic resources of China and in promoting the development of cryptogamic studies in China.

C. K. Tseng

Editor-in-Chief

The Editorial Committee of the Cryptogamic Flora of China

Chinese Academy of Sciences

March, 2000 in Beijing

《中国地衣志》序

  基于物种多样性研究的《中国地衣志》编研是中国地衣研究史中的重大事件，也是中国地衣资源研究与开发的基础。

  生物多样性是指生存于地球生物圈多样性生态系统中的，含有多样性基因的物种多样性。《中国地衣志》是中国地衣物种综合信息库，是演化系统生物学中物种信息 (分类学论著)、物种原型 (馆藏标本) 和物种培养物 (菌种库) 三大信息与资源存取系统之一，是中国孢子植物志中的《中国海藻志》、《中国淡水藻志》、《中国真菌志》、《中国地衣志》和《中国苔藓志》五志的组成部分。

  虽然真菌和地衣属于真菌界，而非植物界，但是，由于上述五类生物一直未被纳入任何生物志的编研计划，因此，为了启动上述五类生物志的编研工作，根据它们都产生孢子的共性，组建了中国科学院孢子植物志编辑委员会，以主持上述五类生物志的编研工作。

  中国孢子植物五志是在国家自然科学基金委员会、科技部和中国科学院的经费资助下，由"中国科学院中国孢子植物志编辑委员会"主持下进行的编研工作。所谓编研是指对中国孢子植物物种多样性进行研究的基础上进行中国孢子植物五志的编写。

  中国地衣研究经历了四个历史时期，即本草时期、传统分类学时期、综合分类学时期及演化系统生物学时期。

  第一，本草时期相当于林奈前时期，从公元前 500 年至 18 世纪中叶。中国古代文献《诗经》就有关于"女萝" (松萝) 的记载。在唐代，即公元 618～907 年，甄泉在《药性本草》中便有"松萝"、"石蕊"的记载。著名的中国本草植物学巨匠李时珍 190 万字的巨著《本草纲目》于 1578 年开始分 50 卷问世。全卷含本草及其他药物计 1892 种，其中 374 种由该巨著作者所发现。有关地衣的记载为四种，即"石蕊" (21 卷 19 页)、"地衣草" (21 卷 20 页)、"石耳" (28 卷 31 页) 及"松萝" (37 卷 12 页)。

  根据李时珍的描述，"蒙顶茶"可能是"石蕊"的别名。"地衣草"的别名"仰天皮"可能是指地衣中的"地卷"或"肺衣"，也可能是苔类的"地钱"。而本草中的"石耳"可能是民间当作山珍的"庐山石耳"或称为美味石耳。至于《本草纲目》中的"垣衣"和"屋游"则更可能是指藓类植物 (21 卷 20 页)。

  在清代，由赵学敏所著的《本草纲目拾遗》于 1765 年问世。该书作者关于"雪茶" (6 卷 251 页) 的描述是我国古代文献中有关地衣描述的最佳典范："出滇南，色白，久则微黄……雪茶出云南永善县，其地山高积雪，入夏不消，雪中生此，本非茶类，乃天生一种草芽，土人采得炒焙，以其似茶，故名。其色白，故曰雪茶。"而"色白，久则微黄"一语，确切地显示出作者所指者实为地茶 [*Thamnolia vermicularis* (Sw.) Ach. ex Schaer.]，而非雪茶 [*Th. subuliformis* (Ehrh.) Culb.]。在我国古代文献中关于其他地衣的描述虽不如关于"雪茶"那样精辟，难以辨其为何种，但可识其大类。总之，我们祖先早在古代就已将地衣作为草药而对人民健康作出过贡献。

第二，传统分类学时期，相当于林奈后时期，从18世纪中叶至20世纪下叶。在这一时期的前半段，关于中国地衣的采集和研究，主要是由外国人进行的，如欧洲的瑞典、意大利、奥地利、英国、法国、德国、俄国、芬兰，以及亚洲的日本和美洲的美国植物学家。第一个来中国进行地衣采集的外国人为瑞典的奥斯别克 (P. Osbeck)。

林奈在他的第一版《植物种志》(1753) 中共描述了"37"种植物是1752年由奥斯别克提供的中国标本；但是，其中没有地衣。后来，奥斯别克将采自中国的一种地衣不合格地发表为 "Lichen chinensis" (P. Osbeck, 1757:221, see Hawksworth, 2004)。该不合格发表的名称实际上代表的正是现在广为人知的大叶梅[Parmotrema tinctorum (Dilese ex Nyl.) Hale]。

此后经过了约80年，自19世纪30年代 (1830年) 至20世纪50年代 (1950年) 有30多位欧洲人和日本人采集过中国地衣标本。

在19世纪，意大利的吉拉底 (G. Giraldi，1891～1898) 在陕西秦岭进行过植物标本采集 (崔，李，1964；戴，1979)，其中19种地衣由巴罗尼 (E. Baroni, 1894) 研究发表；199种地衣包括11个新种由亚塔 (Jatta, 1902) 研究发表。法国人戴拉维 (Abbe Delavay) 于1882～1892年采自滇西北的地衣标本由 Hue 于1885年定名为51种，包括新种8个，于1887年以"云南地衣"为题发表。同一作者于1889年以同一题名又发表了戴拉维于1886～1887年所采的88种地衣，含5个新种。戴拉维于1888～1892年所采集的其余中国地衣标本是 Hue 分别于1898年、1899年、1900年及1901年以"欧洲以外的地衣"为题所发表的。这些地衣标本被保存于巴黎自然历史博物馆孢子植物实验室 (PC)，部分副份保存于芬兰土尔库大学标本馆(TUR)。

20世纪初叶，奥地利维也纳大学的植物学家罕德尔-马泽梯 (Handel-Mazzetti) 作为奥地利科学院来华考察队成员从云南、四川和其他省区采集了约850份地衣标本。这些标本由扎尔布鲁克奈尔 (Zahlburckner) 定名为430种，包括4个新属和219个新种，于1930年在罕德尔-马泽梯主编的《中国植物志要》第三卷以"地衣"为题发表。文中所引用的标本除了主要由罕德尔-马泽梯所采集以外，还有钟心煊 (1929) 采自福建的129份地衣标本；由洛克 (Rock) 采自云南，史密斯 (Smith) 采自四川、云南的部分标本；以及部分引自当时文献的种类，计有717种，分隶于117属。此外，由福勒 (Faurie, 1909) 及其他人采自我国台湾省的地衣标本由扎尔布鲁克奈尔定名为268种，内含112个新的分类群，于1933年发表。以瑞典海登 (Hedin) 为首的"中亚科学考察队"于1927～1935年在中国西北地区进行了考察。其中的地衣标本主要是由包林 (Bohlin) 于1930～1932年在青海和甘肃，以及休梅 (Hummel) 于1928～1930年在新疆及甘肃所采集。此外，由诺莱 (Norin) 所采集的生有地衣的部分地质岩石标本也作为地衣标本保存在瑞典斯德哥尔摩自然历史博物馆。所有这些地衣标本均由马格努松 (Magnusson) 定名后作为考察队出版物植物学组成部分以"中亚的地衣"分两册 (第13号1940和第22号1944) 予以发表。这两部出版物共记载地衣245种，其中新种142个。

中国植物学家采集并研究中国地衣主要是从20世纪20年代末至30年代初开始的。钱崇澍于1932年发表了《南京钟山岩石植被》一文，内含15个地衣分类群。这些地衣标本是由美国地衣学家普利特 (Plitt) 所定名的。这是中国植物学家所发表的第一篇关于中国地衣研究的论文。三年后,朱彦承 (1935) 以他自己定名的标本为基础发表了《中国地衣初步研究》一文。文中报道了 39 种, 13 变种。时隔 23 年之后,陆定安 (1958, 1959) 发表了《中国地衣札记 1, 地卷属》。此后,便有更多的中国地衣学家开始研究中国地衣,并陆续发表大量研究的论文,从而开始了中国人研究中国地衣的新时期。

第三,综合分类学时期是以形态学—生物地理学—化学相结合的中国地衣分类研究为特点。在传统分类学时期虽然也使用显色反应进行地衣化学测定,但是,比较精确的显微重结晶检验法 (MCT) 和灵敏度较高的薄层色谱法 (TCL) 在中国地衣分类研究中的使用及推广则开始于 20 世纪 80 年代初。《西藏地衣》的出版 (魏江春和姜玉梅,1986) 是这一时期开始的标志。

第四,演化系统生物学时期是在表型与基因型相结合中探讨地衣型真菌在生物演化系统中的地位。20 世纪 80 年代末和 90 年代初,分子生物学"聚合酶链反应"(PCR) 技术的发明为这一时期的兴起创造了条件。表型组、基因组与环境组相结合的综合分析必将是演化系统生物学的发展方向。

"中国科学院中国孢子植物志编辑委员会" 于 1973 年成立以后,《中国地衣志》的编前研究便陆续启动。为了配合《中国地衣志》的编前研究和在研究基础上的编写,我们于 1973 年着手《中国地衣综览》的编著工作,并于 1991 年正式出版,目前正在进行第二版的修订工作。

如果说 20 世纪 30 年代是中国人研究中国地衣的开端,那么,《中国地衣志》的编前研究和在研究基础上的编写就是中国地衣学研究中的里程碑。而 21 世纪将是以年轻的地衣学家为主力的中国地衣学发展时期。

中国科学院中国孢子植物志编辑委员会

主编 魏江春

2010 年 12 月 26 日

2013 年 10 月 9 日修订

北京

Foreword of Flora Lichenum Sinicorum

The compilation of the *Flora Lichenum Sinicorum* based on the research into the lichen species diversity is an important event in the history of the lichen study in China, and also the basis of the R & D of their resources.

The biodiversity refers to the species diversity containing genetic diversity in the ecosystem diversity of the biosphere in the nature. The *Flora Lichenum Sinicorum* is a comprehensive information bank of the lichen species from China, one of the three information and resource storage and retrieval systems, such as species information (publications of taxonomy), species prototype (collections in herbaria), and species culture collection, and one of the "*Cryptogamic Flora of China*", which contains five parts: *Flora Algarum Marinarum Sinicarum*, *Flora Algarum Sinicarum Aquae Dulcis*, *Flora Fungorum Sinicorum*, *Flora Lichenum Sinicorum*, and *Flora Bryophytorum Sinicorum*.

Although the fungi and lichens belong to the kingdom Fungi, not to Plantae, and the compilation of flora for the above-mentioned five organisms had not been carried out due to be not included in the programme of the compilation of fauna and flora in China. In order to launch the compilation of the flora of above-mentioned five organisms based on producing spores in common as the cryptogamic flora in China, "The Editorial Committee of the Cryptogamic Flora of China, Chinese Academy of Sciences" (ECCFC,CAS) was organized in 1973 for managing the compilation of above-mentioned five floras.

The compilation of the "*Cryptogamic Flora of China*" based on the research into their species diversity has been being financially supported by the National Natural Science Foundation of China, the National Science and Technlolgy Ministry, and the Chinese Academy of Sciences, and managed by the ECCFC, CAS.

The lichen study in China can be divided into the following four periods: the period of herbs, the period of traditional taxonomy, the period of comprehensive taxonomy, and the period of evolutionary systematic biology.

The first period of herbs corresponds to the pre Linnean period from more than 500 years BC to the mid-18th century. The lichen "nüluo" (i.e. *Usnea* spp.) was reported in the Chinese ancient literature "shijing" (A book of songs). In the Tang Dynasty from 618 to 907 AD, Zhen Quan reported the lichen "Song Luo" (*Usnea* spp.) and "Shirui" (*Cladonia* spp.) in his book "Yao xing ben cao" (Materia Medica). A monumental work on Chinese medicinal herbs "Bencao gangmu" (Compendium of Materia Medica) in 50 volumes were published by the famous Chinese medico-botanist Li Shi-Zhen in 1578. The work contains 1892 kinds of medicinal herbs and other kinds of Materia Medica. Among them 374 kinds were discovered by the author himself. Four kinds of lichens were recorded in volume 21 of the

"Compendium", i.e. "Shi Rui" (*Cladonia* spp., p.19), "Di Yi Cao" (p.20), "Shi Er" (*Umbilicaria* spp., p.31) in volume 28, and "Song Luo" (*Usnea* spp.,p.12) in volume 37.

According to the descriptions made by Li Shi-Zhen, "Meng Ding Cha" may be a synonym of the "Shi Rui" (*Cladonia* spp.). The "Yang Tian Pi", a synonym of "Di Yi Cao", maybe refers to the lichens *Peltigera* spp. or *Lobaria* spp., or even the liverwords *Marchantia* spp. The "Shi Er", can be considered as *Umbilicaria* spp. As to the "Yuan-yi" and "Wuyou", it maybe refers to some mosses rather than lichens (vol.21, p.20).

In the Qing Dynasty, a book "Ben Cao Gang Mu Shi Yi" (Supplement to Compendium of Materia Medica) was published by Zhao Xue-min in 1765. The description of the lichen "Xue Cha" (snow tea) given by Zhao Xue-min in his book (vol.6, p.251) is "Xue Cha is growing on the snowy ground of Li Jiang in Yunnan province. It is of white color, sweet taste. In the course of time after collection the Xue Cha is able to become yellowish color." According to this description it is easy to recognize the lichen in question as *Thamnolia vermicularis* (Sw.) Ach. ex Schaer. rather than *Thamnolia subuliformis* (Ehrh.) Culb.

In the pre-Linnean period the authors of ancient Chinese literature furnished many valuable records of Chinese lichens which were used for the clinical applications in the Chinese traditional medicine.

The second period of traditional taxonomy corresponds to the post-Linnean era from the mid-18th century to the later 20th century. In the first half of this period, Chinese lichens were collected and studied mainly by the foreign botanists, such as Europeans, including Swedish, Italian, Austrian, British, French, German, Russian, Finnish and also Japanese and Americans. The first foreign collector of the Chinese lichens was Swedish botanist P. Osbeck, who reported an invalid name *Lichen chinensis* Osbeck (Bretschneiser, 1898)= *Parmotrema tinctorum* (Dilese ex Nyl.) Hale.

In the early 1930s, Chinese botanists began study on Chinese lichens. "Vegetation of the rocky ridge of Chung shan, Nanking" published by Chien Sung-shu in 1932. This paper was the first publication concerning 15 taxa of Chinese lichens. The lichen collections cited in Chien's paper were identified by the lichenologist C. C. Plitt from the United States. Three years later, "Note preliminaire sur les lichens de Chine" containing 39 species with 13 varieties was published by Tchou Yen-tch'eng (1935). The lichen specimens cited in Tchou's paper were identified by the author himself. About 23 years later, Lu Ding-an (1958) published his first paper under the heading of "Notes on Chinese lichens, 1. Peltigera". From that time, more and more Chinese lichenologists start to study the Chinese lichens and have published a series of papers.

The third period of comprehensive taxonomy began with the use of chemotaxonomy in addition to morphological and biogeographical methods for lichen taxonomy in the 1970s. In the late 1970s microcrystal tests (MCT) were performed under the methods described by Asahina (1936~1940). Thin-layer chromatograpy (TLC) was used for the Chinese lichens in the early 1980s. The "Lichens of Xizang" (Wei and Jiang, 1986) marked the beginning of this period.

The fourth period of evolutionary systematic biology is characterized by an ability to grope for evolutionary systematic positions of lichen-forming fungi in combination of phenotype with genotype. In the beginning of the eighties and nineties of the 20th century, the invention of the molecular biotechnique "polymerase chain reaction" (PCR) provided the possibility for the rising of this period. The comprehensive analysis in combination of the phenome with genome and envirome must be the research direction of evolutionary systematic biology for the future.

We started on the research before compilation of the *Flora Lichenum Sinicorum* after "The Editorial Committee of the Cryptogamic Flora of China, Chinese Academy of Sciences" was established in 1973. In order to provide the references for the compilation of the *Flora Lichenum Sinicorum* I started to work on *An Enumeration of Lichens in China*, which was published in 1991, and now it is being revised for the second edition.

The thirties of the 20th century were the beginning of the lichen research from China made by the Chinese botanists, and the start of the *Flora Lichenum Sinicorum* is the milestone in the lichenological progress in China. The lichenology in China during the 21th century is carried out by the young Chinese lichenologists.

J.C. Wei

Editor-in-Chief

The Editorial Committee of the Cryptogamic Flora of China

Chinese Academy of Sciences

December 26,2010

October 9, 2013.revised

Beijing

前　言

瑞典博物学家林奈 (Linnaeus) 在 1753 年的《植物种志》中，以 *Lichen* 为属名命名了 80 个藻菌共生的生物物种；随着人类对自然界的不断认识，"*Lichen*" 这个属名目前已成为生物界中一类藻菌共生生物的总称，即 Lichens，中文称为"地衣"。

"地衣"一词并非从 "Lichen" 直译而来。早在先秦时期，《神农本草经》就有对地衣的解释："在屋曰屋游，瓦苔在石上谓之乌韭，在地上谓之地衣，在井中谓之井中苔"，这里的"地衣"从生境角度，囊括了地上生长的诸多生物类群，远大于现代生物学中的地衣概念；而有共生学意义的"地衣"一词，最早见于清代韦廉臣 (英国) 辑译、李善兰笔述的《植物学》(1858) 卷六："地衣石蕊类，以聚胞体为之，通体能吸食以养身，此类皮内有物，绿色，其子无胚，生于地，如木耳"，尽管描述中的"石蕊类"与现代地衣分类学中的石蕊物种不符，但无疑是从微观形态学首次解释了"地衣"的生物学概念。

地衣是共生藻 (或蓝细菌) 与共生菌 (子囊菌或担子菌) 复合互惠共生形成的菌藻群落，物种名称是以地衣中的共生菌命名，分类系统位于共生群落中的地衣型真菌分类地位；地衣是生物多样性中的重要组成部分和一类生物资源，全球已知地衣约 2 万种，其中中国约 3000 种。

本卷编者以精卫填海的执着，历经 40 年标本采集和文献积累，在经典分类学研究的基础上，将现代分子技术应用于本卷的研究内容中。编者不仅研究了国内各标本馆馆藏的相关类群标本，还借阅和研究了国外馆藏的相关模式标本，切实反映了本卷研究材料的全面性；全组人员通力合作，并与国内外同行共同讨论，通过模式互借、标本交换、数据共享，解决了部分疑难种的分类界定问题，发表与本卷研究内容相关的成果论文 20 余篇，出版专著 2 部，其中包括发表新种 15 个、中国新记录属 2 个、中国新记录种 2 个，合并 7 种及种下分类单位，提升种 1 个，修订了担子地衣中的属 1 个，客观反映了本卷研究内容的最新研究进展。

本卷研究了梅衣科地衣共 9 个属，即树发属、小孢发属、砖孢发属、拟毡衣属、槽枝属、绵腹衣属、扁枝衣属、金丝属和孔叶衣属；同时将担子地衣纳入本卷研究内容，含 3 属，即云片衣属、地衣小荷叶属和丽烛衣属。担子地衣虽不属于梅衣科地衣，但因中国仅有 9 种分布，不足以单独作为一卷出版，故放于此卷中。由于本卷的研究内容前期基础薄弱，编研时间紧迫及编者水平有限，不足之处在所难免，欢迎批评指正。

王立松

2021 年 2 月 19 日

致 谢

感谢美国康涅狄格大学的伯纳德·戈菲内特 (Bernard Goffinet) 博士、芬兰赫尔辛基大学的利纳·迈尔利斯 (Leena Myllys) 博士和马尔科·海瓦里宁 (Marko Hyvärinen) 博士、美国俄勒冈州立大学的布鲁斯·麦库恩 (Bruce McCune) 博士、日本千叶县立中央博物馆的原田浩 (Hiroshi Harada) 博士、韩国国立顺天大学的许宰铣 (Jae-seoun Hur) 博士，以及林仲刚先生 (台湾台中自然科学博物馆) 在本卷编研过程中给予的帮助和支持；地衣特征化合物鉴定离不开宁夏大学牛东玲博士，以及中国科学院昆明植物研究所张颖君博士、王东博士等的项目组和实验室给予的大力支持；国内部分标本借阅得到了邓红、陈锡龄、阿不都拉·阿巴斯、吾尔妮莎·沙依丁、赵遵田、王海英、刘恩德等各位老师的鼎力相助。

感谢英国伦敦自然历史博物馆 (BM)、英国爱丁堡皇家植物园标本馆 (E)、芬兰赫尔辛基大学标本馆 (H)、德国慕尼黑巴伐利亚国立自然科学馆标本馆 (M)、美国俄勒冈州立大学标本馆 (OSUF)、日本东京自然博物馆 (TNS) 和瑞典乌普萨拉大学标本馆 (UPS) 借阅模式标本，交换和馈赠相关物种标本，以及中国科学院昆明植物研究所标本馆 (KUN)、中国科学院沈阳应用生态研究所 (IFP)、中国科学院微生物研究所地衣标本室 (HMAS-L)、新疆大学标本馆 (XJU)、山东师范大学标本馆 (SDNU) 与台湾台中自然科学博物馆 (TMN) 惠借和馈赠的部分相关研究类群标本。

在本书的成稿和完成过程中，得到"中国孢子植物志的编研"项目 (KSCX2-EW-Z-9，31750001)、第二次青藏高原综合科学考察研究项目 (2019QZKK0503)、中国科学院青年创新促进会 (2020388)、国家自然科学基金面上项目 (Nos. 31970022，31170023，31370069，31400022，31670028)，以及中国科学院东亚植物多样性与生物地理学重点实验室的支持，并获得了国家科学技术学术著作出版基金的资助，特此感谢！

编 写 说 明

本卷含总论、专论、参考文献、中名索引及学名索引等。结合 Hale (1983)、Tehler 和 Wedin (2008) 与 Lücking 等 (2017) 的分类系统，分别给出属、种的中英文检索表，以及每个种的野外生境和形态特征图，此外，对于研究了模式标本的物种还给出了模式标本图。

属和种的拉丁学名后均列出命名人、记载文献、发表年份、卷期和页码，属的拉丁学名后还列出模式种名称。每个种给出了中文名、拉丁名、命名人、基原异名、主要异名、定名人、记载文献、发表年份、卷期、页码和模式标本馆藏地。每个种的拉丁学名后引证了研究中获得的分子数据 (ITS 序列的 GenBank 号) 以及新种注册的 MycoBank 号。

中名索引和学名索引按字母顺序排序；编者是根据研究的标本进行物种形态特征描述，按形态特征、地衣特征化合物、生境、研究标本引证、世界分布、讨论和用途顺序阐述。

中国分布信息按引证标本的采集地点和文献记载统计，采用三级地名制，按顺序给出了：省、县、乡，山脉 (林场)，GPS 坐标，之后按海拔、基物、采集日期、采集人及采集编号排列；世界分布是根据国内外正式发表的相关研究论文引证。

本卷共研究标本 5578 号，其中包括 15 种的模式标本 29 号；分子材料 1200 余份，获得内源转录间隔区 (ITS) 等序列 720 条；标本及分子材料馆藏于中国科学院昆明植物研究所标本馆 (KUN-L)，DNA 分子数据均上传至 GenBank；研究的其他国内外馆藏的标本，在正文 "研究标本引证" 中有特别注明，例如：Wang Lisong 04-23181(KUN-L 19023 – holotype; CBM – isotype)，Wang Lisong 为采集人，04-23181 是采集号，"KUN-L 19023 – holotype; CBM – isotype" 表示该标本主模式馆藏于中国科学院昆明植物研究所标本馆，副模式馆藏于日本千叶县立中央博物馆。

研究标本中无特别标注的引证标本均馆藏于中国科学院昆明植物研究所标本馆 (KUN-L)，借阅标本分别来自中国科学院沈阳应用生态研究所标本馆 (IFP)、中国科学院微生物研究所菌物标本馆 (HMAS)、新疆大学标本馆 (XJU)，馈赠标本来自山东师范大学标本馆 (SDNU) 和台湾台中自然科学博物馆 (TMN)，均在正文的 "研究标本引证" 中有标注，如 "王立松 09-31079 (KUN-L)"，其中已研究的模式标本用 "！" 进行标注，如 "UPS, holotype！"。

目　录

总 论

一、研 究 简 史

(一) 梅衣科：树发类地衣

早期的树发类地衣 (alectorioid lichens) 泛指地衣体似毛发状，表面淡褐色、暗褐色至黄绿色，附生于树干、树枝或岩石表面的枝状地衣，是广义的形态学概念，其系统学的问题一直讨论至今。

树发类地衣研究是围绕树发科 Alectoriaceae 地衣的分类地位，以及科下各属间系统关系问题进行的系列讨论研究。最早 Hue (1899) 提出了树发科的概念，其下含 4 个属，即树发属 *Alectoria* Ach.、雪花衣属 *Anaptychia* Körber、小角衣属 *Cornicularia* (Schreb.) Hoffm.和黄枝衣属 *Teloschistes* Th. Fr.；之后，Tomaselli (1949) 根据子囊和子囊孢子、侧丝及孢子壁等特征重新修订了树发科，科下仅保留了树发属和雪花衣属；1983 年，Hale 再次提出了树发科的分类概念为 "地衣体枝状，髓层中空至疏松菌丝，无软骨质中轴，子囊盘茶渍型，果壳发育良好，子囊内含 2 至 8 个孢子，孢子单胞至砖壁式多胞"，含 6 个属，即树发属、小孢发属 *Bryoria* Brodo & D. Hawksw.、角衣属 *Coelocaulon* Link、小角衣属、拟毡衣属 *Pseudephebe* M. Choisy 和槽枝属 *Sulcaria* Bystr.；虽然 Eriksson 和 Hawksworth (1985) 也支持树发科的分类地位，但并未对该科给出明确的分类界定；1992 年，Karnefelt 和 Thell 对树发类中的 8 个属与梅衣类 (parmelioid lichen) 中的梅衣属 *Parmelia* Ach.、孔叶衣属 *Menegazzia* A. Massal.等进行了经典分类学研究，将小孢发属、角衣属、小角衣属和拟毡衣属归并到了梅衣科 Parmeliaceae 中，并将树发属作为树发科的模式属，在保留槽枝属的同时，将砖孢发属 *Oropogon* Th. Fr.也放到了树发科中。

但不支持树发科分类地位的观点也不在少数，Zahlbruckner (1926)、Rasanen (1943) 及 Poelt (1974) 认为树发属的形态与松萝科 Usneaceae 较接近，并将其放到了松萝科中；但 Henssen 和 Jahns (1973) 更注重子囊果的特征，并根据子囊果形态将树发属等与之相近的灌木枝状地衣都放到了梅衣科中。

从上述主要讨论中不难看出，树发科的分类地位及相关属的系统关系问题一直存在着不同观点。随着现代地衣分类学的发展，Mattsson (1999) 和 Thell 等 (2012) 分别对树发科与梅衣科进行了分子系统学研究，将树发科中的全部属都归并到了梅衣科中，但在分子系统树中，树发属、小孢发属、黑树发属 *Gowardia* Halonen, Myllys, Velmala & Hyvärinen、拟毡衣属和槽枝属分别在梅衣科内形成了独立的树发类分支 (alectorioid clade)，全球约 66 种，但砖孢发属并未出现在树发类分支中，其系统学位置与 *Parmotremopsis* 和 *Omphalora* 更近。本卷结合 Brodo 和 Hawksworth (1977) 对树发类地衣的经典分类学划分，将砖孢发属作为相关类群纳入本卷的研究中。

在亚洲，印度与尼泊尔报道了树发属 1 种、小孢发属 14 种、砖孢发属 1 种和槽枝属 2 种 (Awasthi and Awasthi, 1985; Singh and Sinha, 2010); 日本报道了树发属 3 种、小孢发属 9 种、砖孢发属 3 种、槽枝属 1 种和拟毡衣属 1 种 (Harada et al., 2004)。

早期中国的树发类地衣由国外地衣学家研究, Hue (1887, 1889) 根据 Delavay 于 1885~1888 年在云南采集的标本, 报道了 *Alectoria acanthodes* Hue [=*Bryoria divergescens* (Nyl.) Brodo & D. Hawksw.]、*A. loxensis* (Fée) Nyl. (= *Oropogon loxensis* Th. Fr.) 及 *A. sulcata* (Lév.) Nyl. [= *Sulcaria sulcata* (Lév.) Bystr. ex Brodo & D. Hawksw.]; 之后 Zahlbruckner (1930b) 根据 Handel-Mazzetti 于 1914~1916 年在我国西南地区采集的标本报道了 6 种: *A. asiatica* Du Rietz [= *Bryoria asiatica* (Du Rietz) Brodo & D. Hawksw.]、*A. bicolor* (Ehrh.) Nyl. [= *B. bicolor* (Ehrh.) Brodo & D. Hawksw.]、*A. jubata* (L.) Ach.、*A. smithii* Du Rietz [= *B. smithii* (Du Rietz) Brodo & D. Hawksw.]、*A. sulcata* (Lév.) Nyl. [= *Sulcaria sulcata* (Lév.) Bystr. ex Brodo & D. Hawksw.]、*A. sulcata* f. *vulpinoides* Zahlbr. [= *S. sulcata* f. *vulpinoides* (Zahlbr.) D. Hawksw.] 和 *A. virens* Tayl. [= *S. virens* (Tayl.) Bystr. ex Brodo & D. Hawksw.]。直到 1973 年, 台湾地衣学家王贞容和赖明洲首次在 "A Checklist of the Lichens of Taiwan" 中记录了台湾树发属 6 种, 以及 1981 年陈锡龄等在《东北地衣名录》中记载了树发属 7 种, 但在上述名录中均未给出物种形态描述和标本引证; 之后, 魏江春和姜玉梅 (1986) 报道了西藏的 3 属 4 种和 1 变型, Chen 等 (1989) 报道了湖北神农架的 3 属 4 种, 以及云南小孢发属 17 种 (Wang and Chen, 1994; Wang et al., 2017)。

树发类地衣主要生长在高寒湿冷环境, 全球约 102 种 (含砖孢发属) (Thell et al., 2012; Esslinger, 1989)。其中, 小孢发属的物种组成最具多样性, 全球已知种超过了 50 个, Brodo 和 Hawksworth (1977) 在建立该属时, 除了对北美的 27 种进行了经典分类学研究, 还将其他国家和地区树发属的 24 种归并到了小孢发属中, 其中包括亚洲分布的 17 种及种下分类单位, 同时对全球的树发属 8 种、拟毡衣属 2 种和槽枝属 2 种分别进行专论。Esslinger(1989)和 Leavitt 等 (2013)对全球分布的砖孢发属 36 种进行了经典分类学专论, 其中含亚洲分布的 9 种; 1996 年陈健斌报道了中国砖孢发属 5 种。

(二) 梅衣科: 绵腹衣属、扁枝衣属、金丝属、孔叶衣属

1. 绵腹衣属研究简史

绵腹衣属 *Anzia* Stizenb.隶属于梅衣科 (Lumbsch and Huhndorf, 2010; Thell et al., 2012), 由 Stizenberger 于 1861 年首次发表, 模式种为霜绵腹衣 *Anzia colpodes* (Ach.) Stizenb., 该属的分类特征是地衣体下表面具绵腹组织 (即海绵状菌丝组织), 子囊内含大量孢子, 孢子较小, 月牙形, 全球约 38 种 (Yoshimura, 1987, 1995; Haugan, 1992; Yoshimura and Elix, 1993; Calvelo, 1996; Yoshimura et al., 1997; Jayalal et al., 2012; Wang et al., 2015)。

1889 年, Müller 曾将 *Parmelia angustata* Pers.等具绵腹组织的种都归并到绵腹衣属中, 并建立了 *Anzia* Sect. *Pannoparmelia* Müll. Arg.组, 但 Darbishire (1921) 发现该组子囊内含 8 个孢子、孢子椭圆形等特征不同于绵腹衣属, 并将这部分物种提升至属: *Pannoparmelia* (Müll. Arg.) Darb.。

Asahina (1935) 曾根据髓层结构将绵腹衣属分为了三个组：Sect. *Nervosae*(髓层具致密菌丝黏合而成的软骨质中轴)，Sect. *Simplices*(髓层具单层结构)和 Sect. *Duplices*(髓层具双层结构)。但 Yoshimura (1987) 研究发现 *A. japonica* (Tuck.) Müll. Arg.的髓层中同时具有单层和双层的特征，于是将两个不具软骨质中轴的组 *Simplices* 和 *Duplices* 合并为一个组，即 *Anzia* Sect. *Anziae*。

在中国，Nylander 基于 Delavay 于 1885 年在云南采集的标本发表了 *Parmelia leucobatoides* Nyl. [= *Anzia leucobatoides* (Nyl.) Zahlbr.](Hue，1887)；1930~1933 年，Zahlbruckner 在云南和台湾分别发现了白绵腹衣黑腹变型 *A. leucobatoides* f. *hypomelaena* Zahlbr. [*A. hypomelaena* (Zahlbr.) Xin Y. Wang & Li S. Wang]、小鸡冠绵腹衣 *A. cristulata* (Ach.) Stizenb.与半圆柱绵腹衣 *A. semiteres* (Mont. & Bosch) Stizenb.；1937~1939 年，Asahina 和 Sato 在中国东北和台湾分别报道了台湾绵腹衣 *A. formosana* Asahina、瘤绵腹衣 *A. ornata* (Zahlbr.) Asahina、日本绵腹衣 *A. japonica* (Tuck.) Müll. Arg.、仙人掌绵腹衣 *A. opuntiella* Müll. Arg.与淡绵腹衣 *A. hypoleucoides* Müll. Arg.。直到 20 世纪 80 年代初，中国地衣学家才先后在湖南、福建等地报道了 9 种 (Wei，1981；Wei and Jiang，1982；Wu et al.，1982)，随着棒根绵腹衣 *A. rhabdorhiza* Li S. Wang & M. M. Liang、假霜绵腹衣 *A. pseudocolpota* Xin Y. Wang & Li S. Wang 两个新种被发表，以及霜绵腹衣 *A. colpota* Vain.在中国的分布被发现 (Wu and Wang，1992；Wang，1995；Liang et al.，2012；Wang et al.，2015)，目前中国绵腹衣属已知 12 种。

2. 扁枝衣属研究简史

扁枝衣属 *Evernia* Ach.由 Acharius 于 1810 年建立，栎扁枝衣 *Evernia prunastri* (L.) Ach.是该属的模式种。由于该属的地衣体呈扁枝状，子囊盘具短柄，侧生，盘面平坦，暗红色，早期被放到松萝科 Usneaceae 中 (Hale，1983)；直到 2007 年，Crespo 等通过分子系统学研究将其归并到梅衣科 Parmeliaceae 中，全球约 10 种；其中亚洲共报道了 4 种 (Harada et al.，2004；Hur et al.，2005；Singh and Sinha，2010) (表 1)。

表 1 亚洲扁枝衣属物种分布

	中国	印度	日本和韩国
柔扁枝衣 *E. divaricata*	+	+	−
裸扁枝衣 *E. esorediosa*	+	+	+
扁枝衣 *E. mesomorpha*	+	+	+
栎扁枝衣 *E. prunastri*	−	+	+

注："+"表示有文献记载，"−"表示无文献记载

早期，国外的地衣学家报道了柔扁枝衣 *E. divaricata* (L.) Ach.、裸扁枝衣 *E. esorediosa* (Müll. Arg.) Du Rietz 和扁枝衣 *E. mesomorpha* Nyl.在中国陕西、新疆、甘肃、内蒙古及黑龙江等地的分布 (Baroni，1894；Sato，1952；Zahlbruckner，1930b，1934)；20 世纪 80 年代中国地衣学家报道了上述 3 种在西藏和内蒙古的分布 (Wei，1981；Wei and Jiang，1982)。

3. 金丝属研究简史

Motyka (1936，1938) 将金丝属作为广义松萝属 *Usnea s. lat.*中的 1 个亚属，即金丝亚属 *Lethariella* Motyka；1976 年，Korg 根据子囊盘盘面棕色，皮层含黑茶渍素 (atranorin)，以及皮层表面具纵向脊，将该亚属提升为金丝属 *Lethariella* (Motyka) Krog，并根据中轴形态和皮层所含地衣特征化合物等特征，将金丝属中的 6 个种划分为 3 个亚属，即：金丝亚属 *Lethariella*，含错枝金丝 *L. intricata* (Moris) Krog 1 种；橘色亚属 *Chlorea* (Motyka) Krog，含加那金丝 *L. canariensis* (Ach.) Krog、金丝刷 *L. cladonioides* (Nyl.) Krog、金丝绣球 *L. cashmeriana* Krog、金丝带 *L. zahlbruckneri* (Du Rietz) Krog 4 种；以及黄皮亚属 *Nipponica* Krog，含黄皮金丝 *L. togashii* (Asahina) Krog 1 种。

1982 年，魏江春等报道了西藏的 4 种，其中包括 1 个新组合：曲金丝 *L. flexuosa* (Nyl.) J. C. Wei，以及 1 新种：中华金丝 *L. sinensis* J.C. Wei & Y.M. Jiang。Obermayer (1997) 用经典分类学的研究方法，对采自欧洲和亚洲的金丝属进行了重新划分，明确了 10 种，其中含 1 个新组合：光滑金丝 *L. smithii* (Du Rietz) Obermayer，以及 1 个新种：密尔赫金丝 *L. mieheana* Obermayer；但之后发现中华金丝的主模式是密尔赫金丝和金丝带两个种的混杂标本，故将密尔赫金丝处理为中华金丝的异名 (Obermayer，2001)。Niu 等 (2011) 对该属的全部模式标本进行了形态比较，并使用高效液相色谱法 (HPLC) 对该属的地衣特征化合物进行了研究，认为光滑金丝是金丝带的异名，并将四川金丝 *L. sernanderi* (Motyka) Obermayer 和金丝绣球处理为金丝刷的异名 (Niu et al.，2007)。目前中国的金丝属共含 4 种，即金丝刷 *L. cladonioides*、曲金丝 *L. flexuosa*、中华金丝 *L. sinensis* 和金丝带 *L. zahlbruckneri*。

根据 Thell 等 (2012) 和 Crespo 等 (2007) 构建的梅衣类地衣分子系统树，金丝属在梅衣科中与 *Letharia* 形成了金丝类分支 (letharioid clade)。按该系统，目前金丝属隶属于茶渍目 Lecanorales 梅衣科 Parmeliaceae，全球 7 种，亚洲和欧洲有分布。

4. 孔叶衣属研究简史

孔叶衣属 *Menegazzia* A. Massal.发表于 1854 年，该属的形态特征为地衣体叶状，裂片狭叶型，髓层中空，上表面具穿孔，下表面无假根，子囊内含 2~8 个孢子；隶属于茶渍目梅衣科，模式种为孔叶衣 *M. terebrata* (Hoffm.) A. Massal.。

该属自发表以来，学术界对其分类问题一直争论不休。19 世纪中叶至 20 世纪初，J. Müller Argoviensis 发表的 *Parmelia aeneofusca* Müll. Arg. [= *Menegazzia aeneofusca* (Müll. Arg.) R. Sant.]等 5 个种，以及 Zahlbruckner 发表的 *Parmelia aucklandica* Zahlbr. [= *M. aucklandica* (Zahlbr.) P. James & D. J. Galloway]等 8 个种，这些在南半球发现的物种早期都被放到了梅衣属 *Parmelia* Ach.中 (Zahlbruckner，1941)；Santesson (1942) 根据南美洲及南半球其他地区的该属地衣子囊孢子、上表面穿孔形态及粉芽特征等进行了系统研究，重新界定了该属，并将梅衣属 *Parmelia* 中的 12 个种归并到了孔叶衣属中。

20 世纪末至 21 世纪初，英国地衣学家 P. W. James 对新西兰、澳大利亚与新几内亚岛等地区的孔叶衣属地衣进行了系统采集和研究，发表了多达 32 个新种 (Galloway，1983；James，1985；Kantvilas and James，1987；James and Galloway，1992；James et al.，

2001)。之后，更多新种和新记录种在南半球被陆续发现 (Bjerke and Elvebakk，2001；Bjerke，2004a，2005；Elix et al.，2005；Elix，2007a，2007b，2008；Galloway，2007)，使南半球孔叶衣属增至 67 种。而北半球该属研究起步较晚，目前仅知 8 种 (Bjerke，2004b)，其中模式种孔叶衣为北半球广布种 (Zahlbruckner，1930a；赵继鼎，1964；Aptroot et al.，2003；Bjerke，2004b；Bjerke and Obermayer，2005；Kantvilas，2012)，*M. subsimilis* (H. Magn.) R. Sant.在亚洲、欧洲和北美洲均有报道 (Bjerke，2003)，*M. asahinae* (Yasuda ex Asahina) R. Sant.目前仅知中国台湾和日本有分布，*M. pedicellata* Bjerke 和 *M. caviisidia* Bjerke & P. James 是近年在日本发现的两个新种 (Bjerke，2004b)。

　　中国孔叶衣属的最早记载是 Delavay 于 1885 年在云南采集的 *Parmelia pertusa* Schaer (= *Menegazzia terebrata*) (Hue，1889)，之后在四川、湖南、福建等地被报道 (Zahlbruckner，1930b)；继 1933 年 Zahlbruckner 在台湾发现了凸缘孔叶衣 *M. asahinae* (= *Parmelia asahinae* Yasuda ex Zahlbr.)后，上述两种在中国的其他地区也被陆续发现 (赵继鼎，1964；Chen et al.，1981；Zhao et al.，1982；陈健斌等，1989)；1994 年和 2000 年，Obermayer 发现了离生孔叶衣 *Menegazzia subsimilis* (H. Magn.) R. Sant.和新热带孔叶衣 *M. neotropica* Bjerke 在四川的分布 (Bjerke and Obermayer，2005)；Aptroot 等 (2003) 在台湾发表了平孔叶衣 *M. primaria* Aptroot, M.J. Lai & Sparrius 和假杯点孔叶衣 *M. pseudocyphellata* Aptroot, M.J. Lai & Sparrius 两个新种。至此，全球该属的已知物种数为 75 个 (Kantvilas，2012)，其中中国有 6 种。

(三) 担子地衣

　　与藻类共生的地衣型真菌绝大部分隶属于子囊菌门，仅极少数担子菌与藻类共生形成担子地衣 (Feuerer and Hawksworth，2007；Lawrey et al.，2009；Lücking et al.，2009)。担子地衣的有性繁殖是形成担子果，早期由于缺乏对担子地衣的认识，一些地衣学家仅采集了地衣体部分进行研究，并将其视为无性的地衣体 (Bigelow，1970；Henssen and Kowallik，1976；Oberwinkler，1984)，而担子果却被真菌学家采集并放到了真菌中进行研究 (Petersen and Zang，1986；臧穆等，1996)。20 世纪 70 年代后，真菌学家 Oberwinkler(1970，1984，2001，2012)发现部分真菌的担子果与一些地衣体中的共生菌相同，至此更多的担子地衣才被重新认识 (Coppins and James，1979；Redhead and Kuyper，1987；Ryan，2001；Hodkinson，2012；Luis et al.，2004；Fischer et al.，2007)。随着现代分子技术在地衣分类系统中的应用，更多的地衣型担子菌的系统位置被修订 (Lutzoni，1995，1997；Lutzoni et al.，2001；Redhead et al.，2002；Redhead，2002；Ertz et al.，2008；Sulzbacher et al.，2012；Seitzman et al.，2011；Hodkinson et al.，2012，2014；Moncalvo et al.，2002)。

　　目前全球已知的担子地衣约 15 属，分别隶属于伞菌目 Agaricales、鸡油菌目 Cantharellales、刺革菌目 Hymenochaetales 和莲叶衣目 Lepidostromatales (Mägdefrau and Winkler，1967；Petersen，1967；Oberwinkler，1970；Fischer et al.，2007；Ertz et al.，2008；Nelsen et al.，2009；Schoch et al.，2009；Hodkinson，2012；Hodkinson et al.，2012；Sulzbacher et al.，2012；Lücking et al.，2013，2017)。

　　早期中国的担子地衣大多数被真菌学家放到了既有地衣型真菌又有非地衣型真菌

中的多枝瑚属 *Multiclavula* R. H. Petersen 和脐菇属 *Omphalina* Quél 中研究 (Petersen and Zang, 1986; 臧穆等, 1996); 而中国的地衣学家对担子地衣研究甚少, 仅报道地衣小荷叶属 *Lichenomphalia* Redhead, Lutzoni, Moncalvo & Vilgalys 中 1 种和多枝瑚属 2 种 (魏江春和姜玉梅, 1986; Zhou, 2000; Xiao, 2005; Jia et al., 2008)。20 世纪 80 年代后, 臧穆、王立松等在中国西南等地采集了大量担子地衣标本, 为后期分子技术在担子地衣分类中的应用奠定了关键基础。

本卷研究的担子地衣隶属于 2 目 2 科 3 属, 共 9 种; 其中包括: 伞菌目蜡伞科 Hygrophoraceae 2 属, 即云片衣属 *Dictyonema* C. Agardh ex Kunth 1 种和地衣小荷叶属 *Lichenomphalia* 4 种; 莲叶衣目莲叶衣科 Lepidostromataceae 丽烛衣属 *Sulzbacheromyces* B. P. Hodk. & Lücking 4 种。此外, 云片衣属中的 4 个变型曾在中国有文献记载, 但我们未能获得研究标本, 暂将它们放到"本卷未包括的分类单位"中讨论。

1. 蜡伞科研究简史

该科隶属于伞菌亚纲 Agaricomycetidae 伞菌目 Agaricales, 目前中国已知的 2 个地衣型真菌属群为: 广义云片衣属群 *Dictyonema* C. Agardh ex Kunth *s. lat.* (Lawrey et al., 2009) 和地衣小荷叶属群 *Lichenomphalia* Redhead, Lutzoni, Moncalvo & Vilgalys *s. lat.* (Redhead et al., 2002)。

早期研究者根据形态将 *Dictyonema s. lat.* 分成了多个属, 且放到了不同科中 (Hariot, 1891, 1892; Metzner, 1934); 其中, 叶状地衣体形态的物种被分别放到了 *Cora* Fr. 和 *Corella* Vain. 属中, 而纤毛状地衣体形态的物种被归入 *Laudatea* Johow、*Dictyonema* C. Agardh ex Kunth 和 *Rhipidonema* Mattir. 3 个不同的属中 (Fries, 1825; Mattirolo, 1881; Johow, 1884; Vainio, 1890)。Oberwinkler (1970, 1980, 1984, 2001, 2012) 分别对云片衣属及其相关的其他属进行菌丝与成熟担子果的显微形态比较, 认为云片衣属与腐生真菌 *Byssomerulius* Parmasto 属亲缘关系更近; 同时, Parmasto (1978) 根据孢子及菌丝形态将 *Byssomerulius* 属中的 5 个种归入云片衣属中; 之后, Lawrey 等 (2009) 从分子系统学上明确了云片衣属与地衣小荷叶属同属于蜡伞科 Hygrophoraceae。

近年来, 更多新材料的采集及多基因片段在真菌分类研究中的应用, 大大提升了对担子地衣物种的识别能力, 如热带分布的 *Dictyonema glabratum* (Spreng.) D. Hawksw. 和 *D. sericeum* (Sw.) Berk. 实际包括了多个未被认识的新种 (Berkeley, 1843; Hawksworth, 1988; Oberwinkler, 1970, 1984, 2001; Parmasto, 1978); 通过 DNA 与表型特征综合分析, 将 *Dictyonema s. lat.* 划分成了 5 个属, 即 *Acantholichen*、*Cora*、*Corella*、*Cyphellostereum* 和 *Dictyonema s. str.*, 并将它们定义为加拉帕戈斯担子地衣类 (Galápagos basidiolichens) (Jørgensen, 1998; Lücking, 2008; Lücking et al., 2013, 2014; Lawrey et al., 2009; Yánez et al., 2012; Dal-Forno et al., 2013); 其中, 中国目前仅分布有狭义的云片衣属物种。

早期的真菌学家将具有伞状子实体的地衣小荷叶属物种放到了脐菇属 *Omphalina* 研究, 使脐菇属同时含有非地衣型担子菌和地衣型担子菌 (Lutzoni, 1995)。直到 2002 年, Redhead 对脐菇属进行了分子系统学研究, 才将该属中 8 个与藻类共生的地衣型担子菌归并到地衣小荷叶属 *Lichenomphalia* 中, 明确了地衣小荷叶属与蜡伞科

Hygrophoraceae 的从属关系。目前该属在全球范围已知共 8 种，其中中国记录有 4 种。

2. 莲叶衣科研究简史

莲叶衣科的子实体与锁瑚菌科 Clavulinaceae 多枝瑚属 *Multiclavula* Petersen 的子实体十分相似，在过去较长的时间里该科物种一直被作为多枝瑚属物种进行研究。直到 2008 年，Ertz 对采自卢旺达的 *M. akagerae* Eb. Fisch., Ertz, Killmann & Sérus.、*M. rugaramae* Eb. Fisch., Ertz, Killmann & Sérus.，以及采自墨西哥的 *Lepidostroma calocerum* (G.W. Martin) Oberw.3 个种进行了形态学和分子系统学的综合研究，发现它们在分子系统树中分别形成了独立分化支，与多枝瑚属的亲缘关系甚远，而与无疣革菌目 Atheliales 的亲缘关系较近，并建立了莲叶衣科 Lepidostromataceae，同时将具鳞片状地衣体和子实体呈棒状的多枝瑚属担子地衣组合到了莲叶衣科中的莲叶衣属 *Lepidostroma* Mägd. & S. Winkl. 中 (Ertz et al.，2008)。

2012 年，在墨西哥和巴西发现了 *L. vilgalysii* B. P. Hodk. 和 *L. caatingae* Sulzbacher & Lücking (Hodkinson et al.，2012；Sulzbacher et al.，2012)，通过与莲叶衣属的已知种进行形态学比较和分子系统学重建 (Hodkinson et al.，2014)，发现莲叶衣属非单系类群，不仅从该属中分出 2 个新属：球皿叶属 *Ertzia* B. P. Hodk. & Lücking 和丽烛衣属 *Sulzbacheromyces* B. P. Hodk. & Lücking，而且建立了新目——莲叶衣目 Lepidostromatales。目前全球莲叶衣目莲叶衣科共包括 3 属：莲叶衣属、球皿叶属和丽烛衣属，共 10 种。

在中国，Petersen 和 Zang (1986) 最早报道了云南西双版纳多枝瑚属中的 1 新种 *Multiclavula sinensis* R. H. Petersen & M. Zang 和 1 中国新记录种 *M. fossicola* R. H. Petersen & M. Zang，之后又相继报道了横断山区该属的 4 种 (臧穆等，1996)；贾泽峰等 (2008) 和 Zhou (2000) 分别在福建与台湾采到了 *M. vernalis* (Schwein.) R. H. Petersen 和 *M. clara* (Berk. & M. A. Curtis) R. H. Petersen。近年 Liu 等 (2017) 对上述地区的新材料开展 DNA 与形态学的比较研究发现，中国并不存在多枝瑚属，早期在中国报道的多枝瑚属均为莲叶衣科中的丽烛衣属 *Sulzbacheromyces*，目前中国共有 4 种分布。

二、研究材料与方法

(一) 研究材料

本卷研究标本 5578 号，涵盖了目前国内主要标本馆馆藏的相关类群全部标本。其中用于 DNA 分析的材料 1200 余份，共获得内部转录间隔区 (ITS)、28S、18S 核基因片段 720 条。研究材料主要采集自中国西南大部分地区，西北秦岭及新疆，东北大小兴安岭、长白山，以及福建、海南和台湾等地，标本均保藏在中国科学院昆明植物研究所标本馆 (KUN-L)；研究的其他国内标本分别借自中国科学院沈阳应用生态研究所标本馆 (IFP)、中国科学院微生物研究所菌物标本馆 (HMAS)、新疆大学标本馆 (XJU)，在正文中"研究标本引证"均有特别标注，另外，山东师范大学标本馆 (SDNU) 和台湾台中自然科学博物馆 (TMN) 也赠送了相关类群标本。

部分模式标本及国外相关标本分别借自：英国伦敦自然历史博物馆 (BM)、英国爱丁堡皇家植物园标本馆 (E)、芬兰赫尔辛基大学标本馆 (H)、德国慕尼黑巴伐利亚国立自然科学馆标本馆 (M)、日本东京自然博物馆（TNS)、瑞典乌普萨拉大学标本馆 (UPS)和美国俄勒冈州立大学标本馆 (OSUF)，本卷研究过的模式标本均用"！"进行标注。

(二) 研究方法

1. 形态学研究方法

标本自然干燥，在解剖显微镜下观察地衣体的外形特征，并分别对地衣体生长型、分枝型、表面颜色、粉芽、裂芽、假杯点和子囊盘等形态特征进行描述；通过徒手切片的方法，将切片的地衣体放到载玻片上，并加入 GAW 液 (丙三醇：酒精：水 = 1∶1∶1)，在光学显微镜下观察和描述地衣体皮层、髓层、子囊及子囊孢子等的显微形态特征。

担子地衣的地衣体观察：在解剖显微镜下，使用徒手切片的方法将地衣体组织切片，并将切片组织置于 2%～5% 的 KOH 溶液中复水，盖上盖玻片，然后用棉棒轻轻挤压盖玻片，使菌丝组织适度分散，在显微镜下观察，并记录颜色、菌丝和膨大细胞的排列形态。

担孢子的观察：从标本中选择成熟的担子果，对伞形担子果的菌褶或棒状担子果的皮层纵向徒手切片，用鲁氏碘液 (Lugol's solution) 浸染，测定担孢子壁是否为淀粉质；在 2%～5% 的 KOH 溶液中测量担孢子的直径，随机测量至少 30 个成熟的担孢子，担孢子的侧生小尖不被计入。

2. 地衣特征化合物鉴定

(1) 显色反应

显色反应鉴定使用 P (对苯二胺 5% 乙醇液)、C (漂白粉饱和水溶液)、K (5%～10% KOH 水溶液)，以及 KC (KOH 水溶液+漂白粉饱和水溶液)，在解剖显微镜下对地衣体外皮层和髓层分别进行显色反应测试，根据不同显色结果初步鉴定所含地衣特征化合物。

(2) 薄层层析 (TLC)

按照 Culberson 和 Keistinsson (1970) 及 Culberson (1972) 的研究，分别使用 A、B、C 三个展层溶剂系统。A 溶剂系统，甲苯：二氧六环：乙酸 = 180∶45∶5；B 溶剂系统，己烷：乙醚：甲酸 = 140∶72∶18；C 溶剂系统，甲苯：乙酸 = 170∶30。层析板使用德国生产的 Merck KGaA。在层析板进行点样、展层，然后在 UV(365 nm 和 254 nm) 下观察并标注出现的化合物色斑点，再使用 10% 硫酸喷雾，置于 110℃ 的恒温烤箱内烘烤约 10 min，取出并记录色斑样点，通过比移值 (R_f value) 计算和鉴定地衣特征化合物。

(3) 高效液相色谱 (HPLC)

先将地衣体粉碎，使用有机溶剂丙酮 (或甲醇) 浸提，之后将提取液浓缩，真空干燥得到地衣提取物，于 4℃ 冰箱保存。采用高效液相色谱仪分析，将提取物用甲醇定容，并用微孔滤膜过滤，待用；色谱柱：Ultrasphere ODS 柱 (Beckman，5×250 mm，5 μm)；流动相为甲醇-水-乙酸 (45∶29∶1)，梯度洗脱；流速 0.7～1.0 ml/min；检测波长 210～400 nm；进样量 10 μl。最后通过与化合物标准品的保留时间进行比对，明确地衣物种所含的特征化合物。

3. 分子生物学研究方法

(1) 分子材料选择及处理

标本采集过程中，同时取出 2～3 cm 的地衣体 (或 3～5 个子实体) 放入硅胶袋中快速干燥和密封保存，在本卷中统称为"分子材料"。分子材料的编号与采集的形态学研究标本编号一致，带回标本馆置于–20℃冰箱保存，用于后续 DNA 相关研究。

(2) DNA 提取和 PCR 扩增

取出保存的分子材料，选择地衣体裂片顶端 10～100 mg，液氮冷冻并研磨粉碎，使用 DNA 提取试剂盒进行提取；将获得的总 DNA 进行 ITS 片段扩增，使用引物 ITS1F (Gardes and Bruns，1993) 和 ITS4 (White el al.，1990)，针对担子地衣 ITS 片段扩增选择引物对 ITS4/ITS1F 或 ITS4/ITS5，扩增担子地衣 28S 和 18S 核基因片段则分别选取引物对 LR0R/LR5 和 NSSU97A/NS24。依照 Arup(2002)的 PCR 条件对 ITS 片段进行扩增：预变性温度 94℃，5 min，之后进行 30 个循环 (变性温度 94℃，1 min；退火温度 56℃，1 min；延伸温度 72℃，1.5 min)，最后延伸温度 72℃，7 min。担子地衣的 DNA 提取方法是选取担子果或地衣体部分 200～500 mg，经液氮冷冻后迅速研磨粉碎，利用改良的十六烷基三甲基溴化铵法 (CTAB 法) 或参照 DNA 提取试剂盒 (AxyPrep 基因组 DNA 小量制备试剂盒) 说明进行提取。

(3) DNA 测序及序列处理

PCR 扩增产物在 1.5%凝胶、0.5×TBE 的缓冲液下进行电泳检测，并由生工生物工程 (上海) 股份有限公司测序，选择双向测序；获得的 DNA 序列使用 Seqman (DNASTAR packages) 进行编辑和拼接，并从 GenBank 下载相关类群的 DNA 片段，使用 MUSCLE v3.6(Edgar，2004)对序列进行比对，之后使用 Gblocks (Talavera and Castresana，2007) 软件对模糊的片段进行去除。

(4) 构建系统发育树

基于贝叶斯推理 (Bayesian inference) 和最大似然准则 (maximum likelihood criterion) 构建系统发育树，软件分别使用 MrBayes v3.1.2 (Ronquist and Huelsenbeck，2003) 和 RAxML v7.2.6 (Stamatakis，2006)。

三、结果和讨论

(一) 梅衣科：树发类地衣

1. 形态学特征

树发类地衣体为枝状，灌木状直立至丝状悬垂，长 (高) 1～35 cm，主枝直径 0.1～2 mm，表面淡褐色至暗褐色，分枝圆柱状至略扁枝状；此类地衣体的生长型、表面颜色、分枝类型、侧生小刺，以及假杯点、粉芽、裂芽等外形特征是种间的主要分类依据。

该类地衣皮层是由纵向菌丝紧密黏合而成，髓层菌丝疏松，无软骨质中轴，子囊内含 1～8 个孢子，孢子单胞至砖壁式多胞，无色至褐色；其中地衣体的皮层显微结构、子囊内孢子数量及形态是属间的主要分类依据，在种间的分类中一般没有实际意义。

(1) 地衣体生长型

悬垂型 (pendent type) (图 1: A): 地衣体以基部固着基物, 自然悬垂, 长 10~35 cm, 如亚洲小孢发 *Bryoria asiatica*、喜马拉雅小孢发 *B. himalayensis*、横断山小孢发 *B. hengduanensis* 等; 主要生于树冠、树枝和树干, 偶见岩石表面。

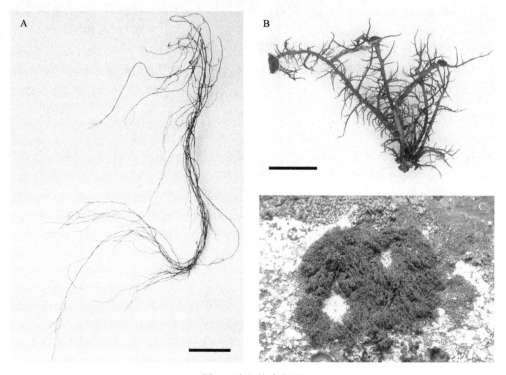

图 1　地衣体生长型

A. 悬垂型 (亚洲小孢发 *Bryoria asiatica*, 王立松 13-38504); B. 直立型 (广开小孢发 *B. divergescens*, 王立松 10-31404); C. 匍匐型 (袖珍拟毡衣 *Pseudephebe minuscula*, 王立松 06-26090)。比例尺: A = 1 cm; B = 5 mm

直立型 (erect type) (图 1: B): 地衣体以基部固着基物, 呈灌木状直立生长, 通常高 2~8 cm, 如广开小孢发 *B. divergescens*、硬枝小孢发 *B. rigida* 等; 常见于树枝、树干以及岩面。

匍匐型 (decumbent type) (图 1: C): 典型的匍匐型是拟毡衣属, 其地衣体紧贴岩石表面, 高度小于 1 cm; 此外, 小孢发属中的叉小孢发 *B. furcellata*、刺小孢发 *B. confusa* 等在不同基物和生长环境中也出现匍匐型, 但疏松附生于基物, 地衣体高常大于 2 cm。

除上述三个基本生长型外, 在不同的生态环境中还存在多样的过渡生长型, 如亚悬垂型、半直立型等。

(2) 表面颜色

地衣体表面颜色主要由生长环境和皮层所含的特征化合物所决定, 树发类地衣大多数物种的地衣体表面为绿褐色、淡黄褐色至栗褐色, 其中栗褐色地衣体的物种有阿拉斯加小孢发 *B. alaskana*、喜马拉雅小孢发 *B. himalayensis* (图 2: A) 等; 地衣体表面暗褐色至黑色, 如光亮小孢发 *B. nitidula* (图 2: B)、袖珍拟毡衣 *Pseudephebe minuscula* 等; 表面淡褐色至骨白色的物种有乳白小孢发 *B. lactinea*、蚕丝小孢发 *B. nadvornikiana* (图

2：C) 等；金黄树发 Alectoria ochroleuca 因皮层含松萝酸使地衣体表面呈枯草黄色或金黄色，绿丝槽枝衣 Sulcaria virens 等皮层含吴耳酸使地衣体表面呈黄绿色 (图 2：D)。但一些物种出现"双色现象"，如双色小孢发 B. bicolor、硬枝小孢发 B. rigida (图 2：E) 等，其地衣体主枝基部至中部常为深褐色至黑色，有时基部甚至炭化呈炭黑色，而分枝近顶端往往呈黄绿色至鹿褐色，双色现象不仅多见于小孢发属中，在树发属和槽枝属中也有出现；甚至同一物种的地衣体往往也出现不同颜色的过渡变化，如刺小孢发 B. confusa 在高海拔 4000 m 以上的地区受强烈紫外线照射，地衣体呈暗褐色至黑色，但在低海拔地区如中国东北及韩国和日本，其地衣体表面颜色明显较淡，通常为淡绿褐色。

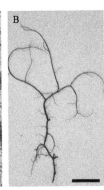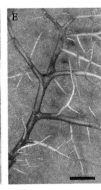

彩图请扫码

图 2　地衣体表面颜色

A. 栗褐色地衣体 (喜马拉雅小孢发 Bryoria himalayensis，王立松 97-17400)；B. 暗褐色至黑色地衣体 (光亮小孢发 B. nitidula，王立松 01-20767)；C. 淡褐色至骨白色地衣体 (蚕丝小孢发 B. nadvornikiana，王立松 99-18667)；D. 黄绿色地衣体 (绿丝槽枝衣 Sulcaria virens，王立松 99-18708)；E. 双色地衣体 (硬枝小孢发 B. rigida，王立松 02-21274)。比例尺：A = 5 mm；B = 1 cm；C = 0.5 mm；D = 4 cm；E = 1 mm

(3) 分枝类型

树发类地衣主要有三种基本分枝类型，即等二叉分枝 (isotomic dichotomous branching)、不等二叉分枝 (anisotomic dichotomous branching) 和不规则分枝 (irregular branching)；典型的等二叉分枝见于阿拉斯加小孢发 Bryoria alaskana 和亚洲小孢发 B. asiatica (图 3：A)；不等二叉分枝见于美髯小孢发 B. barbata 和尼泊尔小孢发 B. nepalensis 等 (图 3：B)；不规则分枝常出现在卷毛小孢发 B. fruticulosa (图 3：C) 和广开小孢发 B. divergescens 等。然而，大部分物种的分枝并非典型的上述三种分枝类型，其中小孢发属的分枝类型最多样，如蚕丝小孢发 B. nadvornikiana 的基部呈等二叉分枝，近顶端呈不等二叉分枝；横断山小孢发 B. hengduanensis 的基部至中部呈不等二叉分枝，近顶端呈等二叉分枝。

(4) 假杯点

假杯点(pseudocyphella)的形态是属间、种间的主要分类特征之一。金黄树发 Alectoria ochroleuca 的假杯点呈圆形至不规则疣状或斑块状凸起，是该种的重要分类特征之一 (图 4：A)；亚洲小孢发 Bryoria asiatica、硬枝小孢发 B. rigida 等的假杯点呈狭窄裂隙状，表面凹陷，褐色至深褐色 (图 4：B)；云南小孢发 B. yunnana 和美髯小孢发 B. barbata 的假杯点呈圆形至椭圆形凸起，淡褐色至灰白色 (图 4：C)；横断山小孢发 B. hengduanensis 则形成狭长的线形假杯点 (图 4：D)；假杯点在皮层形成狭长的纵向沟

槽 (图 4：E)，使白色髓层外露，是槽枝属不同于其他属的关键特征；砖孢发属的假杯点形成圆形至椭圆形穿孔 (图 4：F)，在无子囊盘的条件下是识别该属的主要分类特征之一；拟毡衣属无假杯点而不同于树发类中的其他属。

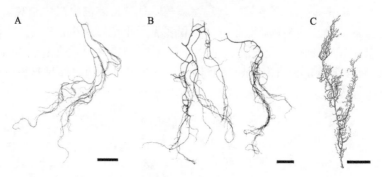

图 3　分枝类型

A. 等二叉分枝 (亚洲小孢发 *Bryoria asiatica*，王立松 99-18489)；B. 不等二叉分枝 (尼泊尔小孢发 *B. nepalensis*，王立松等 13-38434)；C. 不规则分枝 (卷毛小孢发 *B. fruticulosa*，王立松 06-26759)。比例尺：A = 2 cm；B、C = 1 cm

图 4　假杯点

A. 疣状假杯点 (金黄树发 *Alectoria ochroleuca*，王立松 12-35822)；B. 裂隙状假杯点 (亚洲小孢发 *Bryoria asiatica*，H. Smith 5018，holotype)；C. 圆形至椭圆形假杯点，假杯点表面凸起 (美髯小孢发 *B. barbata*，王立松 10-31472)；D. 狭长线形假杯点 (横断山小孢发 *B. hengduanensis*，王立松 93-13673)；E. 沟槽状假杯点 (槽枝衣 *Sulcaria sulcata*，王立松 11-32011)；

F. 假杯点呈圆形至椭圆形穿孔 (亚洲砖孢发 *Oropogon asiaticus*，王立松 92-13139)。比例尺：A～C、F = 1 mm；

D、E = 2 mm

(5) 粉芽及裂芽

在中国已知的砖孢发属、槽枝属和拟毡衣属物种都不具粉芽，但在小孢发属中粉芽 (soredium) 形态多样，如淡褐小孢发 *Bryoria fuscescens* 和波氏小孢发 *B. poeltii* 的粉芽堆圆形至椭圆形，表面平坦，直径大于地衣体分枝直径 (图 5：A)；多叉小孢发 *B. perspinosa*、珊粉小孢发 *B. smithii* 的粉芽堆狭窄呈裂隙状，表面凸起，直径窄于地衣体分枝直径 (图 5：B)。

典型的裂芽 (isidium) 在树发类中并不出现，但一些种出现裂芽型小刺 (isidioid spinule) (图 5：B～D)，其中珊粉小孢发和多形小孢发的粉芽堆表面总具裂芽型小刺 (图 5：D)，粉刺树发的裂芽型小刺顶端常粉芽化 (图 5：C)，是其不同于其他种的主要特征。

图 5　粉芽与裂芽

A. 粉芽堆直径大于地衣体分枝直径 (淡褐小孢发 *Bryoria fuscescens*，Nyl. & Norrl. 466，isolectotype)；B. 粉芽堆狭窄，表面具稀疏裂芽型小刺至刺状小分枝 (多叉小孢发 *B. perspinosa*，王立松 10-31362)；C. 粉芽堆表面具裂芽型小刺，小刺顶端粉芽化 (粉刺树发 *Alectoria spiculatosa*，王立松 11-32085，paratype in KUN-L)；D. 粉芽堆表面密生裂芽至裂芽型小刺 (珊粉小孢发 *B. smithii*，王立松 01-20558)。比例尺：A～C = 1 mm；D = 2 mm

(6) 侧生小刺与侧生刺状小分枝

侧生小刺 (lateral spinule) 与侧生刺状小分枝 (lateral spinulose branch) 在解剖学中并无区别，侧生小刺长 0.1～5 mm，分枝腋通常呈 90° 直角，基部常缢缩，不分枝，暗褐色或与地衣体同色，常见于刺小孢发、广开小孢发等 (图 6：A)；侧生刺状小分枝通常长 5～15 mm (有时超过 30 mm)，分枝腋通常呈 20°～45° 锐角，基部不缢缩，单一或简单分枝，与地衣体同色，常见于叉小孢发和蚕丝小孢发；广开小孢发 *Bryoria divergescens*、刺小孢发 *B. confusa* 和喜马拉雅小孢发 *B. himalayensis* 的地衣体表面同时出现侧生小刺和侧生刺状小分枝 (图 6：B)。

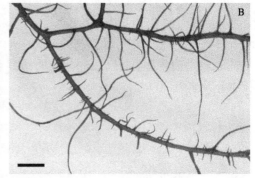

图 6　侧生小刺及侧生刺状小分枝

A. 侧生小刺 (刺小孢发 *Bryoria confusa*，王立松 10-31363)；B. 侧生刺状小分枝及侧生小刺(喜马拉雅小孢发 *B. himalayensis*，
王立松 92-13124)。比例尺 = 2 mm

(7) 皮层及髓层

树发类地衣皮层 (cortex) 通常厚 20～60 μm，由纵向菌丝紧密黏合而成 (图 7)，皮层内侧无色；小孢发属、砖孢发属、拟毡衣属的皮层外侧呈淡褐色至深褐色，金黄树发 *Alectoria ochroleuca* 和绿丝槽枝衣 *Sulcaria virens* 的皮层外侧呈淡黄色与黄绿色。

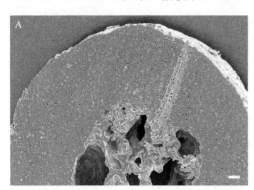

图 7　树发类皮层特征

A. 地衣体主枝横切面 (刺小孢发皮层结构，王立松 14-46864)；B. 地衣体主枝纵切面 (刺小孢发皮层结构，王立松
14-46864)。比例尺 = 10 μm

树发类地衣的髓层 (medulla) 菌丝疏松，无软骨质中轴；其中树发属和砖孢发属的髓层菌丝表面具疣状突 (图 8：A)，小孢发属、拟毡衣属和槽枝属髓层菌丝表面平滑 (图 8：B)，是上述各属间的分类特征之一；共生光合生物均为绿球藻。

(8) 子囊盘

子囊盘 (apothecium) 茶渍型，亚顶生至侧生，具发育良好的果托，全缘，偶见盘缘发育不良；盘面通常微凹陷或平坦，部分种的子囊盘幼时凹陷，成熟后呈盔状凸起 (图 9：A)，槽枝属子囊盘成熟后盘面具白色粉霜层 (图 9：B)；广开小孢发 *Bryoria divergescens*、云南小孢发 *B. yunnana* 等子囊盘幼时具缘毛型小刺，成熟后常消失或宿存 (图 9：C)；槽枝衣子囊盘幼时缘毛长超过 2 mm (图 9：D)，成熟后缘毛消失 (图 9：B)。

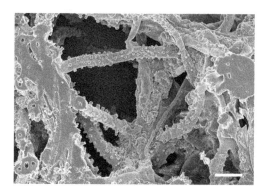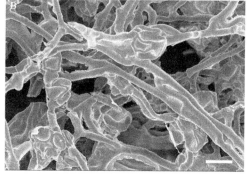

图 8　髓层菌丝特征

A. 树发属髓层菌丝表面具疣状突 (金黄树发 *Alectoria ochroleuca*，王立松 10-31920)；B. 小孢发属髓层菌丝表面平滑 (刺小孢发 *Bryoria confusa*，王立松 14-46486)。比例尺 = 10 μm

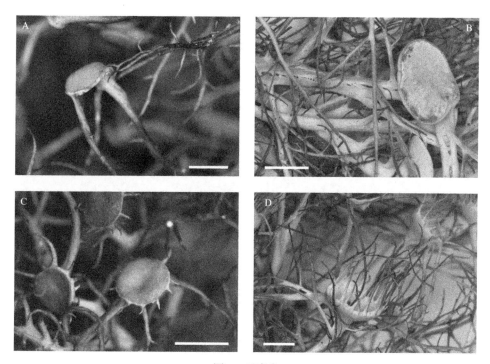

图 9　子囊盘

A. 子囊盘盘面呈盔状凸起 (云南小孢发 *Bryoria yunnana*，王立松 09-31060)；B. 成熟子囊盘盘面具白色粉霜层 (槽枝衣 *Sulcaria sulcata*，王立松 05-24409)；C. 子囊盘盘面平坦，具光泽 (广开小孢发 *B. divergescens*，王立松 07-28872)；D. 幼时子囊盘的盘缘具缘毛 (槽枝衣，王立松 11-32011)。比例尺：A、C = 1 mm；B、D = 2 mm

(9) 子囊及子囊孢子

树发类地衣的子囊 (ascus) 呈长棒状，通常长 70～100 μm，宽 25～30 μm；子囊内含 1～8 个孢子，子囊孢子 (ascospore) 无色至褐色，单胞至砖壁式多胞，孢子具无色薄壁，厚约 1 μm；孢子的形态是属间的重要分类依据，通常不用于种间分类 (表 2；图 10)。

表 2　树发类地衣的子囊及子囊孢子特征

属名	子囊内孢子数量/个	成熟孢子颜色	孢子形态	大小/µm
树发属	2～4	褐色	单胞，椭圆形	20～45 × 12～30
小孢发属	8	无色	单胞，椭圆形	4～15 × 4～5
砖孢发属	1	褐色	砖壁式多胞，长椭圆形	100～120 × 34～40
拟毡衣属	8	无色	单胞，椭圆形	7～12 × 6～8
槽枝属	6～8	淡黄色至褐色	1～3 胞，长椭圆形	22～40 × 8～15

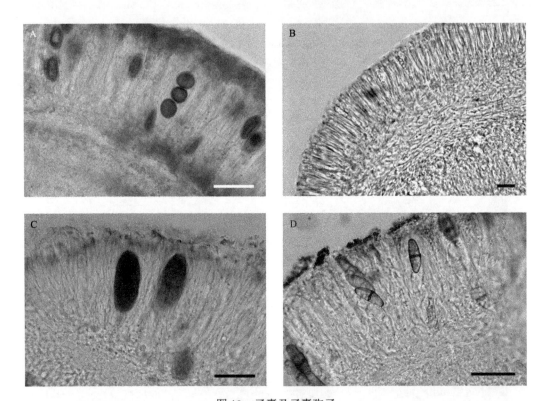

图 10　子囊及子囊孢子

A. 树发属地衣子囊内含 2～4 个孢子，单胞，淡褐色 (长葡树发 *Alectoria samantosa*，方瑞珍 85-2)；B. 小孢发属地衣子囊内含 8 个孢子，孢子无色，单胞 (刺小孢发 *Bryoria confusa*，王立松 10-31363)；C. 砖孢发属地衣子囊内含 1 个孢子，孢子褐色，砖壁式多胞 (台湾砖孢发 *Oropogon formosanus*，王立松 14-46238)；D. 槽枝属地衣子囊内含 6～8 个孢子，孢子淡褐色，2 胞 (槽枝衣 *Sulcaria sulcata*，王立松 11-32433)。比例尺：A、C、D = 50 µm；B = 20 µm

(10) 分生孢子器及分生孢子

分生孢子器 (pycnidium) 常见于侧生小刺或侧生小分枝表面，圆形至椭圆形，呈乳头状凸起，直径 0.05～0.2 mm，孔口弹坑状凹陷，黑色 (图 11：A)，常见于拟毡衣属、树发属和小孢发属的部分种；砖孢发属和槽枝属的分生孢子器极少出现。

分生孢子 (conidium) 无色 (图 11：B)，杆状至简单分枝，通常大小为 5～7 × 1 µm；分生孢子器及分生孢子形态特征一般不用于物种鉴定 (Harada and Wang，2008)。

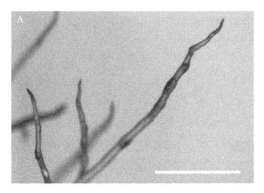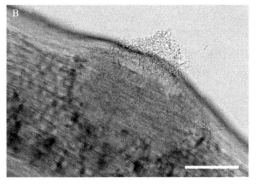

图 11　分生孢子器及分生孢子

A. 分生孢子器 (云南小孢发 *Bryoria yunnana*，09-31060)；B. 分生孢子(云南小孢发，09-31060)。比例尺：A = 1 mm；B = 50 μm

2. 地衣特征化合物

目前已知的树发类地衣中所含地衣特征化合物约 50 种 (Brodo and Hawksworth，1977；Esslinger，1989)；其中，富马原岛衣酸 (fumarprotocetraric acid) 是小孢发属中最常见的特征化合物，本卷记载的 25 种中，有 21 种含此成分；肺衣酸 (lobaric acid) 于近年在喜马拉雅小孢发 *Bryoria himalayensis* 和广开小孢发 *B. divergescens* 中被发现 (Wang et al.，2001，2012)；树发属的主要特征化合物是松萝酸 (usnic acid)，是该属不同于树发类其他属的主要分类特征之一；茶痂衣酸 (psoromic acid) 不但出现在槽枝衣 *Sulcaria sulcata* 中，也出现在亚洲砖孢发 *Oropogon asiaticus* 中；此外，槽枝属部分种含绿树发酸 (virensic acid) 和吴耳酸 (vulpinic acid)，使含此类成分的物种地衣体表面呈亮黄绿色；砖孢发属中的大多数种都含脂肪酸类化合物，但黑麦酮砖孢发 *O. secalonicus* 因含黑麦酮酸 (secalonic acid) 而得名；据报道，东方砖孢发 *O. orientalis* 与台湾砖孢发 *O. formosanus* 中分别含鳞衣酸 (placodiolic acid) 和原岛衣酸 (protocetraric acid)；树发酸 (alectoronic acid) 不仅出现在树发属中，也偶见于小孢发属中的蚕丝小孢发 *B. nadvornikiana* 中；拟毡衣属全球共报道了 2 种，但均无地衣特征化合物的记录。

3. 地理分布

北极高山分布型 (pan-Arctic)：金黄树发、袖珍拟毡衣、光亮小孢发、淡褐小孢发、蚕丝小孢发、阿拉斯加小孢发为北极及北方高山分布。

北温带分布型 (north temperate)：双色小孢发、叉小孢发、瘦小孢发、毛状小孢发、珊粉小孢发为北半球温带地区和欧洲-亚洲-北美分布。

东亚-北美分布型 (East Asia-Northern America)：台湾砖孢发为东亚-北美温带和亚热带间断分布。

东亚分布型 (East Asia)：中国树发类地衣中，东亚分布型约占已知种的 50%，其中波氏小孢发、多形小孢发、多叉小孢发、尼泊尔小孢发及硬枝小孢发仅见于印度、尼泊尔和中国青藏高原；亚洲小孢发、刺小孢发、喜马拉雅小孢发、乳白小孢发，以及东方砖孢发、槽枝衣、绿丝槽枝衣不仅分布于喜马拉雅地区，其中部分种从东喜马拉雅向东延伸分布到中国台湾、朝鲜和日本，向北分布到俄罗斯远东地区及萨哈林岛 (库页岛) 中南部、千岛群岛南部诸岛，以及中国东南 (除热带部分)。

中国分布：本卷记载的中国树发类地衣 35 种和 1 变型，约占全球此类地衣种数的 35%；其中目前仅在中国分布的有 10 种和 1 变型，约占全球种数的 10%，由于缺乏历史资料，特别是中国周边国家和地区的树发类地衣研究资料，我们很难明确它们在中国的特有分布问题；中国横断山地区海拔为 2500～4500 m，是高山和亚高山的针阔混交林带，也是树发类地衣物种最具多样性的地区，除了砖孢发属的 2 个台湾特有种，其余 33 种在横断山都有分布，其中 6 种和 1 变型目前仅知在横断山地区有分布，由此可见横断山独特的地理位置和地貌特征以及丰富的植被条件，使其成为亚洲树发类地衣最具多样性的地区。

4. 生境与生态

树发类地衣主要生长在高寒湿冷的环境,高山及亚高山针叶林是该类地衣的主要附生基物，包括冷杉属 (*Abies*)、云杉属 (*Picea*)、松属 (*Pinus*)、刺柏属 (*Juniperus*)、落叶松属 (*Larix*) 等，小孢发属中的广开小孢发、叉小孢发主要附生于冷杉、落叶松树枝；蚕丝小孢发附生于干燥和高海拔地区的高山松 (*Pinus densata*) 树干；落叶松树干和树枝是波氏小孢发的主要附生基物；在阔叶林中，树发类地衣的主要附生树种有杜鹃属 (*Rhododendron*)、栎属 (*Quercus*)、花楸属 (*Sorbus*)、柳属 (*Salix*) 等，杜鹃属是最常见的附生基物树种,其中密枝小孢发附生在海拔 4200～4500 m 的粉紫杜鹃 (*Rhododendron impeditum*) 灌木枝，是高海拔地区少见的具明显专性附生特征的地衣，该种在被研究的 52 号标本中，仅 3 号采自其他基物树种；喜马拉雅小孢发、刺小孢发，以及槽枝衣和砖孢发属中的部分种，不但附生于针叶树，而且附生于阔叶树；多叉小孢发、硬枝小孢发和珊粉小孢发不仅附生于植物，也见于岩石或岩面藓土层；而袖珍拟毡衣仅生于高海拔岩石表面。

在中国树发类已知的 35 种和 1 变型中，袖珍拟毡衣分布在海拔 4300～5070 m 处，是树发类地衣中垂直分布最高的物种；中国树发属的 2 个种，在横断山地区分布海拔均超过 4000 m；金黄树发在横断山地区的分布海拔在 4000～5000 m，但在内蒙古分布海拔仅 1460 m，具有明显的高海拔和高纬度分布特征；海拔 2500～4500 m 是小孢发属物种最具多样性的分布区，其中密枝小孢发的海拔分布带是 3200～4930 m，是该属中海拔分布最高的物种；槽枝衣和刺小孢发垂直分布在 1600～4500 m，是树发类地衣中垂直分布跨度最宽的两个种；砖孢发属为高山和亚高山分布属，中国已知的 5 个种均分布在海拔 2000～4000 m 处(图 12、图 13)。

5. 经济应用

《陕西中草药》(1971 年) 记录的传统药用地衣"头发七"是亚洲小孢发和美髯小孢发两种的混杂，有滋阴补肾、利水消肿等功效；双色小孢发和槽枝衣在《中华本草》(1999 年) 被记载为补阴药类；刺小孢发和槽枝衣是近年在中国西南地区被发现的民间食用地衣，其中刺小孢发用于汤类烹调，槽枝衣作凉菜食用 (王立松等，2012；图 14)；金黄树发不仅用于抗生素制作，也是石蕊试剂的原料 (魏江春等，1982)；据《陕西中草

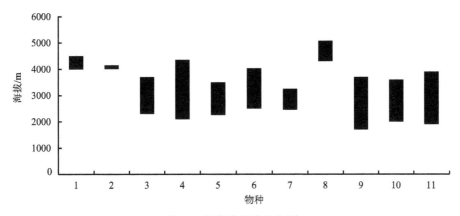

图 12　树发类垂直分布图

1. 金黄树发 *Alectoria ochroleuca*；2. 粉刺树发 *A. spiculatosa*；3. 亚洲砖孢发 *Oropogon asiaticus*；4. 台湾砖孢发 *O. formosanus*；5. 东方砖孢发 *O. orientalis*；6. 黑麦酮砖孢发 *O. secalonicus*；7. 云南砖孢发 *O. yunnanensis*；8. 袖珍拟毡衣 *Pseudephebe minuscula*；9. 槽枝衣原变型 *Sulcaria sulcata* f. *sulcata*；10. 槽枝衣黄枝变型 *S. sulcata* f. *vulpinoides*；11. 绿丝槽枝衣 *S. virens*

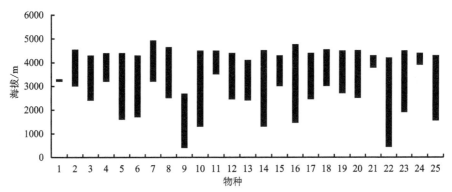

图 13　小孢发属垂直分布图

1. 阿拉斯加小孢发 *Bryoria alaskana*；2. 亚洲小孢发 *B. asiatica*；3. 美髯小孢发 *B. barbata*；4. 双色小孢发 *B. bicolor*；5. 刺小孢发 *B. confusa*；6. 广开小孢发 *B. divergescens*；7. 密枝小孢发 *B. fastigiata*；8. 卷毛小孢发 *B. fruticulosa*；9. 叉小孢发 *B. furcellata*；10. 淡褐小孢发 *B. fuscescens*；11. 横断山小孢发 *B. hengduanensis*；12. 喜马拉雅小孢发 *B. himalayensis*；13. 乳白小孢发 *B. lactinea*；14. 蚕丝小孢发 *B. nadvornikiana*；15. 尼泊尔小孢发 *B. nepalensis*；16. 光亮小孢发 *B. nitidula*；17. 多叉小孢发 *B. perspinosa*；18. 波氏小孢发 *B. poeltii*；19. 硬枝小孢发 *B. rigida*；20. 珊粉小孢发 *B. smithii*；21. 瘦小孢发 *B. tenuis*；22. 毛状小孢发 *B. trichodes*；23. 多形小孢发 *B. variabilis*；24. 吴氏小孢发 *B. wuii*；25. 云南小孢发 *B. yunnana*

图 14　食用地衣

A. 云南维西，当地民间收采的槽枝衣原料，菜蔬食用；B. 云南丽江，农家乐餐馆的凉拌槽枝衣

药》记载，绿丝槽枝衣为民间药用，但我们未发现陕西有该种的野外分布记录，所记载的绿丝槽枝衣极有可能是其他地衣的错误鉴定，此外，该种所含的吴耳酸 (vulpinic acid) 是有毒成分，其毒性及药理还有待研究。

近年笔者在滇西北的调查中发现，刺小孢发、喜马拉雅小孢发等也是滇金丝猴越冬的主要食物之一 (Wang，2004)，滇金丝猴迁徙路线很可能与这些地衣的分布范围息息相关。

(二) 梅衣科：绵腹衣属、扁枝衣属、金丝属、孔叶衣属

1. 绵腹衣属

(1) 形态学特征

绵腹衣属因地衣体下表面具绵腹组织 (海绵状菌丝组织)，子囊内含大量孢子 (超过 100 个)，孢子月牙形，无色单胞，而不同于梅衣科中的其他属。

a) 外形特征

裂片狭叶型，通常呈等二叉或不等二叉式分裂 (图 15：A)，但一些种近顶端呈掌状分裂，如仙人掌绵腹衣 Anzia opuntiella 和日本绵腹衣 A. japonica (图 15：B、C)。

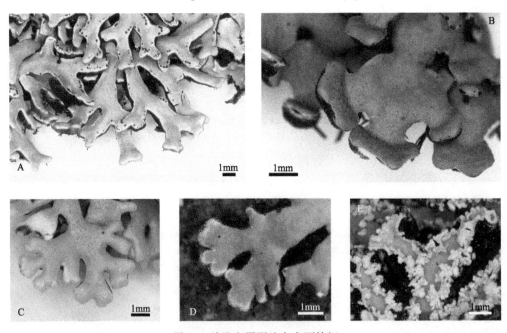

图 15　绵腹衣属裂片上表面特征

A. 裂片狭长型，顶端二叉分枝 (淡绵腹衣 Anzia hypoleucoides，王立松 12-37721)；B. 裂片前端呈仙人掌状膨大 (仙人掌绵腹衣 A. opuntiella，王立松 95-15680)；C. 裂片顶端钝圆掌状 (日本绵腹衣 A. japonica，王立松 06-26248)；D. 裂片上表面覆盖白色的粉霜 (霜绵腹衣 A. colpota，王立松 85-0060)；E. 裂片边缘具有粉芽化小裂片 (瘤绵腹衣 A. ornata，王立松 13-38282)

绵腹衣属上表面的附属物形态多样，是种间分类的重要依据；其中，霜绵腹衣 A. colpota 的裂片上表面近顶端具白色粉霜层 (图 15：D)，瘤绵腹衣 A. ornata 裂片边缘密生粉芽化小裂片 (图 15：E)。

下表面绵腹组织通常黑色至深棕色 (图 16：A)，白绵腹衣 *Anzia leucobatoides* 因绵腹组织白色而得名 (图 16：B)；绵腹组织通常连续 (图 16：A)，但拟霜绵腹衣 *A. pseudocolpota*、日本绵腹衣 *A. japonica* 下表面绵腹组织呈腊肠状断裂，使下表面的绵腹组织不连续而呈圆形至不规则块状 (图 16：C)；假根生于下表面的绵腹组织表面 (图 16：D～F)，稀疏，通常不分叉 (图 16：D)，但拟霜绵腹衣的假根呈 3～5 根一束，并简单分叉 (图 16：E)，棒根绵腹衣 *A. rhabdorhiza* 的假根具绵腹组织包被、呈棒状 (图 16：F) 而不同于中国已知的其他种。

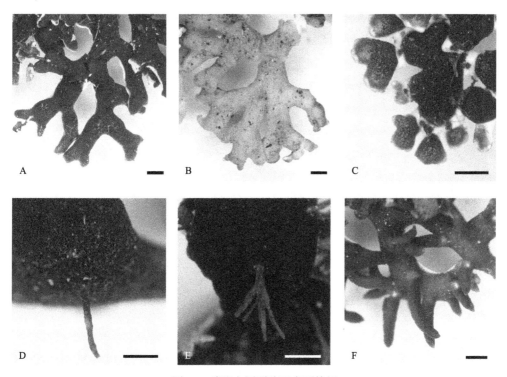

图 16　绵腹衣属裂片下表面特征

A. 下表面覆盖连续的深棕色至黑色的绵腹组织 (淡绵腹衣 *Anzia hypoleucoides*，王立松 12-37721)；B. 下表面绵腹组织为白色 (白绵腹衣 *A. leucobatoides*，王立松 11-32419)；C. 下表面绵腹组织呈腊肠状断裂或圆形、块状不连续 (日本绵腹衣 *A. japonica*，王立松 06-26248)；D. 假根通常不分叉，生于绵腹组织表面 (台湾绵腹衣 *A. formosana*，王立松 11-32434)；E. 假根形成 3～5 根一束的简单分叉 (拟霜绵腹衣 *A. pseudocolpota*，王立松 13-38940)；F. 具有绵腹组织包被的假根 (棒根绵腹衣 *A. rhabdorhiza*，王立松 11-32047)。比例尺=1 mm

　b) 解剖学特征

　　绵腹衣属的髓层形态结构是种间分类的重要依据，主要分为中轴型和非中轴型两类。其中，中轴型是指髓层中致密菌丝紧密黏合而形成中轴，中轴根据形态被分为圆柱形中轴和压扁形中轴两类，中国已知具圆柱形中轴的有 3 种，如淡绵腹衣 *A. hypoleucoides* (图 17：A)，具压扁形中轴的有 2 种 (图 17：D)，如白绵腹衣 *A. leucobatoides*；髓层不具中轴的分为两种类型：髓层双层型和单层型，其中中国双层髓的有 3 种，如台湾绵腹衣 *A. formosana* (图 17：B)，单层髓的有 2 种，如霜绵腹衣 *A. colpota* (图 17：C)。

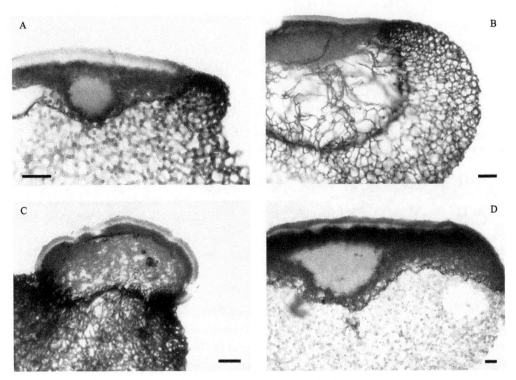

图 17　绵腹衣属地衣中轴类型

A. 中轴黑色圆柱状，包埋于髓层中间 (淡绵腹衣 *Anzia hypoleucoides*，王立松 12-37721)；B. 不具中轴，髓层分为两层，上层菌丝致密，下层疏松 (台湾绵腹衣 *A. formosana*，王立松 11-32434)；C. 不具中轴，髓层单层 (霜绵腹衣 *A. colpota*，王立松 85-0060)；D. 中轴白色扁平状 (白绵腹衣 *A. leucobatoides*，王立松 11-32419)。比例尺=100 μm

子囊棒状，长约 50 μm，子囊内含多孢 (超过 100 个)，孢子无色单胞，月牙形弯曲，8～16 × 2～3 μm；该属的子囊及子囊孢子形态一般不用于种间分类鉴定。

(2) 地衣特征化合物

目前已知绵腹衣属地衣特征化合物约 11 种 (Kurokawa and Jinzenji，1965；Elix et al.，1997；Jayalal et al.，2012)；主要成分有绵腹衣酸 (anziaic acid) (C: + 红色，KC: + 红色)、柔扁枝衣酸 (divaricatic acid)、肺衣酸 (lobaric acid) (K: + 淡黄色) 和石花酸 (sekikaic acid)；其中台湾绵腹衣 *A. formosana*、黑绵腹衣 *A. hypomelaena*、日本绵腹衣 *A. japonica* 含绵腹衣酸，拟霜绵腹衣 *A. pseudocolpota*、棒根绵腹衣 *A. rhabdorhiza* 含柔扁枝衣酸，肺衣酸出现在淡绵腹衣 *A. hypoleucoides*、白绵腹衣 *A. leucobatoides* 中，石花酸出现在霜绵腹衣 *A. colpota*、仙人掌绵腹衣 *A. opuntiella*、瘤绵腹衣 *A. ornata* 中。

(3) 地理分布

在中国已知的 12 种中，除了霜绵腹衣 *A. colpota* 与瘤绵腹衣 *A. ornata* 为亚洲和美洲分布，其余 10 种均为亚洲分布；其中，日本绵腹衣 *A. japonica*、仙人掌绵腹衣 *A. opuntiella* 和淡绵腹衣 *A. leucobatoides* 为东亚分布，包括中国、日本和韩国有记录；台湾绵腹衣 *A. formosana*、黑绵腹衣 *A. hypomelaena*、白绵腹衣 *A. leucobatoides*、拟霜绵腹衣 *A. pseudocolpota*、棒根绵腹衣 *A. rhabdorhiza*、小鸡冠绵腹衣 *A. cristulata* 和半圆柱绵腹衣 *A. semiteres* 7 种仅知中国分布，其中拟霜绵腹衣和棒根绵腹衣为横断山地区特有 (Wang-Yang and Lai，1973；Liang et al.，2012；Wang et al.，2015)，小鸡冠绵腹衣

和半圆柱绵腹衣仅台湾有报道 (Zahlbruckner，1933；Wang-Yang and Lai，1973)。

绵腹衣属大多数种分布在亚高山地区，中国横断山是绵腹衣属物种最具多样性的地区，也是亚洲分布中心；仙人掌绵腹衣从吉林、黑龙江到浙江、台湾等均有分布，也是中国分布范围最广的绵腹衣之一，日本绵腹衣和瘤绵腹衣仅见中国的南方分布。

(4) 生境与生态

本卷研究的 10 种主要分布在海拔 2500～3000 m 地区；其中台湾绵腹衣和瘤绵腹衣在海拔 1400～3000 m 均有分布，是该属中垂直分布范围最广的两个种；海拔分布最高的是棒根绵腹衣和黑绵腹衣，分布于横断山海拔 2400～3800 m 地区 (滇西北和川西) (图 18)。

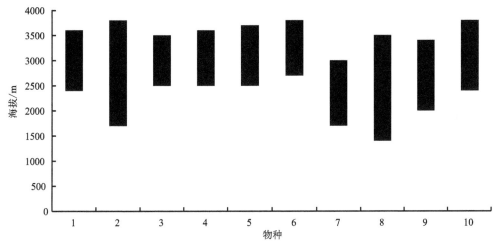

图 18　绵腹衣属垂直分布图

1. 霜绵腹衣 Anzia colpota；2. 台湾绵腹衣 A. formosana；3. 淡绵腹衣 A. hypoleucoides；4. 日本绵腹衣 A. japonica；5. 白绵腹衣 A. leucobatoides；6. 黑绵腹衣 A. hypomelaena；7. 仙人掌绵腹衣 A. opuntiella；8. 瘤绵腹衣 A. ornata；9. 拟霜绵腹衣 A. pseudocolpota；10. 棒根绵腹衣 A. rhabdorhiza

高海拔暗针叶林中的云杉属 (Picea)、冷杉属 (Abies) 是绵腹衣属的主要附生基物树种，亚高山干燥环境中的华山松 (Pinus armandii) 和高山松 (P. densata) 是一些绵腹衣的主要附生树种；常绿阔叶林中最常见的附生基物是杜鹃 (Rhododendron spp.) 和栎 (Quercus spp.)，落叶阔叶林中的蔷薇科灌木枝，以及花楸 (Sorbus spp.)、槭树 (Acer sp.)、核桃 (Juglans regia) 等乔木树干上也附生该属地衣；目前岩石表面仅瘤绵腹衣 Anzia ornata 有记录。

(5) 经济应用

绵腹衣属主要用作石蕊试剂原料、抗生素原料和民间传统药。其中台湾绵腹衣 A. formosana 被用作早期的石蕊试剂原料，日本绵腹衣 A. japonica 被用作抗生素原料。仙人掌绵腹衣 A. opuntiella 和瘤绵腹衣 A. ornata 是民间传统药用地衣；用法：汤剂内服或水煮涂擦；主治：目暗不明、崩漏，以及疮毒、顽癣等症 (王立松和钱子刚，2013；吴金陵，1987；魏江春等，1982)。

2. 扁枝衣属

(1) 形态学特征

a) 外形特征

地衣体扁枝状，直立至悬垂，柔软，枯草黄色至淡黄褐色，二叉至不规则分枝，顶端渐尖；皮层常发育不良 (图 19：B)，常有环裂，表面具网状脊；子囊盘茶渍型，侧生；其中扁枝衣 *Evernia mesomorpha* 的地衣体表面具大量裂芽，裂芽常粉芽化 (图 19：A)。

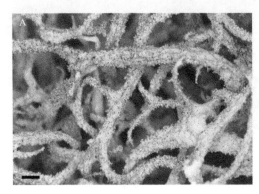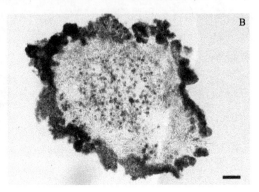

图 19　扁枝衣属形态特征

A. 地衣体表面密生裂芽 (扁枝衣 *Evernia mesomorpha* 形态结构，王立松等 15-49571)；B. 扁枝衣地衣体横切面，髓层菌丝疏松，无软骨质中轴 (王立松等 15-49571)。比例尺：A = 1 mm；B = 100 μm

b) 解剖学特征

皮层通常发育不良，厚度不均 (图 19：B)，厚 30~80μm；髓层无软骨质中轴 (图 19：B)，髓层菌丝白色，绒絮状，疏松至致密；子囊内含 8 孢，子囊孢子椭圆形，无色单胞，5~10 × 3.5~6 μm；光合共生生物为绿球藻。

(2) 地衣特征化合物

Culberson(1963)对该属的 5 个种进行了化学研究，共报道了 6 种地衣特征化合物；其中，在中国有分布记录的柔扁枝衣 *E. divaricata* 含柔扁枝衣酸 (divaricatic acid) 和松萝酸 (usnic acid)；扁枝衣 *E. mesomorpha* 不仅含柔扁枝衣酸和松萝酸，还含去甲环萝酸 (evernic acid)。孙汉董等 (1983) 对滇西北产的扁枝衣 *E. mesomorpha* 进行了较全面的化学研究，发现了该种所含主香和主要成分为柔扁枝衣酸乙酯 (ethyl divaricatinate)，此外，Yuan 等 (2010) 从柔扁枝衣中还分离出了黑茶渍素 (atranorin)、2,4-di-*O*-methyldivaric acid、divaricatinic acid 和 2-*O*-methylnor- divaricatic acid。

(3) 地理分布

中国分布的 3 个种为北温带分布型：柔扁枝衣 *E. divaricata* 和扁枝衣 *E. mesomorpha* 主要分布在喜马拉雅地区、欧洲温带及北美洲 (Singh and Sinha，2010；Esslinger and Egan，1995)。前者在中国分布于陕西、甘肃、新疆以及西藏和四川，后者从中国东北到西南地区都有分布；裸扁枝衣 *E. esorediosa* 分布于喜马拉雅地区 (印度、尼泊尔、斯里兰卡) 及北欧 (Singh and Sinha，2010)，在中国仅出现于北方的内蒙古、黑龙江和吉林。

栎扁枝衣 *E. prunastri* 分布于欧洲及中国周边的印度、日本和韩国 (Singh and Sinha，2010；Harada et al.，2004；Hur et al.，2005)，中国至今未发现该种的存在。

(4) 生境与生态

柔扁枝衣 *E. divaricata* 主要生长在云杉 (*Picea* sp.)、冷杉 (*Abies* sp.)、柏木 (*Juniperus* sp.)、落叶松 (*Larix* sp.)、杨树 (*Populus* sp.)、杜鹃 (*Rhododendron* sp.) 等的树干或枯树桩上，高海拔地区也偶见石生；裸扁枝衣 *E. esorediosa* 主要生于落叶松树干或树枝上；扁枝衣 *E. mesomorpha* 在海拔 400~4800 m 都有分布，常见于桦木 (*Betula* sp.)、落叶松、高山松 (*Pinus densata*)、云杉、冷杉、杜鹃、柏、栎 (*Quercus* sp.) 等树干或树枝上，横断山高海拔地区常见于岩石表面。根据标本采集记录，中国有记录的该属地衣在海拔 400~4800 m 都有分布，其中海拔分布最宽的是扁枝衣 *E. mesomorpha*，海拔分布最窄的是裸扁枝衣 *E. esorediosa*，见表 3。

表 3　中国扁枝衣属分布的生境与生态

种名	海拔/m	基物	环境
柔扁枝衣 *E. divaricata*	2400~4306	针叶、阔叶树干或树枝，偶见岩面生	林下、林荫、散光
裸扁枝衣 *E. esorediosa*	607~1250	针叶树干和树枝	林下、林荫、散光
扁枝衣 *E. mesomorpha*	400~4800	针叶、阔叶树干或树枝，高山常见于岩面	林下、裸岩表面、散光、直射光

(5) 经济应用

扁枝衣属地衣不仅可药用，也可用于日化香料的原料中；其中松萝酸和柔扁枝衣酸有较强的抗菌活性，主要用于消炎，主治肺炎、外伤感染等 (王立松和钱子刚，2013)。欧洲香料市场著名的"橡苔"地衣香料，就是栎扁枝衣 *E. prunastri* 的香料产品，其用于调和香料，因具有留香持久、诱发性强的特点被广泛应用；中国日化香料中用扁枝衣 *E. mesomorpha* 制成的"中国橡苔"，与法国橡苔产品香气酷似，且别具风格 (孙汉董，1988)。

3. 金丝属

(1) 形态学特征

a) 外形特征

地衣体枝状，直立型、匍卧型和悬垂型，表面橘红色至土红色，平滑至具强烈纵向棱脊 (图 20：A)；子囊盘茶渍型，侧生，盘面褐色至栗褐色，全缘 (图 20：B)；皮层发育不良，有时局部破裂，常具粉芽堆 (图 20：C)；髓层具软骨质中轴 (图 20：D、E)。

b) 解剖学特征

皮层由疏松的菌丝形成海绵状皮层结构，厚度不均匀，通常 20~40 μm，使表面出现纵向脊皱，湿润环境中纵向脊皱不明显或微弱，干燥环境下 (或馆藏标本) 纵向脊皱强烈；髓层具白色软骨质中轴，中轴由致密菌丝紧密黏合而成；子囊长棒状，子囊内含 8 个孢子，子囊孢子椭圆形，无色单胞，5~6 × 5~8 μm。

图 20　金丝属形态特征

A. 金丝带 *Lethariella zahlbruckneri* 地衣体表面具纵向棱脊 (王立松等 16-54380)；B. 金丝带子囊盘表面褐色至栗褐色 (王立松等 16-54380)；C. 金丝刷 *L. cladonioides* 地衣体皮层局部脱落，形成斑块状粉芽堆 (王立松 96-16928)；D、E. 金丝刷髓层具白色软骨质中轴 (王立松等 07-28203，96-16928)。比例尺：A～D = 1 mm；E = 100 μm

(2) 地衣特征化合物

金丝属的地衣化学研究一直备受关注，一方面该属的地衣特征化合物是传统分类中的种间分类依据，另一方面该属是中国民间传统药用地衣，其有效成分也在不断研究和探索中。Krog (1976) 建立该属时，用薄层层析 (TLC) 方法检测到该属含黑茶渍素 (atranorin) 和卡那利素 (canarione) 等特征化合物。20 世纪 80 年代后，该属的地衣化学研究基本是在中国开展，张振杰和胡洁荃 (1981) 与孙汉董等 (Sun et al., 1990) 对该属地衣的化学成分进行了提取和分离，从金丝刷 *L. cladonioides* 中获得了降斑点酸 (norstictic acid)、黑茶渍素 (atranorin)、*β*-苔黑酚酸甲酯 (methyl *β*-orcinolcarboxylate)、赤星衣酸 (haematommic acid)，从金丝带 *L. zahlbruckneri* 中获得了赤星衣酸乙酯 (ethyl haematommate) 和鳞衣酸 (placodiolic acid)。2007 年和 2011 年，牛东玲使用高压液相色谱法 (HPLC)，明确了金丝刷含 7 种地衣特征化合物：降斑点酸 (norstictic acid)、聚降斑点酸 (connorstictic acid)、三苔色酸 (gyrophoric acid)、茶渍酸 (lecanoric acid)、鳞衣酸 (placodiolic acid)、茶痂衣酸 (psoromic acid)、2′-*O*-demethylpsoromic acid；金丝带含 5 种地衣特征化合物：卡那利素 (canarione)、黑茶渍素 (atranorin)、降斑点酸 (norstictic acid)、三苔色酸 (gyrophoric acid)、鳞衣酸 (placodiolic acid)。此外 Kinoshita 等 (2010) 对金丝属中的 3 个种进行了色素鉴定，并获得了 4 个地衣特征化合物：卡那利素 (canarione)、rubrocashmeriquinone、7-chlororubrocashmeriquinone、7-chlorocanarione。

(3) 地理分布

目前全球该属共 7 种，主要分布在亚洲和欧洲。其中，该属的模式种错枝金丝 *L.*

intricata 分布于加那利群岛、克什米尔 (Krog，1976)；黄皮金丝 *L. togashii* 分布于日本及俄罗斯的东南部 (Skirina，2006；Ohmura，2011)；橘色亚属的 5 种中，加那金丝 *L. canariensis* 分布于加那利群岛 (Krog，1976)，金丝刷 *L. cladonioides* 分布于喜马拉雅地区 (Niu et al.，2011)，曲金丝 *L. flexuosa*、金丝带 *L. zahlbruckneri* 和中华金丝 *L.sinensis* 为中国横断山地区特有，分布于西藏东南部、川西和滇西北。

(4) 生境与生态

中国的金丝属 4 种均分布在海拔 3100～5065 m，其中金丝刷在陕西的分布最低至海拔 3100 m，而曲金丝在西藏东南部的分布最高至海拔 5065 m；金丝刷、中华金丝和金丝带主要附生在高山针叶林中的滇藏方枝柏 (*Juniperus indica*)，以及冷杉 (*Abies* sp.)、云杉 (*Picea* sp.) 和落叶松 (*Larix* sp.)上，常见于枯死或即将枯死的树干或树冠，金丝刷在滇西北高山也见于岩石表面；分布在 4200 m 以上冰缘带的曲金丝，主要附生基物是高原冻土层和流石滩，偶见附生于密枝杜鹃 (*Rhododendron fastigiatum*) 灌木枝。

(5) 经济应用

"红雪茶"是藏族地区著名的药用地衣，牛东玲和杨崇仁 (2012) 考证出"红雪茶"是金丝刷与金丝带 *L. zahlbruckneri* 两种的混杂，市场上销售的"红雪茶"由这两个种的 4 个不同化学型组成，民间统称为"红雪茶""鹿心雪茶"等 (图 21：A)。

图 21 中国西南地区市场销售的地衣茶产品

A. "鹿心雪茶""红雪茶"(金丝属两种混杂)；B. "白雪茶" (地茶属两种混杂)

"红雪茶"在西藏医药典著《晶珠本草》及《本草纲目》中皆有记载，《本草纲目》中记载其具"清心开阔、强体轻身、辟恶风、清热、抗病毒"等功效，使用方法是直接泡茶或煮水饮。现代药理研究表明，金丝属地衣有抗辐射、耐缺氧、耐疲劳、抗癌等作用 (赵春和张雪辉，2002；赵春 2005b；Kinoshita et al.，2004，2010；Ren et al.，2009；Sung et al.，2011；Wei et al.，2012)。近年调查还发现，"红雪茶"在藏族地区是制作藏香原料和衣物染料的主要地衣之一。

该属地衣在中国的分布范围极其狭窄，资源量十分有限，过去在滇西北常见的金丝刷和金丝带由于被大量无序收采和出售，在该地区已很难见到，目前滇西北和西藏地区的农贸市场出售的"红雪茶"主要被曲金丝替代，而该种仅局限分布于印度锡金及中国云南德钦和西藏南部冰缘带。基于"红雪茶"在原产地被无序收采，导致其资源急剧下降，目前金丝刷和金丝带在《中国生物多样性红色名录——大型真菌卷》 (2018 年) 中

被列为易危 (VU) 物种，在《云南省生物物种红色名录》 (2017 年) 中将金丝带列为极危 (CR) 物种，将金丝刷和曲金丝列为易危 (VU) 物种。

4. 孔叶衣属

(1) 形态学特征

a) 外形特征

孔叶衣属地衣体为狭叶型，中到大型，裂片相互紧密靠生或离生，顶端钝圆 (图22：A)，上表面具圆形至椭圆形穿孔，直径 0.5～1 mm (图 22：B)；粉芽堆有两种类型，其中离生孔叶衣 *Menegazzia subsimilis* 的粉芽堆生于孔口边缘，呈撕裂状 (图 22：D)，孔叶衣 *M. terebrata* 的粉芽堆则呈圆球形凸起，生于裂片上表面 (图 22：E)；下表面呈黑色，边缘棕色，通常具有褶皱和光泽，无假根 (图 22：C)；子囊盘有以下三种类型：①子囊盘盘缘具圆形穿孔 (图 22：F)，如凸缘孔叶衣 *M. asahinae*；②子囊盘盘缘平滑 (图22：G)，如平孔叶衣 *M. primaria*；③子囊盘盘缘具裂隙状白色假杯点 (图 22：H)，如假杯点孔叶衣 *M. pseudocyphellata*。

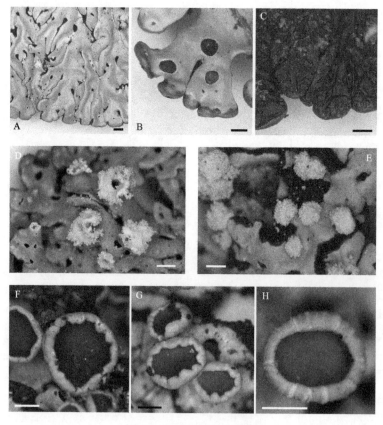

图 22　孔叶衣属形态特征

A. 孔叶衣 *Menegazzia terebrata* 裂片紧密靠生，顶端钝圆 (王立松 02-22214)；B. 裂片上表面具有圆形穿孔 (平孔叶衣 *M. primaria*，王立松 95-15921)；C. 下表面黑色，具光泽有皱褶，无假根 (王立松 95-15921)；D. 离生孔叶衣 *M. subsimilis* 粉芽堆颗粒状，穿孔，呈撕裂状 (王立松 05-24687)；E. 孔叶衣 *M. terebrata* 粉芽堆粉末状，圆形无穿孔 (王立松 07-28672)；F. 凸缘孔叶衣 *M. asahinae* 子囊盘盘缘具有圆形穿孔 (王立松 94-14399)；G. 平孔叶衣 *M. primaria* 子囊盘盘缘完整平滑 (王立松 11-32459)；H. 假杯点孔叶衣 *M. pseudocyphellata* 子囊盘盘缘具裂隙状假杯点 (王立松 15-49206)。比例尺=1 mm

b) 解剖学特征

地衣体上皮层由假厚壁组织形成，通常厚 16～20 μm；上下皮层间形成空腔，下皮层黑色，厚 13～18 μm；子囊盘茶渍型，子囊内含 8 个孢子，孢子椭圆形，无色单胞，25～70 × 20～40 μm；光合共生生物为绿球藻。

(2) 地衣特征化合物

本卷研究的中国孔叶衣属 5 种均含有斑点酸复合物 (stictic acid complex) 和黑茶渍素 (atranorin)，其中斑点酸复合物包括斑点酸 (stictic acid)、伴斑点酸 (constictic acid) 及隐斑点酸 (cryptostictic acid)；凸缘孔叶衣、离生孔叶衣、孔叶衣还含孔叶衣酸 (menegazziaic acid)。

(3) 地理分布

孔叶衣属物种大多分布在南半球，在全球 75 种中，北半球仅知 8 种。本卷记录的离生孔叶衣为南半球分布 (南美洲、北美洲、欧洲及东亚地区)，孔叶衣为北半球分布 (东亚地区、欧洲、北美洲及南美洲北部均有报道)，凸缘孔叶衣为东亚分布 (中国和日本)，平孔叶衣和假杯点孔叶衣目前仅知中国分布。

中国 5 种都分布于中国南方地区，仅有孔叶衣分布范围和海拔跨度最大，北至黑龙江、南至云南均有分布。

(4) 生境与生态

中国的孔叶衣属 5 种分布在亚热带常绿阔叶林和落叶阔叶林及暖性针叶林中，海拔范围 1300～3800 m；其中主要集中在海拔 2000～3500 m 的亚高山地区，海拔范围最宽的是孔叶衣 *M. terebrata*，而离生孔叶衣 *M. subsimilis* 海拔分布范围最窄 (图 23)。该属多见生于半阴的散光环境，附生基物多样，其中松 (*Pinus* spp.) 是最常见的附生基物树种，有时也偶见附生于冷杉属 (*Abies*) 树干；常绿阔叶林下是该属的主要生长环境，其中栎 (*Quercus* spp.) 是最常见附生树种，杜鹃 (*Rhododendron* spp.) 及落叶阔叶林中的花楸 (*Sorbus* sp.) 也有部分种附生；孔叶衣和离生孔叶衣对附生基物的选择更具多样性，在干燥环境中也附生于岩石表面。中国发现的孔叶衣属中，尚未有土生记录种。

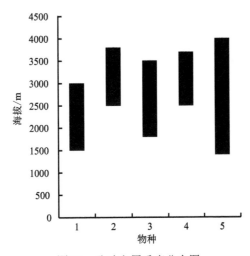

图 23　孔叶衣属垂直分布图

1. 凸缘孔叶衣 *M. asahinae*；2. 假杯点孔叶衣 *M. pseudocyphellata*；3. 平孔叶衣 *M. primaria*；4. 离生孔叶衣 *M. subsimilis*；
5. 孔叶衣 *M. terebrata*

(三) 担子地衣

1. 形态学特征

担子地衣的地衣体主要有壳状、鳞片状、胶粒状和纤维状等；担子果主要有伞形和棒状；担子呈棒状，具2～4个担子梗，担孢子卵圆形或倒卵圆形。

(1) 地衣体形态

1) 鳞片状地衣体 (图24：A)：鳞片状地衣体圆形、椭圆形，聚生或单生，直径0.5～1.6 mm，紧密或疏松贴生于基物，上表面鲜绿色至墨绿色，中心常凹陷，边缘微向上翻卷，偶具白色粉霜；下表面白色至灰白色，无假根及脉纹；上皮层和藻层分化明显，髓层和下皮层分化不明显，光合共生生物为绿藻。目前仅知绿色地衣小荷叶 *Lichenomphalia hudsoniana* 属此类地衣体。

图24 地衣体形态

A. 鳞片状地衣体 (绿色地衣小荷叶 *Lichenomphalia hudsoniana*，王立松 12-34740)；B. 胶粒状地衣体 (伞形地衣小荷叶 *L. umbellifera*，王立松等 12-34741)；C. 纤维状地衣体 (滇云片衣 *Dictyonema yunnanum*，王立松等 15-49922)；D. 壳状地衣体 (中华丽烛衣 *Sulzbacheromyces sinensis*，王立松 14-44138)

2) 胶粒状地衣体 (图24：B)：地衣体单一或弥散于基物，浅绿色至深绿色，呈细颗粒状至小球形，湿润时常呈胶粒状、不易见，通常直径30～90 μm，皮层、髓层和藻层的分化不明显，藻细胞由菌丝缠绕。伞形地衣小荷叶、短绒地衣小荷叶及金黄地衣小荷叶属此类地衣体。

3) 纤维状地衣体 (图24：C)：地衣体小型至大型，圆形或不规则形，疏松匍匐于基物，与蓝藻共生，见于滇云片衣。

4) 壳状地衣体 (图 24：D)：地衣体呈膜质，浅绿色至深绿色。其中云南丽烛衣 *S. yunnanensis* 和湿地丽烛衣 *S. fossicolus* 的壳状地衣无明显边缘，双色丽烛衣 *S. bicolor* 和中华丽烛衣 *S. sinensis* 具银白色边缘。

(2) 担子果形态

担子地衣的担子果通常生长在 6～9 月，中国的担子地衣中有伞形和棒状两类担子果。

1) 伞形担子果 (图 25、图 26：A)：由菌盖、菌褶和菌柄构成；菌盖表面白色、奶油黄色至深褐色，直径 0.3～4.5 cm；菌褶由长、短菌褶构成，末端常简单分叉，短菌褶近柄端平截；菌柄实心或偶见中空，高 0.5～6 cm，直径 0.3～2.5 mm，基部常有白色绒毛。地衣小荷叶属 *Lichenomphalia* 为此类担子果。

图 25　伞形担子果菌褶由长菌褶和短菌褶构成

图 26　担子果形态

A. 伞形担子果 (绿色地衣小荷叶 *L. hudsoniana*，王立松 12-34740)；B. 棒状担子果 (云南丽烛衣 *S. yunnanensis*，王立松 14-44123)

2) 棒状担子果 (图 26：B)：担子果呈长棒状，白色、淡黄色至橘红色，高 0.3～7 cm，直径 0.5～2.3 mm，基部无柄或具短柄，顶端渐尖或钝圆；子实层生于担子果表层，由多数担子组成，担子上着生 2～4 个担孢子。丽烛衣属 *Sulzbacheromyces* 为此类担子果。

(3) 解剖学特征

1) 锁状联合 (图 27：A)：是两个菌丝细胞在分裂后形成的喙状结构，是种间分类的重要特征之一。云片衣属和丽烛衣属中部分种具锁状联合，而地衣小荷叶属的物种都不具锁状联合 (图 27：B)。

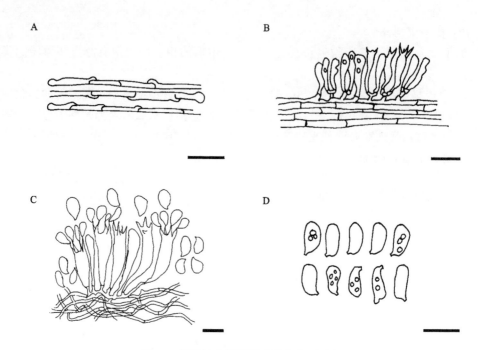

图 27　担子地衣锁状联合及担孢子形态

A. 菌丝具有锁状联合；B. 菌丝不具锁状联合；C. 地衣小荷叶属担孢子形态，滴状斑点不常见；D. 丽烛衣属担孢子形态，部分种有滴状斑点。比例尺 = 15 μm

2) 担孢子 (图 27：C、D)：卵圆形或倒卵圆形，3～11 × 4.5～7.5 μm，无色透明，具薄壁。

3) 共生藻 (图 28)：光合共生生物为蓝细菌或绿藻，藻细胞聚集成圆球形或分离，表面有菌丝缠绕 (图版 XVI：C；图 28)。

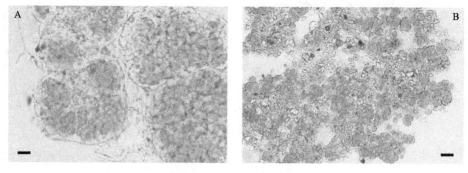

图 28　担子地衣共生藻

A. 胶球藻类，地衣小荷叶属光合共生生物为此类共生藻；B. 色球藻类，丽烛衣属光合共生生物为此类共生藻。比例尺 = 10 μm

2. 地衣特征化合物

中国的担子地衣化学显色反应皆为负反应，未检测出地衣特征化合物的存在。

3. 地理分布

根据本卷研究的标本及文献信息，将 9 个中国分布的担子地衣物种划分为以下 3 个地理分布型。

1) 北温带分布型：广泛分布于欧洲、亚洲和北美洲温带地区的种。此类分布型的中国担子地衣有 4 种，约占 44.4%，即短绒地衣小荷叶、金黄地衣小荷叶、绿色地衣小荷叶、伞形地衣小荷叶。

2) 东亚分布型：从东喜马拉雅一直分布到日本的一些种，其分布区向东北不超过俄罗斯境内的阿穆尔州，并从日本北部至萨哈林岛 (库页岛)，向西南不超过越南北部和喜马拉雅东部，向南最远到达菲律宾、苏门答腊岛和爪哇岛，含中国 2 种，约占 22.2%，即湿地丽烛衣、中华丽烛衣。

3) 中国特有种：双色丽烛衣、云南丽烛衣和滇云片衣目前仅在中国云南发现，约占中国已知种的 33.4%。

统计显示，中国的担子地衣种类从热带到温带都有分布，其中以北温带分布为主，约占 30%；其中，云南是担子地衣最具多样性和独特性的地区，约占已知种的 5.23%。

4. 生境与生态

地衣小荷叶属分布在北温带高寒湿冷环境，在中国横断山地区海拔分布可达 3200~4300 m，生于林下苔藓层或腐木上及高山冻土层；云片衣属中的 1 种分布于海拔 1000 m 的苔藓上；丽烛衣属在南北半球都有分布，常见于热带和亚热带地区，中国分布在海拔 400~2300 m 地区，中华丽烛衣和云南丽烛衣生于岩面薄土层及新开垦的红壤表面，其中中华丽烛衣因光照、湿度、基物的不同，在形态和表面颜色上都有较大的变化；湿地丽烛衣则生于阴坡土壤表面 (图 29)。

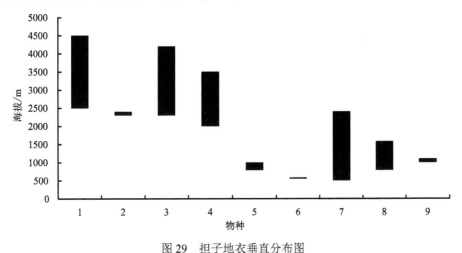

图 29　担子地衣垂直分布图

1. 绿色地衣小荷叶 Lichenomphalia hudsoniana；2. 金黄地衣小荷叶 L. luteovitellina；3. 伞形地衣小荷叶 L. umbellifera；4. 短绒地衣小荷叶 L. velutina；5. 双色丽烛衣 Sulzbacheromyces bicolor；6. 湿地丽烛衣 S. fossicolus；7. 中华丽烛衣 S. sinensis；8. 云南丽烛衣 S. yunnanensis；9. 滇云片衣 Dictyonema yunnanum

5. 经济应用

从 *Dictyonema glabratum* 中分离得到了血凝素,其具有明显的促进红细胞凝聚的活性 (Elifio et al., 2000);Ding 等 (2008) 从在海南采集的中华丽烛衣 *Sulzbacheromyces sinensis* 中分离出了地衣内生真菌类拟盘多毛孢 *Pestalotiopsis* sp.,从该内生真菌中发现了 23 种次级代谢产物,其中 21 种为新结构化合物,并且其中大多数具有抗菌活性。

专　　论

一、梅衣科：树发类地衣

树发类地衣隶属于子囊菌门 Ascomycota 茶渍纲 Lecanoromycetes 梅衣科 Parmeliaceae (Thell et al.，2012)。地衣体枝状，以基部附着基物，直立至匍卧型、悬垂至亚悬垂型，表面淡绿褐色、暗绿褐色至黄绿色，皮层由纵向排列的菌丝紧密黏合而成，髓层菌丝疏松至中空，无软骨质中轴，髓层菌丝表面平滑至具疣突，子囊盘茶渍型，果托发育良好，子囊顶器为茶渍型，子囊内含 1~8 个孢子，孢子无色、淡黄绿色至褐色，单胞或具 2~3 个横隔至砖壁式多胞，具薄壁，光合共生生物为绿球藻。本卷记载了包括砖孢发属在内的 5 属 35 种和 1 变型。

树发类地衣包括树发属、小孢发属、拟毡衣属、槽枝属、砖孢发属和黑树发属 6 属，全球约 102 种，其中黑树发属为北美洲及欧洲分布 (Halonen et al.，2009)，亚洲未见报道。

尽管砖孢发属的分子数据并不支持其包括在树发类地衣中，但结合 Brodo 和 Hawksworth (1977) 对树发类地衣的经典分类划分，我们将砖孢发属纳入本卷研究中。

中国树发类地衣分属检索表

1. 子囊内含 1 个孢子，孢子砖壁式多胞 ················ **砖孢发属 Oropogon**
1. 子囊内含 2~8 个孢子，孢子单胞或 2~4 胞 ························· 2
  2. 地衣体表面具纵向沟槽，孢子 2~4 胞 ·············· **槽枝属 Sulcaria**
  2. 地衣体表面无纵向沟槽，孢子单胞 ································· 3
3. 地衣体黄色至绿黄色，含松萝酸，孢子成熟后褐色 ········· **树发属 Alectoria**
3. 地衣体绿棕色至深棕色，不含松萝酸，孢子无色 ····················· 4
  4. 地衣体匍卧型，紧贴基物生长，不含地衣特征化合物 ····· **拟毡衣属 Pseudephebe**
  4. 地衣体直立至悬垂型，含富马原岛衣酸等 ············ **小孢发属 Bryoria**

Key to the genera of alectorioid lichens in China

1. Spores 1 per ascus, spores muriform ···························· ***Oropogon***
1. Spores 2-8 per ascus, spores simple or 2-4 cells ····················· 2
  2. Thallus cortex longitudinally furrowed, spores 2-4 cells ·············· ***Sulcaria***
  2. Thallus not furrowed, spores simple ····························· 3
3. Thallus yellow to greenish yellow, usnic acid present, spores brown at maturity ············ ***Alectoria***
3. Thallus greenish brown to dark brown, usnic acid absent, spores colourless at maturity ····················· 4
  4. Thallus decumbent, closely adpressed to the substrate, lichen secondary metabolites absent ············
     ·· ***Pseudephebe***
  4. Thallus erect, caespitose to pendent, atranorin, fumarprotocetraric acid always present ········ ***Bryoria***

（一）树发属 Alectoria Ach.

Alectoria Ach., in Luyken, Tent. Hist. Lich.: 95, 1809.

Type species: *Alectoria sarmentosa* (Ach.) Ach.(≡ *Lichen sarmentosus* Ach.).

地衣体枝状，直立丛生至悬垂，以基部固着于基物，无柄或以基部柄固着基物；表面淡黄褐色至枯草黄色；分枝二叉式至不规则分枝，顶端渐尖；具明显凸起的假杯点；皮层由致密纵向菌丝组成；髓层无软骨质中轴，菌丝疏松，菌丝表面具疣突；子囊盘茶渍型；子囊内含 2～4 个孢子，孢子单胞，椭圆形，成熟后褐色至深褐色；光合共生生物为绿球藻；地衣特征化合物主要为松萝酸 (usnic acid)、树发酸 (alectoronic acid) 等。

全球树发属 9 种 (Brodo and Hawksworth，1977)，其中，中国 2 种。

树发属不同于槽枝属 *Sulcaria* 之处在于后者地衣体表面具纵向沟槽，子囊内含 8 个孢子，孢子 2～4 胞；与小孢发属 *Bryoria* 不同之处在于后者子囊内含 8 个孢子，孢子无色，地衣体不含松萝酸。

中国树发属分种检索表

1. 地衣体无粉芽，皮层和髓层 P– ··· 金黄树发 *A. ochroleuca*
1. 地衣体具粉芽，皮层和髓层 P+ 橘红色 ····································· 粉刺树发 *A. spiculatosa*

Key to the species of *Alectoria* in China

1. Soredia absent, cortex and medulla P– ··· ***A. ochroleuca***
1. Soredia present, cortex and medulla P+ orange red ································· ***A. spiculatosa***

1. 金黄树发　图版 I：A、B

Alectoria ochroleuca (Hoffm.) A. Massal., Sched. Crit. Lich. Ital.: 47, 1855; Sato, Bot. Mag. Tokyo **65**: 175, 1952; Chen, Zhao & Luo, Journ. NE Forestry Inst. **3**: 128, 1981; Wei, Enum. Lich. China: 21, 1991; Wang et al., ICAB 2012. Lecture Notes in Electrical Engineering, **250**: 1095, 2014.

GenBank No.: KM979761.

≡ *Lichen islandicus* var. *ochroleucus* Schrank, 1792. –*Usnea ochroleuca* Hoffm., Descr. Adumbr. PL. Lich. 2(1): 7, 1794. –*Bryopogon ochroleucus* (Schrank) Link, Grundr. Krauterk. 3: 164, 1833.

模式标本未见。

地衣体生长型：枝状，直立、匍匐至亚悬垂型，质地硬，以基部固着于基物，高 5～15 cm；表面：基部至中部表面亮黄色至枯草黄色，仅顶端深褐色至黑色；分枝：圆柱状，直径 1～1.5 mm，基部至中部不等二叉式分枝，近顶端 2～3 叉分枝，渐尖，无粉芽及裂芽；假杯点：丰多，椭圆形至不规则斑块状，明显凸起，白色，直径常超过 1 mm；主枝横切面：椭圆形，直径 1～1.5 mm；皮层厚 200～300 μm；髓层：无软骨质中轴，菌丝疏松，表面具疣状突，菌丝直径 5 μm；子囊盘及分生孢子器：未见；光合共生生物：绿球藻，藻层厚约 100 μm。

地衣特征化合物：髓层 K–、P–、C–、KC+黄色至金黄色，CK+红色；含松萝酸 (usnic

acid)、环萝酸 (diffractaic acid)、黑茶渍素 (atranorin)、黑树发酸 (alectorialic acid)、树发酸 (alectoronic acid)。

生境：在中国横断山地区生于海拔 4000～4500 m 的高山草甸及岩石表面，偶见于草原杜鹃 (*Rhododendron telmateium*) 和滇藏方枝柏 (*Juniperus indica*) 灌木枝。

研究标本引证：

内蒙古 大兴安岭，额尔古纳左旗，海拔 1460 m，石坡上，1951-8-11，王战 1905 (in IFP)。

云南 德钦县，奔子栏乡，白马雪山，28°23′N，99°04′E，海拔 4000～4800 m，高山杜鹃 (*Rhododendron* sp.) 灌丛下，1981-7-13，王立松 81-22850，81-22849，1984-5-25，王立松 84-41a，1985-6-12，王立松 85-8891，85-8898，1993-8-9，王立松 93-13500，1994-10-4，王立松 94-15361，2006-8-28，王立松 06-26421，2007-8-15，王立松 07-27874，07-27867，2009-10-5，王立松等 09-31079，09-41554，2010-10-5，王立松 10-31920，2012-7-4，王立松等 12-34830，12-34836，12-34837，2012-9-10，牛东玲等 12-35822，2013-6-22，王立松等 13-38579，2013-7-19，李建文 13-38980；梅里雪山，索拉垭口，28°38′N，98°36′E，海拔 4800 m，土上，2012-9-10，牛东玲等 12-35822。

西藏 林芝县，色季拉山口，海拔 4300 m，岩石下，2008-8-8，王立松 08-29640；德姆拉，海拔 5000 m，1976-8-29，臧穆 9419；亚东县，丁嘎后山，海拔 4760 m，石隙间，1975-6-16，臧穆 44。

文献记载：黑龙江 (陈锡龄等，1981)，内蒙古 (Sato，1952；陈锡龄等，1981；Wei and Jiang，1982)，四川 (Obermayer，2004)。

世界分布：印度 (Singh and Sinha，2010)，尼泊尔，日本 (Harada et al.，2004)，朝鲜半岛 (Hur et al.，2005)，北美洲，新西兰，欧洲 (Brodo and Hawksworth，1977)。

用途：抗生素及石蕊试剂原料 (王立松和钱子刚，2013)。

讨论：金黄树发的分类特征在于地衣体灌木状，分枝表面枯草黄色，近顶端常变为黑色，具明显凸起的斑块状白色假杯点。本种灌木状分枝与槽枝衣 *Sulcaria sulcata* 相似，但后者地衣体表面具纵向沟槽且不含松萝酸。

中国标本子囊盘及分生孢子器未见。文献记载 (Brodo and Hawksworth，1977)：子囊盘侧生，盘面橘黄色、红褐色至黑色，直径 3～6 mm；子囊内含 2 (～4) 个孢子，孢子椭圆形，单胞，成熟后暗褐色，(26～) 28～35 (～42) × (12～) 16～22 (～28) μm；分生孢子器少见，顶生或亚顶生，黑色，具光泽，直径约 0.15 mm；分生孢子 7～8 × 0.8 μm。

2. 粉刺树发　图版 I：C、D

Alectoria spiculatosa Li S. Wang & Xin Y. Wang, Index Fungorum **250**: 1, 2015.

　　GenBank No.: KM042886, KM042887.

= *Alectoria spinosa* Li S. Wang & Xin Y. Wang, Mycosphere **6**(2): 159, 2015.

　　MycoBank No.: MB 551251.

　　Type: Yunnan Prov., Lijiang Ci., Jiuhe Village, Laojun Mt., 26°38′N, 99°44′E, 4150 m elev., on branches of *Rhododendron*, 2014-June, Wang Li-song et al., 14-44046 (KUN-L

45926, holotype !).

地衣体生长型：枝状，直立至亚悬垂丛生，质地硬，高 1.5～3 cm，以基部固着基物，基部呈黑色，炭化；分枝：主枝直径 0.3～0.5 (～1) mm，基部分枝稠密，不规则二叉式分枝，圆柱状，有时局部扁枝状，分枝腋钝圆至直角，近顶端呈等二叉式分枝，分枝腋呈锐角；侧生小刺：稀疏，长 0.1～0.5 mm，顶端黑色；小刺状分枝：长 0.5～1.5 mm，与地衣体同色；表面：向光面有时呈淡褐色，背光面枯草黄色至黄褐色；假杯点：丰多，早期狭长裂隙状，表面凹陷，后期粉芽化并明显凸起，灰白色至暗褐色，约 0.2×1.2 mm；粉芽：颗粒状，具簇生裂芽型小刺，小刺长 0.1～0.5 mm，小刺顶端粉芽化；主枝横切面：圆形至椭圆形，直径 200～300 μm；皮层：厚 40～50 μm，单层型，外侧淡黄色，内侧无色；髓层：无软骨质的中轴，菌丝稀疏至局部中空，菌丝直径 6～9 μm，表面具疣状突；子囊盘及分生孢子器：未见；光合共生生物：绿球藻。

地衣特征化合物：粉芽及髓层 P+黄变橘红色，K±黄色，C−，KC±黄色，CK−；TLC：含松萝酸 (usnic acid)、绿树发酸 (virensic acid)、原岛衣酸 (protocetraric acid)。

生境：高山针叶林苍山冷杉 (Abies delavayi) 树干及常绿阔叶林中杜鹃 (Rhododendron sp.) 灌木枯枝；海拔 4010～4150 m。

研究标本引证：

云南 丽江市，九河乡，老君山，26°37′N, 99°42′E，海拔 4010～4150 m，冷杉 (Abies sp.) 树干，2011-5-22，王立松等 11-32083，11-32085，11-32102。

文献记载：云南 (Wang et al., 2015)。

世界分布：中国横断山地区。

讨论：粉刺树发的分类特征在于地衣体直立丛生，粉芽堆表面簇生裂芽型小刺，小刺顶端粉芽化。

本种地衣体直立至亚悬垂丛生，具粉芽堆及裂芽型小刺，与伊穆氏树发 A. imshaugii 相似，但后者地衣体表面亮黄绿色，含地茶酸或鳞衣酸；与长匍树发 A. sarmentosa 都具粉芽，但后者的地衣体悬垂，粉芽表面无小刺，含树发酸。

(二) 小孢发属 Bryoria Brodo & D. Hawksw.

Bryoria Brodo & D. Hawksw., Opera Bot. **42**: 78, 1977.

Type species : *Bryoria trichodes* (Michx.) Brodo & D. Hawksw.(≡*Setaria trichodes* Michx.).

地衣体直立丛生、匍卧至悬垂型，以基部固着基物；分枝圆柱状，不规则至等二叉分枝，常具侧生小刺或刺状小分枝；表面淡褐色、鹿褐色至深褐色；假杯点多样；皮层由致密纵向菌丝组成；髓层无软骨质中轴，菌丝疏松至局部中空，菌丝表面光滑；子囊盘茶渍型，侧生至亚顶生；子囊内含 8 个孢子，孢子无色单胞；光合共生生物为绿球藻；地衣特征化合物主要为富马原岛衣酸 (fumarprotocetraric acid)、聚富马原岛衣酸 (confumarprotocetraric acid)、肺衣酸 (lobaric acid)、黑茶渍素 (atranorin) 等。

生于高寒湿冷环境，北半球分布；全球约 50 种，其中中国 25 种。

本属不同于树发属 Alectoria 之处在于后者地衣体淡黄褐色至枯草黄色，含松萝酸，子囊内含 2~4 个孢子；不同于砖孢发属 *Oropogon* 之处在于后者子囊内含 1 个孢子，孢子砖壁式多胞，成熟后褐色。小孢发属悬垂的地衣体，子囊内含 8 个孢子，孢子无色单胞，与松萝属相似，但后者髓层具软骨质中轴，含松萝酸。

中国小孢发属分种检索表

Key to the species of *Bryoria* in China

1. 阿拉斯加小孢发 (新拟)　图版 I：E、F

Bryoria alaskana Myllys & Goward, Lichenologist **48**(5): 355-365, 2016.

    GenBank No.: DQ007035.

    Type: USA, Alaska, Alexander Archipelago, Kuiu Island, Tebenkof Bay, 56.46728°N，134.07814°W, alt. 2 m, beach fringe forest with *Tsuga heterophylla* and *Picea sitchensis*, on *Malus fusca*, 2013, K. Dillman 11 Jul 13: 4 (UBC-holotype; H-isotype!).

    地衣体生长型：枝状，亚悬垂至悬垂型，纤细柔软，长 6～15 cm，易碎；分枝：主枝直径 0.15～0.25 mm，局部直径达 0.3 mm，等二叉分枝；分枝腋：呈锐角或 U 形，近顶端分枝腋呈直角；侧生分枝：稀疏，长 2～4 mm，基部不缢缩；侧生小刺、粉芽及裂芽不出现；表面：基部至中部分枝呈淡褐色、淡棕色，近顶端污白色，无光泽至弱光泽；假杯点：稀疏至丰多，裂隙状、宽梭形至呈椭圆形，表面平坦至微凸起，白色，0.1～0.7 (～1.0) × 0.03～0.10 mm；子囊盘及分生孢子器未见；地衣体中部分枝横切面：圆形，直径 100～250 μm；皮层：厚度均匀，厚 25～30 μm，外侧褐色，内侧无色；髓层：菌丝疏松，表面光滑，直径 2～4 μm。

    地衣特征化合物：髓层 P+橘红色，K−，C−，KC−；TLC：富马原岛衣酸 (fumarprotocetraric acid)，偶见原岛衣酸 (protocetraric acid) 和伴富马原岛衣酸 (confumarprotocetraric acid)。

生境：生于冷杉（*Abies* sp.）树干及树枝；海拔 3200～3800 m。

研究标本引证：

云南 中甸县①，天池，27°37′N，99°33′E，海拔 3200～3800 m，冷杉（*Abies* sp.）树干，1993-8，王立松 93-13658，2004-6-13，王立松 04-23193。

文献记载：云南（Myllys et al.，2016）。

世界分布：北美洲（Myllys et al.，2016）。

讨论：阿拉斯加小孢发地衣体悬垂型，等二叉分枝，无侧生小刺，表面淡褐色至栗褐色，无粉芽，具灰白色梭形假杯点。

该种地衣体与亚洲小孢发极为相似，但后者假杯点稀疏，呈狭长裂隙状，凹陷，褐色；本种的假杯点及悬垂地衣体与毛状小孢发、喜马拉雅小孢发相似，但后两者不规则二叉分枝和具侧生小分枝。

2. 亚洲小孢发　图版 II：A～C

Bryoria asiatica (Du Rietz) Brodo & D. Hawksw., Opera Bot. **42**: 155, 1977; Wang & Chen, Acta Bot. Yun. **16**(2): 145, 1994; Chen, Wu & Wei, Fung. Lich. Shennongjia: 451, 1989.

　GenBank No.: KU895844, KU895845, KU895846.

　≡ *Alectoria asiatica* Du Rietz, Ark. Bot. **20A**(11): 18, 1926; Zahlbruckner, in Handel-Mazzetti, Symb. Sin. **3**: 201, 1930b; Wang-Yang & Lai, Taiwania **18**(1): 87, 1973.

　Type: China, Prov. Sze-ch'uan (Sichuan), reg. bor.-occid., mellan Tsagogamba och Tamba, alt. 4000 m, pa *Juniperus*, *Picea* eller *Rhododendron*, H.Smith 5018, 2 Oct., 1922(UPS, holotype!).

地衣体生长型：枝状，悬垂型，纤细柔软，长 10～15（～25）cm；分枝：主枝圆柱状，直径 0.1～0.3 mm，近基部至中部不等二叉式分枝，局部扁枝状，近顶端等二叉分枝；分枝腋：近基部分枝腋较宽，通常 45°～60°，近顶端分枝腋狭窄，通常小于 30°；侧生分枝及刺状小分枝：侧生小刺稀疏至丰多，黑色，长 0.1～0.3 mm，刺状小分枝常见，分枝腋呈 30°～80°，与地衣体同色，长 0.5～2 mm；表面：基部黑褐色，中部至近顶端鹿褐色至深棕褐色，光滑，具光泽；粉芽：无；假杯点：稀见，狭长裂隙状，凹陷，与地衣体同色；子囊盘：稀见，侧生无柄，无缘毛，全缘，盘缘厚约 0.1 mm，与地衣体同色，盘面凸起呈盔状，无粉霜，深褐色，具光泽，直径 1.5～2 mm；分生孢子器未见；地衣体中部分枝横切面：圆形，直径 100～200 μm；皮层：单层型，厚 20～35 μm，厚度均匀，外侧褐色，内侧无色；髓层：菌丝疏松，不等粗，直径 2～4 μm；子囊：长棒状，内含 8 个孢子；子囊孢子：无色单胞，椭圆形，约 8×4 μm，具厚约 0.5 μm 的薄壁。

地衣特征化合物：髓层 P–或 P+橘红色，K–，C–，KC–；TLC：含富马原岛衣酸（fumarprotocetraric acid）。

生境：生于杜鹃（*Rhododendron* spp.）、冷杉（*Abies* sp.）和柏木（*Juniperus* sp.）树干及树枝；横断山地区海拔分布 2800～4550 m。

---

① 2001 年 12 月 17 日，中甸县更名为香格里拉县；2014 年 12 月 16 日，正式批准撤销香格里拉县，设香格里拉市。下同

研究标本引证：

黑龙江 塔河县，绣峰林场至漠河途中，52°38′N，124°17′E，海拔 596 m，云杉 (*Picea* sp.) 树枝，2012-5-14，王立松等 12-34062，12-34063，12-34064，12-34067。

四川 稻城县，稻城至亚丁途中，28°26′N，100°20′E，海拔 4100～4200 m，落叶松 (*Larix* sp.) 树干，杜鹃 (*Rhododendron* sp.) 及柏木 (*Juniperus* sp.) 树枝，2002-9-15，王立松 02-21539，02-22222，02-22239，02-23405，02-29011，02-42992，02-39079，02-40352；无名山垭口，29°07′N，100°00′E，海拔 4200 m，杜鹃 (*Rhododendron* sp.) 树枝，2013-6-19，王立松等 13-40344；100 km 道班，落叶松 (*Larix* sp.) 树干，1981-8-23，王立松 81-2406。道孚县，30°46′N，101°18′E，海拔 3950 m，云杉 (*Picea* sp.)、落叶松 (*Larix* sp.) 树干，2007-8-31，王立松等 07-28290，07-28293，07-28294，07-28308，07-28309，07-28347，07-31567，07-42749。得荣县，西高山草甸，29°10′N，99°26′E，海拔 3900 m，云杉 (*Picea* sp.) 树干，2009-9-6，王立松 09-30957。德格县，县城东，31°57′N，98°50′E，海拔 3810 m，冷杉 (*Abies* sp.) 树干，2007-8-30，王立松 07-28280。九龙县，鸡丑山，29°20′N，101°29′E，海拔 3700～4300 m，栎 (*Quercus* sp.)、落叶松 (*Larix* sp.) 树干及杜鹃 (*Rhododendron* sp.) 灌木，1996-9-11，王立松 96-16551，2007-9-23，王立松 07-29247，07-29268，2009-9-10，王立松 09-30931，09-30926，09-42768；汤古乡，海拔 3000 m，落叶松 (*Larix* sp.) 及柏木 (*Juniperus* sp.) 树枝，1996-9-11，王立松 96-16582，96-16583，96-16588，96-16603，96-16591a，96-16596a，96-39085，96-42990；伍须海，29°09′N，101°24′E，海拔 3600 m，冷杉 (*Abies* sp.) 树干，2007-9-24，王立松 07-29208。康定县，六巴乡，海拔 3100 m，云杉 (*Picea* sp.) 树干，1996-9-9，王立松 96-16470；木格措，30°08′N，101°51′E，海拔 3780 m，冷杉 (*Abies* sp.) 树干，2006-6-5，王立松 06-26084；力丘至沙德途中，海拔 3200 m，云杉 (*Picea* sp.) 树干，1996-9-8，王立松 96-16372。泸定县，贡嘎雪山，29°34′N，101°59′E，海拔 3000～3270 m，冷杉 (*Abies* sp.) 树干，杜鹃 (*Rhododendron* sp.)、花楸 (*Sorbus* sp.) 树枝，1996-8-30，王立松 96-16202，2007-9-28，王立松 07-29093，07-29102，07-29105，07-29106，07-29107，07-29108，07-29118，07-30637。木里县，东朗乡，东北坡，海拔 3900 m，1982-6-4，宣宇 1801；东朗乡，海拔 4200 m，冷杉 (*Abies* sp.) 树干，1983-9-14，王立松 83-2301，83-2284；卡拉乡，烧香梁子，海拔 3850 m，落叶松 (*Larix* sp.) 树枝，1983-8-22，王立松 83-1653a，83-41572。平武县，杜鹃山垭口，32°53′N，104°15′E，海拔 3210 m，云杉 (*Picea* sp.) 树干及花楸 (*Sorbus* sp.) 树枝，2001-5-21，王立松 01-20625，01-20634，01-39075。小金县，日隆乡，四姑娘山，30°14′N，102°41′～52′E，海拔 3300～3780 m，落叶松 (*Larix* sp.)，柏木 (*Juniperus* sp.)，柳 (*Salix* sp.) 灌木枝，云杉 (*Picea* sp.) 树干，1996-8-23，王立松 96-16049b，96-17721，2001-5-12，王立松 01-20557，01-20565，01-20583，01-20564，2007-10-2，王立松 07-29155，07-29163。西昌市，螺髻山，27°34′N，102°22′E，海拔 3700 m，冷杉 (*Abies* sp.) 树干，2010-6-12，王立松等 10-31427，10-31436，10-31445，10-42991。

云南 大理市，苍山，电视塔，25°40′N，100°06′E，海拔 3750 m，苍山冷杉 (*Abies delavayi*) 树干，2001-6-9，王立松 01-40201。德钦县，梅里雪山，28°38′N，98°36′E，海拔 2800～4750 m，冷杉 (*Abies* sp.)、柏木 (*Juniperus* sp.)、松 (*Pinus* sp.)、栎 (*Quercus* sp.)、杜鹃 (*Rhododendron* sp.) 树干及杂灌木枝，1994-9-30，王立松 94-15184，94-15185a，94-41563，2000-8-30，王立松 00-19751，00-19765，00-19745，00-19754，00-42751，2012-9-10，牛东玲等 12-38649；白马雪山，28°22′N，98°59′E，海拔 2850~4320 m，冷杉 (*Abies* sp.)、柏木 (*Juniperus* sp.)、落叶松 (*Larix* sp.)、花楸 (*Sorbus* sp.)、杜鹃 (*Rhododendron* sp.) 树干及小檗 (*Berberis* sp.) 灌木枝，1993-8-10，王立松 93-13326，1994-10-4，王立松 94-15222，94-15345，94-15236，94-15223，94-15262，94-15224，94-27333，94-40214，94-15236b，1999-10-18，王立松 99-18491，99-18489，99-18675，2003-6-20，王立松 03-22734，03-22791，03-22801，03-23393，2006-8-1，Daniel et al. 06-26404，06-26410，2006-8-28，王立松 06-26384，06-26399，06-26699，06-26702，06-26706，06-26708，06-26710，06-26711，2007-8-15，王立松等 07-27865，07-27871，2013-6-21，王立松等 13-38432，13-38480，13-38481，13-38486，13-38504，13-38505，13-38534，13-38565，13-38559，13-38605，13-38608，2015-11-2，王立松等 15-49535，15-49617，15-49689，15-49724，15-49674。贡山县，丙中洛至通达乡途中，28°05′N，98°41′E，海拔 3800 m，冷杉 (*Abies* sp.) 树干，1999-10-21，王立松 99-18507a，99-18521，99-18671；独龙江乡，海拔 2000 m，云南松 (*Pinus yunnanensis*) 树枝，1999-10-23，王立松 99-18495。维西县，叶枝乡，巴丁大队药材地，海拔 3500 m，1982-5-11，王立松 82-239a；犁地坪，27°13′N，99°24′E，海拔 3430 m，冷杉 (*Abies* sp.) 树干，2007-10-18，王立松 07-41566。禄劝县，轿子雪山，26°04′N，102°50′E，海拔 3500~3650 m，杜鹃 (*Rhododendron* sp.)、竹子、岩石及枯木桩，1992-1-31，王立松 92-828，92-829，92-830，92-832，92-833，1996-11-1，王立松 96-17086。丽江县 (现丽江市)，九河乡，老君山，26°37′N，99°43′E，海拔 3750~3900 m，冷杉 (*Abies* sp.) 树干，1999-11-26，王立松 99-18743，2000-8-13，王立松 00-20285，00-20312，2002-9-8，王立松 02-21382，02-21263，02-21299，2003-9-15，王立松 03-22676，2005-6-15，王立松 05-24786，05-30611，2005-9-3，王立松 05-39069，2006-8-25，王立松 06-26539，06-26545，2007-5-5，王立松 07-27741，2010-7-16，王立松 10-31505，2014-6-25，王立松 14-44078；玉龙雪山，27°05′N，100°11′E，海拔 3500~3700 m，冷杉 (*Abies* sp.) 树干，1987-4-22，Ahti et al. 87-46471；扇子峰，海拔 3650 m，冷杉 (*Abies* sp.) 树干，1981-8-6，苏京军等 6297，6573，6558。中甸县，格咱乡，大雪山，28°34′N，99°50′E，海拔 3400~4300 m，冷杉 (*Abies* sp.)、柏木 (*Juniperus* sp.)、云杉 (*Picea* sp.)、蔷薇 (*Rosa* sp.)、栎 (*Quercus* sp.)、杜鹃 (*Rhododendron* spp.) 树枝，偶见岩石表面生，1981-9-7，王先业等 6233，1993-9-20，胡朝常 93-13348，2000-8-24，王立松 00-19875，00-19974，00-19985，00-20019a，00-20000，00-20001，2001-10-11，王立松 01-20791，01-20986，01-20996，01-20817，01-20799，2004-6-15，王立松 04-23210，04-23212，04-23213，04-23231，04-23246，04-23247，2009-9-4，王立松 09-30886，09-30887，2013-6-19，王立松等 13-38256，13-38367，13-38368，2015-11-3，王立松等 15-49748；小雪山，海拔 3750 m，2001-10-10，王立松 01-20879，红山，28°08′N，99°54′E，海拔 4200 m，冷杉 (*Abies* sp.)、杜鹃 (*Rhododendron* spp.) 树枝，2009-10-6，王立松等 09-30963，09-30964，09-30968，09-30975，09-30976，矿场，28°32′N，99°56′E，海拔 3400~4100 m，冷杉 (*Abies* sp.)、栎 (*Quercus* sp.)、云南松 (*Pinus yunnanensis*) 树干，2000-8-21，王立松 00-20070a，2003-9-13，王立松 03-46529，2004-6-14，王立松 04-43316，

04-23329，04-23345；哈巴雪山，27°20′N，100°04′E，海拔 3900 m，云杉 (*Picea* sp.) 树干，2002-20-26，王立松 02-21750，02-21877，02-22176，02-23407；碧沽天池，27°37′N，99°33′E，海拔 3200～3900 m，冷杉 (*Abies* sp.) 树干，1993-8，王立松 93-13667，93-13669，93-13912，1994-9-20，王立松 94-14922a，94-14924，94-15530，2001-10-10，王立松 01-20896a，01-20908，2004-6-13，王立松 04-23202，04-23287，04-23294，2007-10-15，王立松 07-28854，07-28856，07-28873，07-28858，07-28870；小中甸镇，27°26′N，99°49′E，海拔 3210～3650 m，冷杉 (*Abies* sp.)、栎 (*Quercus* sp.) 树干，1981-8-22，王先业等 5551，2006-8-29，王立松等 06-26787，06-26820；大宝寺，27°46′N，99°46′E，海拔 3370，云杉 (*Picea* sp.) 树干，2004-6-12，王立松 04-23223，04-23221；天宝雪山，28°08′N，99°54′E，海拔 3600～3900 m，冷杉 (*Abies* sp.)、落叶松 (*Larix* sp.) 树干，2007-10-14，王立松 07-28917，2009-10-7，王立松等 09-31071，09-31073，09-39091；纳帕海，27°55′N，99°36′E，海拔 3250 m，云杉 (*Picea* sp.)、杜鹃 (*Rhododendron* sp.) 及箭竹 (*Fargesia* sp.) 枝，1998-5-24，王立松 98-18193，98-18160a，98-38943，98-40205；碧塔海，海拔 3450 m，花楸 (*Sorbus* sp.) 树枝，1994-9-21，王立松 94-1457b，94-14956，94-14959，2001-7-10，王立松 01-20709；属都湖，海拔 3500 m，杜鹃 (*Rhododendron* sp.) 灌木枝，1998-6-1，王立松 98-18150；东旺乡，密朗，海拔 4000 m，树枝，1974-5-20，杨竟生 6745。

西藏 贡嘎县，1982-9-27，臧穆 6536A。察隅县，目若村至丙中洛途中，28°35′N，98°06′E，海拔 3833 m，冷杉 (*Abies* sp.) 树干，2014-9-26，王立松等 14-46761，14-46717。林芝县，鲁朗镇，色季拉山口，29°36′N，94°42′E，海拔 3960～4260 m，冷杉 (*Abies* sp.)、杜鹃 (*Rhododendron* sp.) 及柏木 (*Juniperus* sp.) 树干，2007-8-26，王立松等 07-28368，07-28370，07-28397，07-31568，07-28630，07-30639，07-28639，07-28663，07-30664，07-40358。芒康县，红拉山，23°16′N，98°40′E，海拔 4020～4206 m，冷杉 (*Abies* sp.)、云杉 (*Picea* sp.) 及落叶松 (*Larix* sp.) 树枝，2007-8-16，王立松等 07-27941，07-27908，07-27927，07-27922，07-27909，07-27924，07-27954，07-30635，07-30647，2014-9-14，王立松等 14-47051，14-45403，14-45407，14-45416；红拉山，29°42′N，98°30′E，海拔 4285 m，粉紫杜鹃 (*R. impeditum*) 灌木枝，2014-9-15，王立松等 14-45519。亚东县，东嘎拉山，海拔 3900～4000 m，冷杉 (*Abies* sp.) 树干及柳 (*Salix* sp.) 灌木枝，1975-6-6，臧穆 31b，1974-9-14，陈书坤 322。盐井县，盐井至德钦途中，1976-8-8，臧穆 818。

陕西 宝鸡市，太白山南天门，33°54′N，107°46′E，海拔 3130 m，落叶松 (*Larix* sp.)，2014-9-2，王立松等 14-45289。

青海 果洛州，班玛县，32°40′N，100°49′E，海拔 3776 m，树干生，2020-9-9，王立松等 20-66922，20-66928。

文献记载：陕西 (He and Chen，1995)，云南 (Wu and Wang，1992；Wang and Chen，1994)，湖北 (Chen et al.，1989)，台湾 (Wang-Yang and Lai，1973)。

世界分布：韩国 (Moon，2013)，日本 (Nuno，1971；Yoshimura，1974)，印度 (Singh and Sinha，2010)。

讨论：亚洲小孢发的地衣体分枝柔软悬垂，基部至中部不规则分枝，近顶端呈等二叉分枝，表面鹿褐色至黑褐色，具侧生小刺，无粉芽，髓层 P–或 P+橘红色，含富马原岛衣酸。

模式标本研究 (H. Smith 5018, holotype in UPS)：地衣体柔软，长 30 cm，不等二叉式分枝，分枝腋呈锐角，表面光滑，褐色、深褐色至暗褐色；无粉芽；假杯点稀见，呈狭长裂隙状，表面平坦，与地衣体同色；子囊盘及分生孢子器未见；髓层 P−；TLC：富马原岛衣酸。

Du Rietz (1926) 根据中国四川的标本发表了该种，其中描述该种无假杯点"pseudocyphellae nullae"，但未提及地衣特征化合物；之后，Awasthi 和 Awasthi (1985) 报道了该种不含地衣特征化合物。我们研究该种模式标本 (H. Smith 5018，holotype in UPS) 发现，假杯点稀见，呈狭长裂隙状，表面凹陷，暗褐色；尽管髓层 P−，但 TLC 测试含微量富马原岛衣酸，与日本报道的该种所含成分一致 (Nuno, 1971)。我们采集的该种标本中，超过 90%的标本含富马原岛衣酸，约 10%标本缺此化合物。

亚洲小孢发与美洲小孢发 *B. americana* 外形特征及所含特征化合物都十分相似，是早期将本种错误鉴定为美洲小孢发的主要原因 (陈锡龄等，1981)，但后者无侧生小刺，两者 ITS 分子序列相距较远，前者为亚洲分布，后者主要为北美分布，更多讨论见附录"本卷未包括的分类单位"。

经济用途：中国民间药用 (王立松和钱子刚，2013)。

3. 美髯小孢发 (新拟)　图版 II：D、E

Bryoria barbata Li S. Wang & D. Liu, Phytotaxa **297**(1): 34, 2017.

　　GenBank No.: KU895847, KU895848.

　　MycoBank No.: MB 816226.

　　Type: China, Yunnan Prov. Lijiang Ci., Jiuhe Village, Laojun Mt., 26°37′N，99°43′E, 3860 m elev., on bark *Abies* sp., 2011-5-22, Wang Lisong & Liang Mengmeng 11-32052 (KUN-L 46008, holotype).

地衣体生长型：枝状，悬垂至亚悬垂，长 5～10 (～15) cm，质地稍硬，具弹性；分枝：圆柱状，地衣体中部分枝直径 0.3～0.6 mm，不等二叉式分枝，基部分枝腋较宽，呈直角至半圆形，近顶端分枝腋狭窄，呈锐角；侧生小刺：稀疏至不出现，长 0.1～0.3 mm；侧生刺状小分枝：稀疏，与地衣体同色，长 1～2 mm；表面：淡棕色至棕褐色，光滑，具光泽；假杯点：稀少至丰多，长梭形，灰白色、淡褐色至深褐色，明显凸起，长 0.5～1 mm；粉芽：无粉芽及裂芽型小刺；子囊盘：稀疏至丰多，无柄侧生；盘缘灰白色，发育不良，无缘毛；幼时盘面凹陷呈杯状，成熟后盘面平坦至凸起呈盔状，深鹿褐色至暗黄褐色，无光泽，直径 0.2～2 mm；地衣体中部分枝横切面：圆形，直径 500～600 μm；皮层：单层型，厚 80～100 μm，外侧褐色，内侧无色；髓层：菌丝疏松至局部中空；菌丝表面光滑，直径 4～5 μm；子囊：内含 8 个孢子；子囊孢子：椭圆形至卵圆形，无色单胞，约 4 × 5 μm，具 0.5 μm 薄壁；分生孢子器未见。

地衣特征化合物：髓层 P±橘红色，K−，C−，KC−，CK−；TLC：富马原岛衣酸 (fumarprotocetraric acid)。

生境：生于冷杉 (*Abies* sp.)、云杉 (*Picea* sp.) 树干，以及杜鹃 (*Rhododendron* sp.) 树冠，偶见岩石表面生；常见海拔 2450～4300 m。

研究标本引证：

内蒙古 阿尔山市，兴安摩天岭，47°11′N，119°58′E，海拔 1400 m，苔藓层及落叶松 (*Larix*) 树干，1991-8-9，陈健斌等 A-316，A-337-1 (in HMAS)。

吉林 安图县，长白山，42°02′N，128°08′E，海拔 800 m，2007-7-12，H. Kashiwadani 200708079，200708111，84326 (in HMAS)。

四川 道孚县，30°46′N，101°18′E，海拔 3950 m，云杉 (*Picea* sp.) 树干，2007-8-31，王立松等 07-28336。九龙县，伍须海，29°09′N，105°24′E，海拔 3600 m，落叶松 (*Larix* sp.) 树干，2007-9-24，王立松 07-29187。泸定县，贡嘎雪山，29°20′～34′N，101°30′～59′N，海拔 2450～3270 m，冷杉 (*Abies* sp.) 树干，1996-8-27，王立松 96-16127，2007-9-28，王立松 07-29104，07-29109，07-47075。平武县，海拔 3100 m，树干，1999-10-12，臧穆 99-13221c；杜鹃山垭口，32°53′N，104°15′E，海拔 3330 m，花楸 (*Sorbus* sp.) 及柳 (*Salix* sp.) 灌木枝，2010-9-22，王立松 10-31741，10-31735；王朗自然保护区，32°54′N，102°03′E，海拔 3000 m，云杉 (*Picea* sp.) 树干，2001-5-22，王立松 01-20654。乡城县，大雪山垭口，28°34′N，99°49′E，海拔 3270～4300 m，冷杉 (*Abies* sp.) 树干，2002-9-11，王立松 02-21402，02-21414，2007-9-28，王立松 07-29113。西昌市，螺髻山，27°34′N，102°22′E，海拔 3700 m，冷杉 (*Abies* sp.) 树干，2010-6-12，王立松等 10-31430，10-31451，10-31455，10-31471，10-31472，10-31475。木里县，宁朗山东坡，海拔 3900 m，杜鹃 (*Rhododendron* sp.) 灌木枝，1984-6-4，宣宇 1844。

云南 大理市，苍山，25°41′N，100°06′E，海拔 3600 m，冷杉 (*Abies* sp.) 树干，2005-6-12，王立松 05-24672。德钦县，白马雪山垭口，28°22′N，99°00′E，海拔 4300 m，冷杉 (*Abies* sp.) 树干，2013-6-21，王立松等 13-38428，13-38433；梅里雪山，笑农村，28°24′N，98°45′E，海拔 3300～3620 m，云杉 (*Picea* sp.) 树干，1994-9-28，王立松 94-15028a，2012-9-14，牛东玲等 12-36436。贡山县，丙中洛至通达垭口，28°05′N，98°41′E，海拔 3500 m，云杉 (*Picea* sp.) 树干，1999-10-21，王立松 99-18662d。丽江县，九河乡，老君山，26°37′N，99°43′E，海拔 3700～4150 m，冷杉 (*Abies* sp.) 树干，1999-11-26，王立松 99-18709，99-18735，2000-8-13，王立松 00-20255，00-20271，00-20297，2002-10-18，王立松等 02-22381，2005-6-15，王立松 05-24780，05-24791，05-24792，05-25001，05-46739，2006-8-25，王立松等 06-26538，06-26550，06-26559，2010-7-16，王立松 10-31495，10-31502，10-31503，10-31504，10-31508，2011-5-22，王立松 11-32042，11-32074，11-32078，11-32080，11-32099，2013-6-14，王立松等 13-38208，13-38798；2014-6-25，王立松等 14-44036；玉龙雪山，扇子峰，海拔 3900 m，冷杉 (*Abies* sp.) 树干，1981-8-6，王先业等 6562，1963-7-2，武素功 162h。中甸县，碧古林场，海拔 3700 m，冷杉 (*Abies* sp.) 树干，1981-8-14，王先业等 5547；哈巴雪山，27°20′N，100°04′E，海拔 3900 m，云杉 (*Picea* sp.) 树干，2002-10-26，王立松 02-21778，02-21840，02-22119；翁水村，大雪山，28°34′N，99°50′E，海拔 4200～4250 m，杜鹃 (*Rhododendron* sp.) 树干，2000-8-23，王立松 00-20446，00-19964，2001-8-1，王立松 01-20716；天池，海拔 3900 m，冷杉 (*Abies* sp.) 树干，1993-8，王立松 93-13666，93-13674a，93-13676。

西藏 山南，加玉乡，准巴达拉，海拔 3600 m，灌木枝，1975-7-3，臧穆 67-e。察隅县，察瓦龙乡，海拔 3500 m，杜鹃 (*Rhododendron* sp.) 树干，1982-9-27，苏京军 4876-b；

日东村，海拔 3600 m，1982-9-9，苏京军 4351，4402；目若村，28°35′N，98°01′E，海拔 3912 m，冷杉 (*Abies* sp.) 树干，2014-9-26，王立松等 14-46712，14-46714。

  陕西 宝鸡市，太白山文公庙，33°54′N，107°46′E，海拔 3000～3600 m，杜鹃 (*Rhododendron* sp.)、冷杉 (*Abies* sp.)、桦 (*Betula* sp.) 树干，以及岩石表面，2014-9-2，王欣宇等 14-44885，14-45211，14-44948，14-44943，14-44953，14-44986，14-44959，14-44955，14-45065，14-45039，14-44982，14-44962；太白山南天门，海拔 3130 m，冷杉 (*Abies* sp.)、落叶松 (*Larix* sp.) 树枝，2014-9-2，王欣宇等 14-45310，14-45213，14-45294，14-45301，14-45295，14-45293，14-45297，14-45281，14-45285，14-47070，14-47068；太白山药王殿和玉泉池，2014-9-1，王欣宇等 14-45193，14-45192，14-45165，1963-8-1，马起明等 328 (in HMAS)；太白山一堵墙，34°02′N，107°42′E，海拔 2800 m，杜鹃 (*Rhododendron* sp.) 树干，2014-8-25，王欣宇等 14-44693；太白山拔仙台和斗母宫附近，34°02′N，107°44′E，海拔 2850～3720 m，桦 (*Betula* sp.) 树干，以及岩石表面，2014-8-27，王欣宇等 14-44810，14-44836，14-44838，14-45139，14-44945；大爷海，海拔 3600 m，1988-7-13，郭守玉 3155-1 (in HMAS)；明星寺，33°57′N，107°47′E，海拔 2896 m，树干，2005-8-4，黄满荣 2468，2560，2864 (in HMAS)。

  文献记载：内蒙古，吉林，四川，云南，西藏，陕西 (Wang et al.，2017)。

  世界分布：中国。

  讨论：本种地衣体悬垂至亚悬垂型，不等二叉分枝，栗褐色至棕褐色，假杯点长椭圆形至长梭形，长达 0.5～1 mm，表面显著凸起，灰白色至褐色，含富马原岛衣酸。

  该种凸起的假杯点和不规则分枝与毛状小孢发 *B. trichodes* 形态相似，但后者地衣体表面淡褐色至深褐色，假杯点圆形至卵圆形，直径<0.5 mm 而与该种不同。

4. 双色小孢发　图版 III：A～C

Bryoria bicolor (Ehrh.) Brodo & D. Hawksw., Opera Bot. **42**: 99, 1977; Wang & Chen, Acta Bot. Yun. **16**(2): 146, 1994；Chen, Zhao & Luo, J. NE Forestry Inst. **3**: 128, 1981.

  ≡ *Lichen bicolor* Ehrh., Beit. Naturk. **3**: 82, 1788. – *Alectoria bicolor* (Ehrh.) Nyl., Acta Soc. Linn. Bordeaux **21**: 291, 1856; Zahlbruckner, in Handel-Mazzetti, Symb. Sin. **3**: 201, 1930b; Wang-Yang & Lai.,Taiwania **18**(1):87, 1973.

= *Alectoria bicolor* f. *melaneira* (Ach.) Nyl., Syn. Meth. Lich. (Parisiis) **1**(2): 279, 1860; Zahlbruckner, in Handel-Mazzetti, Symb. Sin. **3**: 201, 1930b.

  模式标本未见。

  地衣体生长型：枝状，直立至半直立丛生，纤细有弹性，高 5～7 cm；分枝：无明显主枝，基部至中部等二叉分枝，直径 0.2～0.3 mm，分枝腋较宽，常大于 90°，近顶端不规则分枝，分枝腋呈锐角；侧生小刺：不出现或稀疏，垂直的侧生小刺主要在地衣体基部至中部，小刺基部微缢缩，长 0.2～0.5 mm，黄绿色，具光泽；侧生小分枝：丰多，长 0.5～1.5 mm，分枝腋呈锐角，约 45°，黄绿色，渐尖；表面：基部至中部黑色，第三次分枝至近顶端黄绿色至橄榄绿色，具光泽，无粉芽；假杯点：稀疏出现，长菱形，长 0.2～3 mm，表面平坦至稍凸起，灰白色、褐色至暗褐色；子囊盘：稀见，亚顶生；全缘，盘缘色淡，成熟后盘缘不明显，无缘毛，果托与地衣体同色；盘面幼时凹陷，成熟时凸起，红褐色至暗褐色，无光泽，直径 1～3 mm；地衣体中部分枝横切面：圆形，直径 300～400 μm；皮层：单层型，厚 75～80 μm，外侧褐色，内侧无色；髓层：菌丝表面光滑，直径 4～5 μm；子囊：内含 8 个孢子；子囊孢子：椭圆形，无色单胞，10 × 7.5 μm，具 0.5 μm 薄壁；分生孢子器未见。

地衣特征化合物：髓层 P+黄变橘红色，K±黄色，C−，KC±黄色，CK−；TLC：富马原岛衣酸 (fumarprotocetraric acid)，以及±水杨嗪酸 (salazinic acid)。

生境：生于冷杉属 (Abies) 和杜鹃属 (Rhododendron) 针阔混交林内树枝，也常见于高山松 (Pinus densata) 和云南松 (P. yunnanensis) 树干；海拔 2600～4400 m。

研究标本引证：

四川 稻城县，亚丁，28°26′N，100°20′E，海拔 4000～4100 m，落叶松 (Larix sp.)、栎 (Quercus sp.)、杜鹃 (Rhododendron sp.) 树枝，2002-9-15～17，王立松 02-39078，02-40346，02-40353，02-40354。康定县，六巴乡，海拔 3100 m，杜鹃 (Rhododendron sp.)、栎 (Quercus sp.) 树干，1996-9-9，王立松 96-16456，96-40340。泸定县，贡嘎雪山，29°34′N，101°59′E，海拔 3000～3270 m，冷杉 (Abies sp.)，花楸 (Sorbus sp.) 树干，1982-7-2，宣宇 1383，1996-8-30，王立松 96-41552，2007-9-28，王立松 07-29091，07-29111；海螺沟至康定途中，海拔 2926 m，树枝，2013-8-9，魏鑫丽 SC2013709 (in HMAS)。木里县，宁朗山东坡，1982-7，费勇 1674。小金县，长坪沟，海拔 3300 m，云杉 (Picea sp.) 树枝，1996-8-22，王立松 96-16086。乡城县，大雪山道班后山，28°34′N，99°49′E，海拔 4400 m，灌木枝，2002-9-12，王立松 02-40342。

云南 德钦县，白马雪山，28°22′N，98°59′E，海拔 4000～4440 m，小檗 (Berberis sp.)、落叶松 (Larix sp.) 及杜鹃 (Rhododendron sp.) 灌木枝，1994-10-3～4，王立松 94-15346，94-41544，2006-8-1，王立松等 06-26412，2013-6-23，王立松等 13-39101；梅里雪山，索拉垭口，28°38′N，98°36′E，海拔 4800 m，土表，2012-9-10，牛东玲等 12-35848。丽江县，九河乡，老君山，26°37′N，99°43′E，海拔 3800～3900 m，冷杉 (Abies sp.)、杜鹃 (Rhododendron sp.)、柳 (Salix sp.) 树干，2005-6-15，王立松 05-24761，2010-7-16，王立松 10-29561，2014-6-25，王立松等 14-44066；石门，2000-8-13，王立松 00-20320。禄劝县，转龙镇，轿子雪山，26°04′N，102°50′E，海拔 3900 m，树基部，1992-1-31，王立松 92-12933。中甸县，小中甸，27°26′N，99°49′E，海拔 3210～3600 m，云南松 (Pinus yunnanensis) 树干，2003-9-1，王立松 03-22859，2006-9-29，王立松等 06-26963，2007-10-14，王立松 07-40310，07-41568；天池，27°37′N，99°33′E，海拔 3700～3900 m，杜鹃 (Rhododendron sp.)、冷杉 (Abies sp.) 树枝，1993-8，王立松 93-13657，2004-6-13，王立松 04-23201；天宝雪山，28°08′N，99°54′E，海拔 3600～3900 m，冷杉 (Abies sp.) 灌木枝及蔷薇 (Rosa sp.) 灌木枝，2007-10-14，王立松 07-40318，2009-10-7，王立松等 09-39088；吉沙林场，海拔 3500 m，冷杉 (Abies sp.) 树干，1981-7-20，王立松 159b；格咱乡，矿场，28°32′N，99°56′E，海拔 4100 m，花楸 (Sorbus sp.) 树干，2004-6-14，王立松 04-23348；大宝寺，27°46′N，99°46′E，海拔 3370 m，云杉 (Picea sp.) 树干，2004-6-12，王立松 04-23225；碧塔海，海拔 3400 m，栎 (Quercus sp.) 树枝，1994-9-21，王立松 94-14957；哈巴雪山，27°20′N，100°04′E，海拔 3600 m，岩石表面，2002-10-26，王立松 02-22083。

西藏 林芝县,鲁朗镇,色季拉山口,29°36′N,94°42′E,海拔4260 m,柏木 (*Juniperus* sp.) 树干,2007-8-20,王立松等 07-28399;鲁朗镇,29°45′N,94°44′E,海拔 3258 m,树枝,2014-9-7,魏鑫丽等 XZ20140250 (in HMAS)。芒康县,红拉山,23°16′N,98°40′E,海拔 4040 m,落叶松 (*Larix* sp.) 树枝,2007-8-16,王立松等 07-27884。

青海 班玛县,红军沟,32°48′N,100°51′E,海拔 3592 m,树皮,2012-8-7,魏鑫丽等 QH121251,QH121270,QH121288 (in HMAS)。

台湾 高雄市,玉山南峰群,23°12′N,120°52′E,海拔 2600 m,树干,2006-5-23,林仲刚 L4016,L4125;南投县,合欢山,太鲁阁公园,24°07′N,121°16′E,海拔 3200 m,冷杉 (*Abies* sp.) 树干,2006-8-12,Alexander Mikulin T28,武岭,24°08′N,121°17′E,海拔 3256 m,冷杉 (*Abies* sp.) 树干,2015-9-23,王立松等 15-49240,15-49288。

文献记载:内蒙古,黑龙江 (Chen et al.,1981),陕西 (Baroni,1894),云南 (Hue,1899;Du Rietz,1926;Paulson,1928;Zahlbruckner,1930b;Asahina and Sato,1939;Wang and Chen,1994;Wei et al.,2007),台湾 (Wang-Yang and Lai,1973)。

世界分布:欧洲 (Hawksworth,1972),北美洲 (Brodo and Hawksworth,1977),印度和尼泊尔 (Awasthi and Awasthi,1985),日本 (Harada et al.,2004),韩国 (Moon,2013)。

讨论:双色小孢发的地衣体直立至半直立型,无明显主枝,第三次分枝发育良好,纤细柔软,基部至中部黑色,近顶端橄榄绿色至黄绿色。

双色小孢发地衣体基部至中部黑色,近顶端橄榄绿色至黄绿色,含富马原岛衣酸,与瘦小孢发 *B. tenuis* 和卷毛小孢发 *B. fruticulosa* 相似,但瘦小孢发缺乏第三次分枝,不同于卷毛小孢发之处在于后者第三次分枝稠密,并相互缠绕呈扫帚状,子囊盘具缘毛;双色小孢发与硬枝小孢发 *B. rigida* 分枝顶端都为黄绿色,但后者具明显主枝,质地较硬。

用途:中国民间药用 (Wang et al.,2013)。

5. 刺小孢发　图版 Ⅲ:D～F

Bryoria confusa (D.D. Awasthi) Brodo & D. Hawksw., Opera Bot. **42**: 155, 1977; Chen, Wu & Wei, Fung. Lich. Shennongjia: 452, 1989; Abdulla & Wu, Lich. Xinjiang: 90, 1998; Wang & Chen., Acta Bot. Yun. **16**(2): 146, 1994.

　　GenBank No.: HQ402686, KU895850.

　　≡ *Alectoria confusa* D.D. Awasthi, Proc. Indian Acad. Sci. **72B**: 152, 1970; Wei & Jiang, Lich. Xizang: 63, 1986; Wang-Yang & Lai, Taiwania **21**(2): 87, 1976.

　　模式标本未见。

地衣体生长型:枝状,直立至半直立丛生,高 5～10 cm,质地较硬;分枝:灌木状不规则分枝,无明显主枝,分枝圆柱状,表面光滑,偶见纵向脊,直径 0.5～0.6 mm;侧生小分枝:稠密,不规则分叉,分枝腋呈锐角 (45°～50°),圆柱状,顶端渐尖;侧生小刺:分枝表面密生垂直的刺状小分枝,长 1～2 mm,单一或简单分叉,与地衣体同色;表面:基部暗褐色至炭黑色,近顶端淡褐色至深褐色,具明显光泽;无粉芽及假杯点;子囊盘:常见,无柄,侧生,果托边缘与地衣体同色,幼时盘缘较薄,成熟后盘缘消失,无缘毛;盘面幼时凹陷,成熟后明显凸起,呈曲膝状,淡褐色、暗棕色至暗褐色,具光泽,无粉霜层,直径 0.5～1.5 mm;地衣体中部分枝横切面:圆形,直径 550～

620 μm；皮层：单层型，厚 75～80 μm，外侧褐色至黑色，内侧无色；髓层：菌丝疏松至局部中空，白色，局部有时呈淡黄色，菌丝表面光滑，直径 4～5 μm；子囊：含 8 个孢子；子囊孢子：椭圆形，无色单胞，5～6 × 10～12 μm，具厚约 1 μm 薄壁；分生孢子器未见。

地衣特征化合物：皮层和髓层 P–，K–，C–，KC–，CK–；TLC：不含地衣酸类化合物。

生境：常见于丽江云杉 (*Picea likiangensis*)、长苞冷杉 (*Abies georgei*)、川滇高山栎 (*Quercus aquifolioides*)、糙皮桦 (*Betula utilis*)、西南花楸 (*Sorbus rehderiana*) 及杜鹃 (*Rhododendron* spp.) 针阔叶混交林内；高海拔地区也生于柳 (*Salix* sp.) 及栎 (*Quercus* spp.) 灌木枝上；在中国横断山地区常与多形小孢发 *B. variabilis*、珊粉小孢发 *B. smithii* 或双色小孢发 *B. bicolor* 混生；海拔 1600～4400 m。

研究标本引证：

吉林 临江市，小东山，41°42′N，127°47′E，海拔 1606 m，桦 (*Betula* sp.) 树干，2012-5-9，王立松等 12-33978。

四川 稻城县，亚丁村，28°26′N，100°20′E，海拔 5410 m，柏木 (*Juniperus* sp.) 树枝，2002-9-17，王立松 02-22205。峨眉山市，峨眉山，海拔 2800 m，冷杉 (*Abies* sp.) 树干，1997-9-16，王立松 97-17857。会理县，龙肘山，电视塔，海拔 3000～3500 m，柏木 (*Juniperus* sp.) 及杜鹃 (*Rhododendron* sp.) 树干，1997-9-13，王立松 97-18011，97-18030，97-18035，97-18055，97-18073，97-17948，97-17942，97-17966，97-17967。九龙县，汤古乡，海拔 3000 m，杜鹃 (*Rhododendron* sp.) 树干，1996-9-11，王立松 96-16607；鸡丑山，海拔 4300 m，栎 (*Quercus* sp.) 灌木枝，杜鹃 (*Rhododendron* sp.) 树干，1996-9-11，王立松 96-17425，2007-9-23，王立松 07-29267，2009-9-10，王立松 09-30945，09-39074。康定县，雅家埂，29°47′N，102°03′E，海拔 2680 m，花楸 (*Sorbus* sp.) 树枝，2010-9-29，王立松 10-31851。泸定县，贡嘎雪山，海螺沟，29°20′N，101°30′E，海拔 2900～3270 m，花楸 (*Sorbus* sp.) 树枝，1996-8-30，王立松 96-38944，96-16209，96-16230，杜鹃 (*Rhododendron* sp.)、花楸 (*Sorbus* sp.) 及冷杉 (*Abies* sp.) 树干，2007-9-28，王立松 07-29076，07-29090，07-29100，07-29103，07-29114，07-29115。平武县，杜鹃山，32°53′N，104°15′E，海拔 3100～3210 m，冷杉 (*Abies* sp.) 树枝，1986-9-21，王立松 86-2516a，树干生，1999-10-12，王立松 99-13221e，花楸 (*Sorbus* sp.) 树枝，2001-5-21，王立松 01-20626，01-20622，桦 (*Betula* sp.) 树干，2010-9-22，王立松 10-31751。米易县，麻陇乡，北坡山，海拔 3000～3200 m，1983-7-7，王立松 83-761，83-756，83-27331。木里县，卡拉乡，烧香梁子，海拔 3800 m，树干生，1983-8-22，王立松 83-1766。卧龙自然保护区，巴朗山，30°54′N，102°53′E，海拔 3200 m，落叶松 (*Larix* sp.) 灌木枝上，2001-5-11，王立松 01-20642。松潘县，海拔 3200 m，2002-5-25，王立松 02-21069。乡城县，大雪山，28°34′N，99°49′E，海拔 4150～4350 m，柳 (*Salix* sp.) 及草原杜鹃 (*R. telmateium*) 灌木枝，2002-9-12，王立松 02-22331，02-21434，02-22336。西昌市，螺髻山，27°34′N，102°22′E，海拔 3700 m，杜鹃 (*Rhododendron* sp.) 及花楸 (*Sorbus* sp.) 树枝，2010-6-12，王珏等 10-31465，10-31474，10-31476，10-31480。小金县，日隆乡，四姑娘山，长坪沟，31°02′N，102°52′E，海拔 3100～3420 m，桦 (*Betula* sp.) 及枯树干，1996-8-22，王立松 96-17793，96-40339，落叶松 (*Larix* sp.) 树枝，1996-8-22，王立松 96-16049，柏木 (*Juniperus* sp.) 树干，2001-5-13，王立松 01-20582；双桥沟，30°14′N，102°46′E，海拔 3600 m，云杉 (*Picea* sp.) 树干，2001-5-12，王立松 01-20576。盐源县，海拔 3150 m，树枝生，1983-8-11，王立松 83-7063；火炉山，海拔 3450 m，树枝生，1983-7-26，王立松 83-1273；大林乡，3300～4150 m，栎 (*Quercus* sp.) 灌木枝，1983-7-20～23，王立松 83-1078，83-1195。盐边县，岩口乡，石宝山，海拔 2900 m，树干生，1983-6-26，王立松 83-646，83-671a，83-675。

云南 大理市，苍山，25°39′N，105°05′E，海拔 2600～3955 m，杜鹃 (*Rhododendron* sp.) 树枝，1963，刘慎谔 018004，1981-5-4，方瑞珍 14144，2001-6-9，王立松 01-20514，2010-8-8，马文章 10-1684，2011-8-14，王立松等 11-32271，2013-7-31，王立松等 13-38809。德钦县，奔子栏镇，白马雪山，28°22′N，99°05′E，海拔 3980～4760 m，花楸 (*Sorbus* sp.) 树枝，1993-8-10，王立松 93-13550，1994-10-3，王立松 94-15220，杜鹃 (*Rhododendron* sp.) 树枝，1994-10-4，王立松 94-15307，94-15471，2003-6-20 和 2003-9-12，王立松 03-22747，03-23392，2006-8-1，王立松 06-26383，06-26395，2015-11-1，王立松等 15-49459，15-49720，落叶松 (*Larix* sp.) 灌木枝上，2006-8-28，王立松等 06-26693，2013-6-22，王立松等 13-38601，岩石表面生，2009-10-5，王立松等 09-31095，花楸 (*Sorbus* sp.) 树干，2013-6-22，王立松等 13-38416，13-38585，13-38604，13-38464，13-39059，13-38478；白马雪山西坡，杜鹃 (*Rhododendron* sp.) 树枝，1994-10-4，王立松 94-15371，2003-6-20，王立松 03-23392，冷杉 (*Abies* sp.) 树枝，2003-9-11，王立松 03-22802，2006-8-1，王立松等 06-26383，06-26395；梅里雪山，梅里石村，索拉垭口，28°38′N，98°39′E，海拔 3715～4450 m，花楸 (*Sorbus* sp.) 及栎 (*Quercus* sp.) 树枝，2012-9-9，牛东玲等 12-35655，12-35982，12-35724，12-40315，柳 (*Salix* sp.) 及杜鹃 (*Rhododendron* sp.) 灌木枝，2000-8-30，王立松 00-20363，00-19753；笑农村，28°24′N，98°46′E，海拔 3100～3540 m，柳 (*Salix* sp.) 灌木枝，1994-9-28，王立松 94-15443，94-15469，树干生，2012-9-13，牛东玲等 12-36379，12-37872。保山县，西山梁子，海拔 2500 m，桦木 (*Betula* sp.) 树干，1981-5-25，王立松 1541b，1559。宾川县，鸡足山，25°58′N，100°21′E，海拔 3000～3230 m，枯枝，1996-5-18，王立松 96-15955，杜鹃 (*Rhododendron* sp.) 及栎 (*Quercus* sp.) 树枝，2006-7-1，王立松 06-26145，2012-3-31，王立松等 12-33469。洱源县，洱源至炼铁乡途中，26°01′N，99°53′E，海拔 2900 m，华山松 (*Pinus armandii*) 树枝，2005-6-16，王立松 05-24729。福贡县，鹿马登公社，海拔 1700～2500 m，树枝生，1982-5-28，王立松 82-481，82-507；亚坪村，27°10′N，98°43′E，花楸 (*Sorbus* sp.) 树干，2005-5-23，王立松 05-24563。贡山县，贡山县城边，26°17′N，98°51′E，海拔 2500 m，树枝生，2000-5-20，王立松 00-19715；独龙江乡，西哨房，27°42′N，98°26′E，海拔 2600～3000 m，枯枝生，2000-6-4，王立松 00-19168，00-19273，00-19084，00-19163；丙中洛，28°05′N，98°41′E，海拔 1700 m，树枝生，1982-6-24，王立松 82-779；丙中洛乡至通达乡途中，28°05′N，98°41′E，海拔 3800 m，云杉 (*Picea* sp.) 树枝，1999-10-21，王立松 99-18525，99-18573；秋那桶村，28°11′N，98°31′E，海拔 3300 m，云杉 (*Picea* sp.) 树枝，2000-5-26，王立松 00-19624；野牛谷，27°48′N，98°49′E，海拔 2700 m，枯木桩及杜鹃 (*Rhododendron* sp.) 枝，2000-5-19～30，王立松 00-19308，00-19390，

00-19548。会泽县，大海乡，26°11′N，103°14′E，海拔 3820 m，杜鹃 (*Rhododendron* sp.) 枝上，2015-11-7，马文章 15-7226。景东县，徐家坝，哀牢山，24°32′N，101°01′E，海拔 2400～2450 m，枯树枝生，1994-8-23，王立松 94-14335，94-14357，1998-7-31，王立松 98-18353，2005-6-21，王立松 05-23630，05-23652，2006-1，李苏 AL-122，AL-124，AL-160，2012-6-18，王立松等 12-34653。兰坪县，金顶，凤凰山，海拔 3700 m，1981-6-1，陶君容 14156。丽江县，九河乡，老君山，26°37′N，99°43′E，海拔 2810～4050 m，杜鹃 (*Rhododendron* sp.) 枝上，1999-11-26，王立松 99-18710，落叶松 (*Larix* sp.) 灌木枝及冷杉 (*Abies* sp.) 树干，1999-11-26，王立松 99-18741，2000-8-13，王立松 00-20205a，00-20146，00-20272，2002-9-8，王立松 02-42995，2003-9-15，王立松 03-22674；杜鹃 (*Rhododendron* sp.) 枝上，2005-6-15，王立松 05-24781，杜鹃 (*Rhododendron* sp.) 枝上，2006-8-24～25，王立松等 06-26472，06-26485，06-26543，06-26544，岩石表面，2007-5-5，王立松 07-27726，枯木生，2008-10-18，王立松 08-29755，杜鹃 (*Rhododendron* sp.)、花楸 (*Sorbus* sp.) 树枝，2010-7-16，王立松 10-31521，10-31558，2011-5-22，王立松等 11-32026，11-32032，11-32063，11-32091，杜鹃 (*Rhododendron* sp.) 树枝，2013-7-30，王立松等 13-38690，13-38694，13-38700，13-38792，杜鹃 (*Rhododendron* sp.) 及云南松 (*Pinus yunnanensis*) 树干，2014-6-25，王立松等 14-44040，14-44106；玉龙雪山，海拔 3100 m，杂灌木枝，1993-9-14，王立松 93-13639；玉龙雪山东北坡，海拔 3000～3100 m，冷杉 (*Abies* sp.) 及云南松 (*Pinus yunnanensis*) 林下，1984-5-29，郗建勋 0104a，0107，0112；扇子峰，3500～3650 m，铁杉 (*Tsuga* sp.) 树枝，1981-8-5，王立松等 5026，6292，6524，6446；丽江高山植物园，27°00′N，100°50′E，海拔 3176～3600 m，花楸 (*Sorbus* sp.) 及杂灌木枝，2011-8-16，王立松等 11-32315，11-32416，11-32553，栎 (*Quercus* sp.) 树枝，2009-11-10，王立松 09-31219，09-31220，09-31223，铁甲山，华山松 (*Pinus armandii*) 树枝，1987-9-24，王立松 87-10228；干河坝，海拔 3400 m，云杉 (*Picea* sp.) 树枝，1998-10-23，王立松 98-18445；黑白水，海拔 3000 m，栎 (*Quercus* sp.) 树枝，1994-9-16，王立松 94-14643；龙山，海拔 2500 m，花楸 (*Sorbus* sp.) 树枝，1983-10-25，王立松 83-2472。禄劝县，转龙镇，轿子雪山，26°04′N，102°50′E，海拔 3245～4000 m，杜鹃 (*Rhododendron* sp.)、冷杉 (*Abies* sp.) 及杂灌木树干，1992-1-31，王立松 92-851，92-854，92-852，92-825，92-826，92-853，92-850，花楸 (*Sorbus* sp.) 树枝，2006-7-19，王立松等 06-26295，06-26276，06-26308，06-26265，06-27086，2007-5-20，王立松等 07-27815，2010-2-10，王立松等 10-31293，10-31294，10-31297，杜鹃 (*Rhododendron* sp.) 树枝，2010-5-23，王立松 10-31363。泸水县，片马镇，听命湖，海拔 2650 m，树枝生，1981-6-1，王立松 2306，1919。南涧县，拥政村，大中山，24°50′N，100°25′E，海拔 2580～2750 m，树枝及岩石表面，2012-12-20，王立松等 12-37718，12-37790。腾冲县，古永乡，海拔 2400 m，树枝生，1983-11-18，王立松 83-2615。永德县，乌木龙乡，大雪山，24°06′N，99°37′E，海拔 2800～3500 m，树枝生，2007-2-3，王立松 07-27534，2010-10-11，马文章 10-2661。云龙县，天池自然保护区，25°52′N，99°17′E，海拔 2500～2550 m，云南松 (*Pinus yunnanensis*) 树枝，1984-6-31，郗建勋 284，267，2007-10-21，王立松 07-28782；漕涧镇，志奔山，25°45′N，99°06′E，海拔 2600～3150 m，柳 (*Salix* sp.) 树枝，2000-6-12，王立松 00-18890，00-19541，00-18891，杜鹃 (*Rhododendron* sp.)

树枝，2005-6-17，王立松 05-24316，05-24811。元谋县，凉山，25°44′N，101°58′E，海拔 2680 m，杜鹃 (*Rhododendron* sp.) 及栎 (*Quercus* sp.) 树干，2010-10-4，王立松 10-31574，10-31575，10-31593，10-31582。宁蒗县，石门坎村，海拔 2650 m，1981-6-3，黎兴江 81-28a。维西县，叶枝乡，巴丁药材地，海拔 2500～3500 m，树枝生，1982-5-9～10，王立松 82-827，82-222，82-130，82-21167；犁地坪，26°37′N，99°43′ E，海拔 2800 m，响叶杨 (*Populus adenopoda*) 树枝，2013-6-15，王立松等 13-38266；雷达站，海拔 3250 m，1984-6-16，郗建勋 173a，0176b。中甸县，小中甸，27°26′N，99°49′E，海拔 2800～3650 m，云南松 (*Pinus yunnanensis*) 树枝，2001-10-10，王立松 01-20950，2006-8-29，王立松等 06-26750，06-26754，花楸 (*Sorbus* sp.) 枯枝，1982-8-22，王立松 10344，1996-10-10，王世琼 17145；吉沙林场，海拔 3500～4300 m，云杉 (*Picea* sp.) 树枝，1981-6-13，王立松 81-34，杜鹃 (*Rhododendron* sp.) 树枝，2004-6-13，王立松 04-23385；格咱乡，大雪山，28°32′～34′N，99°49′～56′E，海拔 3400～4450 m，桦 (*Betula* sp.)、花楸 (*Sorbus* sp.)、杜鹃 (*Rhododendron* sp.)、柳 (*Salix* sp.) 树枝，以及岩石表面，2000-8-23～24，王立松 00-19876，00-19954，2001-10-11，王立松 01-20793，2004-6-15，王立松 04-23230，04-23244，04-23249，2013-6-19，王立松等 13-46743，2015-11-3，王立松等 15-49747；红山，28°08′N，99°54′E，海拔 4200 m，杜鹃 (*Rhododendron* sp.) 树干，2009-10-6，王立松 09-30972；矿场，冷杉 (*Abies* sp.) 树枝，2003-9-13，王立松 03-22688，栎 (*Quercus* sp.) 树枝，王立松 03-22687，花楸 (*Sorbus* sp.) 及杜鹃 (*Rhododendron* sp.) 树干，2004-6-14，王立松 04-23188，04-23350；哈巴雪山，27°20′N，100°04′E，海拔 3950～4000 m，杜鹃 (*Rhododendron* sp.) 树干，2002-10-16，王立松 02-22113，02-21959；小中甸，天池，27°37′N，99°33′～39′E，海拔 3600～3880 m，云杉 (*Picea* sp.) 树枝，2001-10-10，王立松 01-20881，杜鹃 (*Rhododendron* sp.) 树枝，2004-6-13，王立松 04-23203，04-23286，柳 (*Salix* sp.)，2004-6-13，王立松 04-23299，冷杉 (*Abies* sp.) 树枝，1994-9-20，王立松 94-14923；碧塔海，27°48′N，99°48′E，海拔 3500 m，柳 (*Salix* sp.) 灌木枝，1994-9-21，王立松 94-14952，94-40222，2001-7-10，王立松 01-46737；白水台，27°39′N，100°01′E，海拔 3400 m，灌木枝，1994-9-19，王立松 94-14666；天宝雪山，27°33′N，99°51′E，海拔 3650～3900 m，落叶松 (*Larix* sp.) 灌木枝上，1981-6-15，王立松 81-26，81-2424，6119a，蔷薇 (*Rosa* sp.) 灌木枝，2007-10-14，王立松 07-28944，07-40320；天生桥，25°28′N，108°75′E，海拔 3500 m，2008-12-3，任绍杰 20081808；碧古林场，海拔 3650～3800 m，杜鹃 (*Rhododendron* sp.) 及冷杉 (*Abies* sp.) 树枝，1981-8-14，王立松等 81-5272，81-5583，81-5449，81-5770。

西藏 波密县，云杉 (*Picea* sp.) 林下，1982-9-2，苏永革 988a。察隅县，日东乡，海拔 2900～3900 m，杜鹃 (*Rhododendron* sp.) 及枯枝生，1982-9-8～19，苏京军 4241，4284，4653，4609，4695；察瓦龙，海拔 3900 m，杜鹃 (*Rhododendron* sp.) 树干，1982-9-27，苏京军 4609a；察隅至察瓦龙途中，28°47′N，97°33′E，海拔 3306～3912 m，柳 (*Salix* sp.) 及枯枝，2014-9-25～26，王立松等 14-46861，14-46864，14-46719。墨脱县，海拔 2250 m，腐木生，1983-6-17，苏永革 4888e。

陕西 宝鸡市，太白山公庙，34°00′N，107°43′E，海拔 3000 m，冷杉 (*Abies* sp.) 树

枝，2014-8-29，王欣宇等 14-44939。

台湾 高雄市，桃源区，向阳山，海拔 2400～3600 m，树干，2006-10-18，林仲刚 9264；屏东县，关山，23°14′N，120°54′E，海拔 3000 m，树干，2006-3-22，林仲刚 L4063。

文献记载：新疆 (Abbas and Wu，1998)，陕西 (He and Chen，1995)，云南 (Wu and Wang，1992；Wang and Chen，1994；Wei et al.，2007)，西藏 (Wei and Chen，1974；Wei and Jiang，1986)，湖北 (Chen et al.，1989)，台湾 (Wang-Yang and Lai，1976)。

世界分布：日本 (Harada et al.，2004)，韩国 (Hur et al.，2005)，印度和尼泊尔 (Awasthi and Awasthi，1985)；亚洲分布。

讨论：刺小孢发的分类特征在于地衣体直立至半直立丛生，不规则稠密分枝，分枝表面密生垂直的侧生小刺，无粉芽及假杯点，以及不含地衣酸类特征化合物。

本种地衣体分枝型和不含地衣酸类特征化合物，与珊粉小孢发 *B. smithii* 相似，但后者具粉芽以及粉芽表面簇生珊瑚状小刺而易区别。

刺小孢发是横断山地区最常见的物种之一，主要海拔分布在 3500～4200 m；尽管中国的台湾和东北，以及日本、韩国也有分布，但喜马拉雅地区的湿冷生态环境更适于刺小孢发的生长。

用途：中国西南地区民间菜蔬食用；滇金丝猴越冬饲料 (Wang，2004；王立松和钱子刚，2013)。

6. 广开小孢发　图版 IV：A～C

Bryoria divergescens (Nyl.) Brodo & D. Hawksw., Opera Bot. **42**: 155, 1977; Wang & Chen, Acta Bot. Yun. **16**(2): 147, 1994.

　　GenBank No.: HQ402705, KU895851.

　　≡ *Alectoria divergescens* Nyl., Flora, Jena **69**: 466, 1886. – *Alectoria divergescens* Nyl., Zahlbruckner, in Handel-Mazzetti, Symb. Sin. **3**: 201, 1930b.

　　Type: China, Yunnan, in monte Tsang-chan, supra Ta-li, supra ramulos, alt. 4000 m, R. P. Delavay, 1885(H-NYL 35972, holotype!).

地衣体生长型：枝状，以基部柄固着基物，直立丛生，质地硬，高 0.6～2.5 (～7) cm；基部柄：圆形至椭圆形，直径 4～8 mm，炭黑色；分枝：主枝圆柱状至棱柱状，直径 0.5～1.5 mm，不规则至二叉式分枝，分枝腋呈锐角 (30°～45°)；侧生小刺：密布整个地衣体，小刺与主枝呈直角 (70°～90°)，长 1～4 mm，直径 0.5～1 mm，常变为侧生小分枝，单一或简单分叉，与主枝同色；表面：基部黑色，常炭化，近中部和顶端深褐色，有时具微薄的灰白色粉霜层，背光面常灰白色，光滑，无光泽，无粉芽；假杯点：稀少，通常生于侧生小刺或侧生小分枝表面，椭圆形，灰白色至褐色，平坦至微凸起，长 0.2～0.4 mm，宽 0.1～0.2 mm；子囊盘：常见，亚顶生，幼时盘面凹陷，成熟后凸起呈屈膝状，褐色至暗红褐色，常具白色粉霜层，无光泽，直径 2～5 (～6) mm；幼时盘缘无缘毛型小刺，成熟后囊盘被及盘缘具缘毛型小刺，长 1～3 mm，单一至简单分叉，与囊盘被同色；地衣体中部分枝横切面：圆形至菱形，直径 80～200 μm；皮层：单层型，厚 75～95 μm，外侧褐色，内侧无色；髓层：菌丝疏松至局部中空，菌丝表面光滑，直径约 5 μm；子囊：含 8 个孢子；子囊孢子：椭圆形，无色单胞，7～10 × 3～4 μm，壁薄，约 0.5 μm。

地衣特征化合物：皮层 P−，K−，KC−，C−；髓层 P+橘红色，C−，KC−，K−；TLC 和 HPLC：肺衣酸 (lobaric acid)、富马原岛衣酸 (fumarprotocetraric acid)、原岛衣酸 (protocetraric acid)、聚富马原岛衣酸 (confumarprotocetraric acid) 和 1 种未知成分。

生境：主要附生树种有云南油杉 (*Keteleeria evelyniana*)、云南松 (*Pinus yunnanensis*)、苍山冷杉 (*Abies delavayi*)、丽江云杉 (*Picea likiangensis*) 和红杉 (*Larix potaninii*)；常与淡褐小孢发 *B. fuscescens*、双色小孢发 *B. bicolor*，以及大孢袋衣 *Hypogymnia macrospora* 等混生；海拔 1700～4300 m。

研究标本引证：

四川 木里县，卡拉乡，烧香梁子，海拔 3800 m，红杉 (*Larix potaninii*) 树枝，1983-8-22，王立松 83-1801；西昌市，螺髻山，27°34′N，102°22′E，海拔 3700 m，冷杉 (*Abies* sp.) 树枝，2010-6-12，王珏等 10-31404，10-31474，10-31476，10-31480；乡城县，大雪山垭口，28°34′N，99°49′E，海拔 4300 m，冷杉 (*Abies* sp.) 树枝，2002-9-11，王立松 02-21404；盐源县，火炉山，海拔 3500 m，冷杉 (*Abies* sp.)，1983-7-26，王立松 83-1287；泸定县，贡嘎雪山，29°34′N，101°59′E，海拔 3270 m，花楸 (*Sorbus* sp.) 树枝，2007-9-28，王立松 07-30641。

云南 大理，苍山，电视塔，25°39′～41′N，100°05′～06′E，海拔 3400～3955 m，苍山冷杉 (*Abies delavayi*) 树枝，2001-6-9，王立松 01-20533，01-20540，01-20546，2004-7-21，王立松 04-23413，2005-5-18，王立松 05-24444，2006-8-30，王立松等 06-26882，06-26896，2013-7-31，王立松等 13-38806，13-38807。德钦县，永芝至通达垭口，28°05′N，98°41′E，海拔 3700 m，丽江云杉 (*Picea likiangensis*) 枝上，1999-10-21，王立松 99-18680；梅里雪山，笑农村，28°24′N，98°45′E，海拔 3400 m，丽江云杉 (*Picea likiangensis*) 枝上，1994-9-28，王立松 94-15088，94-21040；索拉垭口，28°38′N，98°37′E，海拔 4400 m，树枝，2012-9-10，牛东玲等 12-35981；白马雪山，28°21′N，99°04′E，海拔 4200～4400 m，冷杉 (*Abies* sp.) 树枝，1994-10-3，王立松 94-29472，2013-6-21，王立松等 13-38502。云龙县，漕涧镇，志奔山，25°44′N，99°03′E，海拔 3200 m，云杉 (*Picea* sp.) 枯桩上，2000-6-12，王立松 00-18933。福贡县，鹿马登公社，海拔 1700 m，枯枝，1982-5-28，王立松 82-458a。贡山县，丙中洛至通达垭口，28°05′N，98°41′E，海拔 3500 m，丽江云杉 (*Picea likiangensis*) 树枝，1999-10-21，王立松 99-18660；野牛谷，27°48′N，98°49′E，海拔 2950 m，长苞冷杉 (*Abies georgei*) 树干，2000-5-30，王立松 00-19349；秋那桶村，松塔雪山，28°11′N，98°31′E，海拔 2500～3300 m，丽江云杉 (*Picea likiangensis*) 枯枝，2000-5-26，王立松 00-19607，00-19637；黑凹底，27°41′N，98°27′E，海拔 2400 m，枯木桩，2005-5-26，王立松 05-30949。昆明，25°05′N，102°30′E，海拔 1900～2000 m，杜鹃 (*Rhododendron* sp.) 灌木及云南松 (*Pinus yunnanensis*) 枯枝，1983-4-14，王立松 83-44，2001-10-20，王立松 01-20721。丽江县，玉龙雪山，海拔 3700 m，冷杉 (*Abies* sp.) 树枝，1987-4-22，Ahti et al. 87-49515；黑白水，海拔 2750 m，红杉 (*Larix potaninii*) 树枝，1994-9-16，王立松 94-14641；丽江高山植物园，27°00′N，100°10′E，海拔 3450 m，松 (*Pinus* sp.) 树枝，2011-8-16，王立松 11-32406；九河乡，老君山，26°37′N，99°42′～43′E，海拔 3600～4200 m，冷杉 (*Abies* sp.) 树枝，2000-8-13，王立松 00-20286a，

00-40311，2002-9-7，王立松 02-21147，02-21309，02-40312，2005-9-3，王立松 05-39070，杜鹃 (*Rhododendron* sp.) 枝上，2005-6-15，王立松 05-40204，2010-7-16，王立松 10-31511，10-31522，冷杉 (*Abies* sp.) 树枝，2011-5-22，王立松等 11-32030，11-32079，11-32103，11-32104，杜鹃 (*Rhododendron* sp.) 枝上，2011-5-22，王立松等 11-32108，云杉 (*Picea* sp.) 树枝，2013-7-30，王立松等 13-38688，冷杉 (*Abies* sp.) 树枝，2013-6-14，王立松等 13-38222，杜鹃 (*Rhododendron* sp.) 树枝，2013-7-30，王立松等 13-38706。禄丰县，中村乡，五台山水库，25°20′N，102°05′E，海拔 2350 m，云南油杉 (*Keteleeria evelyniana*) 枯枝，2009-5-1，王立松 09-30250。禄劝县，转龙镇，轿子雪山，海拔 3700 m，1996-11-1，王立松 96-27332。泸水县，片马垭口，海拔 3500 m，冷杉 (*Abies* sp.) 树枝，1982-6-18，王立松 82-7767，82-7766，2299。维西县，维登公社，鹿马登垭口，海拔 3000 m，丽江云杉 (*Picea likiangensis*) 树枝，1982-5-26，王立松 82-405；犁地坪，27°13′N，99°24′E，海拔 3430 m，云杉 (*Picea* sp.) 树枝，2007-10-18，王立松 07-28823。武定县，狮子山，海拔 2450 m，云南油杉 (*Keteleeria evelyniana*) 枯枝，2003-4-12，王立松 03-22522；武定至元谋途中，25°39′N，102°05′E，海拔 2500 m，云南油杉 (*Keteleeria evelyniana*) 枯枝，2008-8-3，王立松等 08-29581。中甸县，小中甸乡，天池，27°37′N，99°38′E，海拔 3700~3900 m，冷杉 (*Abies* sp.) 树枝，1993-8，王立松 93-13655，93-13656，93-13659b，93-13660，93-13663a，93-13664，93-13656b，93-30590，93-29477，93-13660c，93-13674b，2001-10-10，王立松 01-21000，01-20984，01-20989，01-43989，2004-6-13，王立松 04-23183，04-23200，04-29470，2007-10-15，王立松 07-28872，07-28883；翁水村，大雪山，27°59′N，99°42′E，海拔 4250 m，杜鹃 (*Rhododendron* sp.) 枝上，2000-8-23，王立松 00-40200；格咱乡，大雪山，海拔 3560 m，高山松 (*Pinus densata*) 树枝，2006-8-26，王立松等 06-26958；矿场，28°32′N，99°56′E，海拔 4100 m，冷杉 (*Abies* sp.) 树枝，2004-6-14，王立松 04-40300；大宝寺，27°46′N，99°46′E，海拔 3300m，云杉 (*Picea* sp.) 及冷杉 (*Abies* sp.) 树枝，1993-9-20，王立松 93-23393，93-13396，93-13399，93-3400，93-23409；天宝山，28°08′N，99°54′E，海拔 3600 m，冷杉 (*Abies* sp.) 树枝，2009-10-7，王立松 09-31064，09-39089；哈巴雪山，27°20′N，100°04′E，海拔 3900 m，云杉 (*Picea* sp.) 树枝，2002-10-26，王立松 02-21882，02-23405。

陕西 宝鸡，太白山文公庙，34°00′N，107°43′E，海拔 2840 m，桔梗 (*Playcodon* sp.) 树枝，2014-8-28，王欣宇等 14-47063。

台湾 南投县，合欢山，武岭，24°08′N，121°17′E，海拔 3303 m，冷杉 (*Abies* sp.) 树枝，2015-9-23，王立松等 15-49246。

文献记载：云南 (Hue，1890；Du Rietz，1926；Zahlbruckner，1930a，1930b；Gyelnik，1935；Wang and Chen，1994；Wei et al.，2007；Wang et al.，2012)。

世界分布：中国特有种，中国易危种 (VU)，云南近危种 (NT)。

讨论：本种地衣体直立丛生；侧生小刺和侧生小分枝稠密；子囊盘幼时无缘毛，成熟后具缘毛；含富马原岛衣酸 (fumarprotocetraric acid) 及肺衣酸 (lobaric acid)，易区别于该属中的其他种。

模式标本研究 (H-NYL 35972，holotype)：地衣体枝状，直立呈弓形，质地硬，高 1.5 cm；主枝棱柱状，直径 0.5 mm，表面光滑，无光泽，基部具柄，炭化呈黑色，近顶端深褐色；不规则灌木状分枝，分枝腋呈直角；侧生小刺稠密，小刺与地衣体约呈直角 (70°～90°)，长 1～2 mm，直径 0.5～1 mm，单一或简单分叉，与地衣体同色；假杯点未见；无粉芽及裂芽；具两个幼子囊盘，亚顶生；盘面平坦，褐色至暗红褐色，无光泽及粉霜层，直径 0.5～0.6 mm；囊盘被及盘缘与地衣体同色，盘缘未见缘毛型小刺。

　　该种的模式标本是 Delavay 于 1885 年在云南大理苍山采集的 (H-NYL 35972, holotype!)，目前该模式标本仅剩两个断裂的小分枝 (长约 1.5 cm) 和 2 个未成熟子囊盘 (直径＜1 mm)。1887 年，Nylander 在此标本的基础上发表了该种 (≡ *Alectoria divergescens* Nyl.)，该种地衣体缺乏特征化合物，子囊盘缘具缘毛，子囊孢子 10～11 × 4.5 μm，等等 (Hue, 1887)，之后该种的全部研究都基于这份模式标本。由于该模式标本的残缺，无法对该模式进行显微特征和地衣特征化合物测定以及 DNA 测序，过去报道"缺乏地衣酸类化学物质"可能是因馆藏年代久远而失去了地衣特征化合物；由于该模式标本仅存 2 个无缘毛幼子囊盘，早期报道"子囊盘缘具缘毛"可能是该模式标本早期存在具缘毛的成熟子囊盘。该种更多研究详见 Wang 等 (2012) 的文献。

7. 密枝小孢发　图版 IV：D、E

Bryoria fastigiata Li S. Wang & H. Harada, J. Hattori Bot. Lab. **100**: 865, 2006.

　　GenBank No.: HQ402706, KU895852.

　　Type: China, Yunnan Prov., Zhongdian County, Geza Village, Daxue Mt., 28°34′N, 99°51′E, 4450 m elev., on branches of *Rhododendron impeditum*, 2004-6-15, Wang Lisong 04-23181(KUN-L 19023 – holotype; CBM – isotype).

　　地衣体生长型：枝状，以基部柄固着基物，直立丛生，质地硬，高 1～1.5 (～2) cm；基部柄：圆形至不规则圆形，直径 0.5～1 mm，常炭化呈黑色；分枝：圆柱状，主枝直径 0.2～0.5 mm，基部常炭化呈炭黑色；侧生分枝：基部侧生分枝稠密，不规则分叉，分枝腋呈锐角 (30°～45°)，中部侧生分枝稀疏，分枝腋呈直角 (70°～90°)，近顶端无侧生分枝；无侧生小刺及粉芽；表面：基部黑色，中部至顶端淡褐色至深褐色，光滑，无光泽；假杯点：纺锤形，稀疏，表面微凹陷，淡褐色至黑色，约 0.5 × 1 mm；子囊盘：丰多，亚顶生，全缘，无缘毛，幼时具盘缘，盘面凹陷，成熟后盘缘消失，盘面凸起，呈盔状或屈膝状，栗褐色至黑色，具光泽，直径 0.5～2 mm；分生孢子器：未见；地衣体中部分枝横切面：圆形，直径 300～350 μm；皮层：单层型，外侧褐色，内侧无色，由纵向菌丝紧密呈胶质状排列，厚 25～60 μm；髓层：菌丝疏松至中空；菌丝表面光滑，直径约 5 μm；子囊：内含 8 个孢子；子囊孢子：椭圆形，无色单胞，5～6 × 3.5～4 μm，具厚约 1 μm 薄壁。

　　地衣特征化合物：皮层 P+黄色，K–，KC–，C–；髓层 P+橘红色，C–，KC–，K–；TLC：含富马原岛衣酸 (fumarprotocetraric acid) 和聚富马原岛衣酸 (confumarprotocetraric acid)。

　　生境：主要附生树种为粉紫杜鹃 (*Rhododendron impeditum*) 灌木枝，偶见苍山冷杉 (*Abies delavayi*)、落叶松 (*Larix* sp.) 树枝；海拔 3200～4930 m。

　　研究标本引证：

　　四川　康定县，折多山，海拔 4000 m，粉紫杜鹃灌木枝，1996-9-7，王立松 96-16323a；

九龙县，鸡丑山，29°20′N，100°29′E，海拔 4300 m，2007-9-23，王立松 07-29261；木里县，巴松垭口，海拔 4200 m，粉紫杜鹃灌木枝，1983-9-6，王立松 83-2103；理塘县，卡子拉山，海拔 4700 m，杜鹃 (*Rhododendron* sp.) 灌木枝，2008-11-7，孙中帅 20080351；平武县，杜鹃山垭口，32°53′N，104°15′E，海拔 3210 m，冷杉 (*Abies* sp.) 树枝，2001-5-21，王立松 01-20622a；乡城县，大雪山，28°34′N，99°49′E，海拔 4350～4450 m，粉紫杜鹃灌木枝，2002-9-12，王立松 02-21480，02-21445，02-21449，02-4010，02-41562；稻城县，亚丁村，海拔 4400 m，粉紫杜鹃灌木枝，2002-9-16，王立松 02-21524，海子山，29°20′N，100°06′E，海拔 3500 m，粉紫杜鹃灌木枝，2002-9-19，王立松 02-21607，乡城至稻城途中，无名山垭口，29°07′N，100°00′E，海拔 4200～4670 m，粉紫杜鹃灌木枝，2013-6-20，王立松 13-38336，13-38394。

云南 德钦县，白马雪山，28°22′ N，98°59′E，海拔 4200～4560 m，粉紫杜鹃灌木枝，1993-8-9，王立松 93-13522，93-13482，1994-10-3～4，王立松 94-15354，94-15226，94-15363，2006-8-28，王立松等 06-26716，06-26728，06-26707，06-40316，2012-7-4，王立松等 12-34804，2012-9-16，牛东玲等 12-36797，12-26818，2013-6-21，王立松等 13-38459，2015-11-2，王立松等 15-49743。中甸县，大宝寺，海拔 3200 m，落叶松 (*Larix* sp.) 树枝，1993-9-20，王立松 93-13407；翁水村，大雪山，28°34′N，99°50′E，海拔 4250 m，粉紫杜鹃灌木枝，2000-8-23，王立松 00-19951；碧沽天池，27°37′N，99°33′E，海拔 3700 m，冷杉 (*Abies* sp.) 树枝，2004-6-13，王立松 04-41546。

西藏 察隅县，29°19′N，97°05′E，海拔 4251 m，粉紫杜鹃灌木枝，2014-9-23，王立松等 14-46663，14-46667。芒康县，红拉山，29°15′N，98°40′E，海拔 4206～4285 m，粉紫杜鹃灌木枝，2014-9-15，王立松等 14-45397，14-45412，14-45413，14-45414，14-45515，14-45508，14-45513，14-45520，14-47055；乌拉山，29°42′N，98°30′E，海拔 4285 m，粉紫杜鹃灌木枝，2014-9-14，王立松等 14-47056，14-47074。林芝县，鲁朗镇，色季拉山口，29°35′N，94°35′E，海拔 4090 m，杜鹃 (*Rhododendron* sp.) 灌木枝，2007-8-26，王立松等 07-28384，07-28645，07-28653。曲松县，29°01′N，92°21′E，海拔 4930 m，杜鹃 (*Rhododendron* sp.) 灌木枝，2007-8-25，王立松等 07-28599。

文献记载：四川，云南 (Wang et al.，2017)。

世界分布：中国横断山地区。

讨论：密枝小孢发的分类特征在于地衣体直立丛生，高小于 2 cm，基部具柄，常炭化呈黑色，假杯点稀疏，表面凹陷，与地衣体同色，无粉芽及侧生小刺。

直立丛生的地衣体，基部黑色，与云南小孢发 *B. yunnana* 相似，但后者基部无柄，假杯点长椭圆形、灰白色、明显凸起而不同。

8. 卷毛小孢发 (新拟)　图版 V：A～D

Bryoria fruticulosa Li S. Wang & Myllys, Phytotaxa **297**(1): 35, 2017.

GenBank No.: KU895853, KU895854, KU895855.

MycoBank No.: MB 816227.

Type: Sichuan Prov., Xiangcheng Co., Daxue Mt., 28°34′N, 99°49′E, 4350 m elev., on bushes of *Rhododendron aganniphum*, 2002-9-12, Wang Lisong 02-23521(KUN-L

18795, holotype).

地衣体生长型：枝状，直立至匍卧丛生，基部无柄，高 2～6 cm；分枝：无明显主枝，不规则分枝，分枝圆柱状，直径 0.3～0.5 mm；二次侧生分枝稀疏，分枝腋呈直角至钝圆；近顶端三次分枝稠密，黄绿色至鹿褐色，呈扫帚状，纤细而柔软，弯曲成弓形至相互缠绕，干燥后易碎；侧生小刺：稀疏至丰多，常见于近顶端分枝表面，长 0.1～0.3 mm，黑色至鹿褐色；侧生小分枝：生于近顶端分枝表面，分枝腋呈直角，淡褐色，具光泽；表面：基部炭黑色，中部栗褐色至深褐色，顶端黄绿色至鹿褐色，具光泽；假杯点：稀见，狭裂隙状，表面凹陷，灰白色至淡褐色，约 0.1 × 0.5 mm；粉芽：极少出现，直径明显宽于枝体，0.2～0.5 mm，表面凸起，白色至灰白色，无裂芽型小刺；子囊盘：稀见，无柄，侧生至亚顶生，果托与地衣体同色；全缘，成熟后盘缘发育不良至消失，幼时无缘毛，成熟后具小刺状缘毛，缘毛长 0.2～1 mm，黑色至鹿褐色，盘面幼时凹陷至平坦，成熟后呈盔状凸起，淡黄色至淡黄褐色；地衣体中部分枝横切面：圆形，直径 400～450 μm，单一层，外侧褐色至黑色，内侧无色，菌丝表面光滑，直径 4～5 μm；子囊：子囊层厚约 50 μm，子囊长 45～50 × 7 μm，内含 8 个孢子；子囊孢子：无色单胞，7～8 × 4～5 μm，孢子壁厚 2 μm；分生孢子器未见。

地衣特征化合物：皮层 P–，K–，C–，KC–；髓层 P±橘红色，K–，C–，KC–；TLC：含富马原岛衣酸 (fumarprotocetraric acid)。

生境：常见于杜鹃 (Rhododendron spp.) 和大果红杉 (Larix potaninii var. macrocarpa) 树干及树枝，也生于高山松 (Pinus densata)、云南松 (P. yunnanensis)、花楸 (Sorbus sp.)、栎 (Quercus sp.)、冷杉 (Abies sp.)、柏木 (Juniperus sp.) 树枝，偶见箭竹 (Fargesia sp.) 上生，高海拔地区岩石表面生；常与刺小孢发 B. confusa、波氏小孢发 B. poeltii 混生；海拔 2500～4650 m。

研究标本引证：

四川 稻城县，亚丁村，28°26′N，100°20′E，海拔 4300～4510 m，柏木 (Juniperus sp.)、落叶松 (Larix sp.) 树枝，2002-9-16，王立松 02-21421，02-21579，02-21603。会理县，龙肘山，电视塔，海拔 3500 m，杜鹃 (Rhododendron sp.) 树干，1997-9-13，王立松 97-17922。九龙县，鸡丑山，29°20′N，101°29′E，海拔 3700～4300 m，杜鹃 (Rhododendron sp.) 树枝，1996-9-11，王立松 96-16552，96-39062，2007-9-23，王立松 07-29218，07-29248，07-29249，07-29264，07-29265，07-29266，07-39064，2009-9-10，王立松 09-42767。康定县，雅家埂，29°47′N，102°03′E，海拔 3962 m，落叶松 (Larix sp.) 树枝，2010-9-29，王立松 10-31868；折多山，30°04′N，101°48′E，海拔 4000 m，岩石表面，1996-9-7，王立松 96-16349；木格措，30°08′N，101°51′E，海拔 3780 m，灌木枝，2006-6-5，王立松 06-26085。理塘县，县城北 20 km，30°11′N，99°55′E，海拔 3900 m，岩石表面，2009-9-9，王立松 09-40355。木里县，卡拉乡，烧香梁子，海拔 3850 m，落叶松 (Larix sp.) 树枝，1983-8-22，王立松 83-41571；巴松垭口，海拔 4250 m，杜鹃 (Rhododendron sp.) 树干，1983-9-6，王立松 83-2089，83-2360。马尔康县，梦笔山，32°42′N，102°56′E，海拔 4000 m，杜鹃 (Rhododendron sp.) 树干，2001-5-14，王立松 01-20666。平武县，杜鹃山山口，32°53′N，104°15′E，海拔 3330 m，蔷薇 (Rosa sp.) 灌木枝，2010-9-22，王立松 10-31753。西昌市，螺髻山，27°34′N，102°22′E，海

拔 3700 m，花楸 (*Sorbus* sp.) 树枝，2010-6-12，王立松等 10-31473。乡城县，大雪山，28°34′N, 99°49′E，海拔 4450～4650 m，岩石表面，2002-9-12，王立松 02-21455，02-21476，02-40211，02-41561。小金县，日隆乡，双桥沟，四姑娘山，31°14′N，102°41′E，海拔 3300～3800 m，柏木 (*Juniperus* sp.)、落叶松 (*Larix* sp.) 和柳 (*Salix* sp.) 树枝，1996-8-22，王立松 96-17757，2001-5-12，王立松 01-20571，01-42766，2006-6-2，王立松 06-26064，06-26061，06-26063，2007-10-2，王立松 07-19122，07-29153，07-29162。

云南　德钦县，白马雪山，28°20′N，99°04′E，海拔 3750～4440 m，冷杉林地，1981-7-12，黎兴江 81-2149，岩石表面，1985-6-13，王立松 85-8903，落叶松 (*Larix* sp.)、杜鹃 (*Rhododendron* sp.) 树枝，1994-10-3，王立松 94-15221b，94-15230，94-15235，94-15360，94-23401，94-40213，柏木 (*Juniperus* sp.) 树干，2004-6-20，王立松 04-23391，落叶松 (*Larix* sp.)、杜鹃 (*Rhododendron* sp.) 及岩石表面，2006-8-28，王立松等 06-26701，06-20703，06-26388，06-26704，06-26713，06-26953，06-26955，06-26957，06-39065，2013-6-21，王立松等 13-38500，13-38558，13-39099，13-38482，2015-11-1，王立松等 15-49496；梅里雪山，索拉垭口，28°38′N，98°37′E，海拔 4060～4800 m，栎 (*Quercus* sp.) 树干及灌木枝，2012-9-10，牛东玲等 12-35890，12-39092，12-39094，落叶松 (*Larix* sp.)、杜鹃 (*Rhododendron* sp.) 树干，2013-6-22，王立松等 13-38446，13-38487，13-38557，13-38628，13-39058，13-39097，13-42764。贡山县，丙中洛至通达乡垭口，98°41′N，28°05′E，海拔 2500 m，云南松 (*Pinus yunnanensis*) 树干，1999-10-21，王立松 99-18665。丽江县，九河乡，老君山，26°37′N，99°42′E，海拔 3600～4150 m，杜鹃 (*Rhododendron* sp.)、冷杉 (*Abies* sp.) 树干及花楸 (*Sorbus* sp.) 灌木枝，1999-11-26，王立松 99-18741a，2010-7-16，王立松 10-31523，2011-5-22，王立松等 11-32088，11-32107，11-32090，11-32089，11-40217，2013-7-30，王立松等 13-38691，13-38938，13-39095，2014-6-25，王立松等 14-44032，14-44045，14-44082，14-44101。禄劝县，轿子雪山，海拔 3650 m，竹子枝，1992-1-31，王立松 92-13150。中甸县，格咱乡，大雪山，28°34′N，99°49′E，海拔 4200～4500 m，杜鹃 (*Rhododendron* sp.) 树干，2000-8-23，王立松 00-19940，00-19949，00-19950，00-19965，00-40199，00-46742，2001-8-11，王立松 01-20993，01-23400，2004-6-15，王立松 04-23206，04-23207，04-23242，04-23255，04-23260，04-23216，04-40302，04-40305，2006-8-26，王立松等 06-26591；小雪山，28°19′N，99°45′E，海拔 3900 m，蔷薇 (*Rosa* sp.) 灌木枝，2013-6-19，王立松等 13-38386；红山，28°08′N，99°54′E，海拔 4200 m，冷杉 (*Abies* sp.) 及杜鹃 (*Rhododendron* sp.) 树枝，2009-10-6，王立松等 09-30962，09-30973，09-30975b，09-42998；哈巴雪山，27°20′N，100°04′E，海拔 3900～4400 m，云杉 (*Picea* sp.) 及杜鹃 (*Rhododendron* sp.) 树枝，2002-10-26，王立松 02-23406，02-21715，02-21984；纳帕海，27°55′N，99°36′E，海拔 3250～3540 m，杜鹃 (*Rhododendron* sp.)、云杉 (*Picea* sp.) 林下及箭竹 (*Fargesia* sp.) 枝，1998-5-24，王立松 98-18154，98-18161，98-40206，2006-8-27，王立松等 06-26593，06-26634；小中甸，27°28′N，99°53′E，海拔 3600 m，高山松 (*Pinus densata*) 树枝，2006-8-29，王立松等 06-26759，2007-10-14，王立松 07-28893，07-28899；天池，27°37′N，99°33′E，海拔 3700 m，冷杉 (*Abies* sp.) 树枝，2001-10-11，王立松 01-20921，01-20982，2004-6-13，王立松 04-23195，04-23198；天

宝山，28°08′N，99°54′E，海拔 3900 m，冷杉 (*Abies* sp.) 树枝，2009-10-7，王立松等 09-31066；碧塔海，海拔 3400 m，柏木 (*Juniperus* sp.) 树干，2001-7-10，王立松等 01-20706；大宝寺，海拔 3300 m，云杉 (*Picea* sp.) 及冷杉 (*Abies* sp.) 树干，1993-9-20，王立松 93-13395，93-13400b。

西藏 察隅县，目若村，28°35′N，98°01′E，海拔 3912 m，杜鹃 (*Rhododendron* sp.) 树枝，2014-9-26，王立松等 14-46729；察隅至察瓦龙途中，28°46′N，97°37′E，海拔 3941 m，冷杉 (*Abies* sp.) 树干，2014-9-25，王立松等 14-46876。林芝县，色季拉山口，29°35′N，94°35′E，海拔 4090 m，杜鹃 (*Rhododendron* sp.) 及柏木 (*Juniperus* sp.) 树干，2007-8-26，王立松等 07-28631，07-30638，07-30643，07-28649，07-43000。芒康县，红拉山口，29°15′N，98°40′E，海拔 4345 m，1976-8-10，臧穆 816，2007-8-16，王立松 07-27895，07-30239，2014-9-14，王立松等 14-45380，14-47053；拉乌山，29°42′N，98°30′E，海拔 4285 m，粉紫杜鹃 (*R. impeditum*) 灌木枝，2014-9-15，王立松等 14-45518。

文献记载：四川，云南，西藏 (Wang et al.，2017)。

世界分布：中国横断山地区。

讨论：卷毛小孢发直立至匍卧丛生，基部及二次分枝黑色，近顶端三次分枝稠密，并相互缠绕成扫帚状，子囊盘具缘毛。

本种地衣体基部至中部黑色，近顶端黄绿色至鹿褐色，与双色小孢发 *B. bicolor* 相似，但后者第三次分枝呈弓形，具弹性，以及子囊盘无缘毛；本种与广开小孢发 *B. divergescens* 是目前中国已知的子囊盘具缘毛的两个种，但后者侧生小刺稠密，两者所含的地衣特征化合物不同。

9. 叉小孢发　图版 V：E、F

Bryoria furcellata (Fr.) Brodo & D. Hawksw., Opera Bot. **42**: 103, 1977; Abudula & Wu, Lich. Xinjiang: 90, 1998; Wang et al., Mycobiology **33**(4): 174, 2005.

GenBank No.: KU895856.

≡ *Cetraria fucellata* Fr., Syst. Orb. Veget. **1**: 283, 1825.

= *Alectoria nidulifera* Norrl., Chen, Zhao & Luo, J. NE Forestry Inst. **3**: 128, 1981.

模式标本未见。

地衣体生长型：枝状，半直立至匍匐型，基部无柄，长 5～7 cm；分枝：主枝直径 0.3～0.6 mm，分枝圆柱状，渐尖，等二叉式分枝，分枝腋钝圆或呈直角 (通常 70°～90°)，近顶端分枝狭窄，呈锐角；侧生小刺：不出现；侧生小分枝：稀疏，与主枝垂直，褐色；表面：褐色至黑色，具光泽；粉芽：密生狭长裂隙状粉芽堆，表面明显凸起，灰白色至暗褐色，直径 0.2 mm × 0.5 mm，粉芽堆表面簇生裂芽型小刺，小刺深褐色至黑色，有时变成刺状短分枝，长 1～1.5 mm (～2 mm)；无假杯点；子囊盘及分生孢子器未见；地衣体中部分枝横切面：圆形，直径 550～600 μm；皮层：单层型，表面光滑，厚 100～110 μm，外侧淡褐色，内侧无色；髓层菌丝表面光滑，直径 5～9 μm。

地衣特征化合物：粉芽及髓层 P+橘红色，K±黄色，C−，KC±黄色，CK−；TLC：富马原岛衣酸和肺衣酸 (fumarprotocetraric acid and lobaric acid)。

生境：常见于针叶林中落叶松 (*Larix* sp.) 树枝或枯枝；海拔 400～2688 m。

研究标本引证：

内蒙古 大兴安岭，满归镇，52°03′N，122°09′E，海拔 900 m，落叶松 (*Larix* sp.) 树干，1975-6-26～27，陈锡龄 3134，3151 (in IFP)，1992 年，郭守玉 113712 (in HMAS)；阿里河林场，海拔 450 m，桦 (*Betula* sp.) 树干，1984-9-7，高向群 458 (in HMAS)。

黑龙江 塔河县，绣峰林场至漠河县途中，52°45′N，123°33′E，海拔 607 m，落叶松 (*Larix* sp.) 树干，2012-5-14，王立松等 12-34112；小兴安岭，红旗林场，1963-9-3，郑庆珠 002 (in IFP)；漠河 2 干线 45 km，车队林场，海拔 400 m，落叶松 (*Larix* sp.) 枯木，1993-8-3，陈舒泛 9304044，9308040。

西藏 波密县，岗村，29°52′N，95°33′E，海拔 2688 m，云南松 (*Pinus yunnanensis*) 树干，2014-9-20，王立松等 14-47069。

文献记载：黑龙江 (Chen et al.，1981；Luo，1984)，内蒙古 (Chen et al.，1981)，新疆 (Abbas and Wu，1998)，四川，云南 (Wang et al.，2005)。

世界分布：欧洲和美洲 (Brodo and Hawksworth，1977)，尼泊尔 (Awasthi and Awasthi，1985)，日本 (Harada et al.，2004)。

讨论：叉小孢发的分类特征在于地衣体等二叉分枝，具狭长裂隙状粉芽堆，并簇生裂芽型小刺及刺状短分枝，以及含富马原岛衣酸和肺衣酸。

本种地衣体半直立至匍匐，具粉芽堆及裂芽型小刺，酷似多形小孢发 *B. variabilis* 和珊粉小孢发 *B. smithii*，但后两种不规则分枝，不含地衣酸类特征化合物；与多叉小孢发 *B. perspinosa* 都具狭长裂隙状粉芽堆和粉芽堆表面簇生裂芽型小刺，但后者具稠密侧生小刺。

10. 淡褐小孢发 (新拟) 图版 VI：A、B

Bryoria fuscescens (Gyeln.) Brodo & D. Hawksw., Opera Bot. **42**: 155, 1977.

≡ *Alectoria fuscescens* Gyeln., Nyt Mag. Naturvidensk. **70**: 55, 1932.

= *Lichen chalybeiformis* L., Sp. Pl. **2**: 1155, 1753. − *Bryoria chalybeiformis* (L.) Brodo & D. Hawksw., Opera Bot. **42**: 81, 1977.

= *Alectoria subcana* (Nyl. ex Stizenb.) Gyeln., Magyar Bot. Lapok **30**: 54, 1931. − *Bryoria subcana* (Nyl. ex Stizenb.) Brodo & D. Hawksw., Opera Bot. **42**: 91, 1977.

= *Alectoria lanestris* (Ach.) Gyeln., Nyt Mag. Naturvidensk. **70**: 58, 1932. − *Bryoria lanestris* (Ach.) Brodo & D. Hawksw., Opera Bot. **42**: 88, 1977.

Type: Finland, Tavastia austr., Hollola, ad truncos Pini locis apricioribus in silva, J. P. Norrlin, September 1882, Nyl. & Norrl., Lich. Fenn. Exs. no. 466 (H-isolectotypes!).

地衣体生长型：枝状，悬垂型至匍匐型生长，长 5～15 cm；分枝：主枝直径 1～1.5 mm，基部等二叉稠密分枝，圆柱状至略呈扁枝状，近顶端呈不等二叉式分枝，分枝腋呈直角或钝圆，≥90°；无侧生小刺及假杯点；侧生小分枝：常见，分枝腋狭窄，呈锐角；表面：基部褐色，近顶端深褐色至黑褐色，具光泽；粉芽：丰多至稀疏，盘状至裂隙状，直径 1～1.5 mm，常宽于枝体，粉芽堆颗粒状，白色至灰白色，平坦至微凸起，成熟后常具裂芽型黑色小刺；子囊盘及分生孢子器未见；地衣体中部分枝横切面：圆形至椭圆形，直径 500～550 μm；皮层：单层型，厚 25～40 μm，外侧淡褐色，内侧无色；髓层：菌丝疏松至局部中空，菌丝表面光滑，直径 4～5 μm。

地衣特征化合物：髓层 P+橘红色，K–，C–，KC–；粉芽 P+橘红色，K–，C–，KC–；TLC：富马原岛衣酸 (fumarprotocetraric acid)。

生境：树干、树枝及岩石表面生；海拔 1300～4500 m。

研究标本引证：

四川 稻城县，亚丁村，28°26′N，100°20′E，海拔 4000～4100 m，落叶松 (*Larix* sp.) 及栎 (*Quercus* sp.) 树枝，2002-9-15～19，王立松 02-21512，02-40349。道孚县，30°46′N，101°18′E，海拔 4100 m，落叶松 (*Larix* sp.) 树干，2007-8-26，王立松等 07-28324。九龙县，伍须海，29°09′N，101°24′E，海拔 3600 m，落叶松 (*Larix* sp.) 树枝，2007-9-24，王立松 07-29210。理塘县，卡子拉山，海拔 4700 m，树干，2008-11-7，任绍杰 20080821。木里县，海拔 3100～4400 m，树枝及岩石表面，1983-9-7～22，王立松 83-2132，83-2334；俄亚乡，海拔 3750 m，云杉 (*Picea* sp.) 树干，1983-9-23，王立松 83-2384。乡城县，大雪山垭口，28°34′N，99°49′E，海拔 4300 m，杜鹃 (*Rhododendron* sp.) 树枝，2002-9-11，王立松 02-21407。小金县，日隆乡，长坪沟，31°02′N，102°26′E，海拔 3300～3500 m，落叶松 (*Larix* sp.) 及桦 (*Betula* sp.) 树枝，1996-8-22，王立松 96-17788，2005-8-26，肖月芹 05-54；双桥沟，30°14′N，102°46′E，柏木 (*Juniperus* sp.) 树干，2001-5-12，王立松 01-20559。

云南 德钦县，白马雪山垭口，28°19′N，99°05′E，海拔 4320～4440 m，冷杉 (*Abies* sp.) 及落叶松 (*Larix* sp.) 树枝，2006-8-28，王立松等 06-26705，2013-6-22，王立松等 13-40317，2015-11-2，王立松等 15-49727。中甸县，尼西乡，28°02′N，99°31′E，海拔 3200 m，高山松 (*Pinus densata*) 树枝，2009-10-4，王立松 09-31127；中甸至大雪山途中，27°59′N，99°42′E，海拔 3560 m，松 (*Pinus* sp.) 树枝，2006-8-26，王立松 06-26588；五凤山，杜鹃 (*Rhododendron* sp.) 灌木枝，1982-10-11，林中文 4412c。

西藏 察隅县，梅里石，海拔 4000 m，1982-10-8，臧穆 7832；芒康县，海拔 4020 m，落叶松 (*Larix* sp.) 树枝，2007-8-16，王立松等 07-27943。

新疆 布尔津县，喀纳斯，海拔 1300～2100 m，灌木及云杉 (*Picea* sp.)、落叶松 (*Larix* sp.) 树枝，1980-7，阿不都拉·阿巴斯 90 (in XJU)，1986-8-3，高向群 1872 (in HMAS)，1996-7-11，阿不都拉·阿巴斯 9600156，9600437，1998-7-8，阿不都拉·阿巴斯 980041，980069，980708，2000-7，阿不都拉·阿巴斯 20007-02，2002-7-7，王华 02-1，2003-8-8，阿不都拉·阿巴斯 030505，030516，030516b (in XJU)，2004-5-28，阿不都拉·阿巴斯 20040430 (in XJU)，2005-8-11～13，阿不都拉·阿巴斯 200576，510179，510199-a，510185，510168，510152-a，510165-a，510177-a，510167-a，510166-a (in XJU)，2012-9-11，王立松等 12-35951，12-35953；月亮湾，海拔 1250 m，树皮生，2005-8-14，阿不都拉·阿巴斯 510197-a (in XJU)；禾木乡，海拔 1100 m，树皮生，2003-8-6，阿不都拉·阿巴斯 030435 (in XJU)；土勒克拜，海拔 1900 m，树皮生，1996-7-9，阿不都拉·阿巴斯 9600452a (in XJU)；福海科尔奇也特，树皮生，海拔 2060 m，2002-6-14，阿不都拉·阿巴斯 2002549，2002513-a (in XJU)。巩留县，莫乎尔乡，树皮生，海拔 1620 m，1999-8-6，阿不都拉·阿巴斯 990128-a，990128-b (in XJU)；青河林场，海拔 2000 m，2002-6-23，阿不都拉·阿巴斯 200283022，20028306 (in XJU)。

文献记载：内蒙古 (Sato，1952；Chen et al.，1981)，黑龙江 (Asahina，1952；Chen et al., 1981；Luo，1984)，陕西 (Jatta，1902；Zahlbruckner，1930b；Wu，1981)，云南 (Hue，1899；Paulson，1928；Zahlbruckner，1930b)。

世界分布：印度、尼泊尔 (Singh and Sinha，2010)，东非、欧洲和美洲 (Brodo and Hawksworth，1977)。

讨论：淡褐小孢发地衣体悬垂型，深棕色至深褐色，分枝腋较宽，呈直角至半圆形，无侧生小刺及假杯点，粉芽圆盘状至裂隙状，直径宽于枝体，含富马原岛衣酸。

模式标本研究 (Nyl. & Norrl. no. 466, in H.)：地衣体悬垂型，质地柔软，易碎，长 14 cm，主枝直径 1 mm；表面平坦，灰褐色至黑褐色，具光泽；分枝圆柱状，不等二叉式分枝，近分枝腋局部呈扁枝状，分枝夹角半圆形或大于 90°，侧生小分枝稀疏，渐尖；无侧生小刺及假杯点；粉芽堆密集，宽裂隙状至圆盘状，直径常宽于枝体；粉芽粉末状，幼时表面微凹陷至平坦，白色至灰白色，成熟后表面凸起，污白色，少数成熟粉芽堆呈黑色，并具裂芽型小刺；子囊盘及分生孢子器未见。

本种与多叉小孢发 *B. perspinosa* 都具有相似的悬垂型地衣体，表面深棕色至深褐色，具圆盘状至裂隙状的粉芽堆，以及髓层和粉芽 P+橘红色，但后者密生与主枝垂直的侧生小刺，粉芽堆颗粒状，成熟后常具裂芽型黑色小刺；与波氏小孢发 *B. poeltii* 相似，但后者地衣体不规则分枝，髓层 P–，粉芽 P+橘红色。

11. 横断山小孢发　图版 VI：C～F

Bryoria hengduanensis Li. S. Wang & H. Harada, Acta Phytotax. Geobot. **54**(2): 99, 2003.

GenBank No.: HQ402704, KU895857, KU895858, KU895859.

Type: China, Yunnan Prov., Zhondian Co., Tian-chi Lake, 27°35′N, 99°48′E, 3900 m elev., on bark of *Abies georgei*, 1993-8-10, Wang Lisong 93-13673(KUN-L 13927, holotype; CMB-Fl-13390, isotype).

地衣体生长型：枝状，以基部固着基物，丝状柔软自然悬垂，无柄，长 3～5 (～15) cm；分枝：主枝圆柱状至局部扁枝状，直径 0.2～0.3 mm，基部至中部不等二叉分枝，近顶端变为等二叉分枝，渐尖；分枝腋：基部主枝与分枝腋较宽，呈圆形或直角 (通常 80°～90°)，近顶端分枝腋呈锐角 (通常 30°～50°)；侧生小刺：极稀少，长约 1 mm，顶端黑色；侧生小分枝：稀疏，长 1～5 mm，基部不缢缩，与主枝同色，顶端有时呈褐色至黑色；表面：基部深褐色至黑色，中部至顶端灰白色、污白色至淡黄褐色，无光泽；粉芽：稀见，灰白色至污白色，表面凸起呈球形，有时弯曲呈屈膝状，直径 1～1.5 mm；假杯点：长线形，凹陷，螺旋状生于地衣体表面，与地衣体同色至暗褐色；子囊盘及分生孢子器未见；地衣体中部分枝横切面：圆形至椭圆形，直径 250～300 μm；皮层：单层型，厚 30～50 μm，外侧淡褐色，内侧无色；髓层：菌丝疏松至局部中空，菌丝表面平滑，直径 4～5 μm。

地衣特征化合物：皮层 P+橘红色，K–，C–，KC–；髓层 P±黄色，K+淡黄色，C–，KC–；TLC 和 HPLC：含富马原岛衣酸 (fumarprotocetraric acid)、松萝酸 (usnic acid)、原岛衣酸 (protocetraric acid)、聚富马原岛衣酸 (confumarprotocetraric acid)。

生境：针叶林中生于长苞冷杉 (*Abies georgei*)、丽江云杉 (*Picea likiangensis*) 树干

及树冠；阔叶林中常见于黄背栎 (*Quercus pannosa*) 树干；常与长松萝 *Usnea longissima* 及多种袋衣 *Hypogymnia* spp.等混生；海拔 3500～4500 m。

研究标本引证：

四川 泸定县，贡嘎雪山，3 号营地冰川，29°20′N，101°30′E，海拔 3000 m，冷杉 (*Abies* sp.) 树干，2007-9-28，王立松 07-29112；西昌市，螺髻山，27°34′N，102°22′E，海拔 3700 m，冷杉 (*Abies* sp.) 树干，2010-6-12，王立松 10-31423；乡城县，大雪山垭口，28°34′N，99°49′E，海拔 4300～4350 m，杜鹃 (*Rhododendron* sp.) 树干，2002-9-11，王立松 02-21409，02-21411。

云南 德钦县，白马雪山，28°20′N，99°03′E，海拔 4320 m，冷杉 (*Abies* sp.) 树干，2003-9-11，王立松 03-22790，03-22792，03-22780，03-22789，03-22803，03-42763，冷杉 (*Abies* sp.) 及落叶松 (*Larix* sp.) 树干，2006-8-28，王立松等 06-26695，06-26715，海拔 4300 m，冷杉 (*Abies* sp.) 及杜鹃 (*Rhododendron* sp.) 树干，2013-6-21，王立松 13-38429，13-38435，13-38445。丽江县，九河乡，老君山，26°37′～39′N，99°43′～46′E，海拔 3750～4020 m，冷杉 (*Abies* sp.) 树干，2002-9-7，王立松 02-21256，2005-6-15，王立松 05-24788，2007-5-5，王立松 07-27735，2010-7-16，王立松 10-31497，10-31500，10-31507，2011-5-22，王立松等 11-32114，11-32072，11-32075，11-32092。禄劝县，轿子雪山，26°04′N，102°50′E，海拔 3500 m，树枝，1992-1-31，王立松 92-13156。中甸县，小中甸，天池，27°26′N，99°49′E，海拔 3200～3900 m，长苞冷杉 (*Abies georgei*)、杜鹃 (*Rhododendron* sp.) 及蔷薇 (*Rosa* sp.) 树干，1993-8，王立松 93-13672，93-13675，93-13659a，93-41564，2010-10-10～11，王立松 01-20981，01-20918，01-20930，01-20985，01-20909，2004-6-13，王立松 04-23182，04-23288，04-23199，2006-8-29，王立松等 06-26753；大雪山，28°34′N，99°50′E，海拔 4000～4300 m，冷杉 (*Abies* sp.)、云杉 (*Picea* sp.) 及杜鹃 (*Rhododendron* sp.) 树干，2000-8-23，王立松 00-19999，2001-10-11，王立松 01-20983，01-20979，2004-6-15，王立松 04-23205，2009-9-4，王立松 09-42993，2013-6-19，王立松等 13-38269；格咱乡，矿场，28°32′N，99°56′E，海拔 4000～4100 m，冷杉 (*Abies* sp.) 树干，2004-6-14，王立松等 04-23303～04-23305，04-23313～04-23315，04-42765；红山，28°08′N，99°54′E，海拔 4200 m，冷杉 (*Abies* sp.) 树干，2009-10-6，王立松等 09-30960，09-30961，09-30977。

文献记载：云南，四川 (Wang et al.，2003；Wei et al.，2007)。

世界分布：中国横断山特有种。

讨论：横断山小孢发地衣体丝状悬垂，柔软，表面污白色至淡黄褐色，具狭长的线形假杯点，易于区别于本属中的其他种。该种的粉芽极少出现，在研究的 55 号标本中，仅 4 号标本具有粉芽。

该种与蚕丝小孢发 *B. nadvornikiana* 同为丝状悬垂，表面污白色至淡黄褐色，但后者无假杯点；该种裂隙状长线形假杯点与北美分布槽枝属中的 *Sulcaria badia* 相似，不同之处在于后者孢子形态和地衣特征化合物与该种不同。

12. 喜马拉雅小孢发　图版 VII：A～D

Bryoria himalayensis (Motyka) Brodo & D. Hawksw., Opera Bot. **42**: 155, 1977; Wang &

Chen, Acta Bot. Yun. **16**(2): 148, 1994.

GenBank No.: KU895860, KU895861, KU895862, KU895863, KU895864, KU895865.

≡ *Alectoria himalayana* Motyka, Fragm. Florist. Geobot. **6**: 450, 1960.

Type: Himalaya, Sikkim, T. Thomson 299 (BM-isotype!).

地衣体生长型：枝状，以基部柄固着基物，丝状悬垂，质地硬，长 15～25 cm；柄：黑色，常炭化或消失；分枝：主枝圆柱状至棱柱状，直径 0.5～1.5 mm，基部不规则分枝，向顶端呈不等二叉分枝，渐尖，分枝腋呈锐角，通常 45°～60°；侧生小刺：密集至稀疏，与主枝垂直呈 90°，长 1～2 mm，与地衣体同色；侧生小分枝：稠密，与主枝呈 45°～90°，单一至简单分叉，长 3～5 mm，渐尖，与地衣体同色；表面：地衣体基部黑色，常炭化，中部背阴面常灰白色至淡褐色，向阳面及顶端变为栗褐色、深褐色至黑色，无光泽，有时表面具微薄的白色粉霜层；假杯点：极少出现，主枝表面假杯点呈裂隙状，灰白色至褐色，侧生分枝及小刺表面假杯点狭窄裂隙状至椭圆形，直径 0.2～0.3 mm，表面平坦，灰白色至褐色；粉芽：不出现至稀见，粉芽颗粒状，表面凸起，灰白色，直径 1～3 mm，无裂芽型小刺；子囊盘：侧生，无柄，盘面鹿褐色、黄褐色至深褐色，无光泽，幼时盘面凹陷，成熟后平坦，直径 2～4 mm，果托灰白色至淡褐色，盘缘发育不良，微薄至消失，无缘毛；地衣体中部分枝横切面：圆形，直径 500～700 μm；皮层：厚 100～150 μm，单层型，外侧褐色至深褐色，内侧无色；髓层：菌丝表面光滑，直径 4～5 μm；子囊：内含 8 个孢子；子囊孢子：卵圆形至椭圆形，无色单胞，4～5 × 9～10 μm，孢子壁薄，厚约 1 μm；分生孢子器未见。

地衣特征化合物：髓层 P+橘红色，K+黄色，C−，KC−，CK−；HPLC：含富马原岛衣酸和肺衣酸 (fumarprotocetraric acid and lobaric acid)。

生境：常见于针叶林内树干，主要生于长苞冷杉 (*Abies georgei*) 树干，阔叶林中主要生于粉紫杜鹃 (*Rhododendron impeditum*) 和其他杜鹃 (*Rhododendron* spp.)、花楸 (*Sorbus* sp.)、竹子 (*Bambusa* sp.)、蔷薇 (*Rosa* sp.)、小檗 (*Berberis* sp.) 等树干及树枝，偶见岩面生；海拔 2450～4400 m。

研究标本引证：

吉林 安图县，长白山，43°07′N，128°54′E，海拔 2500 m，2007-7-12，H. Kashiwadani 84353 (in HMAS)。

四川 峨眉山市，峨眉山，海拔 2800 m，冷杉 (*Abies* sp.) 及云杉 (*Picea* sp.) 树干，1997-9-16，王立松 97-17848，2001-5-26，王立松 01-20677，01-20680。会理县，龙肘山，电视塔，海拔 3500 m，灌木枝，1997-9-13，王立松 97-18001。康定县，雅家埂，29°47′N，102°03′E，海拔 3962 m，冷杉 (*Abies* sp.)、落叶松 (*Larix* sp.) 树枝，2010-9-29，王立松 10-31806，10-31870。九龙县，汤古乡，海拔 3000 m，落叶松 (*Larix* sp.) 灌木枝上，1996-9-11，王立松 96-16591，96-16596，96-39087；鸡丑山，29°20′N，101°29′E，海拔 3700～4300 m，桦 (*Betula* sp.)、冷杉 (*Abies* sp.)、栎 (*Quercus* sp.)、杜鹃 (*Rhododendron* sp.) 树干及灌木枝上，1996-9-11，王立松 96-16529，2007-9-23，王立松 07-42770，2009-9-10，王立松 09-30918，09-30919，09-30920，09-30921，09-30927，09-30925 (具粉芽)；伍须海，29°09′N，101°24′E，海拔 3600 m，冷杉 (*Abies* sp.) 树干，2007-9-24，王立松 07-46741。泸定县，贡嘎雪山，29°20′N，101°30′E，海拔 2450～

3000 m，花楸（*Sorbus* sp.）、杜鹃（*Rhododendron* sp.）、云杉（*Picea* sp.）树干，1996-8-27，王立松 96-17350，96-17351，96-16196，96-16197，96-16297b，96-17339，96-17226，2007-9-28，王立松 07-29117，07-30640。平武县，杜鹃山，32°53′N，104°15′E，海拔 3000～3330 m，杜鹃（*Rhododendron* sp.）、花楸（*Sorbus* sp.）、冷杉（*Abies* sp.）及云杉（*Picea* sp.）树干，2001-5-21～22，王立松 01-20623，01-20624，01-20627，01-20629，01-20630，01-20655，2010-9-22，王立松 10-31739（PCR），10-31740，10-31742。南坪县，漳扎镇，九寨沟，海拔 3100 m，云杉（*Picea* sp.）树干，1986-9-21，王立松 86-2512。卧龙自然保护区，巴朗山垭口，30°54′N，102°53′E，海拔 3200 m，栎（*Quercus* sp.），2001-5-11，王立松 01-20640，01-20641。乡城县，大雪山垭口，28°34′N，99°49′E，海拔 4300 m，杜鹃（*Rhododendron* sp.）树干，2002-9-11，王立松 02-21405。小金县，日隆乡，双桥沟，30°14′N，102°46′E，海拔 3500～3780 m，柏木（*Juniperus* sp.）及落叶松（*Larix* sp.）树干，2001-5-12，王立松 01-20568，2007-10-2，王立松 07-29158。西昌市，螺髻山，27°34′N，102°22′E，海拔 3700 m，冷杉（*Abies* sp.）树干，2010-6-12，王立松等 10-31413，10-31425，10-31426，10-31452，10-31454，10-42746。盐源县，百灵山，海拔 3750～3800 m，杜鹃（*Rhododendron* sp.）及冷杉（*Abies* sp.）树干，1983-8-8，王立松 83-1419，83-1420。

云南 大理，苍山，兰峰山，25°42′N，100°06′E，海拔 3250～3750 m，云杉（*Picea* sp.）树干，1947-7，王汉臣 1049b；小岭峰，1945-5-4，王汉臣 4824，4509；电视塔，苍山冷杉（*Abies delavayi*）树干，2001-6-9，王立松 01-20513，01-20539，01-20541，2004-7-21，王立松等 04-23436。德钦县，白马雪山垭口，28°22′N，99°00′E，海拔 4000～4300 m，落叶松（*Larix* sp.）、冷杉（*Abies* sp.）树干及枯枝生，1992-10，王立松等 92-13263，2007-8-15，王立松等 07-27873，07-27863，2013-6-13，王立松等 13-38426，13-38431，13-38507， 2015-11-2，王立松等 15-49716，15-49622；永支乡至通达乡途中，28°05′N，98°41′E，海拔 3700 m，云杉（*Picea* sp.）树干，1999-10-21，王立松 99-18677，99-18678，99-18679。东川县，落雪村，白石岩，26°09′N，102°55′E，海拔 4020 m，岩石表面，2009-7-18，王立松 09-30587。福贡县，鹿马登公社，海拔 3750 m，1982-5-27，王立松 82-23397，鹿马登公社欧鲁底一组村，海拔 1700 m，1982-5-28，王立松 82-458。贡山县，秋那桶村，28°11′N，98°31′E，海拔 3300 m，云杉（*Picea* sp.）树干，2000-5-26，王立松 00-19603，00-19604，独龙江乡，黑凹底，27°47′N，98°30′E，海拔 2600 m，云杉（*Picea* sp.）树干，2005-5-26，王立松 05-24597。会泽县，大海乡，26°10′N，103°15′E，海拔 3730 m，岩石，2015-11-8，马文章 15-7239。剑川县，老君山，26°37′N，99°43′E，海拔 3900 m，花楸（*Sorbus* sp.）、杜鹃（*Rhododendron* sp.）树干，2013-7-30，王立松等 13-38685，13-38687，13-38689，13-38710。丽江县，玉龙雪山，海拔 2500～4000 m，松（*Pinus* sp.）树干，1963-7-2，武素功 2A，1974-6-6，臧穆 1815，1987-4-22，Ahti et al. 87-46584；高山植物园，2009-11-10，王立松 09-31203，09-31211；黑白水，海拔 3000 m，云杉（*Picea* sp.）树干，1994-9-16，王立松 94-14662；九河乡，老君山，26°37′N，99°42～43′E，海拔 4000～4150 m，冷杉（*Abies* sp.）、柏木（*Juniperus* sp.）、杜鹃（*Rhododendron* sp.）树干，以及灌木枝，1999-11-26，王立松 99-18742，99-18744，2000-8-13，王立松 00-20308，00-20286，00-20295，00-20347，00-20298，00-20444，00-20282（具粉芽），

2002-9-7～8，王立松 02-21247，02-21292，02-21346，02-21395，2005-6-15，王立松 05-20722，05-24771，05-24782，05-25011，05-39068，灌木枝，2006-8-24～25，王立松等 06-26537，06-26542，06-26548，06-26549，冷杉 (*Abies* sp.) 树干，2010-7-16，王立松 10-31494 (PCR)，2011-5-22，王立松 11-32013 (PCR)，11-32077 (PCR)，11-32081，2014-6-25，王立松等 14-44096，14-44087，14-44044，14-44037，14-44079，14-44035。云龙县，漕涧镇，志奔山，25°44′N，99°03′E，海拔 3000 m，杜鹃 (*Rhododendron* sp.) 树干，2000-6-12，王立松 00-18802，2005-5-28，王立松 05-24363。禄劝县，轿子雪山，26°04′N，102°50′E，海拔 3250～4000 m，长苞冷杉 (*Abies georgei*)、花楸 (*Sorbus* sp.)、杜鹃 (*Rhododendron* sp.) 树干，以及岩石表面，1992-1-31，王立松 92-837，92-838，92-841，92-843，92-846，92-12893，92-13122，92-13123，92-13124，92-13125，92-13128，92-13151，1996-11-1，王立松 96-16753，96-17050，1997-4-1，王立松 97-17400，97-17401，2005-6-24，王立松 05-24598，05-24630，2006-5-28，王立松 06-26113，2006-9-26，王立松等 06-26174，06-26967，06-26975，竹子 (*Banbusa* sp.) 生，2007-5-20，王立松等 07-27830，07-27790，蔷薇 (*Rosa* sp.) 树枝，2010-2-10，王立松等 10-31301，10-31302，10-31303，10-31311，10-31323。香格里拉市，天池，27°37′N，99°33′E，海拔 3600～3900 m，杜鹃 (*Rhododendron* sp.)、蔷薇 (*Rosa* sp.) 灌木枝，以及冷杉 (*Abies* sp.) 枯木桩，1993-8-30，王立松 93-13654，93-13658a，93-13660a，93-13671，93-13699，2001-10-10，王立松 01-20896，01-20905，01-20919，01-20929，2004-6-13，王立松 04-23192，2007-10-15，王立松 07-28857；小中甸，27°26′N，99°49′E，海拔 3210 m，松 (*Pinus* sp.) 树干，2006-8-29，王立松等 06-26751；天宝雪山，28°08′N，99°54′E，海拔 3600～3900 m，冷杉 (*Abies* sp.)、落叶松 (*Larix* sp.) 树枝，1981-6-15，王立松 81-2259a，2009-10-7，王立松 09-31065，09-39090；哈巴雪山，27°20′N，100°04′E，海拔 3900～3950 m，云杉 (*Picea* sp.) 及杜鹃 (*Rhododendron* sp.) 树干，2002-10-26，王立松 02-21881，02-22024，02-22112，02-22114；小雪山，28°19′N，99°45′E，海拔 3750 m，云杉 (*Picea* sp.) 树干，2001-10-10，王立松 01-20878；格咱乡，矿场，28°32′N，99°56′E，海拔 3850～4100 m，冷杉 (*Abies* sp.)、栎 (*Quercus* sp.) 树干，2003-9-13，王立松 03-22690，03-22705，03-22717，2004-6-14～16，王立松 04-23204，04-23306，04-23302，04-23346，04-23347；大雪山，28°34′N，99°50′E，海拔 3900～4400 m，杜鹃 (*Rhododendron* sp.) 及栎 (*Quercus* sp.) 树干，2000-8-23，王立松 00-19942，00-19943，00-19959，00-19973，00-20016，00-20019，00-20022，00-20017，00-19966 (具粉芽)，柏木 (*Juniperus* sp.) 及云杉 (*Picea* sp.) 树干，2001-10-11，王立松 01-20792，01-20837，01-20714，01-20717，01-20842，2015-11-3，王立松等 15-49750，15-49752，冷杉 (*Abies* sp.) 及小檗 (*Berberis* sp.) 树枝，2009-9-4，王立松 09-30884，09-30885，09-30888，花楸 (*Sorbus* sp.) 树枝，2013-6-19，王立松等 13-38347，13-38351 (具粉芽)，13-38363 (具粉芽)；红山，28°08′N，99°54′E，海拔 4200 m，杜鹃 (*Rhododendron* sp.) 及冷杉 (*Abies* sp.) 树干，2009-10-6，王立松等 09-30966，09-30967，09-30974，09-42997，09-30965 (具粉芽)；纳帕海，27°55′N，99°36′E，海拔 3250 m，杜鹃 (*Rhododendron* sp.) 树干，1998-6-1，王立松 98-18160，高山松 (*Pinus densata*) 树干，2006-8-27，王立松等 06-26592；大宝寺，27°46′N，99°46′E，海拔 3370 m，冷杉 (*Abies* sp.) 树干，2004-6-12，王立松 04-23224。维西县，犁地坪，27°13′N，99°24′E，

海拔 3430 m，冷杉 (*Abies* sp.)、华山松 (*Pinus armandii*) 树干，2007-10-18，王立松 07-28799，07-28800；叶枝乡，海拔 3500 m，1982-2-19，王立松 82-269 (具粉芽)。

　　西藏　察隅县，目若村，28°35′N，98°01′E，海拔 3912 m，冷杉 (*Abies* sp.) 树干，2014-9-26，王立松等 14-46711，14-47072；墨脱县，嘎瓦龙雪山，29°42′N，95°35′E，海拔 2830 m，冷杉 (*Abies* sp.) 树枝，2014-9-19，王立松等 14-46039；亚东县，东嘎拉，海拔 3900 m，冷杉 (*Abies* sp.) 树枝，1975-6-6，臧穆 31。

　　陕西　宝鸡市，太白山南天门，33°54′N，107°46′E，海拔 3130 m，落叶松 (*Larix* sp.) 及冷杉 (*Abies* sp.) 树枝，2014-9-2，王欣宇等 14-45282，14-45286，14-45290，14-47060。

　　台湾　南投县，合欢山，武岭，24°08′N，121°17′E，海拔 3303 m，冷杉 (*Abies* sp.)，2015-9-23，王立松等 15-49256。

　　文献记载：云南 (Wang et al.，1994，2001；Wei et al.，2007)。

　　世界分布：印度，尼泊尔，不丹 (Awasthi and Awashi，1985)。

　　讨论：喜马拉雅小孢发具有长达 15～25 cm 的地衣体，质地硬，基部具柄，表面灰白色、淡褐色至深褐色，密生与主枝垂直的侧生小刺及短分枝；含富马原岛衣酸和肺衣酸。

　　模式标本研究 (Thomson 299，in BM isotype)：地衣体丝状悬垂型，长 20 cm，表面栗褐色至深褐色，质地硬；不等二叉式分枝，分枝圆柱状，局部扁枝状；侧生小刺及侧生小分枝密集，与主枝呈直角；假杯点稀少，狭窄裂隙状 (仅见于侧生小刺及侧生刺状小分枝表面)，淡褐色；无粉芽及裂芽；子囊盘未见；髓层 P+橘红色，含富马原岛衣酸 (fumarprotocetraric acid)。

　　该种模式标本及过去研究标本的描述中都没有粉芽记录，我们研究的 214 号标本中，有 9 号标本具粉芽。该种地衣体表面的颜色变化多样，其中灰白色至淡褐色的标本常与乳白小孢发 *B. lactinea* 混淆，不同之处见乳白小孢发的讨论中。

　　该种不仅生于树干和树枝，在高海拔地区也生于岩石表面，但高海拔生境中的地衣体褐色至深褐色，密生与主枝垂直的侧生小刺及短分枝，与多叉小孢发 *B. perspinosa* 形态相似，不同之处在于后者具狭长裂隙状粉芽堆，粉芽堆表面簇生裂芽型小刺及小刺状分枝。

13. 乳白小孢发　图版 VII：E、F

Bryoria lactinea (Nyl.) Brodo & D. Hawksw., Opera Bot. **42**: 155, 1977; Wang & Chen, Acta Bot. Yun. **16**(2): 148, 1994.

　　GenBank No.: KU895867.

≡ *Alectoria lactinea* Nyl., Lich. Jap.: **23**, 1890; Wu & Wang, Acta Bot. Yun. **14**(1): 39, 1992.

　　Type: Japonia, Itjigome, E. Almqvist, 1879, (H-Nyl. 35882, holotype!).

　　地衣体生长型：枝状，悬垂型，质地柔软至稍硬，长 10～15 cm；分枝：主枝圆柱状，直径 0.2～0.3 (～0.5) mm，不等二叉式分枝，分枝腋呈锐角 (通常 45°～60°)，渐尖；侧生小刺：稀疏至不出现；侧生刺状分枝：稠密，与主枝呈直角，长 1～5 mm，渐尖，单一不分叉，与地衣体同色；表面：基部具柄或炭化消失，呈黑色，局部有微薄的白色粉霜层，中部至顶端骨白色至灰白色，近顶端有时淡褐色，具光泽；假杯点：稀疏至丰多，纺锤形，表面灰白色，凸起，直径 0.5～2 mm；粉芽：无；子囊盘：稀见，无柄侧生，盘缘较薄，0.1～0.2 mm，无缘毛；盘面淡褐色至淡黄褐色，具光泽，幼时凹陷，成熟后盘面凸起，呈屈膝状，直径 2～2.5 mm；地衣体中部分枝横切面：圆形，直径 300～500 μm；皮层：单层型，表面光滑，厚 100～150 μm，内侧无色，外侧淡褐色；髓层：髓层菌丝表面光滑，直径 4～5 μm；子囊：内含 8 个孢子；子囊孢子：卵圆形，无色单胞，4～5 × 9～10 μm，具约 1 μm 厚的薄壁；分生孢子器：生于侧生小分枝表面，呈乳头状凸起，顶端黑色。

地衣特征化合物：髓层 P+橘红色，K–，C–，KC–，CK–；TLC：含富马原岛衣酸 (fumarprotocetraric acid) 及肺衣酸 (lobaric acid)。

生境：通常生于云杉 (*Picea* sp.)、杜鹃 (*Rhododendron* spp.) 树干，有时见于苍山冷杉 (*Abies delavayi*) 树枝；海拔 2400～4100 m。

研究标本引证：

四川 峨眉山市，峨眉山，海拔 2800 m，冷杉 (*Abies* sp.) 树干，1997-9-16，王立松 97-17858，97-17847；西昌市，螺髻山，27°34′N，102°22′E，海拔 3700 m，冷杉 (*Abies* sp.)、花楸 (*Sorbus* sp.) 树干，2010-6-12，王立松等 10-31403 (具子囊盘)，10-31431 (具子囊盘)，10-31435，10-31441，10-31446，10-31466，10-31470，10-31479；会理县，龙肘山，电视塔，海拔 3000～3500 m，杜鹃 (*Rhododendron* sp.) 树干，1997-9-13，王立松 97-18032，97-18056，97-18032；泸定县，贡嘎雪山，29°20′N，101°30′E，海拔 2450～3200 m，云杉 (*Picea* sp.) 及杜鹃 (*Rhododendron* sp.) 树干，1996-8-27，王立松 96-16117，96-16130，2007-9-28，王立松 07-29085；米易县，麻陇乡，北坡山，海拔 2900～3200 m，落叶松 (*Larix* sp.)、杜鹃 (*Rhododendron* sp.) 树干，1983-7-8，王立松 83-803，83-871，83-895，83-940；平武县，王朗自然保护区，32°54′N，102°03′E，海拔 3000 m，云杉 (*Picea* sp.) 树干，2001-5-22，王立松 01-20657；盐源县，大林乡，火炉山，海拔 2750 m，1983-7-21，王立松 83-1186。

云南 大理，苍山，电视塔，25°41′N，100°06′E，海拔 3200～3528 m，苍山冷杉 (*Abies delavayi*) 树枝，2004-7-17，王世琼 04-2793，2004-7-21，王立松等 04-23423，04-2793，2005-5-18，王立松 05-24457，2006-8-30，王立松等 06-26895，06-26860，云杉 (*Picea* sp.) 树干，2012-7-8，王立松等 12-35087。德钦县，梅里石村，梅里石至高山牧场，28°38′N，98°38′E，海拔 3208 m，树枝，2012-9-9，王瑞芳 ML12022，ML12063 (in HMAS)。贡山县，秋那桶村，松塔雪山，28°11′N，98°31′E，海拔 3300 m，云杉 (*Picea* sp.) 树枝，2000-5-26，王立松 00-19616b。丽江县，九河乡，老君山，26°37′N，99°43′E，海拔 3516～4020 m，杜鹃 (*Rhododendron* sp.)、冷杉 (*Abies* sp.) 树干，2002-9-7，王立松 02-21253，02-21366，02-22402，02-21264 (具子囊盘)，02-21283，02-21290，2005-9-3，王立松 05-39068，2006-8-24，王立松等 06-26522，2007-5-5，王立松 07-27732，2010-7-16，王立松 10-31493，10-31506，10-31548，2011-5-22，王立松等 11-32060，11-32084，11-32093，2013-6-14，王立松等 13-38207，2014-6-25，王立松等 14-44043，14-44057；玉龙雪山，27°00′N，100°10′E，海拔 3400～4018 m，冷杉 (*Abies* sp.)、栎 (*Quercus* sp.)、

花楸 (*Sorbus* sp.) 及高山松 (*Pinus densata*) 林内，1982-8-14，王立松 82-934，2009-11-10，王立松 09-31205，09-31206，09-31197，09-31210，2011-8-16，王立松等 11-32448，2013-8，郁文彬 13-3。禄劝县，转龙镇，轿子雪山，26°04′N，102°50′E，海拔 3500～3900 m，杜鹃 (*Rhododendron* sp.)、冷杉 (*Abies* sp.)、柏木 (*Juniperus* sp.) 树干，1992-1-31，王立松 92-831，92-834，92-835，92-836，2006-9-26，王立松 06-26965，06-26969，2007-5-20，王立松等 07-38945，2008-8-22，王立松 08-29700 (具子囊盘)，2010-2-10，王立松等 10-31322。泸水县，片马镇，听命湖，海拔 3700 m，铁杉 (*Tsuga* sp.) 树枝，1981-6-1，王先业等 2292。中甸县，天池，27°37′N，99°33′E，海拔 3600 m，杜鹃 (*Rhododendron* sp.) 树干，2004-6-13，王立松 04-23190；格咱乡，矿场，28°32′N，99°56′E，海拔 4100 m，杜鹃 (*Rhododendron* sp.) 树干，2004-6-14，王立松 04-23321；大雪山，28°34′N，99°50′E，海拔 4000 m，栎 (*Quercus* sp.) 树干，2000-8-23，王立松 00-20019。

西藏 察隅县，目若村，28°35′N，98°01′E，海拔 3912 m，冷杉 (*Abies* sp.) 树枝，2014-9-26，王立松等 14-47058。

台湾 合欢山，24°07′N，121°16′E，海拔 3200 m，台湾冷杉 (*Abies kawakamii*)、高山柏 (*Juniperus squamata*) 及杜鹃属 (*Rhododendron* sp.) 灌木枝，2006-8-12，Alexander Mikulin T42，T44，T58；南投县，合欢山，武岭，24°08′N，121°17′E，海拔 3171～3303 m，冷杉 (*Abies* sp.)，以及土上，2000-10-8，林仲刚 L2506；向阳山，海拔 2400 m，树干，2006-10-18，林仲刚 L4332，L4981，2015-9-23，王立松等 15-49244，15-49243，15-49239，15-49284，15-49245，15-49281，15-49320，15-49313。

文献记载：云南 (Wu and Wang，1992；Wang and Chen，1994；Wei et al.，2007)。

世界分布：日本 (Harada et al.，2004)，尼泊尔 (Awasthi and Awashi，1985)。

讨论：乳白小孢发的鉴别特征在于地衣体悬垂型，长 10～15 cm；地衣体表面骨白色、灰白色至淡褐色，密生与主枝垂直的侧生小刺状分枝，假杯点纺锤形，表面凸起。

模式标本研究 (H-Nyl. 35882, holotype)：地衣体悬垂型，基部至中部质地硬，近顶端质地柔软，长 9.5 cm；主枝圆柱状，直径 0.5 mm，基部炭黑色，向顶端呈灰白色至骨白色 (向阳面淡褐色至污白色，背光面白色)，光滑，具光泽，无粉芽，假杯点稀疏；不等二叉式分枝，分枝腋呈锐角 (45°～70°)，渐尖；侧生小刺密集，与主枝垂直，长 1～3 mm；子囊盘 1 个，侧生，无柄，盘缘薄而不整齐；盘面幼时凹陷，呈盘状，成熟后平坦至凸起，呈屈膝状，黄褐色、淡褐色至褐色，直径 2.5 mm；髓层 P+橘红色，含富马原岛衣酸 (fumarprotocetraric acid)。

乳白小孢发与喜马拉雅小孢发 *B. himalayensis* 都为悬垂型地衣体，密生与主枝垂直的侧生小刺状分枝，以及生境和所含特征化合物也一致，两者的区别于后者淡褐色至暗褐色，质地较硬，无假杯点极少出现，以及 ITS 分子序列差异；然而，中国横断山地区的喜马拉雅小孢发表面颜色多样，向阳环境中生长的地衣体呈深褐色至黑褐色，而背阴环境中的地衣体表面为淡褐色至骨白色，甚至在同一地衣体上出现骨白色至深褐色，有时与乳白小孢发较难从形态特征上区别。

14. 蚕丝小孢发 (新拟) 图版 VIII：A、B

Bryoria nadvornikiana (Gyeln.) Brodo & D. Hawksw., Opera Bot. **42**: 122, 1977; Wang et al., Mycobiology **33**(4): 173, 2005.

GenBank No.: HQ402715, KU895868, KU895869, KU895870, KU895871.

≡ *Alectoria nadvornikiana* Gyeln., Acta Fauna Fl. Univ., Ser. 2, **1**: 6, 1932.

模式标本未见。

地衣体生长型：枝状，匍卧至悬垂型，纤细而柔软，基部无柄，长 5～8 cm (～15 cm)；分枝：主枝圆柱状，直径 0.2～0.3 mm，基部至中部主枝等二叉分枝，分枝腋钝圆 (70°～80°)，近顶端不规则二叉式分枝，分枝腋呈锐角 (30°～50°)，渐尖，分枝腋局部压扁形；侧生小刺：稀疏，长 1～5 mm，基部不缢缩，与主枝同色，有时顶端黑褐色；侧生小分枝：常见，与主枝呈直角，70°～90°，长 3～5 mm，单一，渐尖，顶端淡褐色；表面：基部黑色，中部及顶端灰白色至灰褐色，具光泽；粉芽：丰多至不出现，粉芽堆圆盘状，直径 0.5～1.5 mm，宽于分枝直径，白色至污白色，无裂芽型小刺、无假杯点；子囊盘：稀见，无柄，侧生，全缘，果托表面与分枝同色，成熟后盘面呈屈膝状凸起，褐色，具光泽，无粉霜层，直径 1.5 mm；分生孢子器未见；地衣体中部分枝横切面：圆形，直径 175～220 μm；皮层：单层型，厚 35～40 μm，皮层外侧淡褐色，内侧无色；髓层菌丝：直径 3～4 μm，表面光滑；子囊：内含 8 个孢子；子囊孢子：椭圆形，无色单胞，约 5 × 6 μm，孢子壁厚约 0.5 μm。

地衣特征化合物：髓层 P–，K+黄色，C–，KC±淡红色，CK–；粉芽 P+橘红色；TLC：黑树发酸 (alectorialic acid)、巴巴酸 (barbatolic acid)、黑茶渍素 (atranorin)、原岛衣酸 (protocetraric acid)、富马原岛衣酸 (fumarprotocetraric acid)、±茶渍酸 (lecanoric acid)。

生境：针叶林内生于云南松 (*Pinus yunnanensis*)、高山松 (*P. densata*)、长苞冷杉 (*Abies georgei*)、落叶松 (*Larix* sp.)、柏木 (*Juniperus* sp.) 树干，偶见阔叶林内杜鹃 (*Rhododendron* spp.)、栎 (*Quercus* spp.) 树干；海拔 1300～4510 m。

研究标本引证：

四川 稻城县，亚丁，28°26′N，100°20′E，海拔 4000～4510 m，栎 (*Quercus* sp.)、落叶松 (*Larix* sp.)、柏木 (*Juniperus* sp.) 树干，2002-9-15～17，王立松 02-21514，02-21562，02-21584，02-22238，02-23409，02-23404，02-40351。道孚县，30°46′N，101°18′E，海拔 3950 m，云杉 (*Picea* sp.)、落叶松 (*Larix* sp.) 树干，2007-8-31，王立松等 07-28292，07-28298，07-28301，07-28303，07-28320，07-28326，07-28329，07-28331，07-28335，07-28344，07-28339，07-28342，07-42989，07-42750。康定县，木格措，30°08′N，101°51′E，海拔 3780 m，冷杉 (*Abies* sp.) 树干，2006-6-5，王立松 06-26083；雅家埂，29°47′N，102°03′E，海拔 3962 m，落叶松 (*Larix* sp.) 树干，2010-9-29，王立松 10-31869。泸定县，贡嘎雪山，海螺沟，29°20′N，101°30′E，海拔 2450 m，云杉 (*Picea* sp.) 树干，1996-8-27，王立松 96-16110，96-16129，96-17299。九龙县，鸡丑山，29°20′N，101°29′E，海拔 3700 m，栎 (*Quercus* sp.)、落叶松 (*Larix* sp.) 树干，2009-9-10，王立松 09-30923，09-30924，09-30928，09-30929，09-30930；伍须海，29°09′N，101°24′E，海拔 3600 m，落叶松 (*Larix* sp.) 树干，2007-9-24，王立松 07-29200，07-29180，07-29209；汤古乡，海拔 3000 m，落叶松 (*Larix* sp.)、栎 (*Quercus* sp.)、杜鹃 (*Rhododendron* sp.) 及腐木树

干，1996-9-11，王立松 96-16573a，96-16583a，96-17440，96-17445，96-39086。理塘县，卡子拉山，海拔 4700 m，树干，2008-11-7，孙中帅 20080314。米易县，麻陇乡，北坡山，海拔 2800～3000 m，树干，1983-7-8，王立松 83-881，83-919a，83-976。木里县，海拔 3850 m，云杉（*Picea* sp.）树干，1983-9-23，王立松 83-2369，83-2379。平武县，王朗自然保护区，32°54′N，102°03′E，海拔 3000 m，云杉（*Picea* sp.）树枝，2001-5-22，王立松 01-20656。盐源县，大林乡，火炉山，海拔 3750 m，冷杉（*Abies* sp.）树干，1983-7-21，王立松 83-1154。西昌市，螺髻山，27°34′N，102°22′E，海拔 3700～3800 m，冷杉（*Abies* sp.）树干，2010-6-12，王立松等 10-31419，10-31477，10-31478，10-40357，10-42745。小金县，日隆镇，长坪沟，31°02′N，102°52′E，海拔 3300～3420 m，柏木（*Juniperus* sp.）树干，1996-8-22，王立松 96-16056，96-17759，2001-5-13，王立松 01-20581；双桥沟，30°02′N，102°46′～52′E，海拔 3200～3800 m，云杉（*Picea* sp.）及落叶松（*Larix* sp.）树干，1996-8-23，王立松 96-16084，2001-5-12，王立松 01-20566，2002-5-31，王立松 02-21065，2006-6-2，王立松 06-26062，2007-10-2，王立松 07-29154。

　　云南　大理市，苍山，25°42′N，100°06′E，海拔 3400～3465 m，冷杉（*Abies* sp.）树干，2005-5-18，王立松 05-24445，2006-8-30，王立松 06-26894；德钦县，永支乡至通达乡，28°05′N，98°41′E，海拔 3700 m，冷杉（*Abies* sp.）树干，1999-10-21，王立松 99-18682；白马雪山，28°21′N，99°02′E，海拔 3750～4305 m，冷杉（*Abies* sp.）、落叶松（*Larix* sp.）树干及腐木，1981-7-12，黎兴江等 81-2149b，2007-8-15，王立松等 07-27868，2012-7-4，王立松等 12-34868，2013-6-22，王立松等 13-38600，2015-11-1，王立松等 15-49534；梅里雪山，笑农村，28°24′N，98°45′E，海拔 2800～3300 m，松（*Pinus* sp.）、云杉（*Picea* sp.）树干，1994-9-27，王立松 94-15025，94-15026a，94-15027，94-15028，94-15057，94-15059，94-15087，94-21039；雨崩村，栎（*Quercus* sp.）树干及岩石表面，1994-9-30，王立松 94-15185，94-15430；雨崩至西单村途中，28°24′N，98°49′E，海拔 3300 m，树枝，2012-9-15，牛东玲等 12-36647。贡山县，丙中洛至通达，28°05′N，98°41′E，海拔 2500～3500 m，云南松（*Pinus yunnanensis*）及云杉（*Picea* sp.）树干，1999-10-21，王立松 99-18662，99-18667；秋那桶村，28°11′N，98°31′E，海拔 3300 m，云杉（*Picea* sp.）树干，2000-5-26，王立松 00-19622，00-19616a。剑川县，老君山，26°37′N，99°44′E，海拔 4050 m，树干，2013-7-30，王立松等 13-38779；剑川至鹤庆途中，26°32′N，100°02′E，海拔 3100 m，栎（*Quercus* sp.）树干，2005-6-13，王立松 05-24836。丽江县，九河乡，老君山，26°37′N，99°46′E，海拔 2810～4020 m，云南松（*Pinus yunnanensis*）树干，杜鹃（*Rhododendron* sp.）、冷杉（*Abies* sp.）树干及落叶松（*Larix* sp.）灌木枝，2000-8-15，王立松 00-20205，00-20284，2005-6-15，王立松 05-24754，05-24758，2010-7-16，王立松 10-31547，10-31509，10-31525，2011-5-22，王立松等 11-32082，2013-6-14，王立松等 13-38209，2014-6-25，王立松等 14-44059，14-44111；玉龙雪山，干海子，海拔 3100～3200 m，树干，2004-7-24，王立松 04-23497，04-23515；黑白水，海拔 2750 m，高山松（*Pinus densata*）树干，1994-9-16，王立松 94-14660；铁甲山，27°00′N，100°10′E，海拔 2920 m，树枝，2011-8-17，王立松 11-32468；高山植物园，海拔 3176～3370 m，高山松（*P. densata*）树干，2011-8-16，王立松 11-32313，11-32318。维西县，犁地坪，27°13′N，99°24′E，海拔 3430 m，冷杉（*Abies* sp.）树干，2007-10-18，王立松 07-28848。

中甸县, 大宝寺, 27°46′N, 99°46′E, 海拔 3200～3370 m, 高山松 (*P. densata*)、云杉 (*Picea* sp.)、冷杉 (*Abies* sp.)、杜鹃 (*Rhododendron* sp.) 树干, 1993-9-20, 王立松 93-13397, 93-13398, 93-13424, 93-13396, 2004-6-12, 王立松 04-23220, 04-23228, 04-23219; 小中甸, 27°28′N, 99°53′E, 海拔 3210～3600 m, 高山松 (*P. densata*) 及杂灌木枝, 2006-8-29, 王立松等 06-26747, 06-26775, 2007-10-14, 王立松 07-28890, 07-28891, 07-28892, 07-28895, 07-40308; 吉沙, 海拔 3500 m, 冷杉 (*Abies* sp.) 树干, 1981-6-13, 王立松 81-34a, 159a; 纳帕海, 海拔 3250 m, 云杉 (*Picea* sp.) 及杜鹃 (*Rhododendron* sp.) 林下, 1998-5-24, 王立松 98-18160b; 天池, 27°37′N, 99°38′E, 海拔 3700～3900 m, 杜鹃 (*Rhododendron* spp.)、冷杉 (*Abies* sp.) 及云杉 (*Picea* sp.) 树干, 1993-8-30, 王立松 93-13660, 93-13662, 93-13665, 93-23180, 93-40215, 93-40330, 93-40331, 1994-9-20, 王立松 94-14922, 2001-10-10, 王立松 01-20928, 01-20931, 01-20920, 01-20999, 01-43988, 2004-6-13, 王立松 04-23186, 04-23269, 2007-10-15, 王立松 07-28852, 07-28867, 07-28868; 碧塔海, 海拔 3400 m, 栎 (*Quercus* sp.) 树干, 1994-9-21, 王立松 94-14956a, 94-14957a; 五凤山, 海拔 3300～3500 m, 1982-10-11, 林中文 4412d, 2007-10-13, 王立松 07-28910; 哈巴雪山, 27°20′N, 100°04′E, 海拔 3800～3900 m, 云杉 (*Picea* sp.) 树干, 2002-10-26, 王立松 02-21820, 02-22034, 02-42760, 02-42755; 天宝山, 28°08′N, 99°54′E, 海拔 3500～3900 m, 栎 (*Quercus* sp.)、冷杉 (*Abies* sp.)、云杉 (*Picea* sp.) 树干, 以及落叶松 (*Larix* sp.) 灌木枝, 2007-10-14, 王立松 07-28915, 07-28932, 2009-10-7, 王立松 09-31070, 09-31075, 09-31067, 09-31069, 09-31074, 2012-7-6, 王立松等 12-34974, 12-34985, 12-34987, 12-35019, 12-34981; 天生桥, 25°29′N, 107°95′E, 海拔 3500 m, 2008-11-3, 杜远达 20083096, 20082276, 孙中帅 20082035, 王海英 20083117; 格咱乡, 28°30′N, 99°49′E, 海拔 3400 m, 云南松 (*Pinus yunnanensis*) 树干, 2000-8-21, 王立松 00-20070; 矿场, 28°32′N, 99°56′E, 海拔 3600～3850 m, 松 (*Pinus* sp.)、冷杉 (*Abies* sp.)、柏木 (*Juniperus* sp.) 树干, 2003-9-13, 王立松 03-22713, 2004-6-14, 王立松 04-23300, 04-23357, 04-40303; 小雪山, 28°19′N, 99°45′E, 海拔 3650～3900 m, 高山松 (*P. densata*)、冷杉 (*Abies* sp.) 树干, 2001-10-10, 王立松 01-20879, 01-20857, 01-20857; 大雪山, 28°34′N, 99°49′E, 海拔 4000～4150 m, 栎 (*Quercus* sp.)、云杉 (*Picea* sp.)、冷杉 (*Abies* sp.) 树干, 2000-8-23, 王立松 00-19998, 2001-10-11, 王立松 01-20819, 01-20980, 01-20995, 01-23405, 2004-6-15, 王立松 04-23243; 中甸至大雪山途中, 27°59′N, 99°42′E, 海拔 3560 m, 松 (*Pinus* sp.), 2006-8-26, 王立松等 06-26589, 06-26590; 碧融峡谷, 28°24′N, 99°46′E, 海拔 3600 m, 栎 (*Quercus* sp.) 树干, 2002-9-20, 王立松 02-40334。

西藏 波密县, 岗村, 岗云杉林景区, 29°52′N, 95°33′E, 海拔 2688 m, 云南松 (*Pinus yunnanensis*) 树干, 2014-9-20, 王立松等 14-46137; 察隅县, 察隅至察瓦龙途中, 28°46′N, 97°37′E, 海拔 3941 m, 蔷薇 (*Rosa* sp.) 及冷杉 (*Abies* sp.) 树枝, 2014-9-25, 王立松等 14-46865, 14-46878; 芒康县, 红拉山, 海拔 4000～4206 m, 冷杉 (*Abies* sp.)、落叶松 (*Larix* sp.)、云杉 (*Picea* sp.)、柳 (*Salix* sp.) 树干及灌木枝, 2007-8-16, 王立松 07-27885, 07-27886, 07-27920, 07-27932, 07-27933, 07-27949, 07-27956, 07-30633, 2014-9-14, 王立松等 14-45415, 14-45401, 14-45400; 米林县, 色季拉山, 海拔 3020～4090 m, 冷

杉 (*Abies* sp.) 及杜鹃 (*Rhododendron* sp.) 树干，2007-8-26，王立松等 07-28670，07-28680，07-28683，07-28684，07-28697，07-28735，07-28744，07-42996。

新疆 布尔津县，喀纳斯，海拔 1300～2010 m，云杉 (*Picea* sp.) 树枝，2012-9-11，王立松等 12-35950，12-35959，1997，阿不都拉 970431 (in XJU)；巴尔鲁克，1994-7-29，阿不都拉 940012 (in XJU)，2005-8-12，阿不都拉 510164 (in XJU)。

台湾 台中县，思源至多加屯山，海拔 2600 m，树枝，1989-11-10，Harada 9887。

文献记载：四川，云南 (Wang et al.，2005)。

世界分布：欧洲，北美洲，东非，喜马拉雅地区 (Hawksworth et al.，1971，1972；Holien，1989；Jørgensen，1972)，日本 (Harada et al.，2004)。

讨论：本种的鉴别特征在于地衣体匍卧至悬垂型，主枝直径 0.2～0.3 mm，灰白色至淡褐色，无假杯点，粉芽堆圆盘状，直径宽于地衣体分枝直径；粉芽 P+橘红色，地衣体及髓层 K+黄色，含巴巴酸和黑树发酸 (barbatolic acid and alectorialic acid)。

本种在美洲报道皮层、髓层及粉芽 P+橘红色 (Brodo and Hawksworth，1977)，KC+红色，但中国标本粉芽 P+橘红色，髓层 P–或淡黄色，KC–或淡红色，与瑞士和俄罗斯标本的化学反应一致；此外，该种久置标本使标本纸变粉红色。

蚕丝小孢发与横断山小孢发 *B. hengduanensis* 的地衣体纤细、悬垂和灰白色至淡褐色，但后者具狭长线形螺旋状假杯点而易区别。

15. 尼泊尔小孢发　图版 VIII：C、D

Bryoria nepalensis D.D. Awasthi, Candollea **40**(1): 321, 1985; Wang & Chen, Acta Bot. Yun. **16**(2): 149, 1994.

GenBank No.: KU895873, KU895874, KU895875.

Type: Nepal-Himalaya, Khumbu, *Abies-Rhododendron* Wald sudlich Kunde, 3900～4000 m, 9. Oct., 1962, J. Poelt L 799(M-holotype).

模式标本未见。

地衣体生长型：枝状，悬垂至匍卧型，质地较硬，具弹性，高 8～20 cm；分枝：无明显主枝，分枝圆柱状，等二叉分枝至二叉式不规则分枝，直径 0.2～0.3 mm，分枝腋较宽，通常大于 90°，顶端渐尖；侧生小分枝：稀疏，长 1～2.5 mm，分枝腋呈 80°～90°，与地衣体同色；侧生小刺：长 1～2 mm，分枝腋呈 90°，与地衣体同色；表面：光滑，基部黑色至暗褐色，中部至近顶端淡褐色至深褐色，有时局部黑色，具明显光泽；粉芽：无；假杯点：狭长的细裂隙状，大小约 0.1 × 1 mm，平坦至凹陷，淡褐色；子囊盘：常见，侧生，无柄，果托边缘与地衣体同色，幼时盘缘较薄，成熟后盘缘消失，无缘毛，盘面呈盔状凸起，淡褐色、暗棕色至暗褐色，具光泽，无粉霜层，直径 0.5～2 mm；地衣体中部分枝横切面：圆形，直径 200～250 μm；皮层：单层型，厚 40～50 μm，外侧淡褐色至深褐色，内侧无色；髓层：菌丝致密，菌丝表面光滑，直径 4～5 μm；子囊及子囊孢子：含 8 个孢子，孢子椭圆形，无色单胞，4～5 × 6 μm，具约 1 μm 薄壁；分生孢子器未见。

地衣特征化合物：皮层和髓层均负反应；TLC：不含地衣酸类特征化合物。

生境：冷杉 (*Abies* sp.)、云杉 (*Picea* sp.)、栎 (*Quercus* sp.) 杜鹃 (*Rhododendron* sp.) 及枯木桩生，偶见岩石表面；海拔 3000～4300 m。

研究标本引证：

四川　道孚县，30°46′N，101°18′E，海拔 3950 m，落叶松 (*Larix* sp.) 树干，2007-8-31，王立松等 07-28343。九龙县，鸡丑山，29°20′N，101°29′E，海拔 3700～4300 m，杜鹃 (*Rhododendron* sp.)、栎 (*Quercus* sp.) 树干，2007-9-23，王立松 07-29263，07-29217，2009-9-10，王立松 09-30915；伍须海，29°09′N，101°24′E，海拔 3600 m，云杉 (*Picea* sp.) 树干，2007-9-24，王立松 07-29215；汤古乡，海拔 3000 m，岩石表面，1996-9-11，王立松 96-17448，96-17466。木里县，巴松垭口，海拔 3850～4250 m，岩石表面，1983-9-6，王立松 83-2128a，83-2288，83-2300；卡拉乡，海拔 3650 m，栎 (*Quercus* sp.) 树干，1983-8-26，王立松 83-1926。西昌市，螺髻山，27°34′N，102°22′E，海拔 3700 m，冷杉 (*Abies* sp.) 树干，2010-6-12，王立松等 10-31450。

云南　德钦县，白马雪山垭口，28°22′N，99°00′E，海拔 4300 m，冷杉 (*Abies* sp.) 树干，2013-6-21，王立松等 13-38434；梅里雪山，梅里石至索拉垭口，28°38′N，98°38′E，海拔 3228～3950 m，树干及树枝，2012-9-9，牛东玲等 12-35695；高山牧场，2012-9-9，王瑞芳 ML12034 (in HMAS)；笑农村，海拔 3400 m，云杉 (*Picea* sp.) 树干，1994-9-28，王立松 94-15083。东川区，落雪村，白石岩，26°09′N，102°55′E，海拔 4020 m，杜鹃 (*Rhododendron* sp.) 树干，2009-7-18，王立松 09-30578。丽江县，老君山，26°37′N，99°43′E，海拔 3075～3800 m，冷杉 (*Abies* sp.) 树干，以及柳 (*Salix* sp.) 灌木枝，2002-10-18，王立松等 02-22390，2005-8-28，王立松等 05-24760，05-25062，05-25000，2006-8-25，王立松等 06-26546，2010-6-16，王立松 10-31492，10-31498，10-31499，2011-5-22，王立松 11-32040，11-32049，11-32059，11-32057，11-32073，2013-6-14，王立松等 13-38205，13-38203。中甸县，格咱乡，大雪山，28°34′N，99°51′E，海拔 3800～4250 m，冷杉 (*Abies* sp.)、杜鹃 (*Rhododendron* sp.) 树干，枯木桩以及岩石表面，2000-8-23，王立松 00-19867，00-40197，2004-6-15，王立松 04-23248；矿场，岩石表面，2004-6-14，王立松 04-23322；碧塔海，海拔 3400 m，栎 (*Quercus* sp.) 树干，1994-9-21，王立松 94-14961；哈巴雪山，27°20′N，100°04′E，海拔 3800～3900 m，云杉 (*Picea* sp.) 树干及枯木桩，2002-10-26，王立松 02-21905，02-42761；天池，27°37′N，99°33′E，海拔 3700 m，冷杉 (*Abies* sp.) 树干，2004-6-13，王立松 04-23191；东旺乡，海拔 4000 m，树干，1974-5-20，杨竞生 6745。

西藏　察隅县，目若村至丙中洛途中，28°35′N，98°06′E，海拔 3833 m，树干，2014-9-26，王立松 14-46785，14-46758，14-46759；察瓦龙乡，贡拉，海拔 3600 m，枯枝，1982-9-27，苏京军 4887。亚东县，东嘎啦，海拔 3900 m，冷杉 (*Abies* sp.) 树干，1975-6-6，臧穆 31a。

文献记载：云南 (Wang and Chen，1994)。

世界分布：尼泊尔 (Awasthi and Awashi，1985)。

讨论：尼泊尔小孢发地衣体悬垂至匍卧，等二叉分枝，表面具光泽，假杯点狭长裂隙状，子囊盘常见，不含地衣酸类特征化合物。

本种匍卧生长的地衣体以及髓层均负反应与多形小孢发 *B. variabilis* 相似，但后者具粉芽以及粉芽堆表面密生裂芽型小刺；研究标本中，多形小孢发中一些缺乏粉芽的标本与尼泊尔小孢发很难区别，两个种的分类界定还有待进一步研究，需获得该种的尼泊尔产地标本及分子数据的支持。

16. 光亮小孢发　图版 VIII：E、F

Bryoria nitidula (Th. Fr.) Brodo & D. Hawksw., Opera Bot. **42**: 107, 1977; Wang & Chen, Acta Bot. Yun. **16**(2): 150, 1994.

　　≡ *Bryopogon jubatum* var. *nitidulum* Th. Fr., Nova Acta Reg. Soc. Sci. Upsal. Ser. **3**: 25, 1860.

= *Alectoria nidulifera* Norrl., Chen, Zhao & Luo, J. NE Forestry Inst. **3**: 128, 1981.

　　模式标本未见。

　　地衣体生长型：枝状，直立至半匍匐型，基部炭化或消失，高 4～7 cm；分枝：无明显主枝，基部等二叉分枝，直径 0.2～0.4 mm，中部至顶端不等二叉式分枝，渐尖，分枝腋狭窄，呈锐角，通常 30°～45°，第三次分枝发育不良或缺如；侧生小刺及刺状分枝：分枝表面具与主枝垂直的侧生小刺及刺状分枝，基部侧生小刺及刺状分枝稠密，长 2～3 mm，近顶端小刺稀疏，与主枝呈锐角，暗褐色至黑色；表面：基部至中部黑色，顶端淡褐色至深褐色，具明显光泽；无粉芽及裂芽；假杯点：稀疏，裂隙状，表面暗褐色至黑色，平坦至明显凸起，直径 0.3～0.5 mm；子囊盘及分生孢子器未见；地衣体中部分枝横切面：圆形，直径 300～400 μm；皮层：单层型，表面光滑，外侧褐色至黑色，内侧无色；髓层：髓层菌丝表面光滑，直径 3～3.5 μm。

　　地衣特征化合物：髓层 P+橘红色，K–，C–，KC–，CK–；TLC：富马原岛衣酸 (fumarprotocetraric acid)。

　　生境：高海拔岩面薄土及藓层，偶见冷杉属 (*Abies*) 及杜鹃属 (*Rhododendron*) 枯树桩；海拔分布 1460～4760 m。

　　研究标本引证：

内蒙古　大兴安岭，额尔古纳左旗，海拔 1460 m，石坡上，1951-8-11，王战 1925-1 (in IFP)；满归附近，52°03′N，122°09′E，1992，郭守玉 113711 (in HMAS)。根河市，奥克里堆山，海拔 1500 m，岩石，1985-8-16，高向群 1579 (in HMAS)。

湖北　神农架，31°45′N，110°40′E，海拔 2200 m，1984-7-8，陈健斌 06200 (in HMAS-L)。

四川　稻城县，无名山垭口，29°09′N，100°04′E，海拔 4760 m，岩石表面薄土，2013-6-20，王立松等 13-38392。康定县，折多山，30°02′N，101°49′E，海拔 4000～4330 m，岩石表面藓层及杜鹃 (*Rhododendron* sp.) 灌木枝，2006-6-5，王立松 06-26089，2007-9-27，王立松 07-28985；雅家埂，29°47′N，102°03′E，海拔 3962 m，岩石表面，2010-9-29，王立松 10-31873。卧龙自然保护区，巴朗山，30°54′N，102°52′E，海拔 4480 m，岩石表面，2006-6-1，王立松 06-26098。

云南　大理，苍山，海拔 4000 m，草丛裸岩，1984-10-12，夏泉生 2。德钦县，白马雪山，28°22′N，98°59′E，海拔 4300～4800 m，高山草甸岩面土层及杜鹃 (*Rhododendron* sp.) 灌丛，1981-7-13，王立松 81-2214，1985-6-12，王立松 85-8913，1993-8-9，王立

松 93-13485，2009-10-5，王立松等 09-31103，09-31106，2015-11-2，王立松等 15-49735，15-49647，15-49641；梅里雪山，索拉垭口，28°38′N，98°36′E，海拔 4750～4800 m，岩石表面土层，2000-8-30，王立松 00-19741，2012-9-10，牛东玲等 12-35844。会泽县，大海梁子，海拔 3700 m，岩石表面，1996-10-30，王立松 96-16699，96-16712，96-17114，96-17137，96-17132，96-17152。禄劝县，轿子雪山，26°05′N，102°08′E，海拔 3900 m，岩石表面，2005-6-24，王立松 05-24610。中甸县，格咱乡，红山，28°08′N，99°54′E，海拔 4490 m，岩石表面，2009-10-6，王立松等 09-31000；大雪山垭口，28°34′N，99°49′E，海拔 4450～4500 m，高山草甸及岩石表面，2001-10-11，王立松 01-20735，01-20767，2015-11-3，王立松等 15-49778，15-49779，15-49782；哈巴雪山，27°20′N，100°04′E，海拔 3500 m，云杉 (*Picea* sp.) 树干，2002-10-26，王立松 02-30612；纳帕海，27°55′N，99°36′E，海拔 3650 m，树枝，2004-6-12，王立松 04-23214。

西藏 察隅县，目若村，28°38′N，97°47′E，海拔 3948 m，岩石表面，2014-9-25，王立松等 14-46972，14-46973，14-46992，14-46990；德姆拉山口，29°19′N，97°01′E，海拔 4794 m，岩石表面，2014-9-23，王立松等 14-46627。芒康县，红拉山，29°15′N，98°40′E，海拔 4206 m，杜鹃 (*Rhododendron* sp.) 灌木枝，2014-9-14，王立松等 14-47054。郎县，墨竹工卡，敏拉山口，海拔 4900 m，高山草甸，1975-7-23，臧穆 580-1。聂拉木县，1975-6-7，陈书坤 40A。

陕西 宝鸡，太白山，跑马梁子，33°57′N，107°45′E，海拔 3650 m，柳 (*Salix* sp.) 枝，2014-8-31，王欣宇等 14-45153。

黑龙江 大兴安岭地区，呼中，太白山顶，海拔 1400 m，土生，1984-9-3，高向群 353-3 (in HMAS)。

文献记载：黑龙江 (陈锡龄等，1981)，内蒙古 (陈锡龄等，1981)，云南 (Wang and Chen，1994；Wei et al.，2007)。

世界分布：北欧、北美 (Brodo and Hawksworth，1977)，尼泊尔 (Awasthi and Awashi，1985)，日本 (Harada et al.，2004)，韩国 (Moon，2013)。

讨论：光亮小孢发的鉴别特征在于地衣体直立型，基部黑色，近顶端淡褐色至深褐色，第三次分枝发育不良或缺乏，髓层 P+橘红色，含富马原岛衣酸 (fumarprotocetraric acid)。

本种与硬枝小孢发 *B. rigida* 相近似，但后者具明显主枝，分枝顶端鹿褐色至橄榄绿色。

17. 多叉小孢发 (新拟)　图版 IX：A～C

Bryoria perspinosa (Bystr.) Brodo & D. Hawksw., Opera Bot. **42**: 155, 1977; Wang & Chen, Acta Bot. Yun. **16**(2): 150, 1994.

　　GenBank No.: HQ402698.

　　≡ *Alectoria perspinosa* Bystr., Khumbu Himal **6**(1): 21, 1969.

　　Type: E. Nepal, Vorhimalaya, *Abies-Rhododendron*-Bergwald, Ostlich Junbesi, J. Poelt L 778, 9 October 1962(M-isotype !).

地衣体生长型：枝状，悬垂至亚悬垂，质地硬，长 4～7 (～15) cm；分枝：主枝圆柱状至明显棱柱状，局部有时呈扁枝状，直径 0.5～1 (～1.5) mm，无光泽，近主枝基部的分枝稠密，不等二叉式分枝，分枝腋呈锐角 (20°～45°)，第三级分枝发育不良，近顶端不分枝；侧生小刺：主枝基部至中部稠密，近顶端稀疏，小刺短而粗，长 0.2～2 mm，与地衣体同色；表面：基部炭黑色，向顶端呈灰白色、淡褐色至深栗褐色，有光泽；假杯点：白色，微凸起，卵圆形至裂隙状，直径 0.2～0.4 mm；粉芽：稀少至丰多，裂隙状，粉芽灰白色至淡褐色，长 0.5～1.5 mm，粉芽堆上簇生裂芽型小刺，小刺长 0.1～0.5 (～1) mm；子囊盘：偶见，侧生，无柄，盘缘发育不良，成熟后果托表面及盘缘具白色粉芽，无缘毛，盘面幼时凹陷，成熟后呈屈膝状凸起，淡黄褐色至鹿褐色，无光泽，直径 2～5 cm；地衣体中部分枝横切面：圆形至不规则棱柱状，直径 550～600 μm；皮层：单层型，厚 100～125 μm，外侧褐色，内侧无色；髓层：菌丝疏松，菌丝表面光滑，直径 4.5～5 μm；子囊：内含 8 个孢子；子囊孢子：椭圆形，无色单胞，9～10 × 4～5 μm，具 1 μm 薄壁；分生孢子器未见。

地衣特征化合物：髓层 P+橘红色，K+深黄色，C−，KC−，CK−；TLC：富马原岛衣酸和肺衣酸 (fumarprotocetraric acid and lobaric acid)。

生境：冷杉 (*Abies* sp.)、杜鹃 (*Rhododendron* spp.) 枯树干，云南松 (*Pinus yunnanensis*) 树干以及花楸 (*Sorbus* sp.) 灌木枝，有时与光亮小孢发 *B. nitidula* 和喜马拉雅小孢发 *B. himalayensis* 混生于岩石表面；海拔 2450～4400 m。

研究标本引证：

四川 峨眉山市，峨眉山，海拔 2800～3000 m，冷杉 (*Abies* sp.) 及云杉 (*Picea* sp.) 树干，1997-9-16，王立松 97-17859 (具子囊盘)，2001-5-26，王立松 01-20681。会理县，龙肘山，电视塔，海拔 3000～3500 m，杜鹃 (*Rhododendron* sp.) 及灌木枝，1997-9-13，王立松 97-18018，97-17967a，97-18070，97-17909，97-43609。康定县，木格措，30°08′N，101°51′E，海拔 3780 m，冷杉 (*Abies* sp.) 树干，2006-6-5，王立松 06-26082；雅家埂，29°47′N，102°03′E，海拔 2680～2962 m，枯枝，2010-9-29，王立松 10-31832，10-31853。泸定县，贡嘎雪山，29°20′N，101°30′E，海拔 2450～3270 m，云杉 (*Picea* sp.) 树干，1996-8-27～30，王立松 96-17264，96-17339a，96-40338，96-40341，冷杉 (*Abies* sp.)、花楸 (*Sorbus* sp.) 树干，2007-9-28，王立松 07-29087，07-29094，07-29120。米易县，麻陇乡，北坡山，海拔 3000～3200 m，树干，1983-7-7，王立松 83-763，83-884a。木里县，卡拉乡，烧香梁子，海拔 3850 m，落叶松 (*Larix* sp.) 树干，1983-8-22，王立松 83-41573；东朗乡，海拔 4200 m，树枝，1983-9-14，王立松 83-42743；平武县，杜鹃山，32°53′N，104°15′E，海拔 3330 m，冷杉 (*Abies* sp.) 及杜鹃 (*Rhododendron* sp.) 树干，2001-5-21 和 2010-9-22，王立松 01-20620，10-31724，10-31739。小金县，双桥沟，海拔 3300 m，灌木枝上，1996-8-23，王立松 96-17705。盐源县，火炉山，海拔 3450 m，杜鹃 (*Rhododendron* sp.)，1983-9-10，王立松 83-1344。

云南 云龙县，志奔山，25°44′N，99°03′E，海拔 3700 m，柳 (*Salix* sp.) 灌木枝，2000-6-12，王立松 00-18839。大理，苍山，25°42′N，100°06′E，海拔 3200～3600 m，树干生，2006-8-30，王立松等 06-26880。德钦县，白马雪山，28°20′N，99°04′E，海拔 2800～4300 m，松 (*Pinus* sp.)、落叶松 (*Larix* sp.) 树干，1993-8-10，王立松 93-13325，1994-9-27，王立松 94-15436，2013-6-22，王立松等 13-38600。东川区，落雪村，白石

岩，26°09′N，102°55′E，海拔 4020 m，岩石表面，2009-7-18，王立松 09-30571，09-30567，09-30580，09-30586。贡山县，丙中洛乡至通达垭口，28°05′N，98°41′E，海拔 2500～3800 m，云南松 (*Pinus yunnanensis*)、冷杉 (*Abies* sp.) 及云杉 (*Picea* sp.) 树干，1999-10-21，王立松 99-18643 (具子囊盘)，99-18499 (具子囊盘)，99-18497a，99-18531 (具子囊盘)，99-18527，99-18497，99-18662a，99-18666，99-18673，99-18672，99-18644，99-18530；独龙江乡，西哨房至其期途中，27°42′N，98°26′E，海拔 3100 m，落叶松 (*Larix* sp.) 树干，2000-5-26，王立松 00-19285；秋那桶村，28°11′N，98°31′E，海拔 3300 m，云杉 (*Picea* sp.) 枯枝上，王立松 00-19616，00-19623，00-19695。丽江县，老君山，26°37′N，99°43′E，海拔 3700～4150 m，冷杉 (*Abies* sp.)、杜鹃 (*Rhododendron* sp.) 树干及花楸 (*Sorbus* sp.) 灌木枝，2002-9-8，王立松 02-22372，02-22291，2004-7-24，王立松等 04-41565，04-23519，2005-5-17，王立松 05-24404，2006-8-25，王立松等 06-26540，06-26569，2014-6-25，王立松等 14-44033，14-44034，14-44038，14-44039，14-44047，14-44080，14-44070，14-44095，14-44107，岩石表面，2013-7-30，王立松等 13-38726；高山植物园，杜鹃 (*Rhododendron* sp.) 及松 (*Pinus* sp.) 林树干，2009-11-10，王立松 09-31182，09-31209，2011-8-16，王立松等 11-32312，11-32455，11-32444，11-32403，11-32471。维西县，犁地坪，海拔 3250～3430 m，1984-6-16，郗建勋 0163a，桦 (*Betula* sp.) 树干，2007-10-18，王立松 07-28820。禄劝县，轿子雪山，26°03′N，102°05′E，海拔 3245～4100 m，冷杉 (*Abies* sp.)、竹子以及岩石生，1992-1-31，王立松 92-839，92-840，92-844，92-845，92-847，92-848，92-849，92-13078，92-13155，92-13285，92-13126，92-13127，92-13132，杜鹃 (*Rhododendron* sp.) 树干，1993-5-25，王立松 93-13308，竹子枝，1996-11-1，王立松 96-16743，96-17051，杜鹃 (*Rhododendron* sp.)，1997-4-1，王立松 97-17403，2000-9-24，王立松 00-20364，00-20379，00-20380，00-20381，00-20382，杜鹃 (*Rhododendron* sp.) 及花楸 (*Sorbus* sp.) 树干，2006-7-19～26，王立松 06-26178，06-26973，06-26274，冷杉 (*Abies* sp.) 树干及岩石表面，2007-5-20，王立松等 07-27796，07-27813，07-27851，杜鹃 (*Rhododendron* sp.)、花楸 (*Sorbus* sp.) 及柳 (*Salix* sp.) 树干，以及岩石表面，2010-2-10，王立松等 10-31283，10-31300，10-31306，10-31362，10-31368。中甸县，碧塔海，27°44′N，99°58′E，海拔 3400 m，花楸 (*Sorbus* sp.) 树干，2001-7-10，王立松 01-20707，01-41558；纳帕海，27°56′N，99°36′E，海拔 3250～3540 m，竹子枝上，1998-5-24，王立松 98-18154，98-40207，2006-8-27，王立松 06-26627；格咱乡，大雪山，28°34′N，99°51′E，海拔 4200～4400 m，杜鹃 (*Rhododendron* sp.) 树枝及枯枝，2000-8-23，王立松 00-20445，00-19941，00-40198，2001-8-1 和 2001- 10-11，王立松 01-20715，01-20992，01-20997，01-23399，2004-6-13，王立松 04-23257，2006-8-26，王立松等 06-41676；碧古林场，海拔 3800 m，阔叶树干，1981-8-16，王先业等 5770，天生桥，海拔 3500 m，2008-11-3，孙中帅 20082026；天宝山，27°33′N，99°51′E，海拔 3900 m，柳 (*Salix* sp.) 及落叶松 (*Larix* sp.) 灌木枝，2007-10-14，王立松 07-39067，2009-11-10，王立松 09-31072；小中甸，27°37′N，99°39′E，海拔 2800～3600 m，高山松 (*Pinus densata*) 树干，2001-10-10，王立松 01-41553，2006-8-29，王立松等 06-26961，06-26962，06-26964，2007-10-14，王立松 07-40306，07-41569；碧沽天池，海拔 3800～4200 m，冷杉 (*Abies* sp.) 树干，1993-9 和 2001-10-10，王立松 93-13663，93-13668，

01-28964。

西藏　芒康县，29°13′N，98°41′E，海拔 4020 m，落叶松（*Larix* sp.）树干，2007-8-16，王立松等 07-30241。

文献记载：云南（Wang and Chen，1994）。

世界分布：印度，尼泊尔（Bystrek，1969，1971；Awasthi and Awashi，1985；Singh and Sinha，2010）；喜马拉雅地区特有种。

讨论：多叉小孢发地衣体亚悬垂至悬垂型，主枝圆柱状至棱柱状，直径大于 0.5 mm，第三级分枝稀疏至发育不良，侧生小刺短粗而密集，具狭长裂隙状粉芽堆，粉芽堆表面簇生裂芽型小刺及小刺状分枝，含富马原岛衣酸及肺衣酸，在中国的标本中，约 1/3 标本缺乏粉芽及粉芽堆。

模式标本研究（J. Poelt L778，in M isotype）：地衣体长 8 cm，主枝直径 1～1.5 mm；地衣体表面淡褐色、栗褐色至黑褐色，基部分枝稠密，不等二叉式分枝，近顶端分枝稀疏至不分枝；侧生小刺短而密集，单一不分叉，与地衣体同色，长 2～3 mm（～7 mm）；假杯点稀少，细裂隙状；粉芽呈狭长裂隙状至椭圆形，表面灰白色至污白色，显著凸起，常具裂芽型小刺；子囊盘及分生孢子器未见。

本种外形与喜马拉雅小孢发 *B. himalayensis* 相近，但后者地衣体密生侧生小刺及侧生小分枝，粉芽堆表面无裂芽型小刺出现。

18. 波氏小孢发　图版 IX：D、E

Bryoria poeltii (Bystr.) Brodo & D. Hawksw., Opera Bot. **42**: 155, 1977; Wang & Chen, Acta Bot. Yun. **16**(2): 150, 1994.

　　GenBank No.: KU895876, KU895877.

　　≡ *Alectoria poeltii* Bystr., Khumbu Himal **6**(1): 20, 1969.

　　Type: E. Nepal, Himalaya, Mahalangur Himal, Khumbu, bei Bibre, Sep. 1962, J. Poelt L 805, (M-isotype!).

地衣体生长型：枝状，悬垂至亚悬垂型，往往呈弓形生长，质地硬，长 4～6 cm；分枝：主枝直径 0.2～0.4 mm，不规则分枝，近基部分枝腋较宽，呈半圆形，常大于 90°，近顶端分枝腋呈锐角（35°～60°），圆柱状，渐尖；侧生分枝及刺状小分枝：侧生刺状小分枝稀疏，长 0.2～0.3 mm，侧生小刺稀见；表面：鹿褐色至黑色，具光泽；粉芽：表面密生颗粒状粉芽堆，粉芽堆幼时表面凹陷至平坦，盘状至裂隙状，直径显著宽于枝体，直径 0.2～1.2 mm，白色、灰白色至污白色，常具黑色颗粒状至裂芽型小刺，成熟后粉芽堆中央常穿孔；无假杯点；子囊盘及分生孢子器：未见；地衣体中部分枝横切面：直径 400～500 μm；皮层：单层型，厚 75～80 μm，外侧褐色，内侧无色；髓层：菌丝表面光滑，直径 3～4 μm。

地衣特征化合物：髓层 P–，K–，C–，KC–，CK–；粉芽 P+橘红色，K–，C–，KC–；TLC：含富马原岛衣酸（fumarprotocetraric acid）。

生境：主要生于针叶树干及树枝，常见于落叶松（*Larix* sp.）、高山松（*Pinus densata*）树枝，有时也见于粉紫杜鹃（*R. impeditum*）以及柳（*Salix* sp.）、栎（*Quercus* sp.）等阔叶灌木树干，常与多形小孢发 *B. variabilis*、珊粉小孢发 *B. smithii* 及刺小孢发 *B. confusa*

混生；中国西南地区海拔分布 3000～4550 m。

研究标本引证：

四川 巴塘县，中咱镇，1983-7-22，宣宇 7223。稻城县，亚丁村，28°26′N，100°20′E，海拔 4350～4510 m，杜鹃 (*Rhododendron* sp.) 树干，柏木 (*Juniperus* sp.)、落叶松 (*Larix* sp.)、栎 (*Quercus* sp.) 树枝，2002-9-16～17，王立松 02-21516，02-21523，02-21535，02-21543，02-21555，02-21576，02-21578，02-21580，02-21582，02-28115；100 km 道班，1981-8-23，王立松 81-2406b；海子山，29°20′N，100°06′E，海拔 3500 m，落叶松 (*Larix* sp.) 灌木枝上，2002-9-19，王立松 02-21610。得荣县，茨巫乡，29°15′N，99°23′E，海拔 4100 m，落叶松 (*Larix* sp.) 树干，2009-9-6，王立松 09-30882。九龙县，汤古乡，海拔 3000 m，柏木 (*Juniperus* sp.)，1996-9-11，王立松 96-22377。乡城县，大雪山，28°34′N，99°49′E，海拔 4350～4500 m，草原杜鹃 (*R. telmateium*) 灌木枝，2002-9-12，王立松 02-21436，02-22330，02-40209；乡城至稻城途中，无名山垭口，29°07′N，100°00′E，海拔 4200 m，杜鹃 (*Rhododendron* sp.) 树干，2013-6-19，王立松等 13-40343。木里县，卡拉乡，烧香梁子，海拔 3850 m，落叶松 (*Larix* sp.) 灌木枝上，1983-8-22，王立松 83-13398。小金县，日隆乡，四姑娘山，双桥沟，30°14′N，102°46′E，海拔 3300～3500 m，云杉 (*Picea* sp.)、落叶松 (*Larix* sp.)、柏木 (*Juniperus* sp.) 树干，2001-5-12，王立松 01-20567，01-20569；长坪沟，海拔 3400 m，柏木 (*Juniperus* sp.)、桦木 (*Betula* sp.) 枯枝，1996-8-22，王立松 96-17800。西昌市，螺髻山，27°34′N，102°22′E，海拔 2600 m，冷杉 (*Abies* sp.) 枯枝上，2010-6-12，王立松和王珏 10-31400。

云南 德钦县，白马雪山，28°20′N，99°04′E，海拔 4200～4440 m，落叶松 (*Larix* sp.)、柳 (*Salix* sp.)、杜鹃 (*Rhododendron* sp.) 灌木枝、冷杉 (*Abies* sp.) 树枝以及岩石表面，2006-8-28，王立松等 06-26714，06-26956，06-26952，06-26414，06-26694，06-26698，06-26709，1994-10-3，王立松 94-15227，94-15229，94-15373，94-15263，1999-10-18，王立松 99-18490，2013-6-21～24，王立松等 13-38465，13-38466，13-38484，13-38560，13-38562，13-38563，13-35564，13-38603，13-38606，13-39060，13-39098，13-39102，13-40317，2013-7-19，李建文 13-38947，2015-11-2，王立松等 15-49690，15-49691；梅里雪山，索拉垭口，28°38′N，98°36′E，海拔 4550 m，杜鹃 (*Rhododendron* sp.) 灌木枝上，2000-8-30，王立松 00-19755，00-20447。中甸县，格咱乡，大雪山，28°35′N，99°51′E，海拔 4140～4370 m，落叶松 (*Larix* sp.) 灌木枝上，柳 (*Salix* sp.)、花楸 (*Sorbus* sp.)、杜鹃 (*Rhododendron* sp.)、柏木 (*Juniperus* sp.) 树干，2000-8-21，王立松 00-20070c，2004-6-15，王立松 04-23187，04-23208，04-23256，04-23241，04-23268，04-23413，04-23408，04-42759，04-23403，04-46457，2009-9-4，王立松 09-31144；小雪山，28°19′N，99°45′E，海拔 3900 m，蔷薇 (*Rosa* sp.) 灌木枝，2013-6-19，王立松等 13-38385；碧融峡谷，28°24′N，99°46′E，海拔 3600 m，栎 (*Quercus* sp.) 树枝，2002-9-20，王立松 02-40335；帕叉，海拔 3450 m，灌木枝，1993-8-7，王立松 93-13083；碧塔海，海拔 3500 m，柳 (*Salix* sp.) 灌木枝，1994-9-21，王立松 94-14953；纳帕海，海拔 3250 m，杜鹃 (*Rhododendron* sp.) 树干，1998-5-24，王立松 98-18160a；大宝寺，27°46′N，99°46′E，海拔 3200～3370 m，落叶松 (*Larix* sp.) 灌木枝上，云杉 (*Picea* sp.)、高山松 (*Pinus densata*)，1993-9-20，王立松 93-13728，93-13400a，93-13406，93-23407；

五凤山，海拔 3300 m，杜鹃 (*Rhododendron* sp.) 树干，1982-10-11，林中文 4412，落叶松 (*Larix* sp.) 树枝，2007-10-13，王立松 07-28905；小中甸乡，吉沙，海拔 3500 m，云杉 (*Picea* sp.) 树枝，1981-6-13，王立松 81-34c；石卡雪山，海拔 3600～3780 m，冷杉 (*Abies* sp.)、落叶松 (*Larix* sp.) 树干，1981-6-20，黎兴江 1952；天生桥，海拔 3500 m，树干生，2008-11-3，杜远达 20082194，孙中帅 20081924；天宝山，27°33′N，99°51′E，海拔 3800～3900 m，冷杉 (*Abies* sp.) 及柳 (*Salix* sp.) 树枝，2007-10-14，王立松 07-28916，07-40319。丽江县，老君山，26°37′N，99°43′E，海拔 3700～4200 m，冷杉 (*Abies* sp.)、杜鹃 (*Rhododendron* sp.) 树干，2010-7-16，王立松 10-31526，2011-5-22，王立松 11-32105，2013-6-14，王立松 13-38215。

西藏 察隅县，29°19′N，97°05′E，海拔 4251 m，杜鹃 (*Rhododendron* sp.)、柳 (*Salix* sp.) 灌木，2014-9-23，王立松等 14-46662，14-46671，14-46672，14-46669，14-46678；察隅至察瓦龙途中，28°46′N，97°37′E，海拔 3941 m，岩石表面，2014-9-25，王立松等 14-46898。芒康县，29°16′N，98°40′E，落叶松 (*Larix* sp.) 树干，2007-8-16，王立松等 07-27896，07-27938；红拉山，29°15′N，98°40′E，海拔 4206 m，蔷薇 (*Rosa* sp.) 树枝，2014-9-14，王立松等 14-45385；拉乌山，29°42′N，98°30′E，海拔 4285 m，粉紫杜鹃 (*R. impeditum*) 灌木枝，2014-9-15，王立松等 14-45507，14-45510。

文献记载：云南 (Wang and Chen，1994；Wei et al.，2007)。

世界分布：尼泊尔 (Bystrek，1969，1971；Awasthi and Awashi，1985)。

讨论：本种地衣体亚悬垂型，弓形分枝；分枝表面具圆盘形粉芽堆，明显宽于枝体直径，成熟后的粉芽堆颗粒状，表面具颗粒状或裂芽型小刺；髓层 P–，粉芽堆 P+橘红色。

模式标本研究 (J. Poelt L 805, isotype, M)：地衣体亚悬垂型至弓形，质地硬，长 2.5～5 cm，基部表面暗褐色，近顶端黑色，表面具光泽；主枝圆柱状，直径 0.5 mm，局部呈扁枝状或表面具不规则凹陷；近基部分枝稀疏，呈不等二叉式分枝，分枝腋直角至半圆形，顶端分枝稀疏至稠密，分枝腋呈锐角 (35°～60°)，分枝圆柱状，渐尖；侧生小刺稀疏，小刺状分枝稀疏至稠密，长 1～2 mm；粉芽堆圆形至卵圆形，表面平坦，直径显著宽于枝体，0.2～1 mm，白色至灰白色，平坦至凸起，成熟粉芽堆表面颗粒状，偶呈黑色，并具裂芽型小刺；无假杯点；子囊盘及分生孢子器未见；髓层 P–，K–，C–，KC–，CK–；粉芽 P+橘红色。

Awasthi (1985) 报道该种髓层及粉芽 P+红色，但我们对该种模式标本测试为髓层 P–，与我们采集和研究的标本一致。本种与淡褐小孢发 *B. fuscescens* 都具白色粉芽堆，粉芽堆直径常宽于枝体，但后者地衣体悬垂型，表面呈鹿褐色至褐色，粉芽堆上具裂芽型小刺；与蚕丝小孢发 *B. nadvonikiana* 的不同之处在于后者地衣体丝状悬垂型，等二叉分枝，地衣体灰白色至淡褐色，髓层 K+黄色，含黑树发酸 (alectorialic acid)。

19. 硬枝小孢发 图版 X：A、B

Bryoria rigida P. M. Jørg. & Myllys, The Lichenologist 44(6):777, 2012.

GenBank No.: HQ402703, KU895878, KU895879, KU895880, KU89581, KU895882.

Types: Yunnan, Dali Co., Cangshan Mt., 25°40′N, 100°06′E, 3570 m elev., on rock,

2006-7-28, Wang Lisong 06-26208(KUN-21196, holotype; H-isotype).

地衣体生长型：枝状，直立丛生，质地硬，干燥后易碎，高 5～8 cm；分枝：主枝明显，等二叉分枝，直径 0.8 mm，第三级分枝发育良好，不规则分叉；侧生小刺：丰多，黄绿色，长 0.2～1.5 mm，分枝腋呈直角；侧生小分枝：丰多，长 1.5～5 mm，基部略缢缩，分枝腋垂直或呈 50°～70°锐角；表面：基部至中部表面黑色，基部常炭化，向顶端鹿褐色至橄榄绿色，具光泽；假杯点：稀疏至丰多，主枝表面假杯点狭长裂隙状，深褐色至黑色，表面平坦至明显凹陷，直径 0.2～0.7 mm，分枝顶端及侧生刺状小分枝表面假杯点圆形至椭圆形，表面灰白色，凹陷，呈弹坑状，直径 0.1～0.3 mm；无粉芽及裂芽；子囊盘及分生孢子器未见；地衣体中部分枝横切面：圆形，直径 100～130 μm；皮层：单层型，厚 50～75 μm，褐色至黑褐色；髓层：菌丝疏松至局部中空，菌丝表面光滑，直径 2.5 μm。

地衣特征化合物：皮层和髓层 P+橘红色，K−，C−，KC−；TLC：富马原岛衣酸 (fumarprotocetraric acid)、原岛衣酸 (protocetraric acid)、四牛皮叶酸 (quaesitic and)、聚富马原岛衣酸 (confumarprotocetraric acid)。

生境：生于高山多云雾湿冷环境的杜鹃 (*Rhododendron* spp.) 灌木、苍山冷杉 (*Abies delavayi*)、华西箭竹 (*Fargesia nitida*) 树干，以及林下岩面薄土层，常与繁鳞石蕊 (*Cladonia fenestralis*)、聚筛蕊 (*Cladia aggregata*) 混生；海拔 2700～4500 m。

研究标本引证：

四川 峨眉山市，峨眉山，海拔 3000 m，云杉 (*Abies* sp.) 树干，2001-5-26，王立松 01-20679。洪雅县，瓦屋山，29°38′N，102°57′E，海拔 2700 m，2006-6-10，王立松，06-26070。九龙县，鸡丑山，海拔 4300 m，杜鹃 (*Rhododendron* sp.) 灌木枝，2007-9-23，王立松 07-41548。康定县，雅家埂，29°47′N，102°03′E，海拔 2680～3880 m，花楸 (*Sorbus* sp.) 树干以及岩石表面，2006-6-7，王立松 06-26055，2010-9-29，王立松 10-31850，10-31856 (PCR)；折多山，29°59′N，101°55′E，海拔 4000～4210 m，岩石表面及杜鹃 (*Rhododendron* sp.) 灌木枝，1996-9-7，王立松 96-16322，2007-9-27，王立松 07-28992，2010-9-28，王立松 10-31719；杜鹃山，29°54′N，101°59′E，海拔 3880 m，岩石表面，2006-7-7，王立松 06-26056。会理县，龙肘山，电视塔，海拔 3500 m，岩石表面，1997-9-13，王立松 97-18016，97-17906，97-18017。泸定县，贡嘎雪山，29°34′N，101°59′E，海拔 2450～3370 m，冷杉 (*Abies* sp.)、杜鹃 (*Rhododendron* sp.) 树干，1982-6-18，宣宇 1363，4269，1996-8-27，王立松 96-17335，96-17328，96-41550，2007-9-28，王立松 07-29075，07-29116，07-41547。木里县，卡拉乡，长海子，海拔 3750 m，冷杉 (*Abies* sp.) 树干，1983-8-21，王立松 83-1691；烧香梁子，海拔 3800 m，落叶松 (*Larix* sp.) 树枝，1983-8-22，王立松 83-21174；巴松垭口，海拔 4250 m，杜鹃 (*Rhododendron* sp.) 灌木枝，1983-9-6，王立松 83-2098a。西昌市，螺髻山，27°34′N，102°22′E，海拔 3700 m，冷杉 (*Abies* sp.) 树干，2010-6-12，王立松等 10-31453，10-31467。乡城县，大雪山道班后山，28°34′N，99°49′E，海拔 4450 m，岩石表面生，2002-9-12，王立松 02-21443。小金县，日隆乡，长坪沟，31°02′N，102°52′E，海拔 3420 m，岩石表面，2001-5-13，王立松 01-20605；卧龙至日隆途中，巴朗山垭口，31°02′N，103°E，海拔 4200 m，岩石表面，1996-9-21，王立松 96-17388。卧龙自然保护区，巴朗山，30°54′N，102°52′E，海拔 4480 m，杜

鹃 (*Rhododendron* sp.) 树枝, 2006-6-1, 王立松 06-26096。盐源县, 百灵山, 海拔 3750～3800 m, 冷杉 (*Abies* sp.) 树干, 1983-8-9, 王立松 83-1415, 83-1461; 大林乡, 火炉山, 海拔 3750～4100 m, 冷杉 (*Abies* sp.) 树枝, 1983-7-21, 王立松 83-1240, 83-1160c。盐边县, 岩口乡, 海拔 2800 m, 1983-6-25, 王立松 83-262。

云南　泸水市, 片马镇, 高黎贡山, 海拔 3800 m, 杜鹃 (*Rhododendron* sp.) 灌木林下, 1978-8-3, 臧穆 78-993, 980, 983a, 989。大理, 苍山, 小岭峰, 1945-5-4, 王汉臣 4824a; 应乐峰, 海拔 4000 m, 树干生, 1941-7-12, 王汉臣 970a, 970b; 龙泉峰山顶, 树干, 1941-7, 王汉臣 10065; 洗马塘, 1946-10-31, 刘慎谔 22386a。东川区, 落雪村, 白石岩, 26°09′N, 102°55′E, 海拔 4020～4040 m, 岩石表面, 2009-7-18, 王立松 09-40221, 09-30570; 汤丹镇, 白石岩, 26°10′N, 102°57′E, 海拔 3360 m, 岩面藓层, 2014-5-14, 王立松等 14-43962 (PCR)。德钦县, 奔子栏乡, 白马雪山, 28°22′N, 98°59′E, 海拔 4250～4760 m, 杜鹃 (*Rhododendron* sp.)、落叶松 (*Larix* sp.) 树干, 以及岩石表面藓层, 1985-6-20, 王立松 85-8911, 85-8903, 1993-8-10, 王立松 93-13535, 93-13497, 冷杉 (*Abies* sp.) 树枝及岩石表面, 1994-10-4, 王立松 94-15378, 94-15221, 94-15380, 2009-10-5, 王立松等 09-31083, 09-31089; 永支乡至通达垭口, 28°05′N, 98°41′E, 海拔 3700 m, 云杉 (*Picea* sp.) 树干, 1999-10-21, 王立松 99-18676; 梅里石村, 索拉垭口, 28°38′N, 98°36′E, 海拔 4800 m, 土表, 2012-9-10, 牛东玲等 12-35809, 12-35847。剑川县, 老君山, 26°37′N, 99°44′E, 海拔 3900～4050 m, 岩石表面藓层, 以及杜鹃 (*Rhododendron* sp.) 树干, 2013-7-30, 王立松等 13-38703, 13-38799。福贡县, 亚坪村, 27°10′N, 98°43′E, 海拔 2400 m, 树枝, 2005-5-23, 王立松 05-24589。贡山县, 独龙江, 黑凹底, 27°47′N, 98°30′E, 海拔 2400 m, 枯枝, 2005-5-26, 王立松 05-24515; 秋那桶村, 28°11′N, 98°31′E, 海拔 3300 m, 枯枝, 2000-5-26, 王立松 00-19697, 00-19625; 野牛谷, 海拔 3000 m, 枯枝, 2000-5-30, 王立松 00-19356, 00-19353; 独龙江乡, 其期至东哨房途中, 27°42′N, 98°29′E, 海拔 3000 m, 枯枝, 2000-6-2, 王立松 00-19031, 00-19283; 丙中洛至通达垭口, 28°05′N, 98°41′E, 海拔 3800 m, 冷杉 (*Abies* sp.) 及云杉 (*Picea* sp.) 树干, 1999-10-21, 王立松 99-18498, 99-18511, 99-18526, 99-18545。丽江县, 九河乡, 老君山, 26°37′N, 99°43′E, 海拔 3500～4150 m, 杜鹃 (*Rhododendron* sp.)、冷杉 (*Abies* sp.) 树干, 以及岩石表面, 1999-11-26, 王立松 99-18739, 2000-8-13, 王立松 00-20236, 00-20256, 00-20294, 00-20310, 2002-9-7, 王立松 02-21274, 02-22307, 2005-6-15, 王立松 05-40203, 2013-6-14, 王立松等 13-38202, 2014-6-25, 王立松等 14-44031, 14-44093, 14-44100; 玉龙雪山, 海拔 3650 m, 1981-8-4, 王先业等 6773, 1981-8-5, 王立松 81-40218; 牦牛坪, 海拔 3030 m, 2003-10-22, 王立松 03-22945。禄劝县, 转龙镇, 轿子雪山, 26°5′N, 102°08′E, 海拔 3600～4000 m, 杜鹃 (*Rhododendron* sp.)、冷杉 (*Abies* sp.) 树干, 以及竹子上生, 土表与岩石表面, 1990-7-3, 方瑞珍 90-11595, 1992-1-31, 王立松 92-855, 92-856, 92-857, 92-13152, 92-13157, 92-13286, 92-13130, 92-13136, 92-13133, 92-13149, 92-13289, 92-13129, 92-13131, 92-13153, 92-13135, 92-13137, 92-13287, 1993-5-25, 浦少林等 93-13300, 王立松 93-13375, 1996-11-1, 王立松 96-16732, 96-17211; 1997-4-1, 王立松 97-17405; 2000-9-24, 王立松等 00-20365, 00-20385, 00-20412, 2005-6-24, 王立松 05-24600, 05-24601, 05-24602; 2006-9-26,

王立松 06-26114，06-26970，06-26972，06-27082；2007-5-20，王立松等 07-27812；2010-2-10，王立松等 10-31282，10-31291，10-31316，10-31324。腾冲县，猴桥镇，25°34′N，98°16′E，海拔 3190 m，冷杉林下，2015-4-26，马文章 15-6170，15-6184。中甸县，哈巴雪山，27°20′N，100°04′E，海拔 4500 m，岩石表面，2002-10-26，王立松 02-21995，02-22022；天池，27°37′N，99°38′E，海拔 3800 m，冷杉 (*Abies* sp.) 树干，1993-8，王立松 93-13655b，2001-10-10，王立松 01-42994，01-20987；格咱乡，红山，28°08′N，99°54′E，海拔 4490 m，岩石表面，2009-10-6，王立松 09-31008，09-31013，09-31021；大雪山垭口，海拔 4260 m，杜鹃 (*Rhododendron* sp.) 灌木林下，1993-9-18，胡朝常 2738，2001-8-1，王立松 01-20718；大宝寺，海拔 3200 m，落叶松 (*Larix* sp.) 树干，1993-9-20，王立松 93-13408；纳帕海，27°56′N，99°36′E，海拔 3540 m，竹子枝，2006-8-27，王立松 06-26640。维西县，叶枝乡，巴丁村，药材地，海拔 3500 m，1982-5-11，王立松 82-54；维登公社，海拔 3000～3600 m，箭竹枝上，1982-5-23～27，王立松 82-372，82-406，82-421，82-423；鹿马登公社，鹿马登垭口，海拔 3500 m，灌木下，1982-5-27，王立松 82-446。

西藏 察隅县，目若村，28°38′N，97°47′E，海拔 3948 m，岩石表面，2014-9-25，王立松等 14-47010。墨脱县，嘎瓦龙雪山，29°42′N，95°35′E，海拔 2830～3450 m，冷杉 (*Abies* sp.) 及杜鹃 (*Rhododendron* sp.) 树干，2014-9-19 王立松等 14-46384，14-46052，1982-9-7，苏永革 1068。错那县雷达站，树干生，1975-7-16，卢树林 86。

陕西 宝鸡市，太白山大爷海，33°57′N，107°45′E，海拔 3570～3720 m，杜鹃 (*Rhododendron* sp.)、柳 (*Salix* sp.) 以及土表面，2014-8-30，王欣宇等 14-45095，14-45123，14-45105，14-45092，14-45152，14-45131。

台湾 南投县，合欢山，武岭，24°08′N，121°17′E，海拔 3256 m，冷杉 (*Abies* sp.) 树干，2015-9-23，王立松等 15-49285。

文献记载：云南 (Jørgensen et al.，2012)。

世界分布：印度 (Jørgensen et al.，2012)；喜马拉雅地区分布。

讨论：硬枝小孢发地衣体直立型丛生，具明显主枝，质地硬，基部至中部表面黑色，顶端橄榄绿色，假杯点表面明显凹陷；含富马原岛衣酸、原岛衣酸和四牛皮叶酸。

地衣体基部至中部黑色，近顶端黄绿色与双色小孢发 *B. bicolor* 和瘦小孢发 *B. tenuis* 极为相近，不同之处见双色小孢发讨论。

20. 珊粉小孢发　图版 X：C～E

Bryoria smithii (Du Rietz) Brodo & D. Hawksw., Opera Bot. **42**: 152, 1977; Wei & Jiang, Lich. Xizang: 64, 1991; Wang & Chen, Acta Bot. Yun. **16**(2): 151, 1994.

GenBank No.: KU895883.

≡ *Alectoria smithii* Du Rietz, Ark. Bot. **20a**(11): 15, 1926; Zahlbruckner, in Handel-Mazzetti, Symb. Sin. **3**: 201, 1930b.

模式标本未见。

地衣体生长型：枝状，直立至半直立丛生，质地硬，高 5～8 cm；分枝：主枝圆柱状，直径 0.5～0.6 mm，分枝基部呈等二叉分枝，近顶端呈不规则分枝，渐尖，分枝腋呈锐角 (45°～50°)；侧生小刺：垂直侧生小刺密集，单一至简单分叉，长 0.1～0.5 mm，与地衣体同色；表面：基部暗褐色至黑色，近顶端淡褐色至黑褐色，具光泽；粉芽：丰多，椭圆形至长椭圆形，表面平坦至凹陷成穿孔，有时露出白色的髓，幼时白色，直径0.2～1 mm，无裂芽型小刺，成熟后粉芽堆明显凸起，污白色或灰白色，密生珊瑚状小刺，小刺长0.3～0.5 mm；假杯点：稀疏，深褐色至黑色，裂隙状，凹陷，约1×0.2 mm；子囊盘：稀见，全缘，幼时盘面微凹陷，成熟后平坦至凸起，有时呈屈膝状，淡褐色至深褐色，直径0.5～2 mm；地衣体中部分枝横切面：圆形，直径300～350 μm；皮层：单层型，厚45～50 μm，外侧褐色，内侧无色；髓层：菌丝疏松至局部中空，菌丝表面光滑，直径2.5～3 μm；分生孢子器未见。

地衣特征化合物：髓层及粉芽 P–、K–、C–、KC–、CK–；TLC：无地衣酸类特征化合物。

生境：常见于柳 (*Salix* sp.)、栎 (*Quercus* spp.)、花楸 (*Sorbus* spp.)、杜鹃(*Rhododendron* spp.) 灌木枝上，以及松属 (*Pinus*) 树干与岩石表面；常与刺小孢发 *B. confusa*、多形小孢发 *B. variabilis* 混生；海拔2500～4510 m。

研究标本引证：

四川 稻城县，亚丁村，28°26′N，100°20′E，海拔4000～4510 m，柏木 (*Juniperus* sp.)、落叶松 (*Larix* sp.)、栎 (*Quercus* sp.)、杜鹃 (*Rhododendron* sp.) 树枝，2002-9-16～17，王立松 02-21510，02-21515，02-21561，02-21583，02-39077，02-40348。平武县，杜鹃山，32°53′N，104°15′E，海拔3100～3330 m，柳 (*Salix* sp.) 树干，1999-10-12，臧穆 99-13221d，2010-9-22，王立松 10-31734。丹巴县，格达梁子，30°32′N，101°34′E，海拔3920 m，柳 (*Salix* sp.) 树枝，2010-9-27，王立松 10-31652。得荣县，茨巫乡，29°15′N，99°23′E，海拔4100 m，落叶松 (*Larix* sp.) 树干，2009-9-6，王立松 09-39061。康定县，雅家埂，29°47′N，102°03′E，海拔2962 m，花楸 (*Sorbus* sp.) 树干，2010-9-29，王立松 10-31825；跑马山，25°29′N，107°95′E，海拔2700 m，树干，2008-11-8，杜远达 20080568；木格措，30°08′N，101°51′E，海拔3780 m，岩石表面，2006-6-5，王立松 06-26077；六巴乡，海拔3100 m，杜鹃 (*Rhododendron* sp.) 林下，1996-9-9，王立松 96-16451，96-16471。九龙县，鸡丑山，29°20′N，101°29′E，海拔3700～4300 m，栎 (*Quercus* sp.)、花楸 (*Sorbus* sp.) 及杜鹃 (*Rhododendron* sp.) 树枝，2007-9-23，王立松 07-29273，07-29274，07-29707，2009-9-10，王立松 09-30922，09-39073。理塘县，县城北20 km，30°11′N，99°55′E，海拔3900 m，岩石表面，2009-9-9，王立松 09-30866；卡子拉山，25°29′N，107°95′E，海拔4700 m，树干，2008-11-7，王海英 20080626，20080064。木里县，卡拉乡，长海子，海拔3500 m，栎 (*Quercus* sp.) 灌木，1983-8-21，王立松 83-1697；卡拉乡，海拔2660 m，栎 (*Quercus* sp.) 树干，1983-8-26，王立松 83-1934a；烧香梁子，海拔3800 m，栎 (*Quercus* sp.) 树干，1983-8-22，王立松 83-1762c。乡城县，大雪山，28°34′N，99°49′E，海拔4150～4400 m，柳 (*Salix* sp.) 灌木，2002-9-12，王立松 02-21447，02-22337；乡城至稻城途中，无名山垭口，29°07′N，100°00′E，海拔4200 m，杜鹃 (*Rhododendron* sp.) 树枝，2013-6-19，王立松等 13-38338。西昌市，螺髻山，27°34′N，102°22′E，海拔3600 m，冷杉 (*Abies* sp.) 枯木桩，2010-6-12，王立松等 10-31399。小金县，日隆乡，长坪沟，31°02′N，102°52′E，海拔3100～3420 m，柳 (*Salix* sp.) 及落叶松 (*Larix* sp.) 树枝，1996-8-22，王立松 96-16049a，96-16061，96-17754，2001-5-13，

王立松 01-20613；双桥沟，31°14′N，102°41′E，海拔 3500～3800 m，落叶松 (*Larix* sp.)、栎 (*Quercus* sp.)、柳 (*Salix* sp.) 树枝，2005-8-26，肖月芹 05-40，2001-5-12，王立松 01-20558，01-39063，2007-10-2，王立松 07-29147。盐源县，百灵山，海拔 3150 m，1983-8-8～11，王立松 83-1378，83-7063，83-1382a；联合乡，火炉山，海拔 3450 m，柳 (*Salix* sp.) 树枝，1983-7-26，王立松 83-1289c。

云南 德钦县，笑农村，梅里雪山，28°24′N，98°45′E，海拔 2800～3200 m，松 (*Pinus* sp.)、云杉 (*Picea* sp.)、栎 (*Quercus* sp.) 树干，1994-9-27～28，王立松 94-15006，94-15026，94-15478，94-15104；雨崩村，海拔 3200 m，岩石表面，1994-9-28，王立松 94-15405，94-15131；雨崩村至西单村，28°24′N，98°49′E，海拔 3300 m，树枝，2012-9-15，牛东玲 12-36631，12-36641，12-36679；雨崩至笑农大本营，28°24′N，98°45′E，海拔 3620 m，树枝，2012-9-14，牛东玲等 12-36462；索拉垭口至梅里石村途中，28°38′N，98°38′E，海拔 4060～4270 m，2012-9-11，牛东玲等 12-36854，12-35721，12-40220；白马雪山，28°19′N，99°05′E，海拔 3400～4200 m，柏木 (*Juniperus* sp.)、花楸 (*Sorbus* sp.) 树枝，1981-7-22，王立松 2121a，2144c，1993-8-8～10，王立松，93-13491，93-13484，岩石表面，1994-10-3～4，王立松 94-15228，94-15372，2015-11-1，王立松等 15-49545，落叶松 (*Larix* sp.) 树枝，2013-6-22，王立松等 13-38630；大雪山，28°34′N，99°49′E，海拔 4450 m，杜鹃 (*Rhododendron* sp.) 树干，2015-11-3，王立松等 15-49758。贡山县，丙中洛至通达乡途中，28°05′N，98°41′E，海拔 2500 m，云南松 (*Pinus yunnanensis*) 树干，1999-10-21，王立松 99-18663，99-18664；野牛谷，27°48′N，98°49′E，海拔 2700 m，枯枝，2000-5-30，王立松 00-19339；独龙江乡，海拔 2000 m，树干，1982-9-4，臧穆 4483。剑川县，剑川至鹤庆途中，新华乡，26°32′N，100°02′E，海拔 3100 m，栎 (*Quercus* sp.) 灌木，2005-6-13，王立松 05-24837。宁蒗县，落水村，海拔 2700 m，杜鹃 (*Rhododendron* sp.) 灌木上，1987-10-25，王立松 87-10354。丽江县，玉龙雪山，海拔 3150 m，松 (*Pinus* sp.) 树干，1963，武素功 63-10000；铁甲山，海拔 2500 m，云南松 (*Pinus yunnanensis*) 树干，1987-9-24，王立松 87-10218；玉峰寺，海拔 2750 m，华山松 (*Pinus armandii*) 林下，1984-10-22，郗建勋 0060；黑白水，海拔 2600～2800 m，栎 (*Quercus* sp.) 和云南松 (*Pinus yunnanensis*) 林下，1987-4-21，Ahti et al. 87-46356；扇子峰，海拔 3650 m，针叶林树上，1981-8-5，王先业 6446；九河乡，老君山，26°39′N，99°46′E，海拔 2810～3890 m，冷杉 (*Abies* sp.) 树枝、云南松 (*Pinus yunnanensis*) 树干以及灌木枝，2005-6-15，王立松 05-24801，2006-8-25，王立松 06-40212，2014-6-25，王立松等 14-44110。禄劝县，轿子雪山，26°04′N，102°50′E，海拔 3700～3850 m，杜鹃 (*Rhododendron* sp.) 及杂灌木枝，1992-1-31，王立松 92-827，92-13154；2010-5-23，王立松 10-31377。维西县，犁地坪，27°13′N，99°24′E，海拔 3430 m，冷杉 (*Abies* sp.) 树干，2007-10-18，王立松 07-41567；攀天阁乡，海拔 2500 m，针叶林内，1981-8-1，王先业等 4245。中甸县，小中甸，27°28′N，99°53′E，海拔 3400～3650 m，高山松 (*Pinus densata*)、花楸 (*Sorbus* sp.)，以及杜鹃 (*Rhododendron* sp.) 灌木枝，1981-8-19，王立松 81-12108a，1981-8-22，王先业等 5801，5555a，2006-8-29，王立松等 06-26960，2007-10-14，王立松 07-28896，07-30636，07-28903，07-40309；哈巴雪山，27°20′N，100°04′E，海拔 4600 m，岩石表面，2002-10-26，王立松 02-21706，02-42756；吉沙林场，冷杉 (*Abies* sp.) 及云杉 (*Picea* sp.) 混交林内，海拔 3420 m，1981-6-13，王立松 81-36；碧沽天池，27°37′N，99°33′E，海拔 3200～3750 m，杜鹃 (*Rhododendron* sp.) 及冷杉 (*Abies* sp.) 树枝，2004-6-13，王立松 04-23298，04-23383；格咱乡，海拔 3100 m，栎 (*Quercus* sp.) 树干，2013-6-18，王立松 13-38324；矿场，28°32′N，99°56′E，海拔 3600～4100 m，松 (*Pinus* sp.)、花楸 (*Sorbus* sp.)、冷杉 (*Abies* sp.) 树枝，2004-6-14，王立松 04-23343，04-23352，04-23327，04-40299，04-40301；碧融峡谷，28°24′N，99°46′E，海拔 3600 m，栎 (*Quercus* sp.) 树枝，2002-9-20，王立松 02-21637；中甸至大雪山途中，27°59′N，99°42′E，海拔 3560 m，松 (*Pinus* sp.) 及箭竹枝，2006-8-26，王立松 06-26586，06-26587；翁水村，大雪山，28°34′N，99°50′E，海拔 3400～4300 m，花楸 (*Sorbus* sp.)、柳 (*Salix* sp.) 灌木枝，以及岩石表面，2000-8-23～24，王立松 00-19913，00-19930，2004-6-15，王立松 04-23240，04-23233，04-23245，2013-6-19，王立松等 13-38358，2015-11-3，王立松等 15-49790，15-49784；纳帕海，27°55′N，99°36′E，海拔 3250～3650 m，杜鹃 (*Rhododendron* sp.) 及灌木枝，1998-5-24，王立松 98-18156，98-38941，98-40208，2004-6-12，王立松 04-23215；大宝寺，27°46′N，99°46′E，海拔 3200～3370 m，落叶松 (*Larix* sp.) 和云杉 (*Picea* sp.) 树枝，1993-9-20，王立松 93-13729，93-23408，93-13407a，2004-6-12，王立松 04-23226，04-23227；天宝雪山，27°36′N， 99°53′E，海拔 3708～3900 m，蔷薇 (*Rosa* sp.) 及柳 (*Salix* sp.) 树枝，2007-10-14，王立松 07-28922，07-28927，07-41560，落叶松 (*Larix* sp.) 树枝，1981-6-15，王立松 81-2259，2012-7-6，王立松等 12-34971；帕叉乡，海拔 3450 m，灌木枝，1993-8-7，王立松 93-13766；五凤山，海拔 3200～3500 m，栎 (*Quercus* sp.) 和落叶松 (*Larix* sp.) 树枝，1982-11-15，孙汉董 2744，1993-8-12，王立松 93-13783，93-13784，2007-10-13，王立松 07-28909；天生桥，25°29′N，107°95′E，海拔 3500 m，树干，2008-11-3，任邵杰 20082241，20083314；碧塔海，海拔 3400～3500 m，柳 (*Salix* sp.)、花楸 (*Sorbus* sp.) 树枝，1994-9-21，王立松 94-15395，94-14958，94-14960，94-14955，2001-7-10，王立松 01-41559；尼西乡，28°02′N，99°31′E，海拔 3200 m，高山松 (*Pinus densata*) 树干，2009-10-4，王立松等 09-31126。云龙县，漕涧镇，志奔山，25°43′N，99°07′E，海拔 2510 m，栒子 (*Cotoneaster* sp.) 灌木枝，2006-9-22，王立松 06-27127；天池保护区，海拔 2500 m，1984-7-28，郗建勋 267a。

西藏 波密县，岗村，29°53′N，95°39′E，海拔 2684～2811 m，云南松 (*Pinus yunnanensis*)、云杉 (*Picea* sp.) 及枯树干，2014-9-20，王立松等 14-46207，14-46221，14-46224，14-46234，14-46236，14-46266；栋曲村，29°43′N，96°02′E，海拔 3052 m，栎 (*Quercus* sp.) 树枝，2014-9-21，王立松等 14-46286；帕里后山，海拔 4500 m，杜鹃 (*Rhododendron* sp.) 枝上，1975-6-15，臧穆 38a。察隅县，察隅至察瓦龙途中，28°47′N，97°33′E，海拔 3306～3941 m，柳 (*Salix* sp.) 灌木及岩石表面，2014-9-25，王立松等 14-46857，14-46862，14-46889，14-46884，14-46888；察瓦龙乡，贡拉，海拔 3500 m，灌木枝，1982-9-27，苏京军 4991；日东村，海拔 3650～3700 m，栎 (*Quercus* sp.) 树干及灌木枝，1982-9-9～25，苏京军 4375，4746。工布江达县，29°53′N，92°27′E，海拔 4350 m，岩石表面，2007-8-21，王立松等 07-28476，07-28488。隆子县，加玉乡，准巴达拉，海拔 3600 m，灌木枝，1975-7-3，臧穆 65。林芝县，色季拉山口，29°35′N，

94°35′E，海拔 4090 m，柏木 (*Juniperus* sp.)，2007-8-26，王立松等 07-31359，07-28656。芒康县，海拔 4020 m，落叶松 (*Larix* sp.) 树枝，2007-8-16，王立松等 07-30634。米林县，海拔 3400 m，云杉 (*Picea* sp.) 树干，1983-7-20，苏永革 5304；色季拉山口，海拔 3020～4090 m，杜鹃 (*Rhododendron* sp.)、柏木 (*Juniperus* sp.) 灌木及岩石表面，2007-8-26，王立松 07-28696，07-28704，07-28685，07-28707，07-28717，07-42999，07-28643，07-40359。墨脱县，嘎瓦龙雪山，29°42′N，95°35′E，海拔 2830 m，杜鹃 (*Rhododendron* sp.) 树干，2014-9-19，王立松等 14-46018。亚东县，阿桑村，海拔 2740 m，岩石表面，1975-6-25，臧穆 755；帕里后山，海拔 4500 m，岩石，1975-6-15，臧穆 38。

青海 班玛县，红军沟，32°48′N，100°51′E，海拔 3804 m，树皮，2012-8-8，魏鑫丽等 QH121231，QH121232 (in HMAS)。

文献记载：西藏 (Wei and Jiang, 1986)，云南 (Wu and Wang, 1992；Wang and Chen, 1994)。

世界分布：印度，尼泊尔 (Awasthi and Awashi, 1985)；喜马拉雅地区分布。

讨论：珊粉小孢发的鉴别特征在于地衣体直立至半直立丛生，主枝密生垂直小刺，粉芽堆表面密生珊瑚状小刺，以及不含地衣酸类特征化合物。

本种与刺小孢发 *B. confusa* 相似，但后者无粉芽；与多形小孢发 *B. variabilis* 都具粉芽堆，粉芽堆表面具裂芽型小刺，不含地衣酸类特征化合物，但后者地衣体悬垂，分枝呈弓形而不同。

21. 瘦小孢发 (新拟)　图版 XI：A、B

Bryoria tenuis (E. Dahl.) Brodo & D. Hawksw., Opera Bot. **42**: 112, 1977.

GenBank No.: KU895884.

≡ *Alectoria tenuis* E. Dahl, Meddr. Grønland, **150**(2): 144, 1950. − *Bryopogon tenuis* (E. Dahl) Bystr., Annls Univ. Mariae Curie-Skłodowska, Sect. C, Biol. **26**(21): 271, 1971.
模式标本未见。

地衣体生长型：枝状，直立至匍匐型，质地纤细柔软，基部无柄，高 4～7 (～10) cm；分枝：无明显主枝，基部呈等二叉分枝，直径 0.2～0.3 mm，近顶端不等不规则分枝，分枝腋较宽，钝圆至直角 (70°～80°)，第三级分枝发育不良或缺如；侧生小刺及侧生分枝：稀疏至稠密，长 2～3 mm，渐尖，与地衣体同色；表面：基部黑色炭化，近顶端淡褐色至褐色，具光泽；无粉芽及裂芽；假杯点：稀疏，狭裂隙状，直径 0.3～0.5 mm，表面平坦至微凸起，暗褐色至黑色；子囊盘及分生孢子器未见；地衣体中部分枝横切面：圆形，直径 300～350 μm；皮层：单层型，厚 50～60 μm，外侧表面光滑，黑色，内侧呈褐色；髓层：菌丝表面光滑，直径 4～5 μm。

地衣特征化合物：髓层 P+橘红色，K–，C–，KC–，CK–；TLC：富马原岛衣酸 (fumarprotocetraric acid)。

生境：常见岩石表面生，也生于杜鹃 (*Rhododendron* spp.)、云杉 (*Picea* spp.)、冷杉 (*Abies* spp.) 树枝，以及其他灌木枝；海拔 3780～4300 m。

研究标本引证：

四川 稻城县，亚丁村，28°26′N，100°20′E，海拔 4100 m，落叶松 (*Larix* sp.) 树

干，2002-9-15，王立松 02-23410；九龙县，鸡丑山，29°20′N，101°29′E，海拔 3700～4300 m，冷杉（*Abies* sp.）树枝，2009-9-10，王立松 96-16529b；康定县，六巴乡，海拔 3100 m，栎（*Quercus* sp.）树干，1996-9-9，王立松 96-16456；泸定县，贡嘎雪山，海螺沟 2 号营地，29°34′N，101°59′E，海拔 2800～3270 m，花楸（*Sorbus* sp.）及枯枝上生，1996-8-30 和 1996-9-1，王立松 96-16202a，96-17371，2007-9-28，王立松 07-29092；木里县，卡拉乡，海拔 4200 m，冷杉（*Abies* sp.）树枝，1983-6-14，王立松 83-42744。

云南 德钦县，白马雪山垭口，28°21′N，98°02′E，海拔 4440 m，树枝，2012-9-16，牛东玲等 12-36798；永支乡至通达乡垭口，28°05′N，98°41′E，海拔 3700 m，云杉（*Picea* sp.）树枝，1999-10-21，王立松 99-18681。中甸县，碧沽天池，27°37′N，99°38′E，海拔 3900 m，粉紫杜鹃（*R. impeditum*）灌木枝，1993-8-30，王立松 93-40327，2001-10-01，王立松 01-20994；矿场，28°32′ N，99°56′ E，海拔 4000 m，冷杉（*Abies* sp.）树枝，2004-6-14，王立松 04-23316c；石卡雪山，海拔 3780 m，冷杉及落叶松林地，1981-6-20，黎兴江 1952a；尼西乡，28°02′N，99°31′E，海拔 3200 m，高山松（*Pinus densata*）树干，2009-10-4，王立松 09-40324。

西藏 察隅县，察瓦龙乡，海拔 3500 m，杜鹃（*Rhododendron* sp.）枝，1982-9-27，苏京军 4876a；目若村至丙中洛途中，28°35′N，98°06′E，海拔 3833 m，灌木枝，2014-9-26，王立松等 14-46757，14-47059；日东村，28°38′N，97°29′E，海拔 3800 m，枯木枝，1982-9-26，苏京军 4815 (in HMAS)；日东村，海拔 3800 m，枯枝，1982-9-26，苏京军 4815。

世界分布：欧洲，美洲（Brodo and Hawksworth，1977），印度（Awasthi and Awashi，1985）；中国新记录种。

讨论：瘦小孢发的地衣体匍匐至亚悬垂型，无明显主枝，不规则灌木状分枝，基部至中部黑色，顶端分枝淡褐色至褐色，第三级分枝发育不良或不出现，髓层 P+橘红色。

该种地衣体基部及中部分枝黑色，顶端淡褐色至褐色，与双色小孢发 *B. bicolor* 极相近，不同之处见双色小孢发讨论。

22. 毛状小孢发　图版 XI：C、D

Bryoria trichodes (Michx.) Brodo & D. Hawksw., Opera Bot. **42**: 92, 1977.

 ≡ *Setaria trichodes* Michx., Fl. Bor.-Am. **2**: 331, 1803.

模式标本未见。

地衣体生长型：枝状，悬垂至匍卧型，有弹性，基部无柄，长 4～10（～15）cm；分枝：无明显主枝，地衣体中部分枝直径 0.2～0.4 mm，不规则分枝，分枝圆柱状，分枝局部扁枝状，分枝狭窄，呈锐角，通常 45°～80°；侧生小刺：无侧生小刺，具稀疏侧生小分枝，与地衣体同色，长 0.5～2 mm；表面：基部有时炭化呈黑色，中部至顶端淡褐色至栗褐色，光滑，具光泽；假杯点：稀少至丰多，圆形至卵圆形，灰白色、淡褐色至深褐色，平坦至微凸起，长 0.2～0.4 mm；粉芽、子囊盘及分生孢子器未见；地衣体中部分枝横切面：圆形，直径 280～300 μm；皮层：单层型，厚 50～60 μm，外侧褐色，内侧无色；髓层：菌丝疏松，菌丝表面光滑，直径 4～5 μm。

地衣特征化合物：髓层 P+橘红色，K−，C−，KC−，CK−；TLC：含富马原岛衣酸

(fumarprotocetraric acid)、卤苷黑茶渍素 (± chloroatranorin)。

生境：常见于云杉 (*Picea* sp.)、柏木 (*Juniperus* sp.) 以及落叶松 (*Larix* sp.) 树干与树冠，有时也生于杜鹃 (*Rhododendron* sp.) 树冠；海拔 340～4200 m。

研究标本引证：

内蒙古 大兴安岭，科尔沁右翼前旗，落叶松 (*Larix* sp.) 树枝，1963-6-30，陈锡龄 1690，1713，1730-1，1731 (in IFP)。

吉林 长白县，长白山，海拔 2100 m，树干生，1963-8-21，陈锡龄 2246-1 (in IFP)。

黑龙江 小兴安岭，带岭区，凉水林场，海拔 340 m，树干生，1963-9-3，郑庆珠 003 (in IFP)，1975-10-16，陈锡龄 4126 (in IFP)；红星林场，树干生，1963-9-3，郑庆珠 001 (in IFP)。

四川 道孚县，30°46′N，101°18′E，海拔 3950 m，云杉 (*Picea* sp.) 树干，2007-8-31，王立松等 07-28304，07-28316。木里县，卡拉乡，烧香梁子，海拔 3850 m，落叶松 (*Larix* sp.) 树枝，1983-8-22，王立松 83-41574；宁朗乡，东坡，3950 m，杜鹃 (*Rhododendron* sp.) 灌木枝，1982-6-4，宣宇 1。卧龙自然保护区，巴朗山，30°54′N，102°53′E，海拔 3200 m，栎 (*Quercus* sp.) 树枝，2001-5-11，王立松 01-20641a。西昌市，螺髻山，27°34′N，102°22′E，海拔 3700 m，冷杉 (*Abies* sp.) 枯木桩，2010-6-12，王立松等 10-31440，10-31460。

云南 德钦县，白马雪山垭口，28°21′N，98°02′E，海拔 4200 m，落叶松 (*Larix* sp.) 树枝，1994-10-3，王立松 94-42754；梅里雪山，海拔 2800～3400 m，云杉 (*Picea* sp.) 及松 (*Pinus* sp.) 树干，1994-9-28，王立松 94-15028a。贡山县，丙中洛至通达垭口，28°05′N，98°41′E，海拔 3500 m，云南松 (*Pinus yunnanensis*) 树干，1999-10-21，王立松 99-18579。丽江市，九河乡，老君山，26°39′N，99°44′E，海拔 3800～4040 m，冷杉 (*Abies* sp.) 及杜鹃 (*Rhododendron* sp.) 树干，2000-8-13，王立松 00-20283，2005-6-15，王立松 05-24793 (具粉芽)，2011-5-22，王立松等 11-32076 (具粉芽)，2013-6-14，王立松 13-38204 (具粉芽)，2014-6-25，王立松等 14-44063，14-44094 (具粉芽)。禄劝县，转龙镇，轿子雪山，26°04′N，102°50′E，海拔 3750 m，冷杉 (*Abies* sp.) 树干，2006-9-26，王立松 06-26968。香格里拉县，小中甸，27°26′N，99°49′E，海拔 3210 m，高山松 (*Pinus densata*) 树枝，2006-8-29，王立松等 06-26748；矿场，28°32′N，99°56′E，海拔 4100 m，杜鹃 (*Rhododendron* sp.) 树枝，2004-6-14，王立松 04-23323；格咱乡，大雪山垭口，28°34′N，99°51′E，海拔 4170 m，冷杉 (*Abies* sp.) 树干，2004-6-15，王立松 04-23254 (具粉芽)；天宝山，28°08′N，99°54′E，海拔 3900 m，冷杉 (*Abies* sp.) 树干，2009-10-7，王立松等 09-31063 (具粉芽)；吉沙林场，海拔 3350 m，云杉 (*Picea* sp.) 树干，1981-8-16，王先业等 5667；天池，27°37′N，99°38′E，海拔 3800～3900 m，冷杉 (*Abies* sp.) 树干，1993-8-30，王立松 93-13659，2001-10-10，王立松 01-20990 (具粉芽)，2004-6-13，王立松 04-23384。

西藏 墨脱县，嘎瓦龙雪山，29°42′N，95°35′E，海拔 2830 m，杜鹃 (*Rhododendron* sp.) 树干，王立松等 14-46040。

陕西 宝鸡市，太白山南天门，33°54′N，107°46′E，海拔 3130 m，落叶松 (*Larix* sp.) 树枝，2014-9-2，王欣宇等 14-47071；太白山文公庙，34°00′N，107°43′E，海拔 2840 m，

侧柏 (*Platycladus* sp.) 树干，2014-8-28，王欣宇等 14-47062 (具粉芽)。

台湾 南投县，合欢山，24°07′N，121°16′E，海拔 2756 m，铁杉及冷杉林下，2006-8-12，Alexander Mikulin T69b。

文献记载：中国新记录种。

世界分布：日本 (Harada et al., 2004)，欧洲，北美洲 (Brodo and Hawksworth, 1977)。

讨论：本种地衣体匍卧至悬垂型，不等二叉分枝，淡褐色至栗褐色，假杯点圆形至卵圆形，表面平坦至微凸起，含富马原岛衣酸 (fumarprotocetraric acid)。根据 Brodo 和 Hawksworth (1977) 报道，该种偶具粉芽，本卷研究的 37 号标本中仅 8 号标本有粉芽出现。)

该种的地衣体生长型与美髯小孢发 *B. barbata* 相似，但后者地衣体浅棕褐色，假杯点长梭形，直径大于 0.5 mm，表面明显凸起。

23. 多形小孢发　图版 XI: E、F

Bryoria variabilis (Bystr.) Brodo & D. Hawksw., Opera Bot. **42**: 156, 1977; Wei & Jiang, Lich. Xizang: 64, 1986; Wang & Chen, Acta Bot. Yun. **16**(2): 151, 1994.

　　GenBank No.: KU895885，KU895886.

　　≡ *Alectoria variabilis* Bystr., Khumbu Himal **6**(1): 22, 1969.

模式标本未见。

地衣体生长型：枝状，匍匐至悬垂，呈弓形生长，质地柔软，基部无柄，长 5～10 (～15) cm；分枝：主枝圆柱状，直径 0.3～0.5 mm，不规则二叉式分枝，分枝腋呈锐角 (45°～60°)，分枝圆柱状，渐尖；侧生小刺：稀疏，长 1～2 mm，与地衣体同色；刺状小分枝：生于粉芽堆；表面：基部黑色，中部及顶端褐色，光滑，具光泽；粉芽：丰多，呈狭裂隙状，表面平坦至微凸起，直径 0.1～0.5 mm，幼时灰白色，无裂芽型小刺，成熟后淡褐色，密生裂芽型小刺；无假杯点；子囊盘：稀见，侧生，无柄，盘缘较薄，与地衣体同色，厚 0.1～0.2 mm，无缘毛，盘面幼时凹陷，成熟后凸起，呈屈膝状，黄褐色至鹿褐色，直径 0.5～3 mm；地衣体中部分枝横切面：圆形，直径 450～500 μm；皮层：单层型，厚 80～100 μm，外侧褐色，内侧无色；髓层：髓层菌丝疏松至局部中空；菌丝：表面光滑，直径 3.5～4 μm；子囊：内含 8 个孢子；子囊孢子：近圆形至卵圆形，无色，单胞，5 (～6) × 3 (～4) μm，孢子薄壁，厚约 1 μm；分生孢子器未见。

地衣特征化合物：髓层及粉芽 P–，K–，C–，KC–，CK–；TLC：不含地衣酸类特征化合物。

生境：针叶林中生于大果红杉 (*Larix potaninii* var. *macrocarpa*)、冷杉 (*Abies* sp.) 树枝，阔叶林内生于柳 (*Salix* sp.) 灌木和花楸 (*Sorbus* sp.) 树枝；常与波氏小孢发 *B. poeltii*、珊粉小孢发 *B. smithii* 混生；海拔 1900～4500 m。

研究标本引证：

四川 稻城县，亚丁村，28°26′N，100°20′E，海拔 4300 m，落叶松 (*Larix* sp.) 树枝，2002-9-15，王立松 02-22233。九龙县，鸡丑山，29°20′N，101°29′E，海拔 3700～4300 m，杜鹃 (*Rhododendron* sp.) 树枝，2009-9-10，王立松 09-39072。康定县，六巴乡，海拔 3100 m，杜鹃 (*Rhododendron* sp.) 树枝，1996-9-9，王立松 96-16463。木里县，

鸭咀林场，海拔 3000 m，云杉 (*Picea* sp.) 树枝，1983-8-20，王立松 83-1606；卡拉乡，烧香梁子，海拔 3850 m，落叶松 (*Larix* sp.) 及栎 (*Quercus* sp.) 树枝，1983-8-22，王立松 83-1769c，83-1802；卡拉乡，海拔 2650 m，1983-8-26，王立松 83-1936。卧龙自然保护区，巴朗山，30°54′N，102°53′E，海拔 3200 m，落叶松 (*Larix* sp.) 树枝，2001-5-11，王立松 01-20642a。

云南 德钦县，白马雪山，28°21′N，99°04′E，海拔 3600～4200 m，柏木 (*Juniperus* sp.) 树干，1993-9-22，王立松 93-13576；梅里雪山，索拉垭口，28°38′N，98°38′E，海拔 3950 m，树干，2013-6-21，王立松等 13-38511，13-38609；笑农村，海拔 3400～4060 m，栎 (*Quercus* sp.) 树干，2012-9-9，牛东玲等 12-39093。贡山县，其期村，海拔 1900 m，1982-7-19，臧穆 4453。中甸县，中甸县城边，1996-10，王世琼 17143；碧塔海，海拔 3500 m，栎 (*Quercus* sp.)、柳 (*Salix* sp.) 树干及灌木枝，1994-9-21，王立松 94-46456；五凤山，栎 (*Quercus* sp.) 树干，1993-8-12，王立松 93-40325；小中甸，27°26′N，99°49′E，海拔 3210～3600 m，高山松 (*Pinus densata*) 树枝，2006-8-29，王立松等 06-26749，2007-10-14，王立松 07-28889；中甸至大雪山途中，27°59′N，99°42′E，海拔 3560 m，竹生，2006-8-26，王立松等 06-26959；吉沙林场，海拔 3350～3500 m，云杉 (*Picea* sp.) 及冷杉 (*Abies* sp.) 林内，王先业等 5947，5667；天池，27°37′N，99°33′E，海拔 3700～3750 m，冷杉 (*Abies* sp.) 树干，1994-9-20，王立松 94-15529，2004-6-13，王立松 04-23285；大宝寺，海拔 3200 m，冷杉 (*Abies* sp.) 树干，1993-9-20，王立松 93-13406；碧融峡谷，28°24′N，99°46′E，海拔 3510～3600 m，华山松 (*Pinus armandii*) 及栎 (*Quercus* sp.) 树枝，2002-9-20，王立松 02-21620，02-40336；格咱乡，小雪山，28°16′N，99°45′E，海拔 3289 m，柳 (*Salix* sp.) 灌木枝，2012-7-5，王立松 12-34913；大雪山，28°32′～34′N，99°51′～56′E，海拔 4100～4500 m，杜鹃 (*Rhododendron* sp.)、柳 (*Salix* sp.) 树枝，2004-6-15，王立松 04-23211，04-23229；矿场，28°32′N，99°56′E，海拔 4000～4100 m，松 (*Pinus* sp.)、柳 (*Salix* sp.)、蔷薇 (*Rosa* sp.)、冷杉 (*Abies* sp.) 树枝，2004-6-14，王立松 04-23185，04-23342，04-23326，04-23356，04-23316d；天宝山，27°36′N，99°53′E，海拔 3600～3708 m，冷杉 (*Abies* sp.)、落叶松 (*Larix* sp.)、柳 (*Salix* sp.) 树枝，2009-10-7，王立松等 09-28269，2012-7-6，王立松等 12-34970，12-34980；尼西乡，28°02′N，99°31′E，海拔 3200 m，高山松 (*Pinus densata*) 树干，2009-10-4，王立松等 09-31125。

西藏 察隅县，29°19′N，97°05′E，海拔 4251 m，柳 (*Salix* sp.) 树枝，2014-9-23，王立松等 14-46670；林芝县，色季拉山口，29°35′N，94°35′E，海拔 4090 m，杜鹃 (*Rhododendron* sp.) 灌木枝上，2007-8-26，王立松等 07-30645，07-40259。

文献记载：云南 (Wu and Wang，1992；Wang and Chen，1994)。

世界分布：尼泊尔 (Awasthi and Awashi，1985)；喜马拉雅地区分布。

讨论：本种的分类特征在于地衣体匍匐至悬垂型，分枝呈弓形生长，粉芽堆狭窄，并密生裂芽型小刺及刺状小分枝，不含地衣体酸类特征化合物。

多形小孢发与珊粉小孢发 *B. smithii* 都不含地衣酸类特征化合物，都具狭窄粉芽堆以及粉芽堆具裂芽型小刺，但后者地衣体呈直立型灌木状，密生与主枝垂直的侧生小刺。

24. 吴氏小孢发 (新拟) 图版 XII：A～C

Bryoria wuii Li S. Wang, Phytotaxa **297**(1): 37, 2017.

    GenBank No.: KU895887.

    MycoBank No.: MB 816228.

    Type: China, Yunnan Prov., Deqin Co., Baimaxue Mt., 28°22′N，99°00′E, 4300 m elev., on bark of *Larix potaninii* Batalin var. *macrocarpa* Law., 2013-6-21, Wang Li-song & Wang Xin-yu13-38467(KUN-L 23999, holotype!).

    地衣体生长型：枝状，直立丛生，质地硬，干燥后易碎，基部无柄，长 3～6 cm；分枝：圆柱状，局部呈扁枝状，直径 0.5～1 mm，基部至中部不等二叉式分枝，分枝稠密，无明显主枝，分枝腋狭窄呈锐角，通常＜45°，近顶端呈不规则分枝，圆柱状至棱柱状，第三级分枝发育不良至不发育；表面：基部淡褐色，近顶端褐色至深褐色，无光泽；侧生小刺：稀疏至稠密，长 0.2～0.5 mm，与地衣体同色；侧生小分枝：稀疏，长 2～3 mm，与地衣体同色，分枝腋夹角呈 30°～90°；假杯点：稀疏，长梭形至裂隙状，表面凹陷，暗褐色，直径 0.2～1 mm；无粉芽及裂芽；子囊盘及分生孢子器未见；地衣体中部分枝横切面：圆形，直径 650～700 μm；皮层：单层型，厚 50～75 μm，外侧表面光滑，褐色，内侧无色；髓层：菌丝疏松至局部中空，菌丝表面光滑，直径 4～5 μm。

    地衣特征化合物：髓层及皮层 P–，K–，C–，KC–，CK–；TLC：不含地衣特征化合物。

    生境：生于大果红杉 (*Larix potaninii* var. *macrocarpa*) 树枝，海拔 3950～4400 m。

    研究标本引证：

    四川 得荣县，茨巫乡，30°17′N，99°41′E，海拔 4100 m，落叶松 (*Larix* sp.) 树枝，2009-9-5，王立松 09-30955。

    云南 德钦县，梅里雪山，索拉垭口，28°38′N，98°37′E，海拔 4400 m，落叶松 (*Larix* sp.) 树干，2012-9-10，牛东玲等 12-38648；白马雪山，28°21′N，99°04′E，海拔 4200 m，落叶松 (*Larix* sp.) 树枝，2013-6-21，王立松等 13-38506。中甸县，天宝山，27°33′N，99°51′E，海拔 3900 m，落叶松 (*Larix* sp.) 树干，2007-10-14，王立松 07-42758。

    文献记载：四川，云南 (Wang et al.，2017)。

    世界分布：中国横断山地区。

    讨论：吴氏小孢发的地衣体直立至悬垂型，表面无光泽，基部至中部不等二叉稠密分枝，无明显主枝，表面淡褐色，近顶端深褐色至黑色，具长菱形的假杯点，侧生小刺稀疏及不含地衣酸类特征化合物。

    本种直立至亚悬垂地衣体，髓层 P-与刺小孢发 *B. confusa* 相近，但后者子囊盘常见，地衣体基部深褐色至炭黑色，近顶端淡褐色，具明显光泽，密生与主枝垂直的侧生小刺，无假杯点。

25. 云南小孢发 (新拟) 图版 XII：D～F

Bryoria yunnana Li. S. Wang & Xin Y. Wang, Phytotaxa **297**(1): 38, 2017.

    GenBank No.: KU895888，KU895889.

    MycoBank No.: MB 816229.

Type: Yunnan, Dali Ci., Cangshan Mt., 25°40′N, 100°06′E, 3400 m elev., on branches of *Abies delavayi*, 2004-7-21, Wang Lisong 04-23414(KUN-L 23994, holotype!).

地衣体生长型：枝状，基部匍卧，中部向顶端呈直立丛生，高 2～3.5 cm；分枝：主枝明显，圆柱状，直径 0.2～0.4 mm，地衣体基部等二叉分枝，近顶端呈灌木状不规则分枝，第三级分枝发育不良，分枝腋钝圆形，分枝中部黑色，逐渐变栗色，渐尖，分枝腋呈锐角或直角，45°～90°；侧生小刺：稠密至稀疏，与主枝垂直，小刺基部不缢缩，长 0.2～0.5 mm，与地衣体同色；侧生小分枝：稀疏，长 0.5～2 mm，与主枝呈钝角；表面：基部至中部黑色，基部炭化，易碎，无柄，近顶端呈橄榄绿色至鹿褐色 (干标本有时呈灰白色)，具光泽；无粉芽及裂芽；假杯点：丰多至稀疏，长椭圆至菱形，表面灰白色，明显凸起，0.1 × 0.5 mm；子囊盘：亚顶生，无柄，果托常具假杯点；幼时具完整的盘缘，但盘缘的皮层发育不良，成熟后盘缘消失，无缘毛，幼时盘面凹陷，成熟后盘面平坦至盔状凸起，有时呈屈膝状，淡黄色至淡黄褐色，无光泽，直径 0.5～2.5 mm；地衣体中部分枝横切面：圆形，直径 250～400 μm；皮层：单层型，厚 40～50 μm，外侧褐色，内侧无色；髓层：菌丝疏松至中空，菌丝表面光滑，直径 4～5 μm；子囊：内含 8 个孢子；子囊孢子：椭圆形，单胞无色，约 12.5 × 7.5 μm，具厚约 0.5 μm 薄壁；分生孢子器未见。

地衣特征化合物：髓层 P+黄变橘红色，K±黄色，C−，KC±黄色，CK−；TLC：富马原岛衣酸 (fumarprotocetraric acid)，以及一种未知成分。

生境：常见于苍山冷杉 (*Abies delavayi*)、高山松 (*Pinus densata*)、落叶松 (*Larix sp.*) 针叶树枝，偶见栎 (*Quercus* sp.) 和杜鹃 (*Rhododendron* sp.) 阔叶树枝；常与广开小孢发 *B. divergescens* 以及珊粉小孢发 *B. smithii* 混生；海拔 1550～4300 m。

研究标本引证：

吉林 安图县，长白山，43°07′N，128°54′E，海拔 2500 m，2007-7-12，Kashiwadani 48339 (in HMAS)；临江市，小东山，41°42′N，127°47′E，海拔 1550 m，冷杉 (*Abies* sp.) 树枝，2012-5-9，王立松等 12-33948。

四川 稻城县，无名山垭口，29°09′N，100°04′E，海拔 4760 m，岩石表面，2013-6-20，王立松等 13-38399；亚丁村，28°26′N，100°20′E，海拔 4510 m，落叶松 (*Larix* sp.) 树干，2002-9-17，王立松 02-39078。德格县，雀儿山，31°55′N，98°50′E，海拔 3810 m，树枝，2007-8-30，王立松 07-28226。峨眉山市，峨眉山，海拔 2800 m，冷杉 (*Abies* sp.) 树枝，1997-9-16，王立松 97-17861。康定县，折多山，29°59′N，101°55′E，海拔 4000～4210 m，杜鹃 (*Rhododendron* sp.) 树枝，1996-9-7，王立松 96-16323，2010-9-28，王立松 10-31722，10-31722；雅家埂，29°47′N，102°03′E，海拔 2680 m，花楸 (*Sorbus* sp.) 树枝，2010-9-29，王立松 10-31855。九龙县，鸡丑山，海拔 4300 m，杜鹃 (*Rhododendron* sp.) 灌木枝，1996-9-11，王立松 96-17423。泸定县，贡嘎雪山，29°34′N，101°59′E，海拔 2450～3270 m，云杉 (*Picea* sp.)、花楸 (*Sorbus* sp.) 树枝以及枯树干，1996-8-27，王立松 96-16102，96-16242，2007-9-28，王立松 07-29101；海螺沟至康定途中，29°48′N，102°03′E，海拔 2926 m，树枝，2013-8-9，周启明 SC2013738 (in HMAS)。木里县，卡拉乡，烧香梁子，海拔 3850 m，杜鹃 (*Rhododendron* sp.) 树枝，1983-8-22，王立松 83-41570。平武县，杜鹃山山口，32°53′N，104°15′E，海拔 3330 m，杜鹃 (*Rhododendron* sp.) 树枝，2010-9-22，王立松 10-31725，10-31726。西昌市，螺髻山，27°34′N，102°22′E，海拔 3700 m，冷杉 (*Abies* sp.) 树枝，2012-6-12，王立松 12-31442，12-31453，12-31467～12-31469。

云南 大理，苍山，25°42′N，100°06′E，海拔 3200～3750 m，苍山冷杉 (*Abies delavayi*) 树枝，2001-6-9，王立松 01-20519，01-20542，01-40202，2006-8-30，王立松等 06-26897；苍山兰峰，树干生，1941-7，王汉臣 1049f；小岭峰，树枝生，1945-5，王汉臣 4826。德钦县，白马雪山，28°20′N，99°04′E，海拔 4000～4300 m，冷杉 (*Abies* sp.) 及杜鹃 (*Rhododendron* sp.) 树枝，1994-10-3，王立松 94-15221a，2000-8-30，王立松 00-30397，2004-6-20，王立松 04-23394，2013-7-19，李建文 13-38967，2015-11-1，王立松等 15-49537，15-49538。福贡县，18 km，27°10′N，98°45′E，海拔 2760 m，木桩，2005-12-15，王立松 05-25510。贡山县，丙中洛至通达垭口，28°05′N，98°41′E，海拔 2500 m，栎 (*Quercus* sp.) 树枝，1999-10-21，王立松 99-18636；独龙江乡，黑凹底，27°47′N，98°30′E，海拔 2400 m，枯枝，2005-5-26，王立松 05-24535。剑川县，老君山，26°37′N，99°44′E，海拔 4050 m，2013-7-30，王立松等 13-38784。丽江县，九河乡，老君山，26°37′N，99°43′E，海拔 3200～4000 m，冷杉 (*Abies* sp.)、杜鹃 (*Rhododendron* sp.) 树干，以及小檗 (*Berberis* sp.) 灌木枝，偶见岩石表面生，1999-11-26，王立松 99-18740，2000-8-13，王立松 00-20280，00-20281，00-20296，00-20299，2002-9-8，王立松 02-21246，02-21289，02-21381，2003-9-15，王立松 03-22658，2005-5-17，王立松 05-24406，05-24753，05-24775，05-24787，05-39071，2006-8-24～25，王立松等 06-26536，06-26582，2010-7-16，王立松 10-31501，10-31524，2011-5-22，王立松等 11-32012，11-32014，2013-6-14，王立松等 13-38245，2014-6-25，王立松等 14-44074；玉龙雪山，27°00′N,100°10′E，扇子峰，海拔 3450 m，铁杉树上，1981-8-5，王先业等 6315，2017-7-6，王立松等 17-55633。禄劝县，转龙镇，轿子雪山，26°04′N，102°50′E，海拔 3750～3800 m，杜鹃 (*Rhododendron* sp.)、冷杉 (*Abies* sp.)、花楸 (*Sorbus* sp.) 林下，1992-1-31，王立松 92-13287，92-13288；2006-9-26，王立松 06-26971，06-26977，06-26971，06-27083。维西县，犁地坪，27°13′N，99°24′E，海拔 3430 m，杜鹃 (*Rhododendron* sp.) 树枝，2007-10-18，王立松 07-28835；叶枝乡，海拔 3500 m，1982-5-11，王立松 82-269a。中甸县，小中甸，27°28′N，99°53′E，海拔 3600 m，高山松 (*Pinus densata*) 树枝，2003-9-1，王立松 03-22858，2006-8-29，王立松等 06-26837，2007-10-14，王立松 07-28900；碧沽天池，27°37′N，99°33′～38′E，海拔 3600～3900 m，冷杉 (*Abies* sp.)、栎 (*Quercus* sp.) 及杜鹃 (*Rhododendron* sp.) 树枝，1993-8-30，王立松 93-13664a，93-13670，93-13692，93-29044，93-32244，93-39084，93-40332，2001-10-10，王立松 01-20906，01-20922，01-20988，01-29012，01-43987，2004-6-13，王立松 04-23194，04-23196，04-23375，04-23382，04-41545，2007-10-15，王立松 07-28869，07-28871，07-28882；大雪山垭口，28°34′N，99°49′E，海拔 4500 m，杜鹃 (*Rhododendron* sp.) 灌木枝，2001-10-11，王立松 01-20801；大雪山东坡，矿场，28°32′N，99°56′E，海拔 3850～4100 m，栎 (*Quercus* sp.)、冷杉 (*Abies* sp.) 及杜鹃 (*Rhododendron* sp.) 树枝，2003-9-13，王立松 03-22700，03-22709，2004-6-14，王立松 04-23301，04-23344，04-29710；小雪山垭口，28°19′N，99°45′E，海拔 3900 m，蔷薇 (*Rosa* sp.) 树干，2013-6-19，王立松

13-38387；格咱乡，红山，28°08′N，99°54′E，海拔 4490 m，岩石表面，2009-10-6，王立松 09-31007；哈巴雪山，27°20′N，100°04′E，海拔 3500～3900 m，云杉 (*Picea* sp.) 树枝，2002-10-26，王立松 02-21880，02-29013；天宝雪山，27°36′N，99°53′E，海拔 3600～2708 m，冷杉 (*Abies* sp.) 树枝，1981-8-19，王先业等 5525，2009-10-7，王立松等 09-31060，09-31068，2012-7-6，王立松等 12-34951。云龙县，漕涧镇，志奔山，27°44′N，99°03′E，海拔 3150 m，栒子 (*Cotoneaster* sp.) 灌木枝，2005-5-28，王立松 05-24357，2006-9-22，王立松 06-27123，06-27200。

西藏　察隅县，目若村，28°38′N，97°47′E，海拔 3948 m，岩石表面，2014-9-25，王立松等 14-47001。错那县，海拔 3900 m，树干生，1974-10-3，陈书坤 363。芒康县，红拉山，29°15′N，98°40′E，海拔 4206 m，冷杉 (*Abies* sp.) 树枝，2014-9-14，王立松等 14-45411，14-47052。墨脱县，海拔 2800 m，岩石表面，1982-10-11，苏永革 1707。

陕西　宝鸡市，太白山，大爷海，33°57′N，107°45′E，海拔 3570 m，土表，2014-8-31，王欣宇等 14-45103，14-45104；南天门，33°54′N，107°46′E，海拔 3130 m，树干，2014-9-2，王欣宇等 14-45209；文公庙，33°00′N，107°43′E，海拔 2750～3600 m，冷杉 (*Abies* sp.)、杜鹃 (*Rhododendron* sp.) 树干及岩石表面，2014-8-28，王欣宇等 14-44920，14-44940，14-45054；凉水井，33°57′N，107°47′E，海拔 3100 m，树干，1997-7-31，陈健斌等 6711 (in HMAS)。

甘肃　舟曲县，花草坡，海拔 3320 m，倒木，2006-7-29，赵遵田等 20060720。

台湾　南投县，合欢山，24°07′N，121°16′E，海拔 2756 m，铁杉 (*Tsuga chinensis*) 树枝，2006-8-12，Alexander Mikulin T69，武岭，24°08′N，121°17′E，海拔 3119～3171 m，土上，2015-9-23，王立松等 15-49195，15-49314，15-49315。

文献记载：吉林，四川，云南，西藏，陕西，甘肃，台湾 (Wang et al.，2017)。

世界分布：中国。

讨论：云南小孢发基部匍卧型，等二叉分枝，黑色，近中部及顶端直立型，不规则分枝，鹿褐色；假杯点椭圆至菱形，明显凸起，子囊盘常见，亚顶生。

云南小孢发匍卧至直立型地衣体，或具明显主枝，基部黑色，与双色小孢发 *B. bicolor* 相似，但后者第三级分枝发育良好，以及假杯点不同；与硬枝小孢发 *B. rigida* 的不同之处在于后者具褐色至黑色的裂隙状假杯点。

(三) 砖孢发属 Oropogon Th. Fr.

Oropogon Th. Fr., Gen. Heterolich. Eur.: 49, 1861.

Type species: *Oropogon loxensis* (Fée) Th. Fr. (≡ *Cornicularia loxensis* Fée).

地衣体枝状丛生，直立至亚悬垂，以基部固着于基物；表面光滑，具光泽，淡棕色至深棕色，偶枯草黄色；分枝圆柱状，分枝稠密，等二叉至不等二叉式分枝；假杯点穿孔或不穿孔；皮层菌丝纵向排列；髓层无软骨质中轴，由中空、疏松至紧密的菌丝组成，菌丝表面具疣突；子囊盘茶渍型，子囊内含 1 个孢子；子囊孢子椭圆形，砖壁式多胞，成熟后深棕色；地衣特征化合物主要为鳞衣酸 (placodiolic acid)、黑麦酮酸 (secalonic acid)、原岛衣酸 (protocetraric acid) 等 57 种化合物 (Esslinger，1989)。

全球 36 种 (Esslinger，1989；Leavitt et al.，2013)；其中，中国报道 7 种，本卷研究了 5 种。

本属地衣子囊内仅含 1 个大型孢子，孢子砖壁式多胞，深棕褐色；地衣体表面具圆形至纺锤形假杯点，假杯点常形成穿孔；髓层菌丝疏松至中空。砖孢发属地衣外形与小孢发属极为相近，不同之处在于后者子囊内含 8 个孢子，孢子无色单胞。

中国砖孢发属分种检索表

1. 髓层黄色，含有黑麦酮酸 ··黑麦酮砖孢发 *O. secalonicus*
1. 髓层白色，不含黑麦酮酸 ···2
    2. 假杯点圆形至椭圆形，穿孔明显 ···3
    2. 假杯点裂隙状，穿孔不明显 ···4
3. 假杯点对应髓层中空，含茶痂衣酸 ··亚洲砖孢发 *O. asiaticus*
3. 假杯点对应髓层中空或具疏松菌丝填充，含原岛衣酸 ·········台湾砖孢发 *O. formosanus*
    4. 含鳞衣酸 ···东方砖孢发 *O. orientalis*
    4. 含 4-*O*-去甲基巴尔巴酸和降树花衣酸 ···························云南砖孢发 *O. yunnanensis*

Key to the species in China

1. Medulla yellow, containing secalonic acid ··*O. secalonicus*
1. Medulla white, secalonic acid absent··2
    2. Aperture of pseudocyphellae conspicuous ···3
    2. Aperture of pseudocyphellae narrow and unconspicuous ···4
3. Medulla behind pseudocyphellae always hollow, containing psoromic acid ·····················*O. asiaticus*
3. The medulla behind pseudocyphellae hollow or filled, containing protocetraric acid········*O. formosanus*
    4. Containing placodiolic acid ···*O. orientalis*
    4. Containing 4-*O*-demethylbarbatic and norobtusatic acid·······························*O. yunnanensis*

1. 亚洲砖孢发　图版 XIII：A、B

Oropogon asiaticus Asahina, J. Jap. Bot. **13**(8): 569, 1937; Esslinger, Syst. Bot. Monographs **28**: 109, 1989; Chen, Wu & Wei, Fung. Lich. Shennongjia: 452, 1989; Wu & Wang, Acta Bot. Yun. **14**(1): 40, 1992; Chen, Acta Mycol. Sin. **15**(3): 174, 1996.

= *Oropogon loxensis* f. *endoxanthus* Zahlbr., in Handel-Mazzetti, Symb. Sin. **3**: 203, 1930.

模式标本未见。

地衣体生长型：枝状，直立丛生，长达 10 (～13) cm，以基部固着于基物；分枝：圆柱状，等二叉分枝，直径 0.6～1.2 mm；表面：棕褐色至深棕色，光滑，具光泽；假杯点：椭圆形，具明显穿孔，可见白色髓层，穿孔边缘唇形凸起；主枝横切面：椭圆形，直径 650～1200 μm；皮层：厚 90～110 μm；髓层：白色，较薄至局部中空；光合共生生物：绿球藻；子囊盘：常见，亚顶生，盘面凹陷，红棕至黑棕色，直径 1～4 mm，子实层厚 105～192 μm，囊层基厚 320～650 μm，藻层厚 35～70 μm；子囊孢子：椭圆形，砖壁式多胞，棕色，80～110 × 30～40 μm；分生孢子器未见。

地衣特征化合物：皮层 K–，P–；髓层 K–，C–，KC–，CK–，P–或+银白色；TLC：茶痂衣酸 (psoromic acid)、鳞衣酸 (placodiolic acid) 和黄色未知成分 (C 系统 RF = 30)。

生境：生于栎 (*Quercus* spp.)、柳 (*Salix* spp.) 树干和树枝；海拔 2300～3700 m。

研究标本引证：

四川　卧龙保护区，海拔 2400 m，树干生，1987-4-17，余思敏 240c，卧龙保护区，五一棚，落叶松 (*Larix* sp.) 树干，1980-6-1，李丽嘉 06115，野牛沟，苔草高山栎林，栎 (*Quercus* sp.) 及杜鹃 (*Rhododendron* sp.) 树干，1980-5-28，李丽嘉等 05955，05935，05875。

云南　德钦县，梅里雪山，笑农，28°24′N，98°45′E，海拔 3000～3100 m，栎 (*Quercus* sp.)、柳 (*Salix* sp.) 树上，1994-9-28，王立松 94-15013，94-15011；雨崩村，海拔 3500 m，栎 (*Quercus* sp.) 树上，1994-9-30，王立松 94-15147。贡山县，丙中洛至通达垭口，28°05′N，98°41′E，海拔 3700 m，树皮，1999-10-21，王立松 99-18564。剑川县，石宝山，26°22′N，100°49′E，海拔 2665 m，2011-8-17，王立松等 11-32537，海拔 2300 m，栎 (*Quercus* sp.) 树上，2010-7-17，王立松 10-31555。禄劝县，轿子山，海拔 3550～3600 m，树枝上，1992-1-31，王立松 92-13138，92-13139。嵩明县，照壁山，海拔 2400 m，腐木上，1982-5-12，苏永革 15。腾冲县，高黎贡山，树干，1978-7-11，臧穆 979a。维西县，攀天阁，海拔 2700 m，水冬瓜 (*Alnus* sp.) 树干，1981-7-16，王先业等 3986。云龙县，云龙天池自然保护区，海拔 2550 m，李子 (*Prunus* sp.) 树干，1984-6-28，郗建勋 294a；漕涧镇，志奔山，25°45′N，99°06′E，海拔 2400～3840 m，灌木枝，2005-6-17，王立松 05-24817，1984-7-3，郗建勋 0332，2000-5-19，王立松 00-19190。中甸县，小中甸，27°26′N，99°49′E，海拔 3210 m，松 (*Pinus* sp.) 树干，2006-8-29，王立松等 06-26752。

文献记载：四川 (Chen，1996)，云南 (Wu and Wang，1992；Chen，1996)，湖北 (Chen et al.，1989)，台湾 (Asahina and Sato，1939)。

世界分布：日本 (Harada et al.，2004)。

讨论：本种的鉴别特征在于假杯点椭圆形，边缘呈唇形微凸，含茶痂衣酸，易于区别。

2. 台湾砖孢发　图版 XIII：C、D

Oropogon formosanus Asahina, J. Jap. Bot. **27**: 242, 1952; Wang-Yang & Lai, Taiwania **18**(1): 92, 1973; Wei & Jiang, Lich. Xizang: 65, 1986; Esslinger, Syst. Bot. Monographs **28**: 66-69, 1989; Wu & Wang, Acta Bot. Yun. **14**(1): 40, 1992; Chen, Acta Mycol. Sin. **15**(3): 174-175, 1996.

= *Oropogon loxensis* f. *fuscescens* Vinio, Philipp. J. Sci. **4**: 656, 1909.

模式标本未见。

地衣体生长型：枝状，直立灌丛状，长达 10 cm，以基部固着于基物；分枝：圆柱状，等二叉至不等二叉分枝，直径 0.5～0.8 mm，偶见侧生小刺状分枝，生于分枝近顶端；表面：具光泽，枯草黄色至棕色，少数标本黑棕色至黑色；假杯点：常见，裂隙状凹陷，不形成穿孔，偶见唇形开口，可见髓层；主枝横切面：椭圆，直径 320～800 µm；皮层：厚 75～163 µm；髓层：白色，由疏松至致密的菌丝组成，厚 425～600 µm，假杯点下髓层中空；子囊盘：常见，棕色至黑棕色，幼时为平坦的圆盘状，成熟后不规则凹陷，直径 1～3.5 mm；子实层厚 138～185 μm，囊层基厚 75～88 μm；子囊孢子：砖壁式多胞，棕色，(104) 112～153 × 20～40 (～45) μm；分生孢子器未见；文献记载：分生孢子器偶尔出现，黑色，分生孢子 4～6 × 0.5～1 μm，不规则梭形 (Esslinger, 1989)。

地衣特征化合物：皮层 K–，P–；髓层 P+橙红色，K–，C–，KC–，CK–；TLC：原岛衣酸 (protocetraric acid)、袋衣甾酸 (physodalic acid)。

生境：生于松 (*Pinus* sp.)、云杉 (*Picea* sp.)、冷杉 (*Abies* sp.)、栎 (*Quercus* sp.) 以及杜鹃 (*Rhododendron* sp.) 等的树干和树枝，偶见土壤或岩石表面生；海拔 2100～4350 m。

研究标本引证：

四川 渡口市，务本公社，大黑山，海拔 2450 m，栎 (*Quercus* sp.) 树干，1983-6-19，王立松 83-95。木里县，蚂蝗沟，海拔 2650 m，栎 (*Quercus* sp.) 树干，1983-8-30，王立松 83-2004，83-2021；卡拉乡，长海子，海拔 3000～3800 m，冷杉 (*Abies* sp.)、栎 (*Quercus*. sp) 树干，1983-8-21，王立松 83-1674，2001-11-17，王立松 01-21016；俄亚乡，海拔 3800 m，云杉 (*Picea* sp.) 树干，1983-9-23，王立松 83-2378。平武县，平武至九寨沟途中，海拔 3100 m，云杉 (*Picea* sp.) 树干，1986-9-21，王立松，86-2514a。卧龙自然保护区，海拔 3200 m，云杉 (*Picea* sp.) 树干，1996-8-21，王立松 96-17701。

云南 大理市，云龙天池自然保护区，海拔 2550 m，李子 (*Prunus* sp.) 树干，1984-6-28，郗建勋 273，267a。贡山县，独龙江乡，黑娃底，27°47′N，98°30′E，海拔 2400 m，树干，2005-5-26，王立松 05-24514；野牛谷，海拔 2950 m，冷杉 (*Abies* sp.) 树干，2000-5-30，王立松 00-19360；丙中洛至通达垭口，28°05′N，98°41′E，海拔 2500～3500 m，松 (*Pinus* sp.)、云杉 (*Picea* sp.) 树干，1999-10-21，王立松 99-18652，99-18653。剑川县，老君山，26°37′N，99°44′E，海拔 3800～4050 m，杜鹃 (*Rhododendron* sp.) 树干，2013-7-30，王立松等 13-38789，13-38658。丽江县，铁甲山分水岭，海拔 2880 m，松、栎林下，1981-5-30，王立松 81-1；玉龙雪山，海拔 2500～2700 m，杜鹃 (*Rhododendron* sp.) 干上，1983-10，王立松 83-2474，1983-6-16，林中文 26，1984-5-26，郗建勋 0083c；白水河，海拔 2850～2900 m，灯台树 (*Cornus controversa*) 干上，1981-8-8，王肖苏 6450，4786；巨甸镇，海拔 2020 m，核桃树 (*Juglans regia*)，1989-2-10，王立松 89-435。维西县，白马洛村，海拔 2100 m，1982-5-7，王立松 82-61b，82-79；四沟边，海拔 2200 m，冷杉 (*Abies* sp.) 树干 1982-5-8，王立松 82-917。洱源县，云台山，林业局，西山林场，麻栎 (*Quercus acutissima*) 树枝，1978-8-22，李丽嘉 04262，04255，04094-1。

西藏 工布江达县，29°53′N，92°27′E，海拔 4350 m，土上，2007-8-21，王立松等 07-40360，07-28487。

文献记载：四川 (Chen, 1996)，云南 (Wu and Wang, 1992；Chen, 1996)，西藏 (Wei and Jiang, 1981；Chen, 1996)，台湾 (Wang-Yang and Lai, 1973；Ikoma, 1983)。

世界分布：海地，哥斯达黎加，巴拿马，委内瑞拉，哥伦比亚，厄瓜多尔，尼泊尔，菲律宾 (Esslinger, 1989)，日本 (Harada et al., 2004)，印度 (锡金) (Singh and Sinha, 2010)。

讨论：台湾砖孢发的分类特征在于直立丛生的地衣体，分枝细窄，假杯点凹陷，不穿孔或穿孔不明显，含原岛衣酸 (protocetraric acid)；本种与亚洲砖孢发形态相近，但

于后者含茶痂衣酸 (psoromic acid) 而不含原岛衣酸。

3. 东方砖孢发　图版 XIII：E、F

Oropogon orientalis (Gyeln.) Esslinger, Syst. Bot. Monographs **28**: 109, 1989; Wu & Wang, Acta Bot. Yun. **14**(1): 41, 1992; Chen, Acta Mycol. Sin. **15**(3): 175, 1996.

　　≡ *Bryopogon orientalis* Gyeln., Repert. Spec. Nov. Regni Veg. **38**: 235, 1935; − *Bryoria orientalis* (Gyeln.) Wei, Enum. Lich. China: 41, 1991.

　　= *Oropogon tanakae* Asahina, J. Jap. Bot. **27**: 242, 1952.

　　模式标本未见。

　　地衣体生长型：枝状，直立丛生至悬垂，长达 13 cm；分枝：圆柱状，等二叉分枝，直径 0.5～0.8 mm；表面：光泽，棕色至黑棕色，偶枯草黄色；假杯点：常见，狭窄纺锤形，不形成穿孔，开口边缘平整，少微凹陷或微凸；主枝横切面：椭圆，直径 480～800 μm；皮层：厚 63～80 μm；髓层：白色，疏松至致密，假杯点下菌丝更加致密，不中空；子囊盘：圆盘状，顶生，红棕色至黑棕色，盘缘完整，盘面平坦或微凹陷，直径达 1～4 mm；子实层厚 130～175 μm，囊层基厚 80～100 μm；子囊孢子：砖壁式多胞，未成熟时透明，成熟后棕色，48～110 × 25～40 μm；分生孢子器未见。

　　地衣特征化合物：髓层 P–或+银白色，K+淡黄色，C–，KC–，CK–；TLC：鳞衣酸 (placodiolic acid) 及两种未知成分。

　　生境：常见于栎属 (*Quercus*)、杜鹃属 (*Rhododendron*) 等树干以及灌木枝，偶见岩石表面生；海拔 2260～3500 m。

　　研究标本引证：

　　四川　渡口市，务本公社，大黑山，海拔 2450～2500 m，栎 (*Quercus* sp.) 树干，1983-6-19，王立松 83-103。木里县，宁朗乡，海拔 2650 m，栎 (*Quercus* sp.) 树干，1988-9-25，王立松 88-2437a；蚂蝗沟，海拔 2650 m，1983-8-30，王立松 83-2035。平武县，王朗自然保护区，32°54′N，102°03′E，海拔 3000 m，云杉 (*Picea* sp.)，2001-5-22，王立松 01-20653。盐边县，岩口公社大坪子区，海拔 2750～2800 m，树桩上，1983-6-25，王立松 83-325，83-310a。卧龙自然保护区，野牛沟，杜鹃及冷杉林下，杜鹃 (*Rhododendron* sp.) 树干，1980-5-28，李丽嘉等 05931。

　　云南　保山县，西山梁子，海拔 2500 m，白桦 (*Betula platyphylla*) 树干，1981-5-25，王先业等 1541a。德钦县，梅里雪山，笑农村，28°24′N，98°45′E，海拔 3200 m，枯树桩上，1994-9-28，王立松 94-15058；雨崩至笑农大本营，28°23′N，98°46′E，海拔 3500 m，树枝上，2012-9-14，牛东玲等 12-36321。贡山县，野牛谷，27°48′N，98°49′E，海拔 2700 m，冷杉 (*Abies* sp.) 树干 2000-5-30，王立松 00-19311；秋那桶村，海拔 2600 m，柳 (*Salix* sp.) 树上，2000-5-26，王立松 00-19596；丙中洛至通达垭口，98°41′N，28°05′E，海拔 3500 m，旱冬瓜 (*Alnus nepalensis*) 树干，1999-10-21，王立松 99-18577；贡山县城至独龙江途中，海拔 2400 m，云南松 (*Pinus yunnanensis*) 树干，2005-12-21，王立松 05-25797。景东县，哀牢山徐家坝，生态站附近，24°32′N，101°01′E，海拔 2460 m，树枝，2006-5，李苏 AL-326，AL-193，AL-123，AL-051，AL-055，2005-6-21，王立松 05-23633。丽江县，丽江西北约 20 km 处，海拔 2900～3000 m，树枝上，1985-7-30，

王立松 85-0184，85-0194；玉龙雪山，海拔 3100 m，冷杉 (*Abies sp.*)、杜鹃 (*Rhododendron* sp.) 树干，1993-8-14，王立松 93-13641，1978-8-26，李丽嘉 04546；高山植物园，海拔 3200～3600 m，栎 (*Quercus* sp.) 树干，2009-11-10，王立松 09-31218，09-831224；白水河，海拔 2900 m，水红木 (*Viburnum cylindricum*) 枝上，1981-8-8，王先业等 5086。维西县，维西城边，海拔 3200 m，1998-10-1，王立松 98-18415；巴丁村，海拔 3500 m，1982-5-11，王立松 82-52。云龙县，漕涧镇，志奔山，27°44′N，99°03′E，海拔 2950～3150 m，楤木 (*Aralia* sp.) 树枝上，2005-5-28，王立松 05-24338，05-24322。中甸县，哈巴村，哈巴雪山，27°20′N，100°04′E，海拔 3000～3500 m，岩石，2002-10-26，王立松 02-21931，02-22108。

西藏 林芝县，29°59′N，94°55′E，海拔 2260 m，树干上，2007-8-20，王立松等 07-28431。仲巴县，吉贡村，1979-6-8，臧穆 2433。米林县，海拔 3020 m，栎 (*Quercus* sp.) 树干，2007-8-26，王立松等 07-28665。

文献记载：四川，西藏 (Chen，1996)，云南 (Wu and Wang，1992；Wei et al.，2007；Chen，1996)，台湾 (Esslinger，1989)。

世界分布：日本 (Harada et al.，2004)。

讨论：东方砖孢发的分类特征为假杯点狭纺锤形，假杯点不穿孔，含鳞衣酸 (placodiolic acid)。

4. 黑麦酮砖孢发　图版 XIV：A、B

Oropogon secalonicus Esslinger, Syst. Bot. Monographs **28**: 109, 1989; Wu & Wang, Acta Bot. Yun. **14**(1): 41, 1992；Chen, Acta Mycol. Sin. **15**(3): 175, 1996.

模式标本未见。

地衣体生长型：枝状，直立丛生至亚悬垂，基部固着于基物，长达 11 cm；分枝：圆柱状，等二叉分枝，直径 0.6～1.5 mm，基部分枝少，向顶端分枝变密集；表面：枯草黄色至深棕色；假杯点：稀见，具明显穿孔，可见髓层，开口边缘平坦、凹陷至唇形；主枝横切面：皮层厚 75～100 μm；髓层：黄色，厚 500～1250 μm，菌丝稀疏至中空；子囊盘：常见，盘面红棕色，直径 1～6 mm，盘缘完整，子实层厚 113～163 μm，囊层基厚 63～75 μm；子囊孢子：砖壁式多胞，幼时透明，成熟后棕色，63～100 × 23～40 μm；分生孢子器未见；光合共生生物：绿球藻，厚约 40 μm。

地衣特征化合物：髓层 P−，K+淡橘红色，C−，KC+微橘红色，CK+微橘红色；TLC：含黑麦酮酸 (secalonic acid) 和一种未知化合物。

生境：多见于杜鹃 (*Rhododendron* sp.)、栎 (*Quercus* sp.) 及冷杉 (*Abies* sp.) 等的树干和树枝上；海拔 2500～4027 m。

研究标本引证：

四川 木里县，鸭咀林场，海拔 3000 m，栎 (*Quercus* sp.) 树干，1983-8-20，王立松 83-1635。盐源县，海拔 3250 m，杜鹃 (*Rhododendron* sp.) 树干，1983-8-10，王立松 83-1495，1983-8-11，王立松 83-7065a，83-1518；牦牛圈村，海拔 3150 m，树干，1983-7-20，王立松 83-1070。

云南　宾川县，鸡足山，25°58′N，100°21′E，海拔 2580 m，树桩上，2002-3-10，王珏 02-21047。德钦县，奔子栏，东竹林后山，海拔 3000 m，1981-7-8，黎兴江 2091a，王立松(无采集号，KUN-L 2053)；永中雪山，海拔 3400 m，树干生，1981-7-6，王立松 81-2043a；梅里石村至索拉垭口，28°38′N，98°38′E，海拔 3225~4027 m，栎 (*Quercus* sp.) 树干，2012-9-9，牛东玲等 12-43068，2012-9-11，牛东玲等 12-40314，26°13′N，98°39′E，海拔 3212~3540 m，花楸 (*Sorbus* sp.) 树枝，2012-9-9，牛东玲等 12-43612，12-43611；索拉垭口至梅里石村，28°38′N，98°39′E，海拔 3700 m，树干，2012-9-11，牛东玲等 12-36107；梅里雪山，28°24′N，98°45′E，海拔 3000 m，栎 (*Quercus* sp.) 树干，1994-9-28，王立松 94-15010；梅里石村，海拔 3500 m，华山松 (*Pinus armandii*) 树干，2000-8-31，王立松 00-20358；笑农村，海拔 3100 m，柳 (*Salix* sp.) 树干，云杉 (*Picea* sp.) 树枝，1994-9-28，王立松 94-15459，94-15094。贡山县，28°05′N，98°41′E，海拔 3700 m，云杉 (*Picea* sp.)，1999-10-21，王立松 99-18543。丽江县，玉龙雪山云杉坪，海拔 3000~3200 m，杜鹃 (*Rhododendron* sp.) 树干上，1978-8-26，李丽嘉 04541，04551；白水河，海拔 3000 m，栎 (*Quercus* sp.) 树干，1985-8-6，王立松 85-347；九河乡，老君山，26°38′N，99°45′E，海拔 2810~3516 m，云南松 (*Pinus yunnanensis*) 树干，花楸 (*Sorbus* sp.)、柳 (*Salix* sp.)、杜鹃 (*Rhododendron* sp.) 树枝上，2010-7-16，王立松 10-31541，2000-8-15，王立松 00-20149，00-20084，2003-9-15，王立松 03-22665，2005-8-28，王立松等 05-25023，2014-6-25，王立松等 14-44109；丽江县城边，象山，海拔 2650 m，栎 (*Quercus* sp.) 树干及石壁，1985-7-31，王立松 85-0224，1974-5-25，臧穆 349；玉峰寺，海拔 2800 m，云南松 (*Pinus yunnanensis*) 树干，1985-8-28，王立松 85-0056；玉龙山，海拔 2650~3800 m，杜鹃 (*Rhododendron* sp.)，1986-7-2，木全章 86-10323，1988-11-6，王立松 88-352，1984-5-20，郁建勋 0014，1980-7-26，黎兴江 80-1538；白水河，海拔 2900 m，高山柳 (*Salix takasagoalpina*) 树枝及枯枝上，1974-5-31，臧穆 384，1981-8-8，王先业等 6458；干河坝，海拔 3400 m，云杉 (*Picea* sp.) 树干，1998-10-23，王立松 98-18438；云杉坪，云杉 (*Picea* sp.) 树干，1978-8-27，李丽嘉 04695。维西县，犁地坪，27°09′N，99°23′E，海拔 3270 m，冷杉 (*Abies* sp.) 树干，2006-8-2，Daniel Stanton et al. 06-26381；犁地坪，雷达站附近，海拔 3250 m，1984-6-16，郁建勋 0176a；攀天阁，海拔 2700 m，1981-7-16，王先业等 81-3986a；维登公社，老乌后山，海拔 2500 m，核桃 (*Juglans regia*) 树干，1982-5-21，王立松 82-358a。中甸县，27°36′N，99°53′E，海拔 3708 m，树皮上，2012-7-6，王立松等 12-34961；小中甸，天池，27°37′N，99°33′E，海拔 3200~3600 m，杜鹃 (*Rhododendron* sp.)、栎 (*Quercus* sp.) 树干，2004-6-13，王立松 04-23283，1998-5-27，王立松 98-18165；碧融峡谷，28°24′N，99°46′E，海拔 3010 m，华山松 (*Pinus armandii*) 树干，2002-9-20，王立松 02-21614；碧塔海，海拔 3400 m，1981-6-24，王立松 2001；哈巴雪山，27°20′N，100°04′E，海拔 3000~3900 m，冷杉 (*Abies* sp.)、云杉 (*Picea* sp.)、华山松 (*Pinus armandii*) 树干，树桩上，2002-10-26，王立松 02-22107，02-21950，02-21870，02-21819；天宝山，海拔 3650 m，树枝上，1981-8-19，王先业等 5323；小中甸，27°26′N，99°49′E，海拔 3200~3210 m，栎 (*Quercus* sp.) 树干，柳 (*Salix* sp.) 树枝，2006-8-29，王立松等 06-26795，1998-10-26，王立松 98-18454。

　　文献记载：四川，西藏 (Chen，1996)，云南 (Wu and Wang，1992；Wei et al.，2007；

Chen，1996)。

世界分布：中国。

讨论：本种的鉴别特征在于具黄色髓层，含黑麦酮酸 (secalonic acid)。

5. 云南砖孢发　图版 XIV：C、D

Oropogon yunnanensis Esslinger, Syst. Bot. Monographs **28**: 109, 1989; Chen, Acta Mycol.
Sin. **15**(3): 176, 1996.

模式标本未见。

地衣体生长型：枝状，直立丛生至亚悬垂，长达 10 cm，基部固着于基物；分枝：
圆柱状，等二叉分枝，直径 0.4～0.7 mm；假杯点：较小，呈卵圆形或椭圆形，不形成
穿孔，边缘微凸或平整；表面：多为枯草黄色，少数呈棕色；主枝横切面：皮层厚 90～
150 μm；髓层：白色，菌丝疏松，中实，通常不均匀聚集；子囊盘：稀见，盘面棕色，
直径 1～3.5 mm，子实层厚 113～138 μm，囊层基厚 75～100 μm；子囊孢子：砖壁式多
胞，棕色，80～108 × 25～181 μm；分生孢子器未见。

地衣特征化合物：髓层 P–，K–，C–，KC+橘红色变为暗黄色，CK–；TLC：4-*O*-
去甲基巴尔巴酸 (4-*O*-demethylbarbatic acid) 和降树花衣酸 (norobtusatic acid)。

生境：主要附生于冷杉 (*Abies* sp.)、云杉 (*Picea* sp.)、杜鹃 (*Rhododendron* sp.) 树
干或树枝；海拔 2450～3250 m。

研究标本引证：

四川　泸定县，贡嘎山，海螺沟 2 号营地，30°00′N，102°30′E，海拔 2450 m，
1996-8-27，王立松 96-17321；卧龙自然保护区，野牛沟，杜鹃 (*Rhododendron* spp.)、
冷杉 (*Abies* sp.) 及忍冬科 (Caprifoliaceae) 树干上，1980-5-28，李丽嘉 05922，05987-1a，
05987-1，05833。

云南　贡山县，丙中洛至通达垭口，28°05′N，98°41′E，海拔 3600 m，云杉 (*Picea*
sp.) 树干，1999-10-21，王立松 99-18540。丽江县，老君山，26°37′N，99°43′E，海拔
3075 m，树干，2002-10-18，王立松等 02-22391；三道湾，海拔 3000 m，铁杉 (*Tsuga* sp.)
树干，1981-8-4，王先业等 6379；玉龙雪山，云杉坪，云杉 (*Picea* sp.) 树干，1978-8-28，
李丽嘉 04791，04652-1。维西县，犁地坪雷达站附近，原始针阔混交林，海拔 3250 m，
1984-3-16，郗建勋 0173；攀天阁，海拔 2700 m，枯枝上，1981-7-16，王先业等 4018。

文献记载：四川，云南 (Chen，1996)。

世界分布：中国横断山。

讨论：云南砖孢发的分类特征在于假杯点较小，呈卵圆形或椭圆形，边缘平整或微
凸，含 4-*O*-去甲基巴尔巴酸和降树花衣酸。

(四) 拟毡衣属 Pseudephebe M. Choisy

Pseudephebe M. Choisy, Icon. Lich., Univ. Ser. 2, Fasc. **1**: (sine pag.), 1930.

Type species: *Pseudephebe pubescens* (L.) M. Choisy. (≡ *Lichen pubescens* L.)。

地衣体枝状，垫状紧贴岩石表面匍卧扩展，高 0.5～1 cm；主枝圆柱状至扁枝状，

等二叉至不规则分枝；表面深褐色至黑色，无假杯点、裂芽及粉芽；皮层双层型，外皮层表面具疣状突，内皮层由纵向菌丝黏合而成；髓层无软骨质中轴，髓层菌丝表面光滑；子囊盘茶渍型；子囊内 8 孢；子囊孢子无色，单胞，椭圆形，7～12 × 6～8 μm；共生藻为绿球藻；不含地衣酸类特征化合物；北极及高山地区分布。

全球已知 2 种，含中国 1 种。

本属地衣深褐色至黑色地衣体与小孢发属 *Bryoria* 相近，但后者直立或悬垂型，地衣体高大于>2 cm，皮层单层型，含富马原岛衣酸等特征化合物。

1. 袖珍拟毡衣 (新拟)　图版 XIV：E、F

Pseudephebe minuscula (Nyl. ex Arnold) Brodo & D. Hawksw., Opera Bot. 42: 140, 1977.

　　≡ *Imbricaria lanata* var. *minuscula* Nyl. ex Arnold, Verh. zool.-bot. Ges. Wien 28: 293, 1878.

　= *Pseudephebe pubescens* (L.) M. Choisy, Wang & McCune, Mycotaxon **113**: 431-437, 2010; Wang et al., ICAB 2012. Lecture Notes in Electrical Engineering **250**: 1095-1105, 2014.

模式标本未见。

地衣体生长型：枝状，紧贴基物，圆形至不规则扩展，直径 3～12 cm；表面：主枝淡褐色至褐色，近顶端暗褐色至黑色，表面具疣状突及弹坑状小凹陷，具光泽；分枝：主枝直径 0.1～0.3 mm，不规则分枝稠密，分枝顶端或分枝腋略压扁形；假杯点：稀疏至丰多，圆形至椭圆形，凹穴状，污白色至黑色，有时粉芽化；无侧生小刺、裂芽及粉芽；主枝横切面：椭圆形，直径 200～300 μm；皮层：双层型，外皮层淡褐色，由 1～2 层细胞组成的假厚壁组织，厚 3～5 μm，内皮层无色，厚 10～50 μm，由纵向排列的菌丝组成；髓层：菌丝疏松，无软骨质中轴；菌丝：直径 2～4 μm，表面光滑；子囊盘及分生孢子器未见；光合共生生物：藻层厚 35～50 μm，绿球藻。

地衣特征化合物：皮层和髓层 P–、K–、KC–、C–；TLC：不含地衣酸类特征化合物。

生境：高山岩石表面生，常与印度石耳 *Umbilicaria indica*、红盘衣 *Ophioparma ventosa*、红脐鳞 *Rhizoplaca chrysoleuca* 以及地图衣 *Rhizocarpon* spp.等混生；海拔 4300～5070 m。

研究标本引证：

四川　康定县，折多山，29°59′N，101°55′E，海拔 4200～4330 m，岩石表面，2006-6-5，王立松 06-26090，2007-9-27，王立松 07-29009，2010-9-28，王立松 10-31716；木里县，海拔 4400 m，岩石表面，1983-9-7，王立松 83-2152a；稻城县，无名山垭口，29°09′N，100°04′E，海拔 4760 m，岩石表面，2013-6-20，王立松等 13-38395。

云南　剑川县，老君山，26°37′N，99°43′E，海拔 3900 m，岩石表面，2013-7-30，王立松等 13-39103。

西藏　乃东县，28°37′N，92°13′E，海拔 5070 m，岩石表面，2007-8-24，王立松等 07-28595；察隅县，德姆拉山口，29°19′N，97°01′E，海拔 4794 m，岩石表面，2014-9-23，王立松等 14-46628。

文献记载：四川，西藏 (Wang and McCune，2010)。

世界分布：欧洲，亚洲，澳大利亚，南美洲和北美洲，南极，泛北极高山 (Brodo and Hawksworth，1977)。

讨论：该种的鉴别特征在于地衣体紧贴基物，圆形至不规则扩展，表面暗褐色至黑色，无地衣酸类特征化合物。在我们的研究标本中，假杯点稀疏至丰多，圆形至椭圆形，表面凹陷至微凸起，黑色，有时假杯点粉芽化并穿孔，露出白色髓层，中国标本均未见子囊盘。

袖珍拟毡衣与丛毛拟毡衣 *P. pubescens* 形态相似，但后者疏松附生于基物，分枝稀疏，主枝圆形、较细，表面无疣状突。

(五) 槽枝属 Sulcaria Bystr.

Sulcaria Bystr., Annls Univ. Mariae Curie-Sklodowska, Sect. C, Biol. **26**: 275, 1971; Brodo & D. Hawksw., Opera Bot. **42**: 146, 1977.

Type species: *Sulcaria sulcata* (Lév.) Bystr. ex Brodo & D. Hawksw. (≡ *Cornicularia sulcata* Lév.).

地衣体枝状，直立至悬垂型，高 5～50 cm，以基部的柄固着基物；表面灰白色至淡黄褐色，皮层纵裂成纵向沟槽，常露出白色髓；分枝圆柱状，不规则分枝至等二叉分枝；髓层菌丝疏松，无软骨质中轴；菌丝表面光滑；子囊盘茶渍型，子囊内含 6～8 个孢子；孢子成熟后呈褐色，2～3 (～4) 胞；地衣特征化合物主要为黑茶渍素 (atranorin) 等。

全球 4 种，其中 *S. isidiifera* 和 *S. badia* 为北美分布 (Brodo and Hawksworth，1977；Brodo，1986；Eric et al.，1998)，中国有 2 种及 1 变型。

本属的分类特征在于地衣体表面具纵向沟槽，成熟孢子褐色，2～3 胞，易识别。

中国槽枝属分种检索表

1. 地衣体丝状悬垂，长 20～30 cm，表面亮黄绿色，含吴耳酸···············**绿丝槽枝衣 *S.virens***
1. 地衣体灌木状直立至亚悬垂，高 5～15 cm ···2
  2. 地衣体顶端常黑色，含茶痂衣酸·······················**槽枝衣 原变型 *S. sulcata* f. *sulcata***
  2. 地衣体近顶端黄绿色，含吴耳酸·················**槽枝衣 黄枝变型 *S. sulcata* f. *vulpinoides***

Key to the species in China

1. Thallus pendent, 20～30 cm long, yellowish green, containing vulpinic acid ·················**S.virens**
1. Thallus erect or sub-pendulous, 5～15 cm long ····································2
  2. Blackish towards apices, containing psoromic acid································**S. sulcata f. sulcata**
  2. Yellowish-green towards apices, containing vulpinic acid·····················**S. sulcata f. vulpinoides**

1. 槽枝衣 原变型 图版 XV：A、B

Sulcaria sulcata f. sulcata (Lév.) Bystr. ex Brodo & D. Hawksw., Opera Bot. **42**: 156, 1977; Chen, Wu & Wei, Fung. Lich. Shennongjia: 453, 1989. Wu & Wang, Acta Bot. Yun. **14**(1): 41, 1992; Wang et al., ICAB 2012. Lecture Notes in Electrical Engineering **250**: 1095-1105, 2014.

GenBank No.: KM979759.

≡ *Cornicularia sulcata* Lév., in Jacquin, Fr.-Voy. Inde, Descr. Coll. **4**: 179, 1844. – *Alectoria sulcata* (Lév.) Nyl., Mém. Soc. Imp. Sci. Nat. Cherbourg **5**: 98, 1857; Zahlbruckner, in Handel-Mazzetti, Symb. Sin. **3**: 202, 1930b; Wang-Yang & Lai., Taiwania **18**(1): 87, 1973.

= *Alectoria sulcata* var. *barbata* D. Hawksw., Taxon **19**: 242, 1970.

模式标本未见。

地衣体生长型：枝状，直立至亚悬垂丛生，以基部柄附着基物，高 5～15 cm；分枝：圆柱状，局部有时扁枝状，直径 1～3 mm，不等二叉式分枝，分枝腋呈 30°～80°，顶端渐尖；表面：光滑，具光泽，污白色至淡褐色，有时顶端变黑色；无粉芽、裂芽和假杯点；皮层：纵向裂开，呈明显的纵向沟槽，常露出白色的髓；子囊盘：常见，无柄，亚顶生，全缘，盘面褐色至黑色，无光泽，具白色粉霜层，直径 0.3～2 cm，幼时盘缘具缘毛，成熟后缘毛往往消失；主枝横切面：圆形至椭圆形，直径 850～3000 μm；皮层：单层型，厚 100～150 μm，由纵向菌丝组成，外侧淡褐色，内侧无色；髓层：局部中空，无软骨质中轴；菌丝：疏松，表面光滑，直径 6 μm；子囊：长棒状，内含 8 个孢子；子囊孢子：椭圆形，幼时无色，单胞，成熟后褐色，2～3 胞，25～35 × 10～15 μm；光合共生生物：绿球藻。

地衣特征化合物：皮层 K+黄色；髓层 K–，C–，KC–，P+深黄色；TLC：黑茶渍素 (atranorin)、茶痂衣酸 (psoromic acid)、绿树发酸 (virensic acid)。

生境：生于栎 (*Quercus* sp.)、杜鹃 (*Rhododendron* sp.)、柳 (*Salix* sp.)、花楸 (*Sorbus* sp.) 及蔷薇科等阔叶灌木枝，有时生于高山松 (*Pinus densata*)、云南松 (*P. yunnanensis*)、华山松 (*P. armandii*)、云杉属 (*Picea*)、冷杉属 (*Abies*)、铁杉属 (*Tsuga*) 等针叶树干；海拔 1700～3700 m。

研究标本引证：

浙江 杭州市，天目山，树干，1956-7-9，陆定安 279。

安徽 黄山市，黄山狮子林，树干，1957-4-20，陆定安 511，522，520；云台寺，树干，1957-4-19，陆定安 2618，485；光明顶，树干，1957-4-22，陆定安 553。

贵州 江口县，梵净山金顶，海拔 2300 m，杜鹃 (*Rhododendron* sp.) 树干，1988-7-5，王立松 88-233。

四川 康定县，雅家埂，29°47′N，102°03′E，海拔 2962 m，花楸 (*Sorbus* sp.) 及腐木生，2010-9-29，王立松 10-31828，10-31836。渡口市，盐边县，岩口公社，大坪子，海拔 2750～2800 m，树干及树枝生，1983-6-25，王立松 83-281，83-283，83-291；石宝山，海拔 2800～3000 m，1983-6-26，王立松 83-642，83-671；务本公社，大黑山，海拔 2400 m，1983-6-19，王立松 83-92。会理县，龙肘山，海拔 3000～3500 m，杜鹃 (*Rhododendron* sp.) 树干，1997-9-13，王立松 97-17923，97-17969，97-18059，97-18133，97-24268。泸定县，贡嘎雪山，海螺沟，29°20′N，102°10′E，海拔 2450～3000 m，花楸 (*Sorbus* sp.) 及灌木枯枝，1996-8-27，王立松 96-16119，96-16978，96-16186，96-17292。米易县，麻陇乡，北坡山，海拔 2800～3250 m，杜鹃 (*Rhododendron* sp.) 树干，1983-7-7，王立松 83-781，83-816，83-899，83-900a，83-974。木里县，鸭咀林场，海拔 3000 m，

栎 (*Quercus* sp.) 树干，1983-8-20，王立松 83-1609，83-1637；蚂蝗沟，海拔 2650 m，铁杉属 (*Tsuga*)、栎 (*Quercus* sp.) 树干，1983-8-30，王立松 83-2000，83-2022；木里县，海拔 2800 m，云杉 (*Picea* sp.) 及栎 (*Quercus* sp.) 树枝，1983-9-7，王立松 83-2130d，1983-9-22，王立松 83-2322。卧龙自然保护区，海拔 3200 m，灌木枝，1996-8-21，王立松 96-16011，96-17698。盐源县，牦牛圈村，海拔 3150 m，树枝，1983-7-20，王立松 83-1069；火炉山，海拔 3450～3500 m，栎 (*Quercus* sp.) 及枯枝，1983-8-26，王立松 83-1292，83-1295，83-1323；百灵山，海拔 3250～3550 m，杜鹃 (*Rhododendron* sp.) 树枝，1983-8-10，王立松 83-1372，83-1480，83-1485e，83-1494，83-1501。

云南 宾川县，鸡足山，25°58′N，100°21′E，海拔 3000～3230 m，栎 (*Quercus* sp.) 及枯枝，1996-5-18，王立松 96-15953，2006-7-1，王立松 06-26148；泸水市，高黎贡山，树干，1978-7-11，臧穆 979b。大理，苍山电视塔，25°40′N，100°06′E，海拔 2700～3400 m，华山松 (*Pinus armandii*) 树干，1981-5-4，Ga by 20c，2005-6-12，王立松 05-24660，2006-8-30，王立松等 06-26875，2009-5-29，王立松 09-30409；花甸坝，海拔 2800 m，树干，1998-10-1，王世琼 98-18408；洗马塘，1946-10-31，刘慎谔 22090a；苍山，树干生，1946，刘慎谔 018004a；云龙县，漕涧志奔山，24°55′N，98°45′E，海拔 2400～3150 m，杜鹃 (*Rhododendron* spp.) 及栒子 (*Cotoneaster* spp.) 灌木枝，1984-7-3，郗建勋 0240，0326，0337，0360，2000-5-19，王立松 00-18822，00-18897，00-19514，2005-5-28，王立松 05-24317，05-24376，05-24389，05-24634，2006-9-22，王立松 06-27209，06-27145。德钦县，梅里雪山，雨崩村，28°24′N，98°49′E，海拔 3300～3500 m，栎 (*Quercus* sp.) 树枝，1994-9-30，王立松 94-15411，2012-9-13，牛东玲等 12-36648，12-36675，12-36680，12-37832；笑农村，海拔 3100～3200 m，柳 (*Salix* sp.) 灌木枝，1994-9-28，王立松 94-15014，94-15016，94-15391。东川区，红土地茅坝子，26°00′N，102°57′E，海拔 2900 m，栎 (*Quercus* sp.) 树枝，2009-8-7，王立松 09-30669。洱源县，洱源至炼铁乡途中，26°01′N，99°53′E，海拔 2900 m，华山松 (*P. armandii*) 树枝，2005-6-16，王立松 05-31141。福贡县，亚坪村，27°10′N，98°43′E，海拔 3600 m，花楸 (*Sorbus* sp.) 树干，2005-5-23，王立松 05-24566；上帕乡，海拔 2200 m，1982-6-9，王立松 82-625；鹿马登公社，海拔 1700～3000 m，树干，1982-5-28，王立松 82-485，82-486，82-502，82-636c。贡山县，丙中洛，秋那桶村，怒江边，28°11′N，98°31′E，海拔 1700～3000 m，树干及枯枝，1982-6-24，王立松 82-752a，788a，2000-5-26，王立松 00-19601，00-19652；松塔雪山，28°09′N，98°33′E，海拔 2400～3600 m，树干，1982-6-25，王立松 82-733，82-736，82-743，2000-5-24，王立松 00-19208，00-19229；丙中洛至通达乡途中，28°05′N，98°41′E，海拔 3600～3800 m，云杉属 (*Picea*)、冷杉属 (*Abies*)、花楸 (*Sorbus* sp.) 树干，1999-10-21，王立松 99-18500，99-18504，99-18541；野牛谷，27°48′N，98°49′E，海拔 2700～3950 m，冷杉属 (*Abies*)、杜鹃 (*Rhododendron* spp.) 及腐木枝，2000-5-30，王立松 00-19318，00-19368，00-19389；独龙江乡，黑凹底，27°47′N，98°30′E，海拔 2400～2600 m，云杉属 (*Picea*)、铁杉属 (*Tsuga*) 及枯枝，2005-5-26，王立松 05-24307，05-24477，05-24478，05-24485，05-24486，05-24497，05-24504，05-24523，05-24537；其期至东哨房途中，27°42′N，98°29′E，海拔 1900～3000 m，树干生，1982-7-19，臧穆 4445，2000-6-2，王立松 00-19083，00-19272。剑川县，剑川至鹤庆途中，新华乡，26°32′N，100°02′E，海

拔 3100 m，栎 (*Quercus* sp.) 灌木枝，2005-6-13，王立松 05-24835。景东县，哀牢山，徐家坝，24°32′N，101°01′E，海拔 2485～3400 m，枯树枝，1994-8-24，王立松 94-14361，94-15550，1998-7-31，王立松 98-18237，2005-6-21，王立松 05-23614，05-23621，2006-5，李苏 AL-322，AL141，2012-6-18，王立松等 12-34640。丽江县，玉龙雪山，高山植物园，25°28′N，108°07′E，海拔 3200～3600 m，栎 (*Quercus* sp.)、杜鹃 (*Rhododendron* sp.) 树干，2009-11-10，王立松 09-31215，09-31214，09-31154，2009-12-4，赵遵田 20090003，2011-8-16，王立松等 11-32351，11-32433；九河乡，老君山，26°39′N，99°46′E，海拔 2665～3750 m，栎 (*Quercus* sp.)、杜鹃 (*Rhododendron* sp.)、柳 (*Salix* sp.) 树干，偶见种植的梅子 (*Prunus armeniaca*) 树干及岩石表面藓层，2000-8-15，王立松 00-20166，2005-8-28，王立松 05-24403，05-24409，05-25006，05-25074，05-25105，2006-8-24，王立松等 06-26430，06-26436，06-26476，2010-7-16，王立松 10-31528，10-31540，10-31544，2011-5-22，王立松 11-32011，11-32024，11-32025，11-32033，11-32136，2013-6-16，王立松等 13-38253；铁甲山，27°00′N，100°10′E，海拔 2820～2900 m，杜鹃 (*Rhododendron* sp.) 灌木及云南松 (*P. yunnanensis*) 树干，1985-8-4，王立松 85-311，1987-4-19，Ahti et al. 87-46176，2011-8-17，王立松等 11-32467；玉龙雪山，海拔 2500～2700 m，杜鹃 (*Rhododendron* sp.)、栎 (*Quercus* sp.) 灌木枝，1983-10，王立松 83-2470，83-2478，林中文 25，1984-5-26，郗建勋 0083d，0014，0016；玉龙雪山，海拔 3200～3300 m，栎 (*Quercus* sp.) 树干，1959-5-15，沈祖安 14，1972-10-29，臧穆 25109a，1980-7-26，黎兴江 80-1509，1984-5-29，郗建勋 0103，0104，0113，0114，1988-11-6，王立松 88-11052；云杉坪，1974-6-1，臧穆 365a；文笔山，海拔 2650 m，树干生，1984-5-21，郗建勋 0050；北坡岭，海拔 3050 m，树干生，1984-5-24，郗建勋 0064；犁地坪，雷达站附近，海拔 3250 m，树干生，1984-6-16，郗建勋 0163，0175；雪嵩村，树干生，1959-5-15，沈祖安 1882；丽江县城西北 20 km，海拔 3300 m，栎 (*Quercus* sp.) 灌木枝，1985-7-30，王立松 85-0208；黑白水，27°10′N，100°15′E，海拔 2820～3000 m，栎 (*Quercus* sp.) 灌木枝及枯枝，1974-5-31，臧穆 386，1985-8-6，王立松 85-0281b，85-335，85-397a，1994-9-16，王立松 94-14663，94-15387；蚂蝗坝，云杉、冷杉林下，1959-5-23，沈祖安 Lix-9，1987-4-22，Ahti et al. 87-46467；玉峰寺，26°59′N，100°11′E，海拔 2600～2800 m，云南松 (*P. yunnanensis*)、华山松 (*P. armandii*) 树干，1984-5-22，郗建勋 0056，1985-8-28，王立松 85-0058，1987-4-20，Ahti et al. 87-46257，2002-10-21，王立松等 02-22456；干海子，海拔 2700～3300 m，云杉 (*Picea* sp.)、高山松 (*Pinus densata*) 树干，1985-8-29，王立松 85-145a，1993-9-16，王立松 93-13607，2004-7-17，王立松等 04-2777，04-23506。玉龙县，玉湖村，海拔 2900～3400 m，杜鹃 (*Rhododendron* sp.)、冷杉属 (*Abies*) 树干，1982-8-14，王立松 82-919c，82-939a，82-1151a，82-1207；玉湖村，27°00′N，100°10′E，海拔 3610 m，杜鹃、栎混交林下，2012-5-22，马文章等 12-3711。禄劝县，转龙镇，轿子雪山，26°04′N，102°50′E，海拔 3245～3800 m，杜鹃 (*Rhododendron* sp.)、花楸 (*Sorbus* sp.)、蔷薇 (*Rosa* sp.)、栎 (*Quercus* sp.) 灌木枝，1992-1-31，王立松 92-00001a，92-18289，1993-5-25，王立松 93-13306，1996-11-2，王立松 96-16927，2006-7-19，王立松等 06-26168，06-26253，06-26273，06-26301，06-26302，06-26313，2007-5-20，王立松等 07-27834，2010-2-10，王立松等 10-31295，2010-5-23，王立松

10-31378。南涧县，拥政村，大中山，24°50′N，100°25′E，海拔 2750 m，树干，2012-11-20，王立松等 12-37772，12-37775。宁蒗县，永宁乡，落水，海拔 2700 m，杜鹃 (*Rhododendron* sp.) 树枝，1987-10-25，王立松 87-10296。维西县，犁地坪，27°11′N，99°24′E，海拔 3200～3600 m，杜鹃 (*Rhododendron* sp.)、栎 (*Quercus* sp.) 灌木枝及华山松 (*P. armandii*) 树干，1982-5-2，王立松 82-13，2006-8-2，王立松等 06-26327，06-26357，06-26362，06-26336，06-26344，06-26373，2007-10-18，王立松 07-28827，07-29446，2013-6-15，王立松 13-38272；维西县，树干生，1974-6-16，臧穆 387；维西县城边，海拔 3000 m，树干，1998-10-1，王立松 98-21071；维登公社，鹿马登垭口，海子边，海拔 2500～3100 m，箭竹林下腐木，1982-5-26，王立松 82-317，82-332b，82-371，82-401；俅那村，海拔 2200～2500 m，树干，1982-5-8，王立松 82-86c，82-91a，82-104，82-122，82-925b；叶枝乡，海拔 2500～3500 m，树干，1982-5-10，王立松 82-58，82-133，82-199，82-201d，82-213，82-816，82-21166，张大成 82-86。文山市，薄竹镇，20°21′N，103°54′E，海拔 2870 m，树干，2011-6-22，王立松 11-32181。永德县，大雪山自然保护区，24°06′N，99°37′E，海拔 2850 m，树干，2011-10-11，马文章 11-2665；乌木龙乡，3500 m，树枝，2007-2-3，王立松等 07-27596。腾冲县，古永乡，海拔 2300 m，树干，1983-11-18，王立松 83-2626。昭通县，1965-7，黎兴江 4246。元谋县，凉山乡，凉山，25°43′N，101°57′E，海拔 2148 m，栎 (*Quercus* sp.) 树枝，2013-10-21，王立松等 13-39787。中甸县，小中甸，27°26′N，99°49′E，海拔 3210 m，杜鹃 (*Rhododendron* sp.) 及米饭花 (*Lyonia ovalifolia*) 灌木枝，2006-8-29，王立松等 06-26773，06-26814，06-26847；尼西乡，海拔 2800 m，树干生，2007-10-17，王立松 07-29459；碧塔海，树干生，1992-7，李海燕 13132；白水台，海拔 3350 m，枯枝，1994-9-19，王立松 94-14707；吉沙林场，海拔 3200 m，树干，1981-6-14，王立松 81-17；金江镇，栎 (*Quercus* sp.) 树枝，2013-10-1，李建文 13-39786。

西藏　林芝县，海拔 2260～2390 m，腐木，1982-12-1，苏永革 2788，腐木生，2007-8-20，王立松等 07-28412；察隅县，日东，海拔 2400 m，树干生，1982-9-7，苏永革 4201；墨脱县，海拔 2450 m，腐木，1983-4-29，苏永革 4443；亚东县，阿桑后山，树干，1975-5-31，臧穆 9。

陕西　佛坪县，佛坪自然保护区，33°40′N，107°51′E，海拔 2210 m，树干，2010-9-20，王立松 10-31635。

台湾　台中市，桃山，海拔 2500～3325 m，树干，2002-9-24，林仲刚 7470。高雄市，桃源乡，23°12′N，120°52′E，海拔 2400～3000 m，树干，2006-3-21，林仲刚 8985，9021，9036；雪山，24°23′N，120°13′E，海拔 3150 m，树干，2003-8-03，林仲刚 L3161。台东市，向阳山，23°17′N，120°59′E，海拔 2270 m，树干，2006-6-20，林仲刚 L4909。

文献记载：陕西 (Jatta，1902；Zahlbruckner，1930b)，四川 (Zahlbruckner，1930b)，云南 (Hue，1887，1899；Zahlbruckner，1930a，1930b，1934；Du Rietz，1926；Wei，1981；Wei and Jiang，1982；Wu and Wang，1992)，湖北(Chen et al.，1989)，安徽，浙江 (Xu，1989)，台湾 (Asahina and Sato，1939；Wang-Yang and Lai，1973)。

世界分布：印度，不丹，尼泊尔，日本，韩国 (Singh and Sinha，2010；Harada et al.，2004；Moon，2013)；亚洲分布种。

讨论：槽枝衣原变型的分类特征在于地衣体直立丛生，基部具柄，表面灰白色至淡褐色，具纵向裂隙状沟槽，常露出白色的髓，易于区别；槽枝衣原变型与黄枝变型的区别见黄枝变型讨论。

用途：云南民间食用 (王立松和钱子刚，2013；Wang and Harada，2008)。

2. 槽枝衣 黄枝变型　图版 XV：C、D

Sulcaria sulcata f. vulpinoides (Zahlbr.) D. Hawksw., Opera Bot. **42**: 156, 1977; Wei & Jiang, Lich. Xizang: 65, 1986; Wei, Enum. Lich. China: 240, 1991; Wu & Wang, Acta Bot. Yun. **14**(1): 42, 1992; Wang et al., ICAB 2012. Lecture Notes in Electrical Engineering **250**: 1095-1105, 2014.

≡ *Alectoria sulcata* var. *vulpinoides* Zahlbr., in Handel-Mazzetti, Symb. Sin. **3**: 202, 1930.
模式标本未见。

形态特征：本变型不同于槽枝衣原变型之处在于地衣体近顶端呈亮黄绿色，含吴耳酸和茶痂衣酸 (vulpinic acid and psoromic acid)。

生境：生于落叶松 (*Larix* sp.)、云杉 (*Picea* sp.)、栎 (*Quercus* sp.)、杜鹃 (*Rhododendron* sp.)、柳 (*Salix* sp.)、花楸 (*Sorbus* sp.) 及高山松 (*Pinus densata*) 树干，偶见箭竹枝上生；海拔 2000～3600 m。

中国横断山地区特有种；主要分布于滇西北，四川仅 1 份标本记录。

研究标本引证：

四川　木里县，宁朗乡，海拔 2000 m，灌木枝，1983-9-25，王立松 83-2436。

云南　德钦县，梅里石村至索拉垭口，28°38′N，98°40′E，海拔 3225～4270 m，灌木枝，2012-9-9，牛东玲等 12-35469，12-35586，12-35513，12-35583，12-35584，12-35601，12-35612，12-35614，12-35631，12-35634，12-36044，12-36056，12-36105；雨崩村，28°24′N，98°48′E，海拔 3500 m，栎 (*Quercus* sp.) 树干，1994-9-30，王立松 94-15148，94-15409；笑农村，海拔 3100 m，柳 (*Salix* sp.) 灌木，1994-9-24，王立松 94-15016；梅里雪山，茶马古道，海拔 4250 m，1992-8-25，朱维明 Zhu-1。嵩明县，果东村，照壁山，海拔 2400 m，腐木生，1982-5-12，苏永革 15a。丽江县，九河乡，老君山，26°39′N，99°46′E，海拔 3500 m，杜鹃 (*Rhododendron* sp.) 树干，2000-8-15，王立松 00-20142，2006-8-24，王立松等 06-26480；石鼓镇，26°47′N，99°36′E，海拔 3120 m，杜鹃 (*Rhododendron* sp.) 树干，2006-8-2，Daniel 等 06-26317；玉龙雪山，海拔 3100～3450 m，冷杉 (*Abies* sp.) 林下，1963-8-7，武素功 4087c，128；干海子，海拔 3200 m，栎 (*Quercus* sp.) 树干，1985-7-29，王立松 85-0107，85-0165；高山植物园，27°00′N，100°10′E，海拔 3200～2600 m，花楸 (*Sorbus* sp.) 及栎 (*Quercus* sp.) 树干，2009-11-10，王立松 09-31145，2011-8-16，王立松等 11-32411，11-32454；黑白水，海拔 2400～2750 m，栎 (*Quercus* sp.)及高山松 (*Pinus densata*) 树干，1994-9-16，王立松 94-14628，1998-5-22，王立松 98-18176；文海，海拔 3200 m，树干，2004-7-23，王立松等 04-23474。中甸县，白水台，27°39′N，100°01′E，海拔 3350 m，云杉 (*Picea* sp.) 树干，1994-9-19，王立松 94-14686；五凤山，海拔 3400 m，落叶松 (*Larix* sp.) 树干，1982-11-20，臧穆 456；红山，海拔 3600 m，冷杉 (*Abies* sp.) 及栎 (*Quercus* sp.) 林下，1986-7-29，臧穆 10149，

10552，1981-6-16，黎兴江等 81-22b；小中甸，27°26′N，99°49′E，海拔 3180～3210 m，栎 (*Quercus* sp.)、杜鹃 (*Rhododendron* sp.)、柳 (*Salix* sp.)、高山松 (*Pinus densata*) 树干，以及竹子枝，1998-10-26，王立松 98-18455，2006-8-29，王立松等 06-26763，06-26799，06-26818，06-26819，06-26830，06-26840，06-26841，2007-10-13，王立松 07-28887；纳帕海，27°55′N，98°37′E，海拔 3250～3580 m，栎 (*Quercus* sp.)、杜鹃 (*Rhododendron* sp.)，高山松 (*Pinus densata*) 树干，1981-6-23，王立松 1972，黎兴江 1970，1998-5-24，王立松 98-18162，2003-9-12，王立松 03-22817；吉沙林场，海拔 3480 m，1981-6-13，王立松 81-8；碧沽天池，27°37′N，99°33′E，海拔 3200～3600 m，栎 (*Quercus* sp.) 及杜鹃 (*Rhododendron* sp.) 树干，1998-5-27，王立松 98-18164，2004-6-13，王立松 04-23296；格咱乡，大小雪山，28°16′N，99°45′E，海拔 3289～3400 m，栎 (*Quercus* sp.) 及杜鹃 (*Rhododendron* sp.) 树干，2000-8-21～24，王立松 00-19902，00-20067，2012-7-5，王立松等 12-34914，12-34921；天宝山，27°36′N，99°53′E，海拔 3678～3708 m，落叶松 (*Larix* sp.)、云杉 (*Picea* sp.) 树干，2012-7-6，王立松等 12-34962，12-35043；石卡雪山，海拔 3600～3708 m，落叶松 (*Larix* sp.)、云杉 (*Picea* sp.) 林地，1981-6-20，王立松 1882，1998-10-1，王立松 98-18421；哈巴村，哈巴雪山，27°20′N，100°04′E，海拔 2800～3600 m，云杉 (*Picea* sp.) 树干，2002-10-26，王立松 02-22068，02-22167；中甸县城边，海拔 3600 m，树干，1996-10，王世琼 17142。

　　文献记载：云南 (Du Rietz，1926；Zahlbruckner，1932；Gyelnik，1935；Wu and Wang，1992)，西藏 (Wei and Jiang，1981，1986)。

　　世界分布：中国横断山地区。

3. 绿丝槽枝衣　图版 XV：E、F

Sulcaria virens (Tayl.) Bystr. ex Brodo & D. Hawksw., Opera Bot. **42**: 156, 1977; Wang et al., ICAB 2012. Lecture Notes in Electrical Engineering **250**: 1095-1105, 2014.

　　GenBank No.: KM979760.

　　≡ *Alectoria virens* Tayl., in Hook., Lond. J. Bot. **6**: 188, 1847; Zahlbruckner, in Handel-Mazzetti, Symb. Sin. **3**: 202, 1930b.

　= *Alectoria virens* var. *forrestii* D. Hawksw., Misc. Bryol. Lichenol., Nichinan **5**: 1, 1969– *Sulcaria virens* var. *forrestii* (D. Hawksw.) D. Hawksw., Opera Bot. **42**: 156, 1977; Wei, Enum. Lich. China: 240, 1991.

　= *Sulcaria virens* f. *decolorans* (Asahina) D. Hawksw., Opera Bot. **42**: 156, 1977.

　　Type: India, Sheopore, Wallich, Jan. 1821 (FH-holotype!, BM-isotype!).

　　地衣体生长型：枝状，丝状悬垂，柔软，以基部柄固着基物，长 10～25 (～30) cm；分枝：圆柱状至扁枝状，等二叉分枝，分枝腋较宽，直径 0.5～4 mm；表面：亮黄绿色，光滑，局部具脊状突，皮层纵向裂开，呈纵向沟槽，常露出白色髓层；无粉芽、裂芽及假杯点；子囊盘未见；主枝横切面：圆形至扁枝状，直径 500～600 μm；皮层：单层型，厚 60～130 μm，由纵向菌丝组成，外侧淡黄褐色，内侧无色；髓层：中空，无软骨质中轴；菌丝：疏松，表面光滑，直径 2～3 μm；共生光合生物：绿球藻，藻层厚 50～70 μm。

地衣特征化合物：皮层 K–；髓层 K–，P +红色；TLC：吴耳酸 (vulpinic acid)、黑茶渍素 (atranorin) 和去甲环萝酸 (evernic acid)。

生境：常见于杜鹃属 (*Rhododendron*)、冷杉属 (*Abies*)、栎属 (*Quercus*) 树干，有时与长松萝 *Usnea longissima* 混生，并悬垂于云南松 (*Pinus yunnanensis*)、高山松 (*P. densata*) 及丽江云杉 (*Picea likiangensis*) 树冠，偶见岩石表面生；海拔 1900～4000 m。

研究标本引证：

四川 米易县，麻陇乡，北坡山，海拔 2800～3000 m，树干，1983-7-9，王立松 83-957，83-993，83-1000，83-1020；渡口市，务本乡，大黑山，海拔 2450 m，栎 (*Quercus* sp.) 树干，1983-6-19，王立松 83-22520。

云南 泸水市，高黎贡山，海拔 2200 m，1978-8-1，臧穆 965，5779，1209。大理，苍山中和寺，海拔 3620 m，杜鹃 (*Rhododendron* sp.) 灌木枝，1946-12，刘慎谔 017538。鹤庆县，响水河村，马耳山，26°15′N，100°07′E，海拔 3263 m，树枝，2012-5-27，马文章 12-3794。东川区，落雪村，白石岩，26°09′N，102°55′E，海拔 4020 m，岩石表面，2009-7-18，王立松 09-30573。福贡县，亚坪村，27°10′N，98°43′E，海拔 3005 m，杜鹃林下，2005-5-23，王立松 05-24549；鹿马登公社，海拔 2500 m，树枝，1982-5-28，王立松 82-488，82-520。贡山县，丙中洛至通达垭口，28°05′N，98°41′E，海拔 2500～3700 m，云南松 (*P. yunnanensis*) 树冠悬垂，1999-10-21，王立松 99-18641，99-18558；野牛谷，27°48′N，98°49′E，海拔 2700～2950 m，冷杉属 (*Abies*) 及灌木枝，2000-5-30，王立松 00-19300，00-19365，00-19556；独龙江乡，黑凹底，27°47′N，98°30′E，海拔 2400 m，腐木生，2005-5-26，王立松 05-24508；贡山县城至独龙江途中，27°45′N，98°35′E，海拔 2000～2400 m，云南松 (*P. yunnanensis*) 树冠悬垂，1999-10-23，王立松 99-18493，2005-11-21，王立松 05-25793；其期至东哨房途中，27°42′N，98°29′E，海拔 3000 m，云杉枯木桩，2000-6-19，王立松 00-19045；其期村，海拔 1900 m，1982-7-19，臧穆 4447；怒江河谷，贡山县城 41 km，冷杉属 (*Abies*) 树冠，2002-10-1，James 23272。丽江县，牦牛坪，27°18′N，100°21′E，海拔 3750 m，岩石表面，2012 年，姚元林 12-432；九河乡，老君山，26°37′N，99°43′E，海拔 3200～4050 m，冷杉属 (*Abies*)、杜鹃 (*Rhododendron* sp.) 及岩石表面生，1999-11-26，王立松 99-18708，2000-8-16，王立松 00-20087，2002-9-7，王立松 02-21270，2003-9-15，王立松 03-22666，2005-6-15，王立松 05-24631，05-24306，05-25015，05-24408，05-25311，05-24756，2006-8-25，王立松等 06-26465，06-26517，2010-7-16，王立松 10-31512，10-31527，2011-5-22，王立松 11-32058，11-32117，11-32134，2013-7-30，王立松等 13-38650，13-38804，2014-6-25，王立松等 14-44060。腾冲县，古永乡，海拔 2200 m，树干，1983-11-19，王立松 83-2609。维西县，犁地坪，27°09′N，99°23′E，海拔 3200～3430 m，树干及腐木生，1982-5-12，王立松 82-10，82-15，82-16，2006-8-2，Daniel et al. 06-26363，2007-10-18，王立松 07-28793；巴丁村药材地，海拔 3500 m，树干，1982-5-11，王立松 82-230。中甸县，天宝山，海拔 3850 m，冷树林下，1981-6-15，王立松 81-24。

西藏 察隅县，下察隅，慈巴沟，28°42′N，97°29′E，海拔 1200～2990 m，树干生，1976-9-1，臧穆 9407，2014-7，尹志坚 CBG008。

文献记载：云南 (Hue, 1899；Du Rietz, 1926；Zahlbruckner, 1930b；Wei et al.,

2007)，四川 (Du Rietz，1926)，台湾 (Zahlbruckner，1933；Gyelnik，1935；Asahina and Sato，1939；Wang-Yang and Lai，1973；Ikoma，1983)。

Wang-Yang 和 Lai (1973) 与 Moon (2013) 分别记录了该种在中国台湾和韩国的分布，但均无引证标本；根据我们近年对中国台湾和韩国标本的多次采集，以及对中国台湾台中自然科学博物馆和韩国顺天大学的馆藏标本研究，均未发现该种的存在。

世界分布：印度，尼泊尔 (Awasthi and Awashi，1985；Singh and Sinha，2010)，韩国 (Moon，2013)。

用途：中国民间药用 (王立松和钱子刚，2013)。

讨论：本种地衣体丝状悬垂，柔软，表面亮黄绿色，含吴耳酸，而易于区别。

模式标本研究 (G. Forrest No. 13471，holotype in E!)：地衣体黄绿色至污黄色，柔软丝状，长 25 cm；主枝圆形至压扁形，等二叉分枝，分枝腋明显压扁形，呈带状，宽 4 mm；表面光滑，有纵向脊和纵向沟槽，常露出白色的髓；无粉芽、裂芽及假杯点；无子囊盘。

1969 年，Hawksworth 在研究 G. Forrest 于 1914 年 8 月在云南大理采集的标本 (G. Forrest No. 13471，holotype in E) 和 1921 年在云南德钦县白马雪山采集的标本 (G. Forrest No. 20808，Paratypus in E) 时发现，该地衣体分枝局部扁平条带状，直径宽达 4 mm，并发表了变种 *Alectoria virens* var. *forrestii*；根据我们对采自云南、四川和西藏的 40 余份标本的研究，地衣体分枝直径 1.5～6 mm 都有出现，故将该变种作为绿丝槽枝衣 *Sulcaria virens* 的异名 (Wang et al.，2014)。

二、梅衣科：绵腹衣属、扁枝衣属、金丝属及孔叶衣属

根据 Thell 等 (2012) 建立的分子系统，本卷将梅衣科中国有分布的金丝属 (*Lethariella*)、绵腹衣属 (*Anzia*)、扁枝衣属 (*Evernia*) 和孔叶衣属 (*Menegazzia*) 纳入本卷的编研内容，共记载了绵腹衣属 10 种、扁枝衣属 3 种、金丝属 3 种和孔叶衣属 5 种。

(一) 绵腹衣属 Anzia Stizenb.

Anzia Stizenb., Flora, Regensburg **44**: 393, 1861.

Type species: *Anzia colpodes* (Ach.) Stizenb., Flora, Regensburg **45**: 243, 1862.

地衣体叶状，狭叶型，圆形或不规则扩展，直径 2～30 cm；裂片二叉式至不规则分枝，顶端钝圆，分枝腋狭窄，通常呈 "V" 字形，不具有缘毛；上表面灰绿色至橄榄绿色，有时覆盖白色粉霜或具粉芽或裂芽；髓层白色，菌丝疏松，部分种具软骨质中轴，呈黑色或白色，菌丝致密；下表面无皮层，具黑色至浅棕色的海绵状组织；假根稀疏，通常单一不分枝；子囊盘茶渍型，生于裂片上表面，盘面黄绿色至红褐色，具光泽，子囊内含多孢 (超过 100 个孢子)；子囊孢子无色单胞，月牙形；光合共生生物：绿球藻；地衣特征化合物主要为黑茶渍素 (atranorin)、绵腹衣酸 (anziaic acid)、柔扁枝衣酸 (divaricatic acid) 及石花酸 (sekikaic acid) 等。

全球约 38 种；其中，中国报道过 12 种，本卷记录了 10 种。

本属地衣体下表面具绵腹组织，子囊内含多孢，孢子无色单胞、月牙形，而易于区别。绵腹衣属与梅衣科中的 *Pannoparmelia* (Müll. Arg.) Darb.属的地衣体下表面都具绵腹组织，但后者地衣体上皮层呈黄绿色，子囊内含 8 个孢子，分布于太平洋地区。

中国绵腹衣属分种检索表

9. 不具小裂片，裂片中部膨大，呈仙人掌形 ································ 仙人掌绵腹衣 *A. opuntiella*

Key to the species in China

1. Central axis present, medulla single-layered ··2
1. Central axis absent, medulla single-or double-layered ··6
  2. Spongiostratum white or pale brown, medulla C– ··························· **A. leucobatoides**
  2. Spongiostratum black to dark brown ···3
3. Central axis flat, buried in medulla, medulla C+ red, containing anziaic acid ··········· **A. hypomelaena**
3. Central axis cylindrical, growing between medulla and spongiostratum, medulla C–, lacking anziaic acid ·
··4
  4. Lobes wide and roundish, pruinose on the tips ··································· **A. pseudocolpota**
  4. Lobes tip acute, without pruina ··5
5. Rhizines covered with black spongiostratum ·· **A. rhabdorhiza**
5. Rhizines simple and bare, without spongiostratum ································· **A. hypoleucoides**
  6. Medulla C+ red, containing anziaic acid ··7
  6. Medulla C–, without anziaic acid ···8
7. Spogiostratum not continuous, forming roundish patches near the tips ··············· **A. japonica**
7. Spogiostratum continuous, medulla double-layered ······································· **A. formosana**
  8. Lobes pruinose near the tip, medulla single-layered ···························· **A. colpota**
  8. Lobes without pruina, medulla double-layered ···9
9. Soredia-like lobules present along the lobe margin ······································· **A. ornata**
9. Without lobules, lobes inflated in the middle part, and opuntia-shaped ··················· **A. opuntiella**

1. 霜绵腹衣　图版 XVI：A、B

Anzia colpota Vain., Bot. Mag., Tokyo **35**: 19, 1921; Wu & Wang, Act. Bot. Yun. **14**(1): 42, 1992; Wang, Lich. Yun. China: 80, 2012; Wang et al., Lichennologist **47**(2): 102, 2015.

Type: Japan, Rikuzen Province, Gamo. Yasuda, A., 248(TUR– holotype).

模式标本未见。

地衣体生长型：叶状，紧贴或疏松附生于基物，直径 2～4 cm；裂片：狭叶型，不规则分叉，顶端掌状分裂，宽 1～1.5 mm；上表面：灰绿色至棕绿色 (馆藏标本)，边缘及顶端具白色粉霜层；无粉芽及裂芽；髓层：单层，无中轴，白色；下表面：具连续黑色至棕黑色绵腹组织；假根：单一，长 1～2 mm，直径约 0.2 mm，生于绵腹组织中部；子囊盘：圆盘状，生于地衣体中部上表面，盘面黄棕色至红棕色，直径 1～10 mm；子实上层：棕色至黄棕色，厚约 10 μm；子实层：透明无色，厚 70～80 μm；子实下层：黄色，厚 25～30 μm；子囊：长约 50 μm，子囊内含多孢；子囊孢子：单胞，月牙形弯曲，12～15×2～3 μm；分生孢子器：通常生于裂片顶端。

地衣特征化合物：上皮层 K+黄色，髓层均为负反应；TLC：含黑茶渍素 (atranorin)、柔扁枝衣酸 (divaricatic acid) 及石花酸 (sekikaic acid)。

生境：生于松属 (*Pinus*)、栎属 (*Quercus*) 树干或杜鹃属 (*Rhododendron*) 树枝；海拔 2000～3500 m。

研究标本引证：

四川　九龙县，伍须海，3600 m，29°09′N，101°24′E，枯枝干，2007-9-24，王立

松 07-29192。

云南 丽江市，玉龙雪山白水河，海拔 3100 m，杜鹃 (*Rhododendron* sp.) 灌木上，1981-8-8，王立松 81-11686，81-11690；玉龙雪山玉峰寺，26°58'N，100°12'E，海拔 2600～2800 m，华山松 (*Pinus armandii*) 树干，1985-7-28，王立松 85-0060，1987-4-20，王立松 87-46214，87-46242；玉龙雪山牦牛坪，海拔 3060 m，26°46'N，100°17'E，枯枝上，2007-10-19，Harada 24730；老君山九十九龙潭，海拔 3500 m，26°39'N，99°46'E，树干生，2000-8-15，王立松 00-20092，00-20180；黑白水，海拔 3000 m，杜鹃 (*Rhododendron* sp.) 树干，1981-8-8，王立松 11688。德钦县，梅里雪山笑农村，海拔 3200 m，28°24'N，98°48'E，云杉 (*Picea* sp.) 树干，1994-9-28，王立松 94-15046，94-15103；梅里雪山雨崩村，海拔 3500 m，栎 (*Quercus* sp.) 树干，1994-9-30，王立松 94-15105，94-15176；梅里石村至索拉垭口，海拔 3537 m，28°38'N，98°39'E，树干，2012-9-9，牛东玲等 12-37842。贡山县，独龙江乡黑凹底，海拔 2400 m，27°47'N，98°30"E，树干，2005-5-26，王立松 05-24492。

西藏 林芝县，海拔 3060 m，29°50'N，94°44'E，栎 (*Quercus* sp.) 树干，2007-8-20，王立松 07-28446。

台湾 花莲县，和平乡，海拔 2000 m，树干生，1972-12-22，赖明洲 6703。

文献记载：云南 (Wu and Wang，1992；Wang et al.，2015)。

世界分布：亚洲，美洲 (Yoshimura，1987；王立松，2012)。

讨论：霜绵腹衣的特征在于上表面边缘具白色粉霜，裂片近顶端掌状分裂，髓层单层型。

本种与日本绵腹衣 *A. japonica* 的裂片近顶端均呈掌状分裂，但后者下表面绵腹组织不连续，含绵腹衣酸 (anziaic acid) 而不同；与拟霜绵腹衣 *A. pseudocolpota* 的上表面都具粉霜层，但后者髓层具中轴，以及下表面近边缘部分绵腹组织不连续。

2. 台湾绵腹衣　图版 XVI：C、D

Anzia formosana Asahina, J. Jap. Bot. **13**: 221, 1937; Sato, J. Jap. Bot. **14**: 786, 1938; Lamb, Ind. Nom. Lich.: 18, 1963; Wang-Yang & Lai, Taiwania **18**(1): 88, 1973; Wei et al., Lich. Officin. Sin.: 33, 1982; Ikoma, Macrolich. J. Adj. Reg.: 29, 1983; Wei, Enum. Lich. China: 26, 1991; Wang et al., Lichennologist **47**(2): 103, 2015.

Type: China, Taiwan Prov., Mt. Alishan, Leg. M. Ogata (herbario meo – holotype). 模式标本未见。

地衣体生长型：叶状，紧贴或疏松附生于基物，圆形至不规则扩展，直径 4～10 cm；裂片：狭叶型，不规则分裂，顶端分枝腋＜30°，呈锐角，宽 1～1.5 mm；上表面：灰绿色至棕绿色 (馆藏标本)，边缘呈白色，无粉芽和裂芽；髓层：双层型，上层菌丝致密呈白色，下层菌丝疏松呈灰色，无中轴；下表面：具连续的黑色至棕黑色绵腹组织；假根：稀疏，单一，长 1～2 mm，生于绵腹组织中部；子囊盘：圆盘状，生于地衣体中部上表面，盘面红棕色，直径＞2 cm；子实上层：棕色至黄棕色，厚 10～12 μm；子实层：透明无色，厚 60～80 μm；子实下层：黄色，厚 30～35 μm，子囊：长约 50 μm，内含多孢；子囊孢子：单胞，月牙形弯曲，14～16 × 2～3 μm；分生孢子器：生于裂片上表面近顶端，直径约 0.5 cm。

地衣特征化合物：皮层 K+黄色，髓层 C+红色，K−，KC+红色；TLC：含黑茶渍素 (atranorin) 及绵腹衣酸 (anziaic acid)。

生境：生于松属 (*Pinus*)、云杉属 (*Picea*) 以及杜鹃属 (*Rhododendron*) 树枝；海拔 1800～3000 m。

研究标本引证：

四川 木里县，蚂蝗沟，海拔 2650 m，杜鹃 (*Rhododendron* sp.) 干上，1983-8-30，王立松 83-2031a；九一五林场，3000 m，栎 (*Quercus* sp.) 树干，2001-11-7，王立松 01-21015。

云南 景东县，哀牢山，徐家坝水库附近，海拔 2500 m，24°32'N，101°01'E，栎 (*Quercus* sp.) 树干，2013-6-9，王立松 13-37950，13-37956，13-37970，13-37975，13-37980，13-38008，13-38939；徐家坝三棵树，海拔 2450 m，枯枝上，2006-5，李苏 AL-222，AL-226，AL-338；徐家坝杜鹃湖，海拔 2450 m，树干生，2006-1，李苏 AL-035；徐家坝，海拔 2400 m，树干生，1994-8-23，王立松 94-23119。丽江市，九河乡，老君山，海拔 3800 m，26°37'N，99°43'E，杜鹃 (*Rhododendron* sp.) 灌木，2011-5-22，王立松 11-31988，11-32045，11-32121；老君山，海拔 3200 m，26°38'N，99°49'E，杜鹃 (*Rhododendron* sp.) 枝上，2008-10-18，王立松 08-29734，08-29735，08-29743；高山植物园，海拔 3450 m，27°00'N，100°12'E，杜鹃 (*Rhododendron* sp.) 枝上，2011-8-16，王立松 11-32434；玉龙雪山，落叶松 (*Larix* sp.) 树干，1959-5-30，沈祖安 59-1885；玉龙雪山，海拔 3000 m，杜鹃 (*Rhododendron* sp.) 枝上，1981-8-8，王立松等 4926，5105，5131；白水河，海拔 3000 m，栎 (*Quercus* sp.) 树干，1985-8-6，王立松 85-344；干海子，海拔 3200 m，松 (*Pinus* sp.) 树干，1993-9-16，王立松 93-13599；永德大雪山，海拔 3170 m，25°58'N，100°21'E，杜鹃 (*Rhododendron* sp.) 枝上，2011-10-8，马文章等 11-2593；玉龙雪山干河坝，海拔 3400 m，杜鹃 (*Rhododendron* sp.) 枝上，1998-10-23，王立松 98-18449；白沙，栎 (*Quercus* sp.) 树干，1974-5-24，臧穆 344；九十九龙潭马鞍，海拔 3400 m，26°39'N，99°46'E，杜鹃 (*Rhododendron* sp.) 枝上，2000-8-16，王立松 00-20090；丽江县城西北 20 km 处，海拔 3000 m，树干生，1985-7-30，王立松 85-0190，1981-7-5，王立松 81-23118。中甸县，尼西乡附近山坡，海拔 2600 m，栎 (*Quercus* sp.) 树干，1981-7-5，黎兴江 81-1925；翁水村，大雪山，海拔 3000 m，28°30'N，99°49'E，2000-8-24，王立松 00-23120；哈巴村哈巴雪山，海拔 3700 m，27°20'N，100°04'E，云杉 (*Picea* sp.) 树干，20002-10-26，王立松 02-21770；碧融峡谷，海拔 3100 m，28°24'N，99°46'E，花楸 (*Sorbus* sp.) 树干，2002-9-21，王立松 02-22244。师宗县，菌子山，悬崖天路，海拔 2280 m，24°39'N，104°08'E，樱花 (*Prunus serrulata*) 树干，2014-11-5，王立松 14-47216。维西县，犁地坪，海拔 3350 m，27°11'N，99°24'E，栎 (*Quercus* sp.) 树干，2013-6-15，王立松 13-38271；俅那村，海拔 2500 m，杜鹃 (*Rhododendron* sp.) 枝上，1982-5-8，王立松 82-86B。福贡县，鹿马登公社，海拔 1700 m，树干生，1982-5-28，王立松 82-468a，82-474。贡山县，其期至东哨房途中，海拔 2950 m，27°42'N，98°29'E，树干生，2000-6-2，王立松 00-19021，00-19052；秋那桶村，海拔 3300 m，28°11'N，98°31'E，树干生，2000-5-26，王立松 00-19618，00-19648；秋那桶村怒江边，树干生，

1982-6-24，王立松 786；野牛谷，海拔 2700 m，27°48'N，98°49'E，树干生，2000-5-30，王立松 00-19333。腾冲县，大塘村，海拔 2200 m，25°45'N，98°42'E，树干生，2000-5-14，王立松 00-19413，00-19472；猴桥黑泥塘，海拔 1650 m，树干生，1982-6-24，王立松 786。禄劝县，转龙镇，轿子雪山，海拔 3814 m，26°04'N，102°50'E，花楸 (*Sorbus* sp.) 树干，2007-5-20，王立松 07-27828；乌蒙山区轿子雪山，海拔 2700 m，杜鹃 (*Rhododendron* sp.) 枝上，1993-7-10，王立松 93-23117。楚雄市，紫溪山，海拔 2500 m，树干生，1994-8-28，王立松 94-15612。德钦县，梅里雪山笑农村，海拔 3200 m，28°24'N，98°45'E，云杉 (*Pices* sp.) 树干，1994-9-28，王立松 94-15047。大理市，云龙天池自然保护区，海拔 2400 m，树干生，1984-6-27，郗建勋 233；漕涧镇，志奔山，海拔 3200 m，25°44'N，99°03'E，树干生，2000-6-12，王立松 00-18872。

西藏 察隅县，日东村，树干，海拔 2000 m，1982-9-11，苏京军 4475；日东村，松 (*Pinus* sp.) 枝上，海拔 3000 m，1982-9-7，苏京军 4251，4259b。墨脱县，树干，海拔 2000 m，1983-5-20，苏永革 4725。

文献记载：西藏，四川，云南 (Wang et al.，2015)，湖南 (Wei and Jiang，1982)，台湾 (Sato，1938；Lamb，1963；Wang-Yang and Lai，1973；Ikoma，1983)。

世界分布：中国南部地区分布 (Yoshimura，1987)；中国特有种。

讨论：本种的主要特征在于髓层双层型，含绵腹衣酸。

该种与淡绵腹衣 *A. hypoleucoides* 在外形上相似，区别在于后者髓层单层，具中轴，不含有绵腹衣酸 (髓层 C–)；该种与仙人掌绵腹衣 *A. opuntiella* 都具有双层髓层，但后者裂片近顶端呈仙人掌状膨大，含柔扁枝衣酸和石花酸。

用途：石蕊试剂原料 (王立松和钱子刚，2013)。

3. 淡绵腹衣　图版 XVI：E、F

Anzia hypoleucoides Müll. Arg., Flora 74: 111, 1891; Sato, J. Jap. Bot. **14**: 788, 1938; Wang-Yang & Lai, Taiwania **18**(1): 88, 1973; Wei, Bull. Bot. Res. **1**(3): 84, 1981; Wei, Enum. Lich. China: 26, 1991; Wang, Lich. Yun. China: 80, 2012; Wang et al., Lichennologist 47(2): 106, 2015.

GenBank No.: KJ486575.

≡ *Parmelia hypoleucoides* (Müll. Arg.) Hue, Nouv. Arch. Mus. Hist. Nat., Paris, **4** Sér. 1: 135, 1899.

Type: Japan, Tosa, Miyoshi (G-holotype).

模式标本未见。

地衣体生长型：叶状，疏松附着于基物，不规则扩展，直径 3～8 cm；裂片：狭叶型，二叉分叉，顶端钝圆形，宽 1～1.5 mm；上表面：灰绿色至棕绿色 (馆藏标本)，边缘处呈白色；无粉芽及裂芽；髓层：单层型，白色，黑色中轴生于髓层和绵腹组织之间，直径 100～150 μm；下表面：具连续的黑色至深棕色绵腹组织；假根：单一黑色，稀疏，长 1～2 mm，生于绵腹组织中部；子囊盘：圆盘状，生于地衣体上表面中部，盘面红棕色，直径 1～5 mm；子实上层：黄棕色，厚 10～12 μm；子实层：透明无色，厚 50～60 μm；子实下层：无色，厚 60～70 μm；子囊：长约 50 μm，内含多孢；子囊孢子：

单胞，月牙形弯曲，12～14×2～3 μm；分生孢子器：黑色凸起，呈疣状，通常生于裂片近顶端边缘。

地衣特征化合物：上皮层 K+黄色，髓层 C–，K–，KC+淡红色；TLC：含黑茶渍素 (atranorin)及肺衣酸 (lobaric acid)。

生境：生于亚高山地区的云杉属 (*Picea*)、栎属 (*Quercus*) 树干或杜鹃属 (*Rhododendron*) 树枝上；海拔 2400～3570 m。

研究标本引证：

四川　九龙县，伍须海，海拔 3600 m，29°09'N，101°24'E，栎 (*Quercus* sp.) 树干，2007-9-24，王立松 07-29184。

云南　南涧县，拥政村大中山，24°50'N，100°25'E，树干生，海拔 2580 m，2012-12-20，王立松 12-37691，12-37696，12-37714，12-37719，12-37721，12-37755，12-37789，12-37898。维西县，犁地坪，25°44'N，99°03'E，海拔 3320 m，杜鹃 (*Rhododendron* sp.) 枝上，2013-6-15，王立松 13-38280。昆明市，阿子营至嵩明途中，25°19'N，102°50'E，海拔 2190 m，树干生，2012-11-3，王立松 12-37157。景东县，哀牢山徐家坝，24°32'N，101°01'E，海拔 2400 m，树干生，2013-6-9，王立松 13-37941，13-37955，13-37959，13-37963，13-37971，13-37941；徐家坝自然保护区，海拔 2400 m，枯枝上，1994-8-23，王立松 94-14319，94-14624；徐家坝，24°32'N，101°01'E，海拔 2460 m，树干生，2005-1-21，王立松 05-23668。剑川县，老君山，26°37'N，99°43'E，海拔 3400～3700 m，杜鹃 (*Rhododendron* sp.) 枝上，2000-8-16，王立松 00-2008，2003-9-15，王立松 03-22670，2005-6-15，王立松 05-24740，05-24741，2010-7-16，王立松 10-31538，2011-5-22，王立松 11-31990，11-31993，11-31997，11-32005，11-32120，11-32129，2013-6-16，王立松 13-38257，13-38259。丽江市，玉龙雪山干河坝，海拔 3000 m，松 (*Pinus* sp.) 树干，2005-5-16，王立松 05-24424；干海子，海拔 3100 m，树干生，1993-9-16，王立松 93-13618；干海子，海拔 3440 m，松 (*Pinus* sp.) 树干，2009-1-27，王立松 09-30045；干海子，海拔 3300 m，高山松 (*Pinus densata*) 树干，2004-6-24，王立松 04-23492；文海，海拔 3200 m，树干生，2004-7-23，王立松 04-23481；巨甸镇，海拔 2100 m，核桃 (*Juglans regia*) 树干，1989-2-10，王立松 89-492；玉峰寺，海拔 2820 m，云南松 (*Pinus yunnanensis*) 树干，1985-7-28，王立松 85-0078。贡山县，西哨房至其期途中，27°42'N，98°26'E，海拔 2500 m，树干生，2000-6-5，王立松 00-19251；独龙江黑凹底，28°38'N，98°39'E，海拔 2400 m，树干生，2005-5-26，王立松 05-24521，05-24526。云龙县，漕涧镇，志奔山，海拔 3150 m，27°44'N，99°03'E，花楸 (*Sorbus* sp.) 树干，2005-5-16，王立松 05-24314。禄丰县，罗川镇，25°03'N，101°54'E，海拔 1730 m，杜鹃 (*Rhododendron* sp.) 枝上，2007-10-22，王立松 07-28810。德钦县，梅里石村至索拉垭口，28°38'N，98°39'E，海拔 3500 m，树干生，2012-9-9，牛东玲等 12-35615，12-35638，12-36117。

西藏　察隅县，日东村，海拔 3100 m，腐木生，1982-9-11，苏京军 4458。

台湾　花莲县，木瓜山，树干生，1940-8-8，T. Nakamura 103；台东县，鬼湖，树干生，1970-7，徐国士 855。

文献记载：四川 (Wang et al., 2015)，云南 (Wei, 1981；Wei et al., 2007；Wang et al., 2015)，浙江 (Xu, 1989)，台湾 (Sato, 1938；Wang-Yang and Lai, 1973)。

世界分布：日本，韩国 (Yoshimura，1974)。

讨论：该种的分类特征在于髓层和绵腹组织之间具有黑色圆形中轴，含肺衣酸。

本种与黑绵腹衣 *A. hypomelaena* 相似，但后者的地衣体通常较大 (裂片宽至 2 mm)，中轴压扁形，白色，埋生于髓层中；与棒根绵腹衣 *A. rhabdorhiza* 同样具相似的地衣体和中轴，但后者假根包被有绵腹组织，长达 7 mm。

4. 黑绵腹衣 (新拟)　图版 XVII：A、B

Anzia hypomelaena (Zahlbr.) Xin Y. Wang & Li S. Wang. Lichenologist **47**(2): 108, 2015.

　　GenBank No.: KJ486574，KJ486576.

　　MycoBank No.: 807710.

　　≡ *Anzia leucobatoides* f. *hypomelaena* Zahlbr., in Handel-Mazzetti, Symb. Sin. **3**: 196, 1930b; Zahlbruckner, Hedwigia **74**: 211, 1934; Wu & Wang, Act. Bot. Yun. **14**(1): 43, 1992.

　　Type: China, Yunnan, 1887, Delavay (H9505563-lectotype!).

地衣体生长型：叶状，紧贴基物生长，直径 3～7 cm；裂片：狭叶型，顶端钝圆形，二叉式分枝，宽 1～1.5 mm；上表面：灰绿色至棕绿色 (馆藏标本)，边缘处有裂痕；无粉芽及裂芽；髓层：单层型，白色，具白色中轴，生于髓层中央；下表面：具连续的黑色至深棕色绵腹组织；假根：稀疏，单一，黑色，长 1～2 mm，生于绵腹组织中部；子囊盘：圆盘状，稀见，生于地衣体上表面中部，盘面栗色，直径 1～8 mm；子实上层：浅棕色，厚 8～10 μm，子实层：无色透明，厚 35～40 μm；子实下层：无色，厚 50～60 μm，子囊：长约 30 μm，内含多孢；子囊孢子：无色单胞，月牙形弯曲，10～12 × 2～3 μm；分生孢子器：少见，上表面缘生。

地衣特征化合物：上皮层 K+黄色，髓层 C+红色；TLC：黑茶渍素 (atranorin) 和绵腹衣酸 (anziaic acid)。

生境：亚高山至高山地区生于杜鹃属 (*Rhododendron*) 树枝；海拔 3000～3800 m。

研究标本引证：

四川　西昌市，螺髻山，27°34'N，102°22'E，海拔 3700 m，杜鹃 (*Rhododendron* sp.) 枝上，2010-6-12，王立松 10-31434；会理县，龙肘山，电视塔，海拔 3500 m，杜鹃 (*Rhododendron* sp.) 枝上，1996-9-13，王立松 96-18003。

云南　禄劝县，转龙镇，轿子雪山，26°04'N，102°50'E，海拔 3814 m，杜鹃 (*Rhododendron* sp.) 枝上，2007-5-20，王立松 07-27845，07-27853，07-27854；轿子雪山，海拔 3500 m，杜鹃 (*Rhododendron* sp.) 枝上，1992-1-31，王立松 92-12895。丽江市，九河乡，老君山，26°37'N，99°43'E，海拔 3860 m，杜鹃 (*Rhododendron* sp.) 枝上，2011-5-22，王立松 11-32039，11-32044，11-32069，11-32070，11-32071；老君山，26°39'N，99°46'E，海拔 3800 m，杜鹃 (*Rhododendron* sp.) 枝上，2005-6-15，王立松 05-24759；玉龙雪山，27°05'N，100°11'E，海拔 3700 m，冷杉 (*Abies* sp.) 树干，1987-4-22，王立松 87-46489；黑白水，海拔 2750 m，高山松 (*Pinus densata*) 树干，1994-9-16，王立松 94-14655；干海子，海拔 3100 m，高山松 (*P. densata*) 树干，1993-6-19，王立松 93-13612。维西县，犁地坪，27°11'N，99°24'E，海拔 3350 m，树干，2013-6-15，王立松 13-38273。景东县，哀牢山徐家坝，海拔 2400 m，树干生，2006-1，李苏 AL-106，AL-107，AL-155，

AL-161，AL-347。中甸县，中甸林业局吉沙林场，海拔 3400 m，云杉 (*Picea* sp.) 树干，1981-8-16，王立松等 5607。

文献记载：云南 (Zahlbruckner，1934；Wu and Wang，1992；Wang et al.，2015)。

世界分布：中国横断山地区分布。

讨论：该种曾是白绵腹衣的黑腹变型 *A. leucobatoides* f. *hypomelaena*，与原变型的区别在于绵腹组织黑色，含绵腹衣酸，两者在分子系统上形成了两个独立的分化支，被提升为独立种 (Wang et al.，2015)。

本种与台湾绵腹衣 *A. formosana* 都含有绵腹衣酸，但后者双层髓层，髓层无中轴；与淡绵腹衣 *A. hypoleucoides* 外形相似，但后者髓层与绵腹组织之间具黑色圆柱状中轴，髓层 C–，含肺衣酸而易区别。

5. 日本绵腹衣　图版 XVII：C、D

Anzia japonica (Tuck.) Müll. Arg., Flora **72**: 507, 1889; Sato, J. Jap. Bot. **14**: 787, 1938; Asahina & Sato, Nip. Ink. Duk.: 713, 1939; Wang-Yang & Lai, Taiwania **18**(1): 88, 1973; Wei, Lich. Officin. Sin.: 32, 1982; Wu, Wuyi Sci. J. **2**: 9, 1982; Wei, Enum. Lich. China: 26, 1991; Wang et al., Lichennologist **47**(2): 109, 2015.

≡ *Parmelia japonica* Tuck., Proc. Amer. Acad. Arts **5**: 399, 1862.

Type: Japan, Musahi, Mt. Ryogami Kurokawa 550620 (FH-holotype).

模式标本未见。

地衣体生长型：叶状，疏松附着于基物上，直径最大达 5 cm；裂片：狭叶型，不规则二叉式分裂，顶端钝圆形呈掌状分裂，宽 1～2 mm；上表面：灰绿色至棕绿色 (标本馆储藏后)；无粉芽及裂芽；髓层：单层，白色，无中轴；下表面：覆盖黑色至深棕色绵腹组织，不连续，近裂片顶端呈圆形斑块状；假根：稀疏，黑色，单一，长 1～2 mm，生于绵腹组织中部；子囊盘：盘状，少见，生于地衣体上表面中部，盘面红棕色，直径 1～4 mm；子实上层：浅棕色，厚 10～12 μm；子实层：透明无色，厚 50～60 μm；子实下层：无色，厚 60～70 μm；子囊：长约 50 μm，内含多孢；子囊孢子：无色单胞，月牙形弯曲，11～13 × 2～3 μm；分生孢子器未见。

地衣特征化合物：上皮层 K+黄色，髓层 C+红色；TLC：黑茶渍素 (atranorin) 和绵腹衣酸 (anziaic acid)。

生境：亚高山地区通常生于杜鹃属 (*Rhododendron*) 树枝上或冷杉属 (*Abies*) 树干；海拔 2000～3000 m。

研究标本引证：

贵州　江口县，梵净山，海拔 2000 m，树干，2000-5-12，林仲刚 L2479。

四川　会理县，龙肘山，电视塔，26°03'N，102°05'E，海拔 3500 m，柳 (*Salix* sp.) 树干，1996-9-13，王立松 96-18004。

云南　大理市，漕涧镇，志奔山，27°05'N，100°11'E，海拔 3245 m，杜鹃 (*Rhododendron* sp.) 枝上，2000-6-12，王立松 00-18776；楚雄市，紫溪山，25°44'N，99°03'E，海拔 2500 m，杜鹃 (*Rhododendron* sp.) 枝上，1994-8-28，王立松 94-15624；禄劝县，轿子雪山，26°03'N，102°05'E，海拔 3700 m，冷杉属 (*Abies*) 树干，2006-7-16，

王立松 06-26248；南涧县，拥政村，大中山，24°50'N，100°25'E，海拔 2580 m，树干，2012-12-20，王立松 12-37723。

　　台湾　南投县，屯原，24°02'N，121°12'E，树干，海拔 2200 m，2005-11-8，林仲刚 L3731。高雄市，关山，23°14'N，120°54'E，海拔 3000 m，树干，2006-3-22，林仲刚 L4069，L4097；进泾桥，海拔 23°12'N，120°52'E，2600 m，树干，2006-3-21，林仲刚 L3994。苗栗县，大霸尖山，树干生，1973-5-2，赖明洲 7778。

　　文献记载：四川，云南 (Wang et al.，2015)，浙江，安徽，湖南 (Wei et al.，1982)，福建 (Wu et al.，1982)，台湾 (Sato，1938；Asahina and Sato，1939；Wang-Yang and Lai，1973)。

　　世界分布：中国和日本 (Yoshimura，1974)。

　　讨论：裂片顶端呈掌状分裂，下表面的绵腹组织不连续，髓层含绵腹衣酸 (anziaic acid)。

　　本种与台湾绵腹衣 *A. formosana* 都含绵腹衣酸，但后者裂片顶端非掌状分裂，下表面绵腹组织连续。

　　用途：抗生素原料 (王立松和钱子刚，2013)。

6. 白绵腹衣　图版 XVII：E、F

Anzia leucobatoides (Nyl.) Zahlbr., Engler & Prantl **1**: 214(1907); Zahlbruckner, Cat. Lich. Uni.: 278, 1930a; Zahlbruckner, Lichenes: 196, 1930b; Zahlbruckner, Hedwigia **74**: 211, 1934; Wu & Wang, Act. Bot. Yun. **14**(1): 43, 1992; Wang et al., Lichennologist **47**(2): 109, 2015.

　　GenBank No.: KJ486584, KJ486585.

　　≡ *Parmelia leucobatoides* Nyl., Bull. Soc. bot. Fr. **34**: 21, 1887; Hue, Bull. Soc. Bot. France **36**: 166, 1889; Hue, Nouv. Arch. du Muséum d'Hist. Nat. **3**: 293, 1890.

　　Type: China, Yunnan, 1887, Delavay (H9505563-lectotype!).

　　地衣体生长型：叶状，疏松附着于基物，直径 5～10 cm；裂片：狭叶型，等二叉分叉，顶端呈锐角，较其他种更粗大，宽 1～2 mm；上表面：表面明显凸起，灰绿色至棕绿色 (馆藏标本)；无粉芽和裂芽；髓层：单层型，白色，具白色扁平状中轴，埋生于髓层中，厚 200～300 μm；下表面：覆盖连续的白色至浅棕色绵腹组织，其宽度比裂片更窄；假根：稀疏，单一，黑色，长 2～4 mm，生长于绵腹组织中部；子囊盘：圆盘状，生于地衣体上表面中部，盘面浅黄棕色，直径 2～15 mm；子实上层：黄色，厚 10～12 μm；子实层：无色透明，厚 50～60 μm；子实下层：无色，厚 70～80 μm；子囊：长约 50 μm，内具螺旋状排列多孢；子囊孢子：无色单胞，月牙形弯曲，13～15 × 2～3 μm；分生孢子器：黑色点状，凸起，常见于裂片边缘。

　　地衣特征化合物：上皮层 K+黄色，髓层 C–，KC+淡红色；TLC：黑茶渍素 (atranorin) 和肺衣酸 (lobaric acid)。

　　生境：该种是横断山亚高山地区的常见种，通常生于杜鹃属 (*Rhododendron*)、冷杉属 (*Abies*) 以及落叶松属 (*Larix*) 树干或树枝；海拔 2500～3700 m。

　　研究标本引证：

四川 木里县,蚂蝗沟,海拔 2650 m,枯木上,1983-8-30,王立松 83-2016,83-2031,83-2051A;卡拉向阳沟,海拔 3300 m,石表生,1983-8-28,王立松 83-1937A;木里县,海拔 3200 m,树干,1983-9-22,王立松 83-2318。盐源县,海拔 3250 m,杜鹃 (*Rhododendron* sp.) 枝上,1983-8-10,王立松 83-1481。米易县,麻陇北坡山,海拔 3000m,树干,1983-7-8,王立松 83-847,83-867,83-770,83-1073。松潘县,松潘到九寨沟途中,海拔 3200 m,杜鹃 (*Rhododendron* sp.) 枝上,2002-5-25,王立松 02-21069。

云南 丽江市,高山植物园,27°00'N,100°10'E,海拔 3370 m,杜鹃 (*Rhododendron* sp.) 枝上,2011-8-16,王立松 11-32320,11-32329,11-32340,11-32355,11-32357,11-32371,11-32373,11-32376,11-32379,11-32410,11-32424,11-32426,11-32430,11-32431,11-32441,11-32466,11-32557;黑白水,海拔 2750 m,栎 (*Quercus* sp.) 树干上,1994-9-16,王立松 94-14656;白水河,海拔 2400 m,松 (*Pinus* sp.) 树干,1998-5-22,王立松 98-18198;白水河,海拔 2900 m,杜鹃 (*Rhododendron* sp.) 枝上,1981-8-8,王立松 6197;白水河,海拔 3000 m,栎 (*Quercus* sp.) 树干,1985-8-6,王立松 85-365;玉龙雪山,云杉 (*Picea* sp.) 树干,1959-5-30,沈祖安 Lix-6;玉龙雪山,27°11'N,100°15'E,海拔 2600 m,栎 (*Quercus* sp.) 树干,1987-4-21,王立松 46319;玉龙雪山,高山植物园附近,海拔 3400 m,栎 (*Quercus* sp.) 树干,2009-11-10,王立松 09-31155,09-31162;玉龙雪山,云杉坪,云杉 (*Picea* sp.) 树干,1974-6-1,臧穆 372,1488;干河坝,海拔 3300 m,云杉 (*Picea* sp.) 树干,1987-4-23,Ahti 87-46679;九河乡,老君山,26°39'N,99°46'E,海拔 3570 m,杜鹃 (*Rhododendron* sp.) 枝上,2011-5-22,王立松 11-31994,11-31995;巨甸镇,海拔 1920 m,核桃 (*Juglans regia*) 树干,1989-2-10,王立松 89-458;玉峰寺,海拔 3400 m,松 (*Pinus* sp.) 树干,2003-10-17,王立松 03-22872;干海子,海拔 3100 m,树干生,2004-7-24,王立松 04-23495。宾川县,鸡足山,25°58'N,100°21'E,海拔 3220 m,栎 (*Quercus* sp.) 树干,2012-3-28,王立松 12-33468,12-33477,12-33481;鸡足山,25°58'N,100°21'E,海拔 3230 m,栎 (*Quercus* sp.) 树干,2006-7-1,王立松 06-26146。景东县,哀牢山,徐家坝水库,24°32'N,101°01'E,海拔 2500 m,树干上,2013-6-9,王立松 13-37946,13-37954,13-37960;徐家坝自然保护区,海拔 2400~2500 m,枯枝上,1994-8-24,王立松 94-14623,1998-7-30,王立松 98-18358,2006-5,李苏 AL-316,AL-319。中甸县,格咱乡,小雪山,25°58'N,100°21'E,海拔 3000 m,云杉 (*Picea* sp.) 树干,2000-8-22,王立松 00-20045;格咱乡,小雪山垭口,28°16'N,99°45'E,海拔 3289 m,树干生,2012-7-5,王立松 12-34916,12-34922;翁水村,大雪山,28°30'N,99°49'E,海拔 3400 m,杜鹃 (*Rhododendron* sp.) 枝上,2000-8-24,王立松 00-19905;碧塔海,27°48'N,99°48'E,海拔 3400 m,栎 (*Quercus* sp.) 树干,1994-9-21,王立松 94-14980;天宝山,海拔 3400 m,栎 (*Quercus* sp.) 树干,1981-8-18,王立松 5360a。贡山县,秋那桶村,28°11'N,98°31'E,海拔 2900 m,树干,2000-5-26,王立松 00-19667;野牛谷,海拔 2700 m,树干生,2000-5-31,王立松 00-21133。德钦县,梅里雪山,笑农村,海拔 3200 m,云杉 (*Picea* sp.) 树干,1994-9-28,王立松 94-15457;梅里雪山,神瀑至下雨崩途中,28°22'N,98°45'E,海拔 3365 m,树干生,2012-9-13,牛东玲等 12-36205。剑川县,石宝山,26°22'N,100°49'E,海拔 2665 m,杜鹃 (*Rhododendron* sp.) 枝上,2011-8-17,王立松 11-32508。双柏县,鄂嘉镇平河水库,海拔 2550 m,树干生,

2006-2-22，王立松 06-25818。

    西藏 察隅县，日东村，海拔 3200 m，腐木上，1982-9-12，苏京军 4589。

    文献记载：四川 (Wang et al.，2015)，云南 (Hue，1889，1890，1899；Zahlbruckner，1930a，1930b；Wu and Wang，1992；Wang et al.，2015)。

    世界分布：中国横断山地区分布。

    讨论：本种的主要鉴定特征在于地衣体较粗大，髓层中部埋生压扁形的白色中轴，下表面的绵腹组织为白色或浅棕色，易区别于中国分布的绵腹衣属其他种。

    该种与淡绵腹衣 *A. hypoleucoides* 外形相近，但后者的绵腹组织为黑色或深棕色，髓层和绵腹组织之间具黑色圆柱形中轴，子囊盘面红棕色。

7. 仙人掌绵腹衣　图版 XVIII：A、B

Anzia opuntiella Müll. Arg., Flora, Regensburg **64**(7): 112, 1881; Zahlbruckner, Cat. Lich.
    Uni.: 278, 1930a; Wang-Yang & Lai, Taiwania **18**(3): 88, 1973; Wu et al., Wuyi Sci. J.
    2: 9, 1982; Chen, Wu & Wei, Fung. Lich. Shennongjia: 450, 1989; Wang et al.,
    Lichennologist **47**(2): 111, 2015.

    GenBank No.: KJ486577.

= *Anzia japonica* f. *opuntiella* (Müll. Arg.) Asahina, J. Jap. Bot. **11**(4): 230, 1935.

= *Parmelia opuntiella* (Müll. Arg.) Hue, Nouv. Arch. Mus. Hist. Nat., Paris, **4** Sér. 1: 132,
    1899.

    Type: Japan, Tosha, Miyoshi (G-holotype).

    模式标本未见。

    地衣体生长型：叶状，紧密附着于基物上，直径最大 15 cm；裂片：狭叶型，重复二叉至仙人掌状分叉，地衣体中部裂片局部膨大，裂片顶端钝圆形，宽 1.5～2.5 mm；上表面：向上凸起，浅绿色至棕绿色 (馆藏标本)，无粉芽和裂芽；髓层：双层型，白色，上层白色，菌丝较疏松，下层黑色，菌丝较致密；下表面：覆盖连续的黑色至深棕色绵腹组织，其宽度比裂片更窄，边缘有白色裸露带；假根：单一，黑色，稀疏，长 1～2 mm，生长于绵腹组织中部；子囊盘：圆盘状，较少见，生于地衣体上表面中部，盘面红棕色，直径 1～5 mm；子实上层：黄色，厚 8～10 μm，子实层：透明无色，厚 40～50 μm；子实下层：无色，厚 50～60 μm，子囊：长约 40 μm，内含螺旋状排列多孢；子囊孢子：无色单胞，月牙形弯曲，11～13 × 2.5 μm；分生孢子器：黑点状凸起，生于裂片边缘。

    地衣特征化合物：上皮层 K+黄色，髓层 K+黄色，C−，KC+黄色；TLC：黑茶渍素 (atranorin)、柔扁枝衣酸 (divaricatic acid) 及石花酸 (sekikaic acid)。

    生境：生于冷杉属 (*Abies*)、槭树属 (*Acer*)、栎属 (*Quercus*) 树干；海拔 800～2000 m。

    研究标本引证：

    浙江 杭州市，临安县，西天目山，树干生，1956-7-10，陆定安 292，292a。

    贵州 江口县，梵净山，海拔 2000～2100 m，树干生，1988-7-3，王立松 88-276，88-343，88-328，88-316，88-301，1995-9-21，王立松 95-15680，95-15698；江口县，铜矿厂，海拔 1900 m，树干，1988-7-4，王立松 88-181。

云南 丽江市，白水河，海拔 3000 m，栎 (*Quercus* sp.) 树干，1985-8-6，王立松 85-353；德钦县，梅里石村至索拉垭口，海拔 3540 m，栎 (*Quercus* sp.) 树干，2012-9-9，牛东玲等 12-35597。

文献记载：贵州，云南 (Wang et al.，2015)，安徽 (Xu，1989)，浙江 (Xu，1989；Wang et al.，2015)，湖北 (Chen et al.，1989)，福建 (Wu et al.，1982)，台湾 (Sato，1939；Wang-Yang and Lai，1973)。

世界分布：韩国，雪岳山，海拔 1700 m，核桃 (*Juglans regia*) 树干，2004-10-10，王立松 04-24886；太白山，37°06'N，128°55'E，海拔 1567 m，树干生，2004-9-26，王立松 04-24965；智异山，35°19'N，127°42'E，海拔 1200 m，树干生，2004-4-23，王立松 04-24970。日本，秋田县，栗驹山，海拔 815 m，树干，2006-7-11，肖月芹 13-39104，13-39105，13-39106。

讨论：该种的特征为地衣体裂片呈仙人掌状膨大，双层髓，主要地衣特征化合物为柔扁枝衣酸。

裂片顶端呈掌状分裂的特征与日本绵腹衣 *A. japonica* 相似，但后者髓层含绵腹衣酸 (髓层 C+红色)，下表面绵腹组织近顶端不连续；瘤绵腹衣 *A. ornata* 也为双层髓，但后者裂片边缘具粉芽状的小裂片。

8. 瘤绵腹衣 图版 XVIII：C、D

Anzia ornata (Zahlbr.) Asahina, J. Jap. Bot. **13**: 221, 1937; Sato, J. Jap. Bot. **14**: 787, 1938; Wang-Yang & Lai, Taiwania **18**(1): 88, 1973; Wei et al., Lich. Officin. Sin.: 33, 1982; Wu et al., Wuyi Sci. J. **2**: 9, 1982; Ikoma, Macrolich. J. Adj. Reg.: 30, 1983; Chen, Wu & Wei, Fung. Lich. Shennongjia: 451, 1989; Wang et al., Lichennologist **47**(2): 111, 2015.

GenBank No.: KJ486578.

≡ *Anzia japonica* var. *ornata* Zahlbr., Feddes Repert. **33**: 59, 1933.

Type: China, Taiwan, Mt. Niitaka, 1927, Sasaki(W-holotype, TNS-isotype).
模式标本未见。

地衣体生长型：叶状，紧密附着于基物上，直径最大 8 cm；裂片：狭叶型，重复二叉分枝，近顶端呈掌状分裂，常具白色粉霜层，裂片顶端钝圆，宽 1～2 mm；上表面：浅绿色至棕绿色 (馆藏标本)；无粉芽和裂芽，裂片边缘密生粉芽状小裂片；髓层：白色，成熟的裂片髓层双层型，上层白色，菌丝较疏松，下层黑色，菌丝致密；下表面：具连续的黑色至深棕色绵腹组织，绵腹组织宽于裂片上表面，绵腹组织菌丝疏松，菌丝直径 5～8 μm；假根：稀疏，单一，黑色，长 1～3 mm，偶 3～5 根聚成一束，生于绵腹组织中部；子囊盘与分生孢子器未见。

地衣特征化合物：上皮层 K+黄色，髓层 K+黄色，C–，KC+黄色，含有黑茶渍素 (atranorin)、柔扁枝衣酸 (divaricatic acid) 及石花酸 (sekikaic acid)。

生境：生于冷杉属 (*Abies*) 或栎属 (*Quercus*) 树干，偶见石表面生；海拔 1500～2900 m。

研究标本引证：

浙江　龙泉市，茅山，树干，1959-8-14，陆定安 933。

四川　宝兴县，海拔 1800 m，石生，1997-9-21，王立松 97-17876。

贵州　江口县，梵净山，海拔 1400 m，树干生，1995-9-21，王立松 95-15911；梵净山，海拔 1500 m，树干生，1988-7-3，王立松 88-303。

云南　维西县，犁地坪，26°39'N，99°46'E，海拔 3450 m，树干生，2006-8-2，王立松 06-26350；维西至中甸途中，27°19'N，99°16'E，海拔 2950 m，树干生，2013-6-16，王立松 13-38282。丽江市，高山植物园，27°00'N，100°10'E，海拔 3174 m，杜鹃 (*Rhododendron* sp.) 树干上，2011-8-16，王立松 11-32366。

西藏　察隅县，日东村，海拔 2700 m，枯枝上，1982-9-7，苏京军 4232a，4232b，4259a；墨脱县，海拔 1620 m，树干，1983-3-1，苏永革 3836a。

台湾　台中市，雪山，海拔 3200 m，杜鹃属 (*Rhododendron*) 树干上，1997-5-17，赖明洲 9329；雪山，24°23'N，121°13'E，海拔 3150 m，树干，2003-8-3，林仲刚 L3199；雪山，海拔 3800 m，冷杉 (*Abies* sp.) 树干，1976-9-9，赖明洲 8793。新竹市，司马库斯，海拔 1600 m，树干，2005-5-25，林仲刚 L3514，L3536。嘉义县，玉山，3500 m，树干，1978-4-6，赖明洲 10366。

文献记载：贵州，云南 (Wang et al.，2015)，安徽，浙江 (Xu，1989)，湖北 (Chen et al.，1989)，湖南 (Wei et al.，1982)，福建 (Wu et al.，1982)，台湾 (Sato，1938，1939；Wang-Yang and Lai，1973；Ikoma，1983；Wang et al.，2015)。

世界分布：北美洲，日本 (Yoshimura，1974)。

讨论：该种裂片上表面边缘具粉芽状小裂片，双层髓，含柔扁枝衣酸及石花酸，易区别于中国其他绵腹衣种。该种曾是日本绵腹衣的一个变种：*A. japonica* var. *ornata*，与日本绵腹衣的区别在于后者含有绵腹衣酸 (髓层 C+红色)，边缘缺乏小裂片，下表面绵腹组织不连续以及近边缘处绵腹组织不连续。

本种与分布于大洋洲巴布亚新几内亚的 *A. ornatoides* 都具有小裂片，但后者裂片狭长型 (宽约 1 mm)，并且髓层为单层，具有中轴，主要地衣特征化合物为肺衣酸 (lobaric acid)。

9. 拟霜绵腹衣 (新拟)　图版 XVIII：E、F

Anzia pseudocolpota Xin Y. Wang & Li S. Wang, Lichenologist **47**(2): 112, 2015.

GenBank No.: KJ486579, KJ486580, KJ486581.

MycoBank No.: MB 807711.

Type: China, Yunnan Prov., Weixi Co., Lidiping Mt., on *Loranthus* bark, 3350 m, 15th June, 2013, Li S. Wang 13-38274 (KUN-L 22479-holotypus).

地衣体生长型：叶状，紧密附着于基物，直径达 6 cm；裂片：狭叶型，不规则分叉，成熟裂片宽 1～2 mm，顶端掌状分裂，钝圆形，顶部常膨大；上表面：凸起，灰绿色至棕绿色 (标本馆储藏后)，边缘及顶端覆盖白色粉霜，有时粉霜层延伸至下表面；无粉芽和裂芽；髓层：单层型，白色，髓层与绵腹组织之间具黑色圆柱状中轴，直径 200～300 μm；下表面：具连续的黑色绵腹组织，近顶端绵腹组织呈圆形斑块状；假根：单一黑色，稀疏，生于绵腹组织中部，长 1～2 mm，常 3～5 根形成一束；子囊盘：圆盘状，生于地衣体上表面中部，盘面栗褐色，直径 1~6 mm；子实上层：黄色，厚 10~12 μm，子实层：透明无色，厚 70~80 μm；子实下层：无色，厚 30~40 μm；子囊：长 50~70 μm，内含螺旋状排列多孢；子囊孢子：无色单胞，月牙形弯曲，13~15 × 2~3 μm；分生孢子器：黑点状凸起，稀疏，生于裂片上表面近边缘。

地衣特征化合物：上皮层 K+黄色，髓层 C–，KC–，含有黑茶渍素 (atranorin) 和柔扁枝衣酸 (divaricatic acid)。

生境：常见于滇西北横断山地区杜鹃属 (*Rhododendron*)、云杉属 (*Picea*) 或落叶松属 (*Larix*) 树枝；海拔 2500~3700 m。

研究标本引证：

四川 盐源县，海拔 3250 m，栎 (*Quercus* sp.) 树干，1983-8-10，王立松 83-1469；木里县，卡拉乡，向阳沟，海拔 3300 m，栎 (*Quercus* sp.) 树干，1983-8-27，王立松 83-1948a。

云南 丽江市，高山植物园，27°00'N，100°10'E，海拔 3370~3400 m，杜鹃 (*Rhododendron* sp.)、栎 (*Quercus* sp.) 树干，2011-8-16，王立松 11-32334，11-32344，11-32363，11-32370，11-32374，11-32377，11-32378，11-32380，11-32391，11-32392，11-32399，11-32462；2009-11-10，王立松 09-31151，09-31157；玉龙县，玉龙雪山，玉湖村干河坝，27°04'N，100°13'E，海拔 3253 m，树干，2012-5-16，马文章等 12-3565；干河坝，海拔 3300~3500 m，云杉 (*Picea* sp.) 树干，1987-4-23，Ahti et al. 87-46674，87-46682，松 (*Pinus* sp.) 树干，2004-1-25，王立松 04-24979；白水河，海拔 3000 m，树干生，1981-8-8，王立松等 4921，5102，6635，6727，6729，6730；文海，海拔 3200 m，树干生，2004-7-23，王立松 04-23483。中甸县，哈巴雪山，27°20'N，100°04'E，海拔 2800 m，云杉 (*Picea* sp.) 树干，2002-10-26，王立松 02-22169；白水台，海拔 3400 m，云杉 (*Picea* sp.) 树干，1994-9-19，王立松 94-23121。维西县，犁地坪，27°11'N，99°24'E，海拔 3350 m，桑寄生 (*Taxillus chinensis*) 枝上，2013-6-15，王立松 13-38274，13-38940。

台湾 屏东县，北大武山，树干生，1977-1-28，赖明洲 9832。

文献记载：四川，云南 (Wang et al.，2015)。

世界分布：中国。

讨论：该种的主要特征在于髓层具圆柱黑色中轴，下表面的绵腹组织近边缘处不连续，上表面具有白色粉霜，易于区别于中国已知的绵腹衣属其他种。

该种与霜绵腹衣 *A. colpota* 上表面均有白色粉霜，但后者髓层不具中轴；日本绵腹衣 *A. japonica* 的绵腹组织也不连续，但日本绵腹衣含绵腹衣酸 (髓层 C+红色) 而非柔扁枝衣酸。

10. 棒根绵腹衣　图版 XIX：A、B

Anzia rhabdorhiza Li S. Wang & M. M. Liang, Bryologist 115(3): 382-387, 2012; Wang, Lich. Yun. China: 80, 2012; Wang et al., Lichenologist 47(2): 113, 2015.

　　GenBank No.: KJ486582, KJ486583.

　　MycoBank No.: MB 801141.

　　Type: China, Yunnan Prov., Lijiang Ci., 2011-5-22, Li S. Wang 11-32047 (KUN-L

20000-holotypus; HMAS-isotypus).

地衣体生长型：叶状，疏松附着于基物上，直径 3～7 cm；裂片：狭叶型，不规则分叉至顶端呈等二叉分裂，成熟裂片宽 1～4 mm，顶端钝圆形；上表面：平坦，橄榄绿色至棕绿色 (标本馆储藏后)，边缘具横向裂隙，露出白色髓层；无粉芽和裂芽；髓层：单层型，白色，黑色圆柱形中轴生于髓层与绵腹组织间；下表面：中部至近边缘具连续的深棕色至黑色绵腹组织，中部绵腹组织常不连续或脱落；假根：稠密至稀疏，单一，表面覆盖有黑色绵腹组织，长 1～7 mm，直径达 0.5～1 mm；子囊盘：圆盘状，生于地衣体上表面中部，幼时杯状，成熟后平坦，盘面红棕色，直径 1～17 mm，成熟后盘缘撕裂状或缺刻；子实上层：黄色，厚 5～10 mm；子实层：透明无色，厚 40～50 μm；子实下层：无色，厚 50～60 μm，子囊：长约 40 μm，内含螺旋状排列多孢；子囊孢子：无色单胞，月牙形弯曲，8～12 × 2.5 μm；分生孢子器：呈疣状凸起，黑色，稀疏至稠密，直径 0.2～0.8 mm，生于裂片上表面近边缘。

地衣特征化合物：上皮层 K+黄色，髓层 K+黄色，C–，KC–，P–，含有黑茶渍素 (atranorin) 和柔扁枝衣酸 (divaricatic acid)。

生境：常见于滇西北杜鹃属 (*Rhododendron*)、冷杉属 (*Abies*)、落叶松属 (*Larix*) 树枝；海拔 2400～3900 m。

研究标本引证：

四川 米易县，北坡山，海拔 2800 m，树干生，1983-7-9，王立松 83-921，83-1013a，83-1005。

云南 云龙县，漕涧镇，志奔山，25°44'N，99°03'E，海拔 2800 m，柳 (*Salix* sp.) 树干，2000-6-12，王立松 00-18775，00-18895。福贡县，上帕公社，海拔 2200 m，树干生，1982-6-9，王立松 82-611。景东县，哀牢山，徐家坝水库，25°44'N，99°03'E，海拔 2400～2500 m，栎 (*Quercus* sp.) 树干生，1994-8-23，王立松 94-14324，94-14490；2005-1-21，王立松 05-24017，2006-5，李苏 AL-216，2008-8-18，王立松 08-29628，2012-6-18，王立松 12-34689；哀牢山三棵树，海拔 2400 m，树干生，2005-12，李苏 AL-036。丽江市，九河乡，老君山，26°38'N，99°45'E，海拔 3200～3860 m，杜鹃 (*Rhododendron* sp.) 及云杉 (*Picea* sp.) 干上，2000-8-15，王立松 00-20080，00-20158，00-20159，00-20165，00-20195，2003-9-15，王立松 03-22671，2005-6-15，王立松 05-24419，05-24744，2006-8-24，王立松 06-26473，06-26486，2008-10-18，王立松 08-29740，2010-7-16，王立松 10-31529，10-31531，10-31536，10-31539，2011-5-22，王立松 11-31973～11-31976，11-31999～11-32003，11-32046，11-32047，11-32065，11-32068，11-32123～11-32125，11-32128，11-32130，11-32132，11-32133；2013-6-16，王立松 13-38255，13-38264；玉龙雪山，高山植物园，27°00'N，100°10'E，海拔 3400～3450 m，杜鹃 (*Rhododendron* sp.)、花楸 (*Sorbus* sp.) 树干，2009-11-10，王立松 09-31195，09-32126，2011-8-16，王立松 11-32405，11-32422，11-32429，11-32458，11-32461。禄劝县，轿子雪山，海拔 3000 m，杜鹃 (*Rhododendron* sp.) 枝上，2000-9-24，王立松 00-20429。南涧县，拥政村大中山，24°50'N，100°25'E，海拔 2580 m，树干生，王立松 12-37704，12-37722。中甸县，哈巴雪山，27°20'N，100°04'E，海拔 3500 m，树干，2002-10-26，王立松 02-21920。

文献记载：四川，云南 (Wang et al.，2015)。

世界分布：仅见于滇西北横断山地区 (王立松，2012)。

讨论：该物种的主要特征在于假根具黑色绵腹组织包被，呈棒状，而易区别。

(二) 扁枝衣属 Evernia Ach.

Evernia Ach., Lich. Univ.: 84, 1810.

Type species: *Evernia prunastri* (L.) Ach. (≡ *Lichen prunastri* L.).

地衣体枝状，以基部固着基物，直立至悬垂；分枝扁枝状至圆柱状，二叉至不规则分枝，顶端渐尖；表面枯草黄色至淡黄褐色；皮层菌丝与枝体垂直；髓层菌丝绒絮状，疏松，白色，无软骨质中轴；子囊盘茶渍型；子囊内为 8 个孢子；子囊孢子椭圆形，无色单胞；光合共生生物：球形绿藻；地衣特征化合物主要为扁枝衣酸 (everninic acid)、柔扁枝衣酸 (divaricatic acid)、松萝酸 (usnic acid) 等。

全球 10 种 (Purvis et al.，1992；Bird，1974；Thomson，1984)；其中，中国分布 3 种；该属模式种栎扁枝衣分别在印度、日本和韩国有分布记录，但在中国至今仍未发现该种的存在。

本属地衣体扁枝状，表面枯草黄色，髓层无软骨质中轴，子囊内含 8 个孢子，孢子无色单胞；外形与松萝属 *Usnea* 近似，但后者髓层具软骨质中轴。

中国扁枝衣属分种检索表

1. 地衣体有粉芽或裂芽 ·· 扁枝衣 *E. mesomorpha*
1. 地衣体无粉芽、裂芽 ·· 2
 2. 子囊盘缺乏或稀有，地衣体悬垂型，分枝柔软，髓层疏松 ·············· 柔扁枝衣 *E. divaricata*
 2. 子囊盘通常存在，地衣体直立至亚悬垂型，分枝坚硬，髓层紧密 ········ 裸扁枝衣 *E. esorediosa*

Key to the species in China

1. Isidiate or sorediate present ··· *E. mesomorpha*
1. Isidia and soredia absent ··· 2
 2. Apothecia lacking or rare, thallus pendent, branches soft, medulla loose ················· *E. divaricata*
 2. Apothecia usually present, thallus erect to subpendent, branches hard, medulla dense ····· *E. esorediosa*

1. 柔扁枝衣　图版 XIX：C

Evernia divaricata (L.) Ach., Lich. Univ.: 441, 1810; Zahlbruckner, in Handel-Mazzetti, Symb. Sin. **3**: 199, 1930b; Abdulla & Wu, Lich. Xinjiang: 92-93, 1998; Wei & Jiang, Lich. Xizang: 66, 1986; Wei, Enum Lich. China: 93, 1991.

　　GenBank No.: KY425541.

　≡ *Lichen divaricatus* L., Syst. Veg. Edit. **12**: 713, 1768.

　　模式标本未见。

　　地衣体生长型：枝状，柔软悬垂，长 5～20 cm；分枝：二叉式不规则分枝，分枝腋钝圆至呈 90° 直角，主枝棱柱状至扁枝状，直径 0.5～1.5 (～2) mm，顶端渐尖；侧生小刺与主枝呈 90°，稀疏至丰多，长 0.1～1 mm，顶端黑色；侧生小分枝稀疏，长 2～4 mm；表面：污白色至枯草黄色，无光泽，具不规则网状脊，网状脊微弱，局部强烈；粉芽及裂芽：无；皮层：发育不良，不规则破裂或环裂，常露出白色髓层；髓层：菌丝疏松，白色绒絮状，直径 0.1～0.2 mm；子囊盘及分生孢子器：未见。

地衣特征化合物：髓层 K–，P–，C–，KC–；TLC：柔扁枝衣酸 (divaricatic acid)、松萝酸 (usnic acid)。

生境：树干或灌木枝上；海拔 2800～4300 m。

研究标本引证：

四川　道孚县，30°46'N，101°18'E，海拔 3950 m，落叶松 (*Larix* sp.) 上，云杉 (*Picea* sp.) 上，2007-8-31，王立松等 07-28289，07-28297，07-28321，07-28328，07-28330；德格县，县城东，31°57'N，98°50'E，海拔 3810 m，冷杉 (*Abies* sp.) 上，2007-8-30，王立松等 07-28276，07-28277；马尔康县，大藏路口，海拔 3200 m，树桩上，2007-9-7，王立松 07-29437；小金县，日隆乡，四姑娘山，双桥沟，31°14'N，102°41'～46'E，海拔 3600～3800 m，落叶松 (*Larix* sp.) 上，柏树 (*Juniperus* sp.) 上，2001-5-12，王立松 01-20570，2006-7-2，王立松 06-26059，2007-10-2，王立松 07-29161。

西藏　察隅县，28°46'N，97°37'E，海拔 3941 m，柏木 (*Juniperus* sp.) 上，2014-9-25，石海霞等 14-46873。昌都县，31°04'N，96°58'E，海拔 4270 m，柏木 (*Juniperus* sp.) 上，2007-8-28，王立松等 07-28172；类乌齐山口，31°05'N，96°55'E，海拔 4300 m，云杉 (*Picea* sp.) 上，1976-8-1，臧穆 76-163a，2007-8-28，王立松等 07-28143。林芝县，鲁朗镇，色季拉山口，29°35'～37'N，94°35'～40'E，海拔 4090～4260 m，柏木 (*Juniperus* sp.) 上，杜鹃 (*Rhododendron* sp.) 上，2007-8-20，王立松等 07-28367，07-29576，2007-8-26，王立松等 07-28658，07-28662。芒康县，红拉山，23°16'N，98°40'E，海拔 4020 m，落叶松 (*Larix* sp.) 上，云杉 (*Picea* sp.) 上，杨树 (*Populus* sp.) 上，2007-8-16，王立松等 07-27918，07-27926，07-27939，07-27944；红拉山，29°15'N，98°40'E，海拔 4306 m，侧柏 (*Platycladus* sp.) 上，2014-9-14，石海霞等 14-45409。

陕西　宝鸡市，太白山文公庙，34°00'N，107°43'E，海拔 2840～3000 m，侧柏 (*Platycladus* sp.) 上，冷杉 (*Abies* sp.) 上，杜鹃 (*Rhododendron* sp.) 上，2014-8-28，王欣宇等 14-44948，2014-8-29，王欣宇等 14-44942，14-44959；眉县，营头公社，太白山自然保护区，海拔 2400～2800 m，树干生，1983-6-28，张大成 4661，10352，11322，11324。

新疆　和静县，巴音布鲁克草原，海拔 2500 m，岩石上，2012-9-15，王珏等 12-35936。

青海　果洛州，班玛县，玛可河保护区，32°40'N，100°48'E，海拔 3974 m，柏木 (*Juniperus* sp.) 树干生，2020-9-9，王立松等 20-67849。

文献记载：新疆 (Magnusson，1940；Moreau and Moreau，1951；Wei et al.,1982；Wu，1985；Abbas et al.，1993；Abbas and Wu，1998)，甘肃 (Zahlbruckner，1934)，陕西 (Baroni，1894；Jatta，1902；Zahlbruckner，1930b；He and Chen，1995)，西藏 (Wei and Jiang，1981)，四川 (Stenroos et al.，1994)。

世界分布：印度，中国，欧洲温带及北美洲 (Singh and Sinha，2010；Esslinger and Egan，1995)。

讨论：柔扁枝衣的分类特征在于地衣体柔软、丝状悬垂，皮层具环裂而不同于扁枝衣和裸扁枝衣。

用途：抗生素原料及日化香料 (王立松和钱子刚，2013)。

2. 裸扁枝衣　图版 XIX：D

Evernia esorediosa (Müll. Arg.) Du Rietz, Svensk Bot. Tidskr. **18**: 390, 1924; Chen, Zhao & Luo, Journ. NE Forestry Inst. **3**: 134, 1981; Wei, Enum Lich. China: 93, 1991; Abdulla & Wu, Lich. Xinjiang: 92-93, 1998.

　≡ *Evernia mesomorpha* f. *esorediosa* Müll. Arg., Flora, **74**: 110, 1891.

模式标本未见。

地衣体生长型：枝状，直立至亚悬垂，长 5～8 cm；分枝：基部等二叉分枝，中部至顶端二叉式不规则分枝，顶端渐尖，主枝棱柱状，局部扁枝状，直径 1～3 mm；侧生小刺偶见，与主枝呈锐角，长 0.2～0.5 mm；基部及中部侧生小分枝不出现，近顶端稠密，呈二叉至三叉分枝，长 2～3 mm；表面：枯草黄色，无光泽，具强烈的网状脊；无粉芽及裂芽；皮层：发育良好，无环裂，偶见不规则断裂，露出白色的髓层菌丝；髓层：白色，疏松，绒絮状；子囊盘：圆盘状，侧生，无柄，全缘，盘面红褐色、深棕色至暗褐色，有光泽，幼时凹陷，成熟后平坦，直径 2～8 mm；分生孢子器：生于分枝近顶端，黑点状；子囊：内含 8 个孢子；子囊孢子：卵圆形，无色单胞，7～9 × 4～5 μm。

地衣特征化合物：髓层 K–，P–，C–，KC–；TLC：含柔扁枝衣酸 (divaricatic acid)、松萝酸 (usnic acid)。

生境：树干生；海拔 600～1200 m。

研究标本引证：

内蒙古　大兴安岭，额尔古纳市，松树 (*Pinus* sp.) 上 2011-6，拉喜那木吉拉 La11-2。

吉林　安图县，41°40'N，128°10'E，海拔 1250 m，落叶松 (*Larix* sp.) 上，1981-9-23，Timo Koponen 36975b。

黑龙江　漠河县，观音山，53°17'N，122°11'E，海拔 654 m，落叶松 (*Larix* sp.) 上，2012-5-14，刘栋等 12-34085，12-34089，12-34094。塔河县，绣峰林场至漠河县途中，52°45'N，123°33'E，海拔 607 m，落叶松 (*Larix* sp.) 上，2012-5-14，刘栋等 12-34115；东北，树干生，1947，高谦 998。

文献记载：内蒙古 (Sato，1952；Chen et al.，1981；Wei et al.，1982)，新疆 (Abbas and Wu，1998)。

世界分布：日本，韩国，印度，尼泊尔，斯里兰卡，北美洲 (Harada et al.，2004；Hur et al.，2005；Esslinger and Egan，1995；Singh and Sinha，2010)。

讨论：本种的分类特征在于地衣体直立至亚悬垂，无粉芽及裂芽，皮层发育良好；与扁枝衣的不同之处在于后者具裂芽型粉芽。

用途：抗生素原料及日化香料，其甲醇提取物作降血压药 (王立松和钱子刚，2013)。

3. 扁枝衣 图版 XIX：E

Evernia mesomorpha Nyl., Lich. Scand.: 74, 1860; Chen, Zhao & Luo, Journ. NE Forestry Inst. **3**: 134, 1981; Wei & Jiang, Lich. Xizang: 66-67, 1986; Wei, Enum Lich. China: 93, 1991.

    GenBank No.: KY425542.

= *Evernia thamnodes* (Fw.) Arnold Verh. zool.-bot. Gesellsch. Wien, **23**: 110, 1873. Zahlbruckner, in Handel-Mazzetti, Symb. Sin. **3**: 199, 1930b.

模式标本未见。

地衣体生长型：枝状，悬垂或半直立，长 5～10 cm；分枝：基部至中部不规则二叉分枝，近顶端呈等二叉分枝，分枝腋钝圆，顶端渐尖；主枝棱柱至扁枝状，直径 1～3 (～4) mm；侧生小刺不出现；侧生小分枝稀疏，长 4～8 mm，有时呈二叉分枝；表面：枯草黄色，无光泽，具强烈的网状脊；粉芽及裂芽：裂芽丰多，枯草黄色，常粉芽化呈白色粉芽堆，密布于网状脊表面，有时形成小疣状粉芽球；皮层：连续，发育良好，无环裂；髓层：菌丝疏松，白色绒絮状；子囊盘：稀见，侧生，无柄，盘缘发育不良，缺刻，果托常具裂芽型粉芽堆；盘面幼时凹陷，红褐色，成熟后平坦，深棕色至暗褐色，具光泽，直径 0.5～5 mm；分生孢子器：未见；子囊：内含 8 个孢子；子囊孢子：卵圆形，无色单胞，8.4～9 × 5～5.6 μm。

地衣特征化合物：髓层 K–, P–, KC–或淡黄色；TLC：柔扁枝衣酸 (divaricatic acid)、松萝酸 (usnic acid)。

生境：树干及岩石生；海拔 400～4500 m。

研究标本引证：

内蒙古 大兴安岭，额尔古纳市附近山区，2011-6，拉喜那木吉拉 La11-2。

吉林 临江市，小东山，41°42'N, 127°46'E，海拔 1440 m，冷杉 (*Abies* sp.)、桦 (*Betula* sp.) 树干，2012-5-9，王立松等 12-33903，12-33905。松江河镇，长白山，1963-7-27，陈俊福 2468，2469；长白山冰场招待所，海拔 1600 m，落叶松 (*Larix* sp.) 上，1963-7-3，陈俊福 2482，2483d；长白山大峡谷，41°53'N, 127°54'E，海拔 1322 m，树枝上，2012-5-10，王立松等 12-34009。

黑龙江 漠河县，观音山，53°17'N, 122°11'E，海拔 400～654 m，落叶松 (*Larix* sp.) 上，松 (*Pinus* sp.) 树上，1980-8-23，Leena Hämet-Ahti 3249，2012-5-14，王立松等 12-34090，12-34092，12-34093，12-34095。塔河县，栖霞山植物园附近山地，52°20'N, 124°40'E，海拔 426 m，松 (*Pinus* sp.) 树上，2012-5-13，王立松等 12-34018；瓦拉干镇，52°35'N, 124°31'E，海拔 478 m，桦 (*Betula* sp.) 树上，2012-5-14，王立松等 12-34043；绣峰林场至漠河县途中，52°45'N, 124°33'E，海拔 596～607 m，桦 (*Betula* sp.) 树上，落叶松 (*Larix* sp.) 上，云杉 (*Picea* sp.) 上，2012-5-14，王立松等 12-34066，12-34108，12-34114。

四川 稻城县，稻城县至亚丁途中，28°26'N, 100°20'E，海拔 4100 m，落叶松 (*Larix* sp.) 上，2002-9-15，王立松 02-22240；亚丁村，28°26'N, 100°20'E，海拔 4400～4510 m，柏木 (*Juniperus* sp.) 上，杜鹃 (*Rhododendron* sp.) 上，2002-9-16，王立松 02-21522，2002-9-17，王立松 02-21550。丹巴县，格达梁子，30°32'N, 101°34'E，海拔 3920 m，

落叶松 (*Larix* sp.) 上，2010-9-27，王立松 10-31651。康定县，折多山，30°02'N，101°49'E，海拔 3800 m，石头上，2007-9-27，王立松 07-29000，07-28971；六巴乡，海拔 3100 m，柏木 (*Juniperus* sp.) 上，1996-9-11，王立松 96-16473；木格措，30°08' N，101°51'E，海拔 3780 m，石头上，2006-6-5，王立松 06-26079。红原县，高山草甸，32°47'N，102°32'E，海拔 3540 m，落叶松 (*Larix* sp.) 上，2001-5-15，王立松 01-20646。木里县，卡拉乡，烧香梁子，海拔 3850 m，杜鹃 (*Rhododendron* sp.) 花丛，落叶松 (*Larix* sp.) 树干，1983-8-22，王立松 83-1717，83-1764，83-1787，83-1796，83-1834；卡拉乡，海拔 3650 m，高山松 (*Pinus densata*) 树干上，1983-8-26，王立松 83-1925；俄亚乡，海拔 3500～3850 m，树桩上，云杉 (*Picea* sp.) 树干上，云杉树干基部，1983-9-23，王立松 83-2362，83-2363，83-2366；宁朗山东坡，海拔 3900 m，1982-6-4，宣宇 1803；宁朗山西坡，海拔 3700 m，1982-6-7，宣宇 183；东朗乡，海拔 3500 m，落叶松 (*Larix* sp.) 树干上，1983-9-11，王立松 83-2240，83-2241；东朗乡，海拔 3200 m，树干生，1983-9-8，王立松 83-2180；马帮垭口，海拔 4400 m，石下，1983-9-7，王立松 83-2133。九龙县，伍须海，29°09'N，101°24'E，海拔 3600 m，云杉 (*Picea* sp.) 上，2007-9-24，王立松 07-29213；汤古乡，海拔 3000 m，落叶松 (*Larix* sp.) 上，1996-9-11，王立松 96-17438。米易县，麻陇，北坡山，海拔 3000 m，1983-7-8，王立松 83-885，83-919，83-947，83-956，83-984。南坪县，九寨沟，树正海，海拔 2000 m，枯枝上，1986-9-23，王立松 86-2557，86-2586；原始森林，海拔 2000～3200 m，柳 (*Salix* sp.) 枝上，冷杉 (*Abies* sp.) 上，油松 (*Pinus tabulaeformis*) 上，云杉 (*Picea* sp.) 上，1986-9-23，王立松 86-2543，1986-9-25，王立松 86-2700a，86-2656，86-2677；天鹅海，海拔 2980 m，树干上，枯木上，1986-9-25，王立松 86-2685，86-2703a。平武县，海拔 3200 m，树干上，1999-10-12，臧穆 13221a；王朗自然保护区，33°00'N，104°01'E，海拔 2500 m，松 (*Pinus* sp.) 树上，2010-9-23，王立松 10-31793。若尔盖县，海拔 3000 m，树干上，1960-8-12，考察队 20552。西昌市，螺髻山，27°34'N，102°22'E，海拔 3700 m，冷杉 (*Abies* sp.) 树桩上，2010-6-12，王珏等 10-31438。小金县，日隆乡，四姑娘山，长坪沟，31°02'N，102°52'E，海拔 3100～3420 m，柳树 (*Salix* sp.) 上，桦 (*Betula* sp.) 树上，树桩上，灌木上，1996-8-22，王立松 96-16037，96-16040，96-17782，2001-5-13，王立松 01-20614；日隆乡，四姑娘山，双桥沟，31°13'～14'N，102°41'～46'E，海拔 3300～3800 m，落叶松 (*Larix* sp.) 上，云杉 (*Picea* sp.) 树干上，1996-8-23，王立松 96-17704，2001-5-12，王立松 01-20572，2006-7-2，王立松 06-26060，2007-10-2，王立松 07-29124。盐源县，火炉山，海拔 3500 m，樱桃 (*Cerasus pseudocerasus*) 树干上，1983-7-26，王立松 83-1277；百灵山，海拔 3550 m，冷杉 (*Abies* sp.) 上，1983-8-8，王立松 83-1391；百灵山，海拔 3100 m，1983-8-11，王立松 83-1526；国道 307 照壁山垭口，27°32'N，101°42'E，海拔 3210 m，松 (*Pinus* sp.) 树上，2011-7-25，王立松 11-2246。

云南 大理市，苍山，电视塔，25°40'N，100°06'E，海拔 3400 m，石头上，2006-7-28，Daniel Stanton et al. 06-26418，王立松 06-26231。德钦县，白马雪山，28°21'N，98°02'E，海拔 4200～4360m，柳树 (*Salix* sp.) 上，松 (*Pinus* sp.) 树上，1994-8，C. Kirkpatrick 229，1994-10-3，王立松 94-15507，2012-7-4，刘栋等 12-34871，2012-9-16，李建文等 12-36775；白马雪山垭口，28°19'～22'N，99°00'～06'E，海拔 4000～4300 m，树枝上，杂灌丛上，

柏木 (*Juniperus* sp.) 上，花楸 (*Sorbus* sp.) 树干上，落叶松 (*Larix* sp.) 上，杜鹃 (*Rhododendron* sp.) 上，草地上，土上，石头上，1981-1-14，王立松 81-29570，1985-6-13，王立松 85-29571，85-29573，1993-8-9，王立松 93-13474，1993-8-10，王立松 93-13461，93-13465，93-13498，93-13559，1994-10-3，王立松 94-15264，94-15266，94-15479，94-15487，2013-6-21，王欣宇等 13-38454，13-38508，2013-6-22，王欣宇等 13-38535，13-38536；白马雪山垭口附近，海拔 4000 m，杜鹃 (*Rhododendron* sp.) 林下石头上，1985-6-12，王立松 85-29572，85-29575；白马雪山第二垭口沟谷边，海拔 4200 m，树干生，1981-7-14，王立松 81-29512，黎兴江 4260a；白马雪山垭口东坡，28°19'N，99°06'E，海拔 3980 m，冷杉 (*Abies* sp.) 树桩上，2003-9-12，王立松 03-22743；白马雪山东坡 124 道班，28°20'N，99°04'E，海拔 3750～4440 m，落叶松 (*Larix* sp.) 下，杜鹃 (*Rhododendron* sp.)，花楸 (*Sorbus* sp.) 上，柏木 (*Juniperus* sp.) 枯干上，1981-7-9，王立松 81-29569，1984-4-25，王立松 84-42，1984-5-20，王立松 84-45，1994-10-3，王立松 94-15508，94-15241，1993-8-10，王立松 93-13494，2006-8-1，王立松等 06-26390，06-26403，2006-8-28，王立松等 06-26719；白马雪山垭口，海拔 4000 m，花楸 (*Sorbus* sp.) 上，1994-10-3，王立松 94-15312，2013-6-21，王欣宇等 13-38510；白马雪山 137 道班附近，树干生，1974-5-29，杨竟生 6828；白马雪山西坡，海拔 4300 m，树干生，2004-6-20，王立松 04-23395；梅里雪山，雨崩村，28°24'N，98°48'E，海拔 3500 m，栎 (*Quercus* sp.) 上，杜鹃 (*Rhododendron* sp.) 上，1994-9-30，王立松 94-15186，94-15173；笑农，海拔 3100 m，云杉 (*Picea* sp.) 上，1994-9-28，王立松 94-15020；梅里石村至索拉垭口，28°38'N，98°38'E，海拔 3225～4060 m，树皮上，2012-9-9，李建文等 12-35572，12-35718，12-35719；索拉垭口，28°38'N，98°37'E，海拔 4400～4800 m，树枝上，土上，柏木 (*Juniperus* sp.) 上，2000-8-30，王立松 00-19752，2012-9-10，李建文等 12-35881，12-35886，12-35990，12-35994；雨崩村，28°24'N，98°49'E，海拔 3300 m，树枝上，2012-9-15，李建文等 12-36588，12-36590，12-36598，12-36642，12-36655，12-36697。会泽县，大海草山，海拔 3700 m，石头上，1996-10-30，王立松 96-16718。贡山县，丙中洛至通达垭口，28°05'N，98°41'E，海拔 3500 m，云杉 (*Picea* sp.) 上，1999-10-21，王立松 99-18655。剑川县，剑川至鹤庆途中，新华，26°32'N，100°02'E，海拔 3050 m，华山松 (*Pinus armandii*) 上，2005-6-13，王立松 05-24820。丽江县，老君山，26°39'N，99°46' E，海拔 3450～4200 m，石头上，杜鹃 (*Rhododendron* sp.) 上，冷杉 (*Abies* sp.) 上，树皮上，2002-9-8，王立松 02-21374，2002-9-7，王立松 02-21262，02-21293，02-21308，02-22269，2002-10-18，王立松等 02-22414，2005-5-17，王立松 05-24402，05-25016，2005-6-15，王立松 05-24765，2005-8-28，王立松等 05-25002，2006-8-24，牛东玲等 06-26449，06-26467，06-26555，06-26575，2011-5-22，梁萌萌等 11-32038，2013-6-14，王欣宇等 13-38246，2014-6-25，张雁云等 14-44056；九十九龙潭，海拔 4000 m，云杉 (*Picea* sp.) 上，1999-11-26，王立松 99-18717；九十九龙潭，石门，26°37'N，99°43'E，海拔 3900 m，冷杉 (*Abies* sp.) 上，2000-8-13，王立松 00-20270；玉龙雪山，海拔 2500 m，云南松树干上，1983-10，王立松 83-2487；玉龙雪山，海拔 3000 m，松 (*Pinus* sp.) 树上，1960-12-9，陈玉本等 2753；云南松林中，海拔 2850～2900m，松 (*Pinus* sp.) 树干，云南松 (*Pinus yunnanensis*) 干上，杜鹃 (*Rhododendron* sp.) 树干上，1984-5-31，郗建勋

0120，1982，王立松 82-1241，82-1255；北坡岭，海拔 3050 m，阔叶林边缘，1984-5-24，郗建勋 0528；海拔 3150 m，松林下，1963，武素功 9975；玉峰寺，26°58'N，100°12'E，海拔 2600～2820 m，云南松 (*Pinus yunnanensis*) 和华山松 (*Pinus armandii*) 林下，1987-4-20，王立松等 87-46308，1985-8-28，王立松 85-0070，85-0087；红杉林，海拔 3700 m，1963-7-1，武素功 139d；干河坝，海拔 3400 m，云杉 (*Picea* sp.) 上，1998-10-23，王立松 98-18441；铁甲山，26°46'N，100°02'E，海拔 2800 m，云南松 (*Pinus yunnanensis*) 上，松 (*Pinus* sp.) 树下，杜鹃 (*Rhododendron* sp.) 树干上，1985-8-4，王立松 85-310，1987-4-19，王立松等 87-46181，1987-9-24，王立松 87-29574；铁甲山，27°00'N，100°10'E，海拔 2920 m，树皮上，2011-8-17，梁萌萌等 11-32478；甘海子，27°06'N，100°14'E，海拔 3100 m，高山松 (*Pinus densata*) 上，2004-9-21，肖月琴 04-13；丽江西北约 20 km 处，海拔 3400 m，松 (*Pinus* sp.) 树上，1985-7-30，王立松 85-0205；丽江西北约 20 km 处，海拔 3300 m，高山松 (*Pinus densata*) 树干上，1985-8-30，王立松 85-0167；白水河边，海拔 3000 m，栎 (*Quercus* sp.) 灌丛下，云南松 (*Pinus yunnanensis*) 树干上，1985-8-6，王立松 85-334，85-337，85-396，85-389a；丽江县城东南 9 km 处，海拔 2500 m，枯枝上，1985-8-27，王立松 85-00139；丽江至永胜途中，海拔 2650 m，针阔混交林，1984-5-20，郗建勋 0038。维西县，犁地坪，27°13'N，99°24' E，海拔 3200～3430 m，冷杉 (*Abies* sp.) 上，华山松 (*Pinus armandii*) 上，桦 (*Betula* sp.) 树上，2006-8-2，王立松等 06-26366，06-26369，06-26329，2007-10-18，王立松 07-28813，1982-5-2，王立松 82-18；傈那村白马洛四沟边，海拔 2500 m，树干生，1982-5-8，王立松 82-89。中甸县，大宝寺，27°46'N，99°46'E，海拔 3300～3650 m，云杉 (*Picea* sp.) 上，松 (*Pinus* sp.) 树上，落叶松 (*Larix* sp.) 上，1993-8-11，王立松 93-13736，1993-9-20，王立松 93-13416，93-13727，2004-6-12，王立松 04-23379；五凤山，海拔 3200～3500 m，栎 (*Quercus* sp.) 上，蔷薇 (*Rosa* sp.) 上，杜鹃 (*Rhododendron* sp.) 灌丛下，落叶松 (*Larix* sp.) 上，1982-10-11，林中文 4408，82-4410c，1982-11-15，孙汉董 5，4416，1993-8-12，王立松 93-13794，93-13795，2007-10-13，王立松 07-28908；纳帕海，27°56'N，99°36'E，海拔 3300～3540 m，竹子 (Bambusoideae) 上，杂灌丛下，杜鹃 (*Rhododendron* sp.) 上，1993-8-10，王立松 93-13743，2006-8-27，王立松等 06-26636，06-26641；碧融峡谷，28°24'N，99°46'E，海拔 3600 m，灌丛上，2002-9-21，王立松 02-22254；哈巴村，哈巴雪山，27°20'N，100°04'E，海拔 3700～3800 m，杜鹃 (*Rhododendron* sp.) 上，云杉 (*Picea* sp.) 上，2002-10-26，王立松 02-21788，02-22039，02-22062；红山，冷杉林，海拔 3500 m，树干上，1986-7-29，臧穆 10149a；尼西公社附近，海拔 3000 m，松 (*Pinus* sp.) 树上，1981-1-29，王立松 81-29568，1981-6-29，王立松 81-29566；高山松林地，1981-10-29，王立松 81-29567；石卡雪山，海拔 3600 m，树干生，1998-10-1，王世琼 98-18422；天宝山，27°36'N，99°53'E，海拔 3708 m，云杉 (*Picea* sp.) 上，落叶松 (*Larix* sp.) 上，2012-7-6，刘栋等 12-34973，12-34992；格咱乡，翁水村，大雪山，28°34'N，99°50'E ，海拔 3900 m，柳 (*Salix* sp.) 树上，2000-8-23，王立松 00-19923；格咱乡，矿厂，28°32'N，99°56'E，海拔 4100 m，蔷薇 (*Rosa* sp.) 上，2004-6-14，王立松 04-23324；格咱乡，大雪山垭口，28°34'N，99°51'E，海拔 4200 m，杜鹃 (*Rhododendron* sp.) 上，2004-6-15，王立松 04-23232；小中甸，海拔 3200 m，栎 (*Quercus* sp.) 上，

1998-10-26，王立松 98-18461；小中甸，天池，27°37'N，99°38'E，海拔 3800 m，冷杉 (*Abies* sp.) 上，1993-8，王立松 93-13704，1994-9-20，王立松 94-14945，2001-10-10，王立松 01-20911；小中甸，热水塘，海拔 3180 m，高山松林，1981-6-17，王立松 81-29565；石卡雪山，海拔 3600～3780 m，云杉、落叶松林地，1981-6-20，黎兴江 1952a；白水台，海拔 3400 m，云杉 (*Picea* sp.) 上，1994-9-19，王立松 94-14680；红杉林场，海拔 3400 m，高山草甸，灌丛地，1981-6-16，黎兴江等 81-22a；东旺公社，麦洛牛场，海拔 3500 m，树干生，1975-6-27，杨竞生 7572；碧塔海，27°48'N，99°48'E，海拔 3500 m，柳 (*Salix* sp.) 树上，1994-9-21，王立松 94-14999；属都湖，海拔 3500 m，云杉 (*Picea* sp.) 下灌丛上，1998-5-26，王立松 98-18144；帕叉草甸，海拔 3480 m，杂灌丛上，1993-8-7，王立松 93-13760，93-13764。

西藏 波密县，岗村岗云杉林，29°52'N，95°33'E，海拔 2688 m，云南松 (*P. yunnanensis*) 上，2014-9-20，石海霞等 14-46212，14-46214。察隅县，察隅至察瓦龙途中，28°46'N，97°37'E，海拔 3941 m，柏树 (*Juniperus* sp.) 上，冷杉 (*Abies* sp.) 上，2014-9-25，王立松等 14-46872，14-46879；目若村至丙中洛途中，28°36'N，98°04'E，海拔 4279 m，柏树 (*Juniperus* sp.) 上，2014-9-26，王立松等 14-46747，14-46748；察隅县，29°19'N，97°05'E，海拔 4251 m，石头上，树桩上，2014-9-23，王立松等 14-46676，14-46683。嘉黎县，海拔 4000 m，白桦 (*Betula platyphylla*) 树下，1976-6-2，陶德定 5316；察瓦龙乡，海拔 3400 m，树干生，1982-9-27，臧穆 82-6619。亚东县，阿桑村后山，树枝上，1975-5-31，臧穆 12；亚东，东嘎拉山，海拔 3700 m，丛枝上，1975-6-6，臧穆 32。林芝县，鲁朗镇，色季拉山口，29°36'N，94°42'E，海拔 4090～4260 m，柏木 (*Juniperus* sp.) 上，落叶松 (*Larix* sp.) 上，2007-8-20，牛东玲等 07-28404，2007-8-26，牛东玲等 07-28634。芒康县，23°16'N，98°40'E，海拔 4020 m，落叶松 (*Larix* sp.) 上，2007-8-16，牛东玲等 07-27916，07-27957；盐井乡，29°36'N，98°03'E，海拔 4090 m，柏木 (*Juniperus* sp.) 上，2007-8-16，牛东玲等 07-27975；红拉山，29°15'N，98°40'E，海拔 4206 m，冷杉 (*Abies* sp.) 上，杜鹃 (*Rhododendron* sp.) 上，侧柏 (*Platycladus* sp.) 上，1976-8-10，臧穆 7626，7628，2014-9-14，王立松等 14-45378，14-45383，14-45386，14-45423，14-45404。米林县，多雄拉山，海拔 3630 m，冷杉 (*Abies* sp.) 树干上，1983-7-14，苏永革 5122，5129a。米林县，海拔 3600 m，冷杉 (*Abies* sp.) 腐木上，1983-7-19，苏永革 5280a。聂拉木县，樟木镇，岩石上，1975-6-22，陈书坤 4a；聂拉木县，海拔 3950 m，1975-6-24，陈书坤 18；樟木镇东山，海拔 3800 m，钩子木 (*Rostrinucula* sp.) 上，1975-6，陈书坤 943。隆子县，加玉乡，海拔 3600 m，灌丛枝上，1975-7-3，臧穆 67。

陕西 宝鸡市，太白山斗母宫，34°02'N，107°42'E，海拔 2850～2900 m，松 (*Pinus* sp.) 树上，2014-8-25，王欣宇等 14-44737，14-44826；太白山斗母宫至文公庙，34°02'N，107°43'E，海拔 2850 m，桦 (*Betula* sp.) 树上，2014-8-27，王欣宇等 14-44833，14-44834；太白山文公庙，34°01'N，107°43'E，海拔 2300～3400 m，桦 (*Betula* sp.) 树上，冷杉 (*Abies* sp.) 上，松 (*Pinus* sp.) 树上，1963-6-9，魏江春等 2520-1，2014-8-27，王欣宇等 14-44873，2014-8-28，王欣宇等 14-44957，2014-8-29，王欣宇等 14-44938，14-44985；太白山文公庙好汉坡，33°58'N，107°46'E，海拔 3600 m，杜鹃 (*Rhododendron* sp.) 上，2014-8-31，

王欣宇等 14-45061，14-45064；太白山平安寺，34°01'N，107°43'E，海拔 2800 m，杜鹃 (*Rhododendron* sp.) 上，2014-8-27，王欣宇等 14-44905；太白山平安寺至文公庙，34°00'N，107°43'E，海拔 2750 m，桦 (*Betula* sp.) 树上，2014-8-28，王欣宇等 14-44944；太白山药王殿，33°55'N，107°46'E，海拔 3091 m，落叶松 (*Larix* sp.) 上，2014-9-1，王欣宇等 14-45201；太白山玉皇池，33°56'N，107°46'E，海拔 3300 m，桦 (*Betula* sp.) 树上，2014-9-1，王欣宇等 14-45170；太白山南天门，33°54'N，107°46'E，海拔 3130 m，树皮上，2014-9-2，王欣宇等 14-45212，14-45287；太白山，海拔 400 m，1983-6，张大成 10347；太白山，海拔 2400～2600 m，1983-6-28，张大成 10350，1983-6，张大成 10351；眉县，营头公社，太白山自然保护区，海拔 2400～2600 m，树干生，1983-6-28，张大成 4660，4662，4734。

甘肃 张掖市，肃南至祁连途中，38°43'N，99°27'E，海拔 2844 m，岩面薄土生，2018-5-30，王立松等 18-59767。

文献记载：内蒙古 (Sato，1952；Chen et al.，1981；Wei et al.，1982；Sun et al.，2000)，吉林 (Zahlbruckner，1934；Chen et al.，1981；Wei et al.，1982)，黑龙江 (Chen et al.，1981；Wei et al.，1982；Luo，1984)，陕西 (Jatta，1902；Zahlbruckner，1930b；Wei，1981；Wei et al.，1982；He and Chen，1995)，新疆 (Wu，1985)，云南 (Paulson，1928；Zahlbruckner，1930b；Wei et al.，2007)，西藏 (Wei and Chen,1974；Wei and Jiang，1986)，四川 (Stenroos et al.，1994)。

世界分布：印度，不丹，尼泊尔，日本，韩国，北欧，北美洲 (Esslinger and Egan，1995；Hur et al.，2005；Harada et al.，2004；Singh and Sinha，2010)。

讨论：扁枝衣的分类特征在于分枝表面具粉芽堆及粉芽型裂芽，有时局部形成疣状粉芽球而易区别。

用途：抗生素原料及日化香料 (王立松和钱子刚，2013)。

(三) 金丝属 Lethariella (Motyka) Krog

Lethariella (Motyka) Krog, Norw. J. Bot. **23**(2): 88, 1976.

Type species: *Lethariella intricata* (Moris) Krog (≡ *Stereocaulon intricatum* Moris).

地衣体灌丛枝状或条带状，高 5～10 (～15) cm；二叉式至不规则分枝，顶端渐尖；表面橘红色至土红色，常具纵向脊皱；皮层菌丝疏松，绒絮状，常发育不良；髓层具软骨质中轴；子囊盘茶渍型，侧生，盘面棕褐色至黑色，直径 2～6 mm，全缘；子囊长棒状，内含 8 个孢子；子囊孢子椭圆形，无色单胞；光合共生生物：绿球藻；主要地衣特征化合物为黑茶渍素 (atranorin)、降斑点酸 (norstictic acid)、三苔色酸 (gyrophoric acid) 等。

全球 7 种 (Niu et al.，2011)；其中，中国有 4 种报道。

本属地衣体灌丛枝状直立、半直立至丝状悬垂，表面橘红色至土红色易识别；与松萝属 *Usnea* 髓层都具软骨质中轴，子囊内含 8 个孢子，子囊孢子无色单胞，但后者皮层菌丝致密，表面枯草黄色，含松萝酸。在本卷记载的中国 3 个种中，其皮层结构和地衣特征化合物与金丝属模式种 *Lethariella intricata* 有所不同，中国报道的金丝属下物种可能隶属于梅衣科中的另一属地衣。但由于目前还缺乏模式种原产地的分子数据，本卷暂沿用传统分类方法界定中国的本属地衣。

中国金丝属分种检索表

1. 地衣体灌木状丛生，直立至半直立型 ·· 金丝刷 *L. cladonioides*
1. 地衣体匍卧型或丝状悬垂型 ··· 2
  2. 地衣体匍卧型，生于高山冻土层 ··· 曲金丝 *L. flexuosa*
  2. 地衣体丝状悬垂，生于树干或树冠 ··· 金丝带 *L. zahlbruckneri*

Key to the species in China

1. Thallus shrubby, erect to suberect ·· **L. cladonioides**
1. Thallus decumbent or pendulous ··· 2.
  2. Thallus decumbent, on alpine tundra soil ······································· **L. flexuosa**
  2. Thallus pendulous, on tree bark or canopy ······························· **L. zahlbruckneri**

1. 金丝刷　图版 XX：A、B

Lethariella cladonioides (Nyl.) Krog, Norw. J. Bot. **23**: 93, 1976; Niu et al., Lichenologist **43**(3): 213-223, 2011; Wei & Jiang, Acta Phytotax. Sin. **20**(4): 496, 1982; Wei & Jiang, Lich. Xizang: 67, 1986; Obemayer, Bibl. Lichenol. **68**: 54, 1997; Obemayer, Bibl. Lichenol. **78**: 322, 2001.

    GenBank No.: KY397959.

  ≡ *Chlorea cladonioides* Nyl., Syn. Lich. **1**(2): 276, 1860. − *Letharia cladonioides* (Nyl.) Hue, Expédit. Antarct. Franç.: 7, 1908; Zahlbruckner, in Handel-Mazzetti, Symb. Sin. **3**: 200, 1930.

  = *Lethariella cashmeriana* Krog, Norw. J. Bot. **23**: 91, 1976; Wei & Jiang, Acta Phytotax. Sin. **20**(4): 497, 1982; Wei & Jiang, Lich. Xizang: 68, 1986; Obemayer, Bibl. Lichenol. **68**: 54, 1997; Obemayer, Bibl. Lichenol. **78**: 322, 2001.

  = *Lethariella sernanderi* (Motyka) Obermayer, Fritschiana **3**: 7, 1995; Obemayer, Bibl. Lichenol. **68**: 57, 1997; Obemayer, Bibl. Lichenol. **78**: 322, 2001.

    Type: Himalya, Sikkim. 12 000 ped., leg. Hooker & Thomson 1731(PC-holotype!).

    地衣体生长型：枝状，以基部疏松固着基物，灌木状丛生至亚悬垂，具弹性，高 5～10 cm；分枝：不规则二叉式稠密分枝，主枝圆柱状至棱柱状，直径 0.5～1 mm；分枝腋钝圆，近顶端弯曲成弓形或卷曲，顶端渐尖，呈鹿角状分枝；表面：基部污白色至淡褐色，中部至顶端橙黄色至土红色，无光泽，鲜时表面脊皱不明显，干标本具强烈纵向脊皱；粉芽及裂芽：粉芽生于分枝基部至中部，近顶端通常不出现，粉芽堆稀见至丰多，圆形至不规则斑块状，暗橘黄色；髓层：具软骨质中轴；子囊盘：圆盘状，侧生，无柄，全缘，偶见盘缘具刺状小枝，盘面深棕色至黑色，有光泽，幼时凹陷，成熟后平坦，直径 2～5 mm；子囊：内含 8 个孢子；子囊孢子：卵圆形，无色单胞，8.4～9 × 5～5.6 μm；光合共生生物：绿球藻。

    地衣特征化合物：皮层 K+紫色，CK+深棕色，C−，P−；髓层 K−，P−；TLC：含黑茶渍素 (atranorin)、降斑点酸 (norstictic acid)、茶痂衣酸 (psoromic acid)。

    生境：生于柏木 (*Juniperus* sp.)、杜鹃 (*Rhododendron* sp.) 枯枝干，以及岩石表面；海拔 3100～4900 m。

研究标本引证：

四川 巴塘县，中咱镇，里甫，树干生，1983-7-22，宣宇 83-7222。稻城县，树干生，1997-8，李德喜 97-17825；亚丁，28°26′N，100°20′E，海拔 4200～4510 m，柏本 (*Juniperus* sp.) 树干上，2002-9-1，王立松 02-21549，2002-9-16，王立松 02-21517，2002-9-17，王立松 02-21540，02-21551，02-22209；无名山垭口，29°09′N，100°04′E，海拔 4760 m，岩石表面上，2013-6-20，王立松等 13-38400；海子山，29°20′N，100°06′E，海拔 3500 m，树干生，2002-9-19，王立松 02-21595；100 km 道班后山，海拔 4200 m，落叶松 (*Larix* sp.) 树干上，1981-8-23，王立松 81-2411。德格县，县城东，31°57′N，98°51′E，海拔 2810～3810 m，柏木 (*Juniperus* sp.) 树干上，枯枝上，2007-8-30，王立松等 07-28225，07-28229，07-28273。康定县，六巴乡，海拔 3100 m，枯枝上，1996-9-9，王立松 96-16487。九龙县，汤古乡，海拔 3000 m，柏木 (*Juniperus* sp.) 树干上，1996-9-11，王立松 96-16928；伍须海，29°09′N，101°24′E，海拔 3600 m，柏木 (*Juniperus* sp.) 树干上，2007-9-24，王立松 07-29214。木里县，马帮垭口，海拔 4400 m，岩石表面上，1983-4-7，王立松 83-2155；卡拉乡，烧香梁子，海拔 3800 m，枯落叶，松干上，岩石表面上，1983-8-22，王立松 83-1816，83-1971；卡拉乡，海拔 3650 m，高山松 (*Pinus densata*) 干上，1983-8-26，王立松 83-1900；巴松垭口，海拔 4250 m，灌丛生，1983-4-6，王立松 83-2129c。西昌市，螺髻山，27°34′N，102°22′E，海拔 3600 m，冷杉 (*Abies* sp.) 树干，2010-6-12，王立松等 10-31398。小金县，日隆乡，四姑娘山，双桥沟，31°14′N，102°41′E，海拔 3300～3800 m，柏木 (*Juniperus* sp.) 树干上，1996-8-23，王立松 96-17719，2001-3-12，王立松 01-20561，2006-6-2，王立松 06-26069，2007-10-2，王立松 07-29159；长坪沟，海拔 3300 m，枯枝上，1996-8-22，王立松 96-16057，96-17763。乡城县，大雪山道班后山，28°34′N，99°49′E，海拔 4400～4450 m，岩石表面上，粉紫杜鹃 (*Rhododendron impeditum*) 灌木枝上，2002-9-12，王立松 02-21432，02-21446；大雪山道班，海拔 4050 m，树干生，1981-8-2，杨建昆 81-2290；巴朗牛场附近，海拔 4100 m，柏木 (*Juniperus* sp.) 树干，1981-8-6，王立松 81-2330；经济林场附近，海拔 4050 m，树干生，1981-8-16，王立松 81-2269；无名山垭口，29°08′N，100°02′E，海拔 4720 m，岩石表面，2002-9-18，王立松 02-21497。盐源县，火炉山，海拔 4150 m，树干生，1983-7-23，王立松 83-1221。

云南 德钦县，白马雪山，28°20′N，99°05′E，海拔 3600～4807 m，岩石表面上，柏木 (*Juniperus* sp.) 树干上，土壤表面上，枯枝上，沟谷地，落叶松 (*Larix* sp.) 干上，腐木上，冷杉 (*Abies* sp.) 树干上，1981-7-13，王立松 81-2219，2225，1981-7-14，王立松 1950，81-4260，1982-7-13，王立松 821，1984-5-25，王立松 84-40，84-41-a，1993-8-9，王立松 93-13420，1993-8-9，王立松 93-13433，1993-8-10，王立松 93-13537，93-13556，1994-10-3，王立松 94-15240，94-15271，2003-9-12，王立松 03-22746，2005-7-8，朱永林 20050173，2006-8-28，王立松等 06-26735，2007-8-15，王立松等 07-27877，07-27880，07-27881，07-27882，07-27883，2007-8-20，牛洋 07-28749，2008-8-19，杨杨等 08-1，2009-10-5，王立松等 09-31080，2012-7-4，王立松等 12-34840，12-34872，2013-6-22，王立松等 13-38519，2015-11-1，王立松等 15-49519，2015-11-2，王立松等 15-49518，15-49519，15-49640，15-49643，15-49675，15-49677，15-49698，15-49699，15-49742；

雨崩村，梅里雪山，树干生，1976-8-25，杨竟生 8788；高山牧场至索拉垭口，28°38′N，98°38′E，海拔 4200 m，树皮上，2012-9-10，牛东玲等 12-35996；梅里石村，梅里雪山，索拉垭口，28°38′N，98°36′E，海拔 4200～4400 m，柏木 (*Juniperus* sp.) 树干上，2000-8-30，王立松 00-19749，2012-9-10，牛东玲等 12-35995，12-35998；奔子栏，海拔 3200 m，树干生，1981-7-11，王立松 81-2049。剑川县，老君山，26°37′N，99°44E，海拔 4050 m，岩石表面上，2013-7-30，王立松等 13-38756，13-38803。丽江市，九河乡，老君山，26°37′N，99°43′E，海拔 3810～4200 m，岩石表面上，冷杉 (*Abies* sp.) 树干上，杜鹃 (*Rhododendron* sp.) 枝干上，2000-8-13，王立松 00-20265，2002-9-7，王立松 02-21237，2005-6-15，王立松 05-24766，2006-8-24，王立松等 06-26498，06-26663，2011-5-22，王立松等 11-32106，2013-6-14，王立松等 13-38247，2014-6-25，王立松等 14-44055，14-44103；玉龙雪山，海拔 3900 m，柏树干上，1981-8-10，王立松 81-18132。中甸县，翁水村，大雪山，28°34′N，99°50′E，海拔 4000～4250 m，柏木 (*Juniperus* sp.) 树干上，1993-9-20，胡朝常 93-13344，2000-8-23，王立松 00-19983，2001-10-11，王立松 01-20844，2009-9-4，王立松 09-30889，2015-11-03，王立松等 15-49763～15-49771，15-49773～15-49776，15-49979；格咱村，红山，28°08′N，99°54′E，海拔 4200 m，杜鹃 (*Rhododendron* sp.) 枯枝干上，2009-10-6，王立松等 09-30991；小中甸镇，天宝山，28°08′N，99°54′E，海拔 3708～3900 m，落叶松 (*Larix* sp.) 干上，2007-10-14，王立松 07-28933，2009-10-7，王立松等 09-31076，树皮上，2012-7-6，王立松等 12-34950；东旺公社与乡城县、得荣县交界牛坊，树干生，1976-8-2，杨竟生 8328；东旺公社，海拔 3900 m，树干上，1974-5-20，杨竟生 6724。

西藏 八宿县，然乌镇，29°29′N，96°42′E，海拔 3920～4080 m，柏木 (*Juniperus* sp.) 树干上，2007-8-19，王立松等 07-28077，07-28084，07-28091，07-28092，07-28096，07-28097，07-28098，07-28100。察隅县，目若村至丙中洛途中，28°36′N，98°04′E，海拔 4279 m，柏木 (*Juniperus* sp.) 树干上，枯枝上，2014-9-26，王立松等 14-46739，14-46742，14-46749，14-46750，14-46753；察隅县，29°19′N，97°05′E，海拔 4251 m，枯枝上，2014-9-23，王立松等 14-46677；察隅至察瓦龙途中，28°46′N，97°37′E，海拔 3941 m，柏木树干上，2014-9-25，王立松等 14-46871。昌都县，31°04′N，96 58′E，海拔 4270 m，柏木 (*Juniperus* sp.) 树干上，枯枝上，2007-8-28，王立松等 07-28180，07-8184，07-28185，07-28186，07-28188；昌都县，海拔 4400 m，1976-8-15，臧穆 76-418b；类乌齐山口，31°05′N，96°55′E，海拔 4300～4370 m，云杉 (*Picea* sp.) 树干上，柏木 (*Juniperus* sp.) 树干上，2007-8-28，王立松等 07-28127，07-28128，07-28129，07-28194，07-28196，07-28200，07-28202，07-28203，07-28146。林芝县，鲁朗镇，色季拉山口，29°37′N，94°40′E，海拔 4090～4375m，柏木 (*Juniperus* sp.) 树干上，杜鹃 (*Rhododendron* sp.) 枯枝干，2007-8-20，王立松等 07-28356，07-29357，07-28358，07-28359，07-28361，07-28362，07-28364，07-28365，07-28372，07-28376，07-28385，07-28396，07-28747，2007-8-26，王立松 07-28607，07-28608，07-28609，07-28615，07-28617，07-28618，07-28619，07-28620，07-28622，07-28641，07-28642，07-28647，07-28655；色季拉山，海拔 4700 m，土表生，1975-8-8，臧穆 588a。芒康县，23°16′N，98°40′E，海拔 4020～4050 m，枯枝上，2007-8-16，王立松等 07-27890，07-27905，07-27925，07-27945；盐

井乡，29°36′N，98°03′E，海拔 4090～4110 m，柏木 (*Juniperus* sp.) 树干上，2007-8-16，王立松等 07-27891，07-27964，07-27966，07-27969，07-27972，07-27973，07-27978，07-27979，07-31564；红拉山，29°17′N，98°40′E，海拔 3800～4120 m，枯枝上，2007-8-16，王立松等 07-27899，07-27950；高山栎林下，枯木干上，1976-6-7，臧穆 76-44，1976-8-10，臧穆 76-941。曲松县，29°01′N，92°21′E，海拔 4930 m，岩石表面上，2007-8-25，王立松等 07-28597，07-28598。亚东县，东嘎拉，海拔 3900 m，冷杉 (*Abies* sp.) 树干上，1975-2-6，臧穆 30。贡嘎县，海拔 3400～3900 m，1982-4-27，臧穆 6503，82-6619a；色季拉，海拔 4600 m，柏木 (*Juniperus* sp.) 树干上，1975-8-2，陈书坤 179。

陕西 宝鸡市，太白山药王殿，33°55′N，107°46′E，海拔 3091 m，腐木上，2014-9-1，王欣宇等 14-45178；南天门，33°54′N，107°46′E，海拔 3130 m，腐木上，2014-9-2，王欣宇等 14-45207；放羊寺，海拔 3200 m，枯落叶松干上，1970-6-25，陕西中药普查队 345。

青海 班玛县，玛可河自然保护区，海拔 3806 m，柏木 (*Juniperus* sp.) 树干生，2020-9-9，王立松等 20-67867。玉树州，昂欠县，高山草甸，海拔 4700～4800 m，1972-7-28，藏药队 1108。

文献记载：陕西 (Wu，1981；Wei et al.，1982；He and Chen，1995；Obermayer，1995)，四川 (Du Rietz，1926；Zahlbruckner，1930a，1930b；Motyka，1936，1938；Krog，1976；Niu et al.，2011；Obermayer，1995)，云南 (Paulson，1928；Zahlbruckner，1930 b；Krog，1976；Wei et al.，2007；Niu et al.，2011；Obermayer，1995)，西藏 (Motyka，1936，1938；Krog，1976；Wei and Jiang，1981，1982；Niu et al.，2011；Obermayer，1995)，甘肃 (Niu et al.，2011)。

世界分布：印度，尼泊尔，巴基斯坦，克什米尔地区 (Niu et al.，2011)；中国青海新记录。喜马拉雅地区特有种，中国易危物种 (VU)，云南易危物种 (VU)。

讨论：金丝刷的分类特征在于地衣体灌木状丛生，橙黄色至土红色，直立或半直立丛生，含茶痂衣酸，易于鉴别。金丝刷与曲金丝 *L. flexuosa* 在高山冰缘带冻土层或流石滩环境中生长，前者直立附生于裸岩表面，分枝稠密，后者匍卧至悬垂于高原冻土层，分枝稀疏。

模式标本研究 (Hooker & Thomson 1731, in PC., holotype!)：地衣体生于枯枝，直立至半直立，灌木状丛生，高 3～4 cm，主枝圆柱状，直径 1～1.5 mm；不规则二叉式分枝，中部分枝腋钝圆，近顶端分枝呈鹿角状，渐尖；表面暗土红色，局部褐色至黑色，无光泽，表面脊不明显，局部皮层破裂形成粉芽化，粉芽橘黄色至暗黄色；该模式标本未见子囊盘的存在。我们未对该模式标本进行显微特征的研究，该模式的特征化合物研究见 Niu 等 (2011)。

用途：民间药用，藏香主要原料以及石蕊试剂原料 (Wang et al.，2001，王立松和钱子刚，2013)。

2. 曲金丝 图版 XX：C、D

Lethariella flexuosa (Nyl.) J. C. Wei, Acta Phytotaxon. Sin. **20**(4): 497, 1982; Wei & Jiang, Acta Phytotax. Sin. **20**(4): 497, 1982; Wei & Jiang, Lich. Xizang: 68, 1986; Obemayer,

Bibl. Lichenol. **68**: 55, 1997; Obemayer, Bibl. Lichenol. **78**: 322, 2001.

≡ *Chlorea flexuosa* Nyl., Syn. Meth. Lich. (Parisiis) 1(2): 276, 1860. – *Letharia flexuosa* (Nyl.) Paulson, J. Bot., Lond. **63**: 190, 1925. – *Usnea flexuosa* (Nyl.) Du Rietz, Svensk Bot. Tidskr. **20**: 91, 1926.

= *Lethariella cladonioides* (Nyl.) Krog, Norw. Jl Bot. **23**(2): 93, 1976.

Type: Himalya, Sikkim, 6000-14 000 ped., leg. Hooker & Thomson 1733, (PC-holotype!).

地衣体生长型：枝状，弯曲匍匐状至亚悬垂，柔软，长 5～10（～15）cm，主枝圆柱状至棱柱状，直径约 1 mm；表面：橙黄色至土黄色，局部背光部分污白色，无光泽，表面网状脊强烈；分枝：等二叉至不规则分枝，分枝腋呈明显弧形；无粉芽及裂芽；髓层：具软骨质中轴；子囊盘：未见；光合共生生物：绿球藻。

地衣特征化合物：皮层 K+紫色，CK+深棕色，C–，P–；髓层 K–，P–；TLC：含黑茶渍素（atranorin）、卡那利素（canarione）、茶猁衣酸（psoromic acid）及 2'-*O*-demthylpsoromic acid。

生境：高山冰缘带流石滩岩面或土层；海拔 4000～5070 m。

研究标本引证：

云南 德钦县，白马雪山，28°23′N，99°01′E，海拔 4000～4760 m，岩面土层，1981-7-13，王立松 2210，1984-5-25，王立松 84-41，1985-6-20，王立松 85-8902，2009-10-5，王立松 09-31081，2012-7-4，王立松等 12-34796，12-34839，12-44119，2015-11-1，王立松等 15-49464，15-49465，15-49474，15-49477，15-49499，15-49503，15-49504，15-49511，15-49513，15-49517，15-49520，15-49527，15-49529，15-49532，15-49544，15-49547，15-49548，15-49550，15-49552～15-49555，15-49557～15-49560，15-49578，15-49579，15-49591，15-49595，15-49596，15-49600，15-49612，15-49614，15-49638，15-49645，15-49662，15-49684，2015-11-2，王立松等 15-49626，15-49629，15-49630，15-49633，15-49634，15-49639，15-49642，15-49648，15-49649，15-49653，15-49658，15-49660，15-49668，15-49669，15-49676，15-49679，15-49680～15-49683，15-49686～15-49688，15-49694，15-49719。

西藏 墨竹工卡县，米拉山口，高山草甸，海拔 4900 m，土壤表面，1975-7-23，臧穆 580；乃东县，28°37′N，92°13′E，海拔 5070 m，土壤表面，2007-8-24，王立松等 07-28549～28558，07-28562，07-28569，07-28580，07-28582，07-28584，07-28587。

文献记载：甘肃（Du Rietz，1926），四川，云南（Zahlbruckner，1930b），西藏（Motyka，1936，1938；Wei and Jiang，1982,1986）。

世界分布：印度（锡金）（Du Rietz，1926）。中国易危种（VU），云南濒危种（EN）。

讨论：该种地衣体常卷曲成团状，匍匐生长于高山草甸的土壤表层，主要次生代谢产物与金丝刷相同。Krog（1976）曾将曲金丝归并为金丝刷的异名，理由是二者具有相同的化学成分，并认为匍匐型也属于灌丛状生长型。之后，魏江春和姜玉梅（1982）将该种重新分离出来作为一个独立种，理由是曲金丝的分枝呈明显弧形弯曲，且分枝稀疏。Obermayer（2001）认同该观点，并认为曲金丝不具有粉芽，且地衣体表面网状脊强烈，而金丝刷具粉芽，表面光滑，且二者生长型也不同。通过我们的研究发现，除以上分类特征之外，曲金丝与其他金丝属物种的区别还在于其生长在海拔 4000 m 以上的冻土层，通常匍匐型生长，但生长在基物垂直面时，也见亚悬垂形态。

用途：滇西北和西藏民间药用。

3. 金丝带 图版 XX：E、F

Lethariella zahlbruckneri (Du Rietz) Krog, Nor. J. Bot. **23**: 96, 1976; Obemayer, Bibl. Lichenol. **68**: 59, 1997; Obemayer, Bibl. Lichenol. **78**: 325, 2001.

GenBank No.: KY397960.

≡ *Usnea zahlbruckneri* Du Rietz, Svensk Bot. Tidskr. **20**: 92, 1926. – *Letharia zahlbruckneri* (Du Rietz) Zahlbr., in Handel-Mazzetti, Symb. Sin. **3**: 200, 1930b.

= *Usnea smithii* Du Rietz, Svensk Bot Tidskr. **20**: 92, 1926; – *Letharia smithii* (Du Rietz) Zahlbr., in Handel-Mazzetti, Symb. Sin. **3**: 200, 1930b; – *Lethariella smithii* (Du Rietz) Obermayer, Bibl. Lichenol. **68**: 58, 1997; Obemayer, Bibl. Lichenol. **78**: 325, 2001.

Type: China, Prov. Sze-chuan (Sichuan), 1922, Harry Smith n.5014 (UPS-holotype!).

地衣体生长型：枝状，柔软丝状悬垂，长 10～30 (～50) cm；分枝：主枝圆柱状至棱柱状，直径 2～5 mm，等二叉至不规则分枝，侧生有刺状小枝，顶端渐尖；表面：橙黄色至土黄色，局部背光部分污白色，无光泽，表面网状脊强烈至平坦；无粉芽及裂芽；髓层：具软骨质中轴；子囊盘：偶见，侧生，盘面褐色至暗褐色，直径 3～6 mm；子囊：内含 8 个孢子；子囊孢子：无色，椭圆形，单胞，5～6 × 7～8 μm；光合共生生物：绿球藻。

地衣特征化合物：皮层 K+紫色，CK+深紫色，C−，P−；髓层 K−，P−；TLC：含黑茶渍素 (atranorin)、降斑点酸 (norstictic acid)、卡那利素 (canarione)、鳞衣酸 (placodiolic acid)、三苔色酸 (gyrophoric acid)。

生境：生于柏木 (*Juniperus* sp.)、落叶松 (*Larix* sp.)、云杉 (*Picea* sp.) 等枯树干；海拔 3800～4900 m。

研究标本引证：

四川 稻城县、亚丁村，28°26′N，100°20′E，海拔 4500 m，柏木 (*Juniperus* sp.) 树干上，2002-9-17，王立松 02-21657；100 km 道班后山，海拔 4200 m，1981-8-23，王立松 81-2409。道孚县，30°46′N，101°18′E，海拔 3950 m，云杉 (*Picea* sp.) 树干上，2007-8-31，王立松等 07-28337，07-28341，07-28345。德格县，31°57′N，98°51′E，海拔 4080 m，柏木 (*Juniperus* sp.) 树干上，2007-8-30，王立松等 07-28227，07-28228，07-28230～07-28236。红原县，海拔 4000 m，1960-9-17，药原普查队 20778。理塘县，25°29′N，107°96′E，海拔 4200 m，树皮上，2008-11-5，孙中帅 20083998。小金县，日隆乡，30°14′N，102°46′E，海拔 3800 m，柏木 (*Juniperus* sp.) 树干上，2001-5-12，王立松 01-20561a；双桥沟，31°13′N，102°46′E，海拔 3800 m，落叶松 (*Larix* sp.) 树皮上，2006-6-2，王立松 06-26068。

云南 德钦县，索拉垭口，28°38′N，99°36′E，海拔 4800 m，树枝上，2012-9-10，牛东玲等 12-35889；梅石里村，梅里雪山，索拉垭口，28°38′N，98°36′E，海拔 4550 m，柏木 (*Juniperus*) 枯枝上，2000-8-30，王立松 00-19750。丽江县，玉龙雪山，海拔 4200 m，

1997-8，王立松 97-17897。中甸县，格咱乡，矿厂，28°32′N，99°56′E，海拔 4100 m，柏木 (*Juniperus* sp.) 树干上，2004-6-14，王立松 04-23341；东旺乡，色央村，海拔 4100 m，树上，1988-8-21，杨竟生 88-133。昆明市茶叶市场，2004-6-15，王立松 04-25349，2005-2-19，王立松 05-24302。

西藏　昌都县，31°04′N，96°58′E，海拔 4270 m，柏木 (*Juniperus* sp.) 枯枝上，2007-8-28，王立松等 07-28168，07-28171，07-28179，07-28192；绒达寺，海拔 4400 m，1976-8-15，臧穆 76-418，76-418a；错那县，亚堆扎拉山，海拔 5050 m，枯枝上，1975-3-16，卢树林 88；类乌齐山口，31°04′N，96°58′E，海拔 4100～4370 m，云杉 (*Picea* sp.) 枝上，杜鹃 (*Rhododendron* sp.) 枯枝干，柏木 (*Juniperus* sp.) 枯枝上，1976-8-16，臧穆 76-163，76-257，76-257a，2007-8-28，王立松等 07-28126，07-28130，07-28133，07-28134，07-28136～07-28140，07-28145，07-28147，07-28151，07-28155～28163，07-28195，07-28197～07-28199，07-28204，2016-10-2，王立松等 16-54380。定结县，海拔 5800 m，枯枝上，1975-6-2，武素功 75-1640。林芝县，色季拉山口，29°35′N，94°35′E，海拔 4090～4300 m，柏木 (*Juniperus* sp.) 枯枝上，岩石表面上，2007-8-20，王立松等 07-28360，07-28363，07-28395，2007-8-26，王立松等 07-28610～07-28614，07-28616，07-28621，07-28640，07-28646，07-28652，2008-8-8，王立松 08-29641；东元，色季拉山口，海拔 4700 m，1975-8-8，臧穆 589；红拉山，海拔 3600～4600 m，1982-10-8，臧穆 8037，8067。芒康县，盐井乡，28°36′N，98°03′E，海拔 4010～4110 m，柏木 (*Juniperus* sp.) 枯枝上，2007-8-16，王立松等 07-27960～07-27963，07-27965，07-27970，07-27971，07-27974，07-27976，07-27967，07-27968，07-27981。

青海　玛多县，吉玛雪山垭口，海拔 4623 m，高山流石滩，2020-9-13，王立松等 20-68169；班玛县，玛可河自然保护区，海拔 3806 m，柏木 (*Juniperus* sp.) 树干生，2020-9-9，王立松等 20-67869。

文献记载：陕西 (Wu, 1981；Wei et al., 1982)，四川 (Zahlbruckner, 1930a, 1930b；Motyka, 1936-1938；Krog, 1976；Niu et al., 2007)，云南，西藏 (Niu et al., 2007)。

世界分布：中国横断山地区 (Niu et al., 2007)；青海新记录。中国易危种 (VU)，云南极危种 (CR)。

讨论：金丝带的分类特征在于地衣体丝状悬垂，柔软，含卡那利素和鳞衣酸。

模式标本研究 (Harry Smith n.5014, in UPS-holotype)：地衣体丝状悬垂型，等二叉至不等二叉分枝，分枝腋呈锐角，长 40～50 cm，主枝圆柱状，直径 1～2 mm；表面土红色至淡橘黄色，局部色淡呈灰白色，表面平滑至网状脊明显；无粉芽及裂芽；具侧生小刺状分枝，分枝腋与主枝呈直角 (约 90°)；子囊盘侧生，具短柄，盘面平坦至显著凹陷，幼时淡黄褐色，成熟后呈暗红褐色至深褐色，直径 1～2.5 mm，盘缘发育不良。本研究未对该模式标本进行显微特征及特征化合物研究，其他相关模式标本研究信息见 Niu 等 (2007)。

该种与中华金丝 *L. sinensis* 均为丝状悬垂的地衣体，但后者表面纵向脊强烈，所含地衣特征化合物不同 (魏江春和姜玉梅，1982)。在本卷编研过程中，我们专项对上述两种分布区内的 200 余号标本进行了形态与分子研究，结果发现：①由于该属地衣的皮层是由疏松的棉絮状菌丝组成，在湿度较大的环境中皮层吸水作用较强，使地衣体表面的纵向脊不明显，而干燥环境中受失水作用，表面纵向脊强烈，甚至同一份标本中地衣体表面同时出现平滑至强烈的脊皱过渡型，因此根据地衣体表面脊的形态很难准确把握金丝带与中华金丝的区别；②通过构建该属的 ITS 和大亚基核糖体 RNA (LSU) 分子系统树，其分子数据也不支持两个种的观点；③两种的附生基物和海拔一致，分布区也重叠。根据上述研究和结合中华金丝所含黑茶渍素 (atranorin)、卡那利素 (canarione)、茶痂衣酸 (psoromic acid) 及 2'-O-demethylpsoromic acid (Obermayer，2001；Niu et al.，2007)，我们认为中华金丝作为金丝带种下的一个化学型更合适，两者的分类界定问题还在研究中，本卷暂将中华金丝放到了"本卷未包括的分类单位"中。

用途：民间药用 (Wang et al.，2001，王立松和钱子刚，2013)；石蕊试剂原料。

(四) 孔叶衣属 Menegazzia A. Massal.

Menegazzia A. Massal., Neagenea Lich.: 3, 1854.

Type species: *Menegazzia terebrata* (Hoffm.) A. Massal., Neagenea Lich: 1, 1854.

地衣体叶状，圆形或不规则扩展，直径 1～15 cm；裂片狭叶型，中空，宽 1～5 mm，二叉式至不规则分枝，相互紧密靠生，顶端钝圆，不具有缘毛；上表面具圆形至椭圆形穿孔，灰绿色、橄榄绿色至绿褐色，常具粉芽或裂芽；髓层白色，孔穴腔内有时具疏松绒毛状菌丝；下表面黑色至深棕色，具褶皱和光泽，偶具穿孔，无假根；子囊盘茶渍型，生于裂片上表面，短柄，盘面凹陷，呈杯状，表面淡棕色至红褐色，具光泽或粉霜；子囊内含 2～8 个孢子；子囊孢子椭圆形，无色单胞，厚壁；共生光合生物为绿球藻；地衣特征化合物为黑茶渍素 (atranorin)、斑点衣酸 (stictic acid)、孔叶衣酸 (menegazziaic acid) 和伴斑点衣酸 (constictic acid) 等。

全球约 75 个种；其中，中国报道了 5 种和 1 亚种。

本属与袋衣属 *Hypogymnia* (Nyl.) Nyl.的裂片均中空呈袋状；但前者穿孔位于裂片上表面，后者穿孔位于裂片下表面。

中国孔叶衣属分种检索表

1. 地衣体具粉芽，无子囊盘 ·· 2
1. 地衣体无粉芽，具子囊盘 ·· 3
   2. 粉芽生于裂片顶端，通常向上升起，撕裂状至漏斗状，粉芽颗粒状····· 离生孔叶衣 *M. subsimilis*
   2. 粉芽通常圆形，生于裂片边缘及上表面，边缘平滑不撕裂，粉芽粉末状···· 孔叶衣 *M. terebrata*
3. 裂片通常为等二叉分枝，子囊盘边缘平滑 ··································· 平孔叶衣 *M. primaria*
3. 裂片不规则不等二叉分枝，子囊盘边缘不平滑 ·· 4
   4. 子囊盘边缘具有小型穿孔 ··· 凸缘孔叶衣 *M. asahinae*
   4. 子囊盘成熟时边缘具有假杯点 ······················· 假杯点孔叶衣 *M. pseudocyphellata*

Key to the species in China

1. Thallus sorediate, without apothecia ··· 2
1. Thallus without soredia, apothecia present ·· 3
   2. Soredia growing on the lobe tips, usually elevated, lacerate to funnel-shaped, soredia granulose ········
   ··· *M. subsimilis*

2. Soredia roundish and convex growing on the margin and upper surface, never lacerate, soredia powdery ·· *M. terebrata*

3. Lobes branching regular, mostly isotomic, apothecia margin smooth ·················· *M. primaria*

3. Lobes branching irregular, mostly anisotomic, apothecia margin not smooth ·················· 4

4. Apothecia margin with minute perforations ·· *M. asahinae*

4. Apothecia margin pseudocyphellate when mature ·································· *M. pseudocyphellata*

1. 凸缘孔叶衣　图版 XXI：A、B

Menegazzia asahinae (Yasuda ex Asahina) R. Sant., Ark. Bot. **30A**(11): 13, 1942; Wei J C., Enum. Lich. China: 154, 1991; Bjerke J W., Lichenologist **36**(1): 19, 2004.

≡ *Parmelia asahinae* Yasuda ex Asahina, Bot. Mag. **41**: 374, 1927.

= *Menegazzia anteforata* Aptroot, M. J. Lai, & Sparrius, Bryologist **106**(1): 158, 2003.

　　Type: Japan, Idzu Prov., Mt. Amagi, 4 September 1922, Y. Asahina s. n.(TNS-isotype). 模式标本未见。

　　地衣体生长型：叶状，紧贴基物，通常呈莲座状，直径 2~8 (~15) cm；裂片：狭叶型，不等二叉分裂，表面凸起状，中空，宽 2~3 mm；上表面：烟灰色、灰绿色至灰蓝色，通常中部变黑，边缘部分棕色，光滑或稍有白斑，无粉霜；穿孔：稀疏至丰多，位于裂片上表面或顶端，偶位于下表面最外端，椭圆形，宽 0.1~2 mm；无粉芽及裂芽；髓层：白色至浅棕色；下表面：深棕色至黑色，平滑至稍有皱褶，顶端弱光泽；子囊盘：稀疏至丰多，常具柄，生于上表面中部或裂片顶端，圆盘状，成熟后形状不规则，直径 1~9 mm，盘面红棕色至深棕色，盘缘平滑，成熟后内卷，盘缘密生穿孔；子囊：内含 2 个孢子；子囊孢子：椭圆形，无色单胞，30~60 × 20~40 μm，孢子壁厚 3.5~5.5 μm；分生孢子器：丰多，黑色点状，通常聚生于裂片顶端，分生孢子梭形，4~6 × 0.3~0.5 μm。

　　地衣特征化合物：上皮层 K+黄色，髓层 K+黄色，P+黄色至血红色，含黑茶渍素 (atranorin)、斑点衣酸 (stictic acid)、孔叶衣酸 (menegazziaic acid) 和伴斑点衣酸 (constictic acid)。

　　生境：常见于栎属 (*Quercus*)、松属 (*Pinus*) 和冷杉属 (*Abies*) 树干；海拔 1500~3000 m。

　　研究标本引证：

　　四川　米易县，麻陇北坡山，海拔 2900 m，树干生，1983-7-8，王立松 83-878；木里县，蚂蝗沟，海拔 2650 m，铁杉 (*Tsuga* sp.) 树干，1983-8-28，王立松 83-1939；渡口市，盐边县，海拔 2750 m，栎 (*Quercus* sp.) 树干，1983-6-25，王立松 83-194。

　　贵州　江口县，梵净山，海拔 2100 m，树干生，1988-7-3，王立松 88-174b。

　　云南　丽江市，干海子，冷杉林下，树干生，1959-10-31，沈祖安；干海子，海拔 3100 m，树干生，2004-7-24，王立松 04-23489；老君山，26°39'N，99°46'E，海拔 3035 m，栎 (*Quercus* sp.) 树干，2005-8-28，王立松 05-25027。贡山县，独龙江公社，海拔 2200 m，树干生，1982-9-4，张大城；独龙江公社，海拔 1800 m，树干生，1982-7-17，张大城 129。景东县，徐家坝，海拔 2500m，枯枝上，1994-8-24，王立松 94-14399；无量山高峰，24°19'N，100°47'E，海拔 2420 m，树干生，2005-1-20，王立松 05-23583。福

贡县，鹿马登公社，海拔 1700 m，树干生，1982-5-28，王立松 82-468。香格里拉县，哈巴村，哈巴雪山，27°20'N，100°04'E，海拔 3000 m，华山松 (*Pinus armandii*) 树干，2002-10-26，王立松 02-21953。剑川县，剑川至洱源途中，树干生，1993-9-1，王立松 93-13429。

文献记载：内蒙古，吉林 (Chen et al.,1981)，安徽 (Zhao，1964；Zhao et al.，1982；Xu，1989)，浙江 (Xu，1989)，福建 (Wu et al.，1982)，台湾 (Zahlbruckner，1933；Lamb，1963；Asahina and Sato，1939；Wang-Yang and Lai，1976；Bjerke，2004b)。

世界分布：中国和日本 (Bjerke，2004b)。

讨论：凸缘孔叶衣裂片不规则二叉式分枝，子囊盘盘缘密生穿孔；本种与平孔叶衣的区别在于后者裂片等二叉分枝，子囊盘盘缘无穿孔。

2. 平孔叶衣　图版 XXI：C、D

Menegazzia primaria Aptroot, M. J. Lai & Sparrius, Bryologist **106**(1): 159, 2003; Bjerke & Obermayer, Nov. Hedw. **81**: 304, 2005; Wang L. S., Lichens of Yunnan in China: 55, 2012.

Type: China, Taiwan Prov., Hualian Co., Taroko Park, Hohuan Shan, near Field Station, 3200 m elev., 51RUG260725, on *Abies kawakamii*, Aptroot 52661 (BM-holotype; ABL-isotype).

模式标本未见。

地衣体生长型：叶状，紧贴基物，通常呈圆形扩展，直径 4～10 cm；裂片：狭叶型，平滑，表面微凸起，中空，宽 1～2 mm，顶端等二叉分裂；上表面：灰色至灰绿色，边缘深棕色，无粉霜和白斑；穿孔：稀疏至繁多，位于裂片上表面，圆形至椭圆形，边缘平滑，直径小于 0.5 mm；无粉芽及裂芽；髓层：白色；下表面：深棕色至黑色，具皱褶，地衣体中间部分下表面皮层缺失；子囊盘：较常见，成熟后无柄，盘缘光滑，盘面红棕色至深棕色；子囊：内含 1～2 个孢子；子囊孢子：无色单胞，35～40 × 25～30 μm，孢子壁厚约 5 μm；分生孢子器：丰多，黑色点状，分生孢子梭形，5～7 × 0.4～0.6 μm。

地衣特征化合物：上皮层 K+黄色，髓层 K+黄色，P+红色，含黑茶渍素 (atranorin)、斑点衣酸 (stictic acid)。

生境：常见于花楸属 (*Sorbus*)、栎属 (*Quercus*)、松属 (*Pinus*) 及枯树干；海拔 1800～3500 m。

研究标本引证：

四川　盐源县，火炉山，海拔 3450 m，樱桃 (*Cerasus pseudocerasus*) 树干生，1983-7-26，王立松 83-1281。米易县，麻陇北坡山，海拔 3200 m，树干生，1983-7-9，王立松 83-830。渡口市，务本公社大黑山，海拔 2450 m，栎 (*Quercus* sp.) 树干生，1983-6-19，王立松 83-154；盐边县，岩口乡石宝山，海拔 2650 m，树干生，1983-6-29，王立松 83-376，83-570。木里县，卡拉乡，海拔 2850 m，树干生，1983-8-23，王立松 83-1872；蚂蝗沟，海拔 2650 m，树干生，1983-8-30，王立松 83-2006；东朗乡，海拔 3200 m，树干生，1983-9-8，王立松 83-2176。

贵州　江口县，梵净山金顶附近，海拔 2200 m，树干生，1988-7-4，王立松 88-179，88-188b，88-195，88-232a，88-277；梵净山，海拔 2000 m，杜鹃 (*Rhododendron* sp.) 灌丛生，1995-9-21，王立松 95-15921，95-15906。遵义市，绥阳县宽阔水水库，海拔 1700 m，树干生，1988-6-21，王立松 88-23a，88-56。

云南　景东县，哀牢山徐家坝生态站附近，海拔 2460 m，树干生，2006-5-1，李苏 AL-115，AL-157，AL-187。禄劝县，轿子雪山，26°03'N，102°05'E，海拔 3245～4000 m，花楸 (*Sorbus* sp.)、杜鹃 (*Rhododendron* sp.) 树干，1992-1-31，王立松 92-12875，2006-7-19 和 2006-9-26，王立松 06-26173，06-27046，2007-5-20，王立松 07-27820，2010-5-23，王立松 10-31380；撒营盘镇至则黑乡 30 km 处，26°04'N，102°36'E，海拔 2540 m，栎 (*Quercus* sp.) 树干生，2014-4-19，王立松 14-43189，14-43232。丽江市，玉龙雪山，高山植物园附近，海拔 3600 m，栎 (*Quercus* sp.) 树干，2009-11-10，王立松 09-31221；九河乡，老君山，海拔 4020 m，26°37'N，99°42'E，杜鹃 (*Rhododendron* sp.) 树干，2011-5-22，王立松 11-32007，11-32010；老君山，26°37'N，99°43'E，海拔 3700 m，杜鹃 (*Rhododendron* sp.) 树干，2013-6-16，王立松 13-38258；高山植物园，27°00'N，100°10'E，海拔 3450 m，花楸 (*Sorbus* sp.) 树干，2011-8-16，王立松 11-32326，11-32402，11-32409，11-32459；玉龙雪山，海拔 2650m，栎 (*Quercus* sp.) 树干，1983-10-1，王立松 83-2451；玉龙雪山后山，玉湖，海拔 3000 m，云杉 (*Picea* sp.) 树干，1982-8-14，王立松 82-913a，82-914a，82-954，82-968；玉峰寺附近，海拔 2600 m，华山松 (*P. armendii*) 树干，1982-8-15，王立松 82-1077；玉峰寺，海拔 2800 m，树干生，1987-4-20，Ahti 87-46213；玉龙雪山蚂蟥坝，海拔 3350 m，树干生，1987-4-22，Ahti 87-46462；玉龙雪山附近，海拔 2650 m，云南松 (*P. yunnanensis*) 树干，1984-5-20，郗建勋 33；九十九龙潭马鞍山，26°39'N，99°46'E，海拔 3400 m，杜鹃 (*Rhododendron* sp.) 树干，2000-8-6，王立松 00-20082；白水河边，海拔 3000 m，栎 (*Quercus* sp.) 树干，1985-8-6，王立松 85-367，85-392。大理市，花甸坝，25°52'N，100°00'E，海拔 3095 m，树干，2010-6-18，马文章 10-1639；剑川石宝山，26°22'N，100°49'E，海拔 2665 m，树干，2011-8-17，王立松 11-32522；苍山，25°41'N，100°06'E，海拔 3600 m，冷杉 (*Abies* sp.) 树干，2005-6-12，王立松 05-24667；苍山电视塔，25°40'N，100°06'E，海拔 2700 m，华山松 (*P. armendii*) 树干，2009-5-29，王立松 09-30405，09-30414；花甸坝干柴箐，2900 m，树干生，1984-7-10，郗建勋 376a；宾川县，鸡足山，25°58'N，100°21'E，海拔 3230 m，栎 (*Quercus* sp.) 树干，2006-6-1，王立松 06-26153；鸡足山，25°57'N，100°22'E，海拔 2620 m，杜鹃 (*Rhododendron* sp.) 树干，2012-3-31，王立松 12-33464，12-33471。德钦县，梅里石村至索拉垭口途中，28°38'N，98°40'E，海拔 3225 m，树干生，2012-9-9，牛东玲 12-35481，12-35582，12-35637；白马雪山垭口，28°19'N，99°05'E，海拔 4440 m，杜鹃 (*Rhododendron* sp.) 树干，2006-8-1，王立松 06-26406；奔子栏永中雪山，海拔 3400 m，树干生，1981-7-6，王立松 20317。师宗县，菌子山悬崖天路，24°39'N，104°08'E，海拔 2280 m，栎 (*Quercus* sp.) 树干，2014-11-5，王立松 14-47239，14-47244，14-47249，14-47290。屏边县，大围山国家公园水围城景区，22°54'N，103°42'E，海拔 1966 m，树干生，2014-2-14，刘栋 14-42637。云龙县，漕涧镇志奔山，海拔 2990 m，树干生，2005-5-28，王立松 05-24312。维西县，犁地坪，27°09'N，99°24'E，海拔 3270 m，树干生，2006-8-2，王立松 06-26349；

叶枝乡巴丁村，海拔 3500 m，树干生，1982-5-10，王立松 82-201a；维西县，树干生，1974-6-16，臧穆 389。贡山县，独龙江乡迪政当村，28°05′N，98°19′E，海拔 1858 m，树干生，2015-8-2，王立松 15-48080，15-48782；独龙江至贡山县途中，27°46′N，98°33′E，海拔 2954 m，栎 (*Quercus* sp.) 树干，2015-8-3，王立松 15-48121，15-48804，15-48811；贡山县，27°42′N，98°43′E，海拔 1916 m，树干生，2015-8-4，王立松 15-48206，15-48652；贡山县，秋那桶，28°11′N，98°31′E，海拔 3000 m，树干生，2000-5-26，王立松 00-19641。双柏县，鄂嘉镇平河水库，海拔 2550 m，树干生，2006-2-22，王立松 06-25877。香格里拉县，哈巴村，哈巴雪山，27°20′N，100°04′E，海拔 3000 m，云杉 (*Picea* sp.) 树干生，2002-10-26，王立松 02-21940。南涧县，无量山，24°43′N，100°32′E，海拔 2360 m，树干生，2012-3-24，王立松 12-33598；无量药谷周边，24°52′N，100°34′E，海拔 2348 m，树叶生，2012-12-19，王立松 12-37637；宝华镇，拥政村，大中山，24°50′N，100°25′E，海拔 2600 m，树干生，2012-12-20，王立松 12-37703，12-37753，12-37781。腾冲县，古永，海拔 2400 m，树干生，1983-9-18，王立松 83-2620。

文献记载：云南 (Bjerke et al.，2005)，台湾 (Aptroot et al.，2003；Bjerke and Obermayer，2005；王立松，2012)。

世界分布：仅知中国有分布，贵州新记录。

讨论：平孔叶衣的外形和所含特征化合物与孔叶衣 *M. terebrata* 十分相似，但后者穿孔相对较大 (0.5～1 mm)，且具圆形粉芽堆，两者间的分类界限问题还有待进一步研究。

3. 假杯点孔叶衣 (新拟)　图版 XXI：E、F

Menegazzia pseudocyphellata Aptroot, M. J. Lai & Sparrius, Bryologist **106**(1): 160, 2003.

Type: China, Taiwan Prov., Hualian Co., Taroko Park, Hohuan Shan, exposed mountain ridge, 3000 m elev., 51RUG2673, on *Pinus taiwanensis*, 12 Oct. 2001, Aptroot 53687(BM-holotype; ABL-isotype).

模式标本未见。

地衣体生长型：叶状，通常呈圆形，直径 2～4 cm；裂片：狭叶型，表面凸起，中空，宽 2～3 mm，顶端不规则二叉分裂；上表面：灰色至灰绿色，边缘部分深棕色，无粉霜和白斑；穿孔：稀疏至丰多，生于裂片上表面，圆形至椭圆形，边缘微凸起，直径约 1 mm；无粉芽及裂芽；髓层：白色至浅棕色，通常覆盖黑色菌丝；下表面：深棕色至黑色，具皱褶，地衣体中部下表面皮层缺失；子囊盘：稀疏至丰多，成熟后具柄，盘缘光滑，成熟后具裂痕、假杯点及白色网状脊，盘面红棕色至深棕色；子囊：子囊内含 1～2 个孢子；子囊孢子：无色单胞，25～40 × 25～30 μm，孢子壁厚约 5 μm；分生孢子器：丰多，黑色点状，分生孢子梭形，5～7 × 0.3～0.5 μm。

地衣特征化合物：上皮层 K+黄色，髓层 K+黄色，P+红色，含黑茶渍素 (atranorin)、斑点衣酸 (stictic acid)。

生境：该种分布于中国横断山地区以及台湾地区，常见于栎属 (*Quercus*)、杜鹃属 (*Rhododendron*)、铁杉属 (*Tsuga*) 以及枯枝上，海拔 2500～3800 m。

研究标本引证：

四川 康定县，雅家埂，29°47'N，102°03'E，海拔 2962 m，杜鹃 (*Rhododendron* sp.) 树干，2010-9-29，王立松 10-31811。米易县，麻陇北坡山，海拔 3000 m，树干生，1983-7-8，王立松 83-860，83-1030。木里县，卡拉乡向阳沟，海拔 3300 m，杜鹃 (*Rhododendron* sp.) 树干，1983-8-27，王立松 83-1951，83-1979；蚂蝗沟，海拔 2650 m，冷杉 (*Abies* sp.) 树干，1983-8-30，王立松 83-1992，83-2038；木里县，海拔 3100 m，树干生，1983-9-22，王立松 83-2338。泸定县，贡嘎山海螺沟二号营地，29°20'N，101°30'E，海拔 2450 m，栎 (*Quercus* sp.) 树干，1996-8-27，王立松 96-16095，96-17317。渡口市，务本公社大黑山，海拔 2500 m，栎 (*Quercus* sp.) 树干，1983-6-19，王立松 83-100，83-165；盐边县岩口乡，海拔 2750 m，树干生，1983-6-25，王立松 83-356；岩口乡新村，海拔 2600 m，树干生，1983-6-26，王立松 83-374a，83-452；岩口乡石宝山，海拔 2900 m，树干生，1983-6-29，王立松 83-644。

云南 南涧县，无量山小景山，24°50'N，100°25'E，海拔 2643 m，树干生，2015-6-28，叶鑫 15-47664，15-47688。丽江县，老君山，26°37'N，99°43'E，海拔 3980 m，云杉 (*Picea* sp.) 树干，2002-10-18，王立松 02-25714；玉龙雪山，冷杉 (*Abies* sp.) 林，树干生，1959-5-30，沈祖安 1880；白水河边，海拔 3000 m，栎 (*Quercus* sp.) 树干，1985-8-6，王立松 85-363；高山植物园附近，海拔 3600 m，栎 (*Quercus* sp.) 树干，2009-11-10，王立松 09-31204，09-31208。云龙县，漕涧志奔山，25°45'N，99°06'E，海拔 3000 m，树干生，2002-10-24，王立松 02-22424；漕涧志奔山垭口，25°43'N，99°07'E，海拔 2510 m，树干生，2006-9-22，王立松 06-27204；漕涧志奔山，25°44'N，99°03'E，海拔 2400 m，树干生，2000-6-12，王立松 00-18825，00-18843，00-18923。香格里拉县，哈巴村，哈巴雪山，27°20'N，100°04'E，海拔 2800 m，岩面生，2002-10-26，王立松 02-22157。福贡县，上帕镇，海拔 2200 m，树干生，1982-6-9，王立松 904；鹿马登公社，海拔 2500 m，树干生，1982-5-28，王立松 82-533。大理市，花甸坝干柴箐，海拔 2900 m，杜鹃树干生，1984-7-10，郗建勋 386。洱源县，洱源至漾濞县途中炼铁乡，26°01'N，99°53'E，海拔 2900 m，松 (*Pinus* sp.) 树干，2005-6-16，王立松 05-24725。景东县，哀牢山，徐家坝生态站附近，海拔 2460 m，树干生，2006-5-1，李苏 AL-315；哀牢山徐家坝，24°32'N，101°01'E，海拔 2500 m，越橘 (*Vaccinium* sp.) 树干，2013-6-9，王立松 13-37977。禄劝县，转龙镇，轿子雪山，海拔 3814 m，26°04'N，102°50'E，树干生，2007-5-20，王立松 07-27821。维西县，犁地坪，27°10'N，99°25'E，海拔 3320 m，杜鹃 (*Rhododendron* sp.) 树干生，2013-6-15，王立松 13-38279。腾冲县，猴桥镇，胆扎林场，25°34'N，98°16'E，海拔 3236 m，树干生，2015-4-26，马文章 15-6161。

台湾 南投县，合欢山武岭，24°08'N，121°17'E，海拔 3303 m，树干生，2015-9-23，王立松 15-49206，15-49208，15-49271。

文献记载：台湾 (Aptroot et al., 2003)。

世界分布：中国分布。

讨论：假杯点孔叶衣的分类特征在于子囊盘成熟后通常具柄，盘缘具明显的裂隙状假杯点；本种与凸缘孔叶衣外形较为相似，但后者子囊盘缘密生圆形穿孔，并且孢子较大 (80~115 × 36~50 μm)。

4. 离生孔叶衣 图版 XXII：A、B

Menegazzia subsimilis (H. Magn.) R. Sant., Ark. Bot. **30A**(11): 13, 1943; Bjerke & Obermayer, Nov. Hedw. **81**: 305, 2005; Wang L S., Lichens of Yunnan in China: 55, 2012.

≡ *Parmelia subsimilis* H. Magn., Ark. Bot. **30B**(3): 5, 1942.

= *Menegazzia dissecta* (Rass.) Hafellner, Fritschiana **12**: 18, 1997.

Type: USA, Hawaii, Kauai, Lehua Makanoe, on Wikstroemia, 15 viii 1938, L. M. Cranwell, O. Selling & C. Skottsberg 6034 (UPS-holotype).
模式标本未见。

地衣体生长型：叶状，紧贴基物呈不规则放射状或莲座状扩展，直径 3～9 cm；裂片：狭叶型，表面凸起，中空，宽 0.8～2.5 mm，顶端二叉分裂，中部不规则分裂；上表面：烟灰色至灰绿色，中部和边缘部分变黑，偶有白斑，无粉霜；穿孔：稀疏至丰多，生于裂片上表面或顶端，圆形至椭圆形，边缘平滑，直径 0.5～0.8 mm，粉芽：粉芽颗粒状，生于裂片顶端或中部，形成撕裂状的粉芽堆，中央具穿孔，成熟后呈管状露出白色的内腔；无裂芽；下表面：深棕色至黑色，平滑至稍有皱褶，顶端弱光泽；髓层：上部白色，下部黑色；子囊盘和分生孢子器未见。

地衣特征化合物：上皮层 K+黄色，髓层 K+黄色，P+黄色至血红色，含黑茶渍素 (atranorin)、斑点衣酸 (stictic acid)、孔叶衣酸 (menegazziaic acid) 和伴斑点衣酸 (constictic acid)。

生境：常见于栎属 (*Quercus*)、松属 (*Pinus*) 以及杜鹃属 (*Rhododendron*) 树干；海拔 2500～3700 m。

研究标本引证：

吉林 临江市，小东山 (四间房)，41°42′N，127°46′E，海拔 1400 m，桦 (*Betula* sp.) 树干，2012-5-9，王立松 12-33886，12-33906，12-33919。

浙江 杭州市，西天目山老殿，岩石生，1956-7-9，陆定安 287。

广东 韶关市，莽山国家森林公园，24°54′48.09″N,113°00′42.06″E，海拔 1086 m，树干生，2019-5-17，王立松等 19-63186。

四川 木里县，卡拉乡，海拔 3650m，栎 (*Quercus* sp.) 树干，1983-8-22，王立松 83-1910；卡拉乡烧香梁子，海拔 3300 m，栎 (*Quercus* sp.) 树干，1983-8-27，王立松 83-1950。西昌市，螺髻山，27°34′N，102°22′E，海拔 3700 m，杜鹃 (*Rhododendron* sp.) 树干，2010-6-12，王立松 10-31418。米易县，麻陇北坡山，海拔 3000 m，树干生，1983-7-8，王立松 83-875。南坪县，九寨沟天鹅海，海拔 2980 m，柳 (*Salix* sp.) 树枝上，1986-9-25，王立松 86-2697。小金县，双桥沟，海拔 3300 m，树干生，1996-8-23，王立松 96-17722。会理县，龙肘山电视塔，海拔 3500m，杜鹃 (*Rhododendron* sp.) 树干，1997-9-13，王立松 97-17913。渡口市，岩口乡新村，海拔 2600 m，树干生，1983-6-26，王立松 83-372。

贵州 遵义市，绥阳县宽阔水水库，海拔 1500 m，树干生，1988-6-21，王立松 88-37a。

云南 元阳县，牛角寨乡，河马大寨村西观音山山顶，23°10′N，102°37′E，海拔 2600 m，树干生，2011-11-27，刘栋 11-468，11-504。南涧县，宝华镇，拥政村，大中山，24°50'N，100°25'E，海拔 2750 m，树干生，2012-12-20，王立松 12-37786；无量药谷，24°52'N，100°34'E，海拔 2348 m，云南松 (*Pinus yunnanensis*) 树干，2012-12-19，王立松 12-37604；灵宝山国家公园，24°46'N，100°30'E，海拔 2475 m，栎 (*Quercus* sp.) 树干，2012-6-12，王立松 12-34131；无量山，24°45'N，100°30'E，海拔 2340 m，树干生，2012-3-20，王立松 12-32994，12-33035，12-33048，12-33238；大殿山，24°51'N，100°34'E，海拔 2543 m，树干生，2012-3-21，王立松 12-32893，12-32923，12-32981。景东县，哀牢山徐家坝，海拔 2400 m，枯枝上，1994-8-25，王立松 94-14365，94-14372，94-21215；徐家坝，24°32'N，101°01'E，海拔 2400～2470 m，树干生，2005-1-21，王立松 05-24007，2013-6-9，王立松 13-37907。楚雄市，紫溪山，海拔 2500 m，树干生，1994-8-28，王立松 94-15652；紫溪山，海拔 2300 m，树干生，1992-10-1，陈介 92-5。剑川县，石宝山，26°22'N，100°49'E，海拔 2665 m，杜鹃 (*Rhododendron* sp.) 树干，2011-8-17，王立松等 11-32496，11-32513；老君山，26°37'N，99°43'E，海拔 3075 m，岩石表面，2002-10-18，王立松 02-22383。大理市，苍山，25°41'N，100°06'E，海拔 3500 m，冷杉 (*Abies* sp.) 树干，2012-7-8，王立松 12-35071。东川区，红土地茅坝子，26°00'N，102°57'E，海拔 2900 m，栎 (*Quercus* sp.) 树干，2009-8-7，王立松 09-30677。新平县，磨盘山，23°55'N，101°58'E，海拔 2490 m，杜鹃 (*Rhododendron* sp.) 树干，2012-4-30，王立松 12-33788。维西县，犁地坪，27°10'N，99°25'E，海拔 3320 m，杜鹃 (*Rhododendron* sp.) 树干，2013-6-15，王立松 13-38281。贡山县，独龙江乡，迪政当村铁索桥，海拔 1858 m，28°05'N，98°19'E，树干生，2015-8-2，王立松 15-48077，15-48636，15-48767；贡山县，27°42'N，98°43'E，海拔 1916 m，树干生，2015-8-4，王立松 15-48818，15-48917，15-48937；贡山至其期途中，海拔 1650 m，树干生，2000-6-1，王立松 00-19001，00-19040；野牛谷，27°43'N，98°44'E，海拔 2080 m，岩石表面，2003-9-6，王立松 03-22591。师宗县，菌子山，24°38'N，104°09'E，海拔 2300 m，栎 (*Quercus* sp.) 树干，2008-10-2，王立松 08-29720；菌子山悬崖天路，24°39'N，104°08'E，海拔 2280 m，栎 (*Quercus* sp.) 树干，2014-11-5，王立松 14-47217，14-47246。丽江市，雷达站附近，海拔 3250 m，1984-6-16，郗建勋 0165a；玉龙雪山干河坝，海拔 3400 m，杜鹃 (*Rhododendron* sp.) 树干，1998-10-23，王立松 98-18450。德钦县，白马雪山垭口，海拔 4200 m，柏木 (*Juniperus* sp.) 树干，1993-8-10，王立松 93-13488；奔子栏附近，永中雪山，松树干，1981-7-6，王立松 2027a。云龙县，漕涧志奔山垭口，25°43'N，99°07'E，海拔 2510 m，树干生，2006-9-22，王立松 06-27196，06-27211。香格里拉县，小中甸，海拔 3210 m，27°26'N，99°49'E，栎树干，2006-8-29，王立松 06-26831。西畴县，法斗乡，海拔 1550 m，树干生，1991-11-7，王立松 91-269，91-539。宜良县，小草坝，海拔 1700 m，灌木生，1996-10-27，王立松 96-1664。腾冲县，古永猴桥黑泥塘，海拔 1650 m，树干生，1985-4-17，郗建勋 734。洱源县，洱源至漾濞县途中炼铁乡，26°01'N，99°53'E，海拔 2900 m，华山松 (*P. armandii*) 树干，2005-6-16，王立松 05-24687。

西藏 米林县，海拔 3020 m，冷杉 (*Abies* sp.) 树干，2007-8-26，王立松 07-28734；墨脱县，29°13'19.96"N，95°11'11.63"E，海拔 1547 m，树干，2018-11-24，王欣宇等 18-62023。

陕西　宝鸡市，太白山文公庙，34°00'N，107°43'E，海拔 3000 m，桦 (*Betula* sp.) 树干，2014-8-29，王欣宇 14-44949，14-44970，14-45174，14-45200。

文献记载：吉林 (Kondratyuk et al., 2013)，西藏，四川 (Bjerke et al., 2005)，云南 (Wei et al., 2007)。

世界分布：世界广布种，南美洲、北美洲、欧洲及东亚地区均有分布 (Bjerke, 2003; Bjerke, 2004b)。

讨论：本种与孔叶衣 *M. terebrata* 都具有粉芽，但后者粉芽堆通常呈圆形凸起，粉芽呈粉末状而不同。

5. 孔叶衣　图版 XXII: C、D

Menegazzia terebrata (Hoffm.) A. Massal., Neagenea Lich: 1, 1854; Wei J C., Enum. Lich. China: 154, 1991; Aptroot, M. J. Lai & Sparrius, Bryologist **106**(1): 161, 2003; Bjerke & Obermayer, Nov. Hedw. **81**: 307, 2005; Wang, Lichens of Yunnan in China: 56, 2012.

≡ *Lobaria terebrata* Hoffm., Deutschl. Fl., Zweiter Thei l(Erlangen): 151, 1796.

= *Lichen pertusus* Schrank, Baier. Fl. (München) **2**: 519, 1789. – *Parmelia pertusa* Schaer., Lich. helv. spicil. **10**: 457, 1840. – *Menegazzia pertusa* (Schaer.) J. Steiner, in Cohn, Krypt.-Fl. Schlesien (Breslau) **2**(2): 78, 1879.

Type: Probably not typified (Bjerke, 2005).

模式标本未见。

地衣体生长型：叶状，紧贴基物近圆形至不规则扩展，直径 5～10 cm；裂片：狭叶型，表面凸起状，中空，宽 1～2 mm，顶端不规则二叉分裂；上表面：灰色至灰绿色，具光泽，边缘部分为深棕色，无粉霜和白斑；穿孔：稀疏至繁多，生于裂片上表面，圆形至椭圆形，边缘通常凸起，直径 0.5～1 mm；粉芽：白色至灰绿色，粉末状，形成粉芽堆，通常生于裂片上表面或边缘，粉芽堆呈圆形凸起状，中央通常无穿孔；无裂芽；髓层：白色；下表面：深棕色至黑色，具皱褶，边缘具光泽，无假根；子囊盘：少见，圆盘状，盘缘光滑，盘面深棕色；子囊：内含 1～2 个孢子；子囊孢子：无色单胞，40～70 × 30～40 μm，孢子壁厚约 5 μm；分生孢子器：未见。

地衣特征化合物：上皮层 K+黄色，髓层 K+黄色，P+黄色至血红色，含黑茶渍素 (atranorin)、斑点衣酸 (stictic acid)、孔叶衣酸 (menegazziaic acid) 和伴斑点衣酸 (constictic acid)。

生境：该物种是中国孔叶衣属中分布范围最广的物种，北至黑龙江省，最南至云南省均有分布，常见于温带阔叶林和针叶林中，生长基物主要有栎属 (*Quercus*)、杜鹃属 (*Rhododendron*)、松属 (*Pinus*)、冷杉属 (*Abies*) 和桦属 (*Betula*) 树干，偶见于岩石表面；海拔 1400～4000 m。

研究标本引证：

四川　渡口市,盐边岩口乡石宝山,海拔 2700 m,树干生,1983-6-29,王立松 83-656；盐边岩口乡大坪子区，海拔 2800 m，树干生，1983-6-25，王立松 83-367，83-357。乡城县，然乌乡，海拔 4000 m，树干生，1981-8-9，王立松 2297c，81-2307b；大雪山道班后山，28°34'N，99°49'E，海拔 4450 m，花楸 (*Sorbus* sp.) 树干生，2002-9-12，王立

松 02-22364。盐源县，海拔 3550 m，树干生，1983-8-8，王立松 83-1376；牦牛圈村，海拔 3300 m，树干生，1983-7-20，王立松 83-1135。平武县，王朗自然保护区，33°00'N，104°01'E，海拔 2500 m，冷杉 (*Abies* sp.) 树干生，2010-9-23，王立松 10-31761。木里县，鸭咀林场，海拔 3450 m，栎 (*Quercus* sp.) 树干生，1983-8-19，王立松 83-1548，83-1620；东朗乡，海拔 3500 m，树干生，1983-9-14，王立松 83-1453；卡拉乡烧香梁子，海拔 3800 m，岩面生，1983-8-22，王立松 83-1753，83-1807；卡拉乡，海拔 2850 m，树干生，1983-8-23，王立松 83-1870；东朗乡至巴尔牧场，3200 m，冷杉 (*Abies* sp.) 树干，1983-9-12，王立松 83-2274a。米易县，麻陇北坡山，海拔 3200 m，栎 (*Quercus* sp.) 树干生，1983-7-7，王立松 83-844，83-785，83-838。南坪县，九寨沟树正海，海拔 2000 m，油松 (*Pinus tabulaeformis*) 树干生，1986-9-23，王立松 86-2534，86-2574b；九寨沟宝镜岩，海拔 2050 m，油松 (*P. tabulaeformis*) 树干生，1986-9-24，王立松 86-2621，86-2626a；九寨沟原始森林，海拔 3100 m，树干生，1986-9-25，王立松 86-2649。小金县，栎 (*Quercus* sp.) 树干生，31°02'N，102°26'E，海拔 3500 m，2005-8-26，肖月芹 05-34，05-57，05-59；日隆乡，双桥沟，四姑娘山，31°14'N，102°41'E，海拔 3800 m，柳 (*Salix* sp.) 树干生，2007-10-2，王立松 07-29142；日隆乡，四姑娘山，长坪沟，31°02'N，102°52'E，海拔 3300～3420 m，柳 (*Salix* sp.)、桦 (*Betula* sp.) 树干生，1996-8-22，王立松 96-17745，2001-5-13，王立松 01-20611。九龙县，汤古乡，海拔 3000 m，桦 (*Betula* sp.) 树干，1996-9-11，王立松 96-17452；伍须海，29°09'N，101°24'E，海拔 3600 m，栎 (*Quercus* sp.) 树干生，2007-9-24，王立松 07-29207。康定县，力丘至沙德途中，海拔 3200 m，岩面生，1996-9-8，王立松 96-17554。稻城县，亚丁，28°26'N，100°20'E，海拔 4400 m，岩面生，2002-9-17，王立松 02-22214。

贵州 遵义市，绥阳县宽阔水水库，海拔 1350 m，树干生，1988-6-22，王立松 88-72b；江口县，梵净山金顶附近，海拔 2100 m，树干生，1988-7-4，王立松 88-201。

云南 德钦县，梅里石村至索拉垭口，28°38'N，98°41'E，海拔 2790 m，岩面生，2012-9-8，牛东玲 12-35373，12-35375，12-35376，12-35407，12-35428，12-35433；梅里石村至索拉垭口，28°38'N，98°40'E，海拔 3336 m，杜鹃 (*Rhododendron* sp.) 树干生，2012-9-9，牛东玲 12-35467，12-35479，12-35537，12-35580，12-35625，12-35640，12-35697；索拉垭口至梅里石村，28°38'N，98°38'E，海拔 4270 m，树干生，2012-9-11，牛东玲等 12-36009，12-36020，12-36034，12-36062，12-36069，12-36849；神瀑至下雨崩途中，28°22'N，98°45'E，海拔 3365 m，树干生，2012-9-13，牛东玲 12-36230，12-36249，12-36261，12-36304；雨崩至笑农大本营，28°24'N，98°45'E，海拔 3620 m，树干生，2012-9-14，牛东玲 12-36320，12-36338，12-36429，12-36430，12-36826；雨崩村，28°24'N，98°49'E，海拔 3300 m，树干生，2012-9-15，牛东玲 12-36526，12-36545，12-36551，12-36619，12-36839；白马雪山垭口，28°20'N，99°04'E，海拔 4440 m，花楸 (*Sorbus* sp.) 树干生，2006-8-1，王立松 06-26392；奔子栏镇东竹林后山，海拔 3000 m，树干生，1981-7-8，王立松 2090a，81-2091，黎兴江 2084，白马雪山西坡雾浓顶，海拔 3500 m，栎 (*Quercus* sp.) 树干，1981-7-22，黎兴江 2144a；白马雪山东坡附近木材站，海拔 3400 m，栎 (*Quercus* sp.) 树干，1981-7-10，黎兴江 2172a；梅里雪山笑农村，28°24'N，98°45'E，海拔 3100 m，冷杉 (*Abies* sp.) 树干，1994-9-28，王立松 94-15076，

94-15078；梅里雪山雨崩村，海拔 3500 m，栎（*Quercus* sp.）树干，1994-9-30，王立松 94-15413；奔子栏永中雪山，海拔 3400 m，松（*Pinus* sp.）树干，1981-7-6，黎兴江 2028。丽江市，玉龙雪山，白水河，海拔 2900 m，栎（*Quercus* sp.）树干生，1987-4-23，Ahti 87-46634，87-46635；玉龙雪山，玉峰寺，海拔 2700 m，杜鹃（*Rhododendron* sp.）树干生，1987-4-21，Ahti 87-46241；巨甸镇路西村，海拔 2150 m，树干生，1984-6-17，郗建勋 183d；玉湖，海拔 2900 m，云南松（*P. yunnanensis*）树干，1982-8-14，王立松 82-1254；黑白水，海拔 2750 m，松（*Pinus* sp.）树干生，1994-9-16，王立松 94-14626；九河乡，老君山，26°39'N，99°46'E，海拔 3600 m，杜鹃（*Rhododendron* sp.）树干生，2005-6-15，王立松 05-24742；玉龙雪山，玉峰寺，海拔 2800 m，杜鹃（*Rhododendron* sp.）树干生，1985-8-28，王立松 85-0089；丽江县城东南 9 km 处，海拔 2500 m，云南松（*P. yunnanensis*）树干，1985-8-27，王立松 85-0043；丽江县城西北约 20 km 处，海拔 3200 m，高山松（*P. densata*）树干，1985-7-30，王立松 85-0164c；铁甲山，杜鹃（*Rhododendron* sp.）灌丛生，1985-8-4，王立松 85-319；玉龙雪山玉湖后山，海拔 2600 m，云南松（*P. yunnanensis*）树干生，1982-8-13，王立松 82-894a，82-903；北坡岭，海拔 3050 m，树干生，1984-5-24，郗建勋 70b；玉龙雪山，高山植物园附近，海拔 3500 m，栎（*Quercus* sp.）树干生，2009-11-10，王立松 09-31199；象山，26°59'N，100°11'E，海拔 2450 m，栎（*Quercus* sp.）树干生，2002-10-20，王立松 02-22466。大理，剑川县，石宝山，26°22'N，100°49'E，海拔 2665 m，杜鹃（*Rhododendron* sp.）树干生，2011-8-17，王立松 11-32497，11-32509，11-32512；苍山，25°41' N，100°06' E，海拔 3500 m，冷杉（*Abies* sp.）树干，2012-7-8，王立松 12-35072；云龙县，天池自然保护区，海拔 2500 m，树干生，1984-6-28，郗建勋 260；云龙漕涧志奔山，海拔 2400 m，灌丛生，1984-7-3，郗建勋 355；漕涧志奔山，24°55'N，98°45'E，海拔 2500 m，灌丛生，2000-5-19，王立松 00-19534；漕涧志奔山垭口，25°43'N，99°07'E，海拔 2510 m，树干生，2006-9-22，王立松 06-27207；花甸坝药场东后山，海拔 2900 m，灌丛生，1984-7-11，郗建勋 426，430，439；剑川石宝山，26°21'N，99°50'E，海拔 2490 m，栎（*Quercus* sp.）树干生，2002-10-19，王立松 02-25739，02-25740；剑川至鹤庆途中，26°29'N，100°05'E，海拔 2985 m，杜鹃（*Rhododendron* sp.）树干生，2005-6-13，王立松 05-24855；宾川县，鸡足山，25°58'N，100°21'E，海拔 3200 m，栎（*Quercus* sp.）树干生，2006-7-1，王立松 06-26163；中和寺附近，树干生，1947-7-1，王汉臣 1172d。贡山县，丙中洛镇，秋那桶药材地，海拔 1700 m，树干生，1982-6-24，王立松 82-711；贡山县，27°42'N，98°43'E，海拔 1916 m，树干生，2015-8-4，王立松 15-48956；独龙江乡，迪政当村铁索桥，28°05'N，98°19'E，海拔 1858 m，树干生，2015-8-2，王立松 15-48056；野牛谷，27°48'N，98°49'E，海拔 2700 m，树干生，2000-5-19，王立松 00-19567；贡山至其期途中，树干生，2000-6-1，王立松 00-18945；丙中洛至通达垭口，28°05'N，98°41'E，海拔 2500 m，松（*Pinus* sp.）树干生，1999-10-21，王立松 99-18657；丙中洛松塔雪山南坡，海拔 3600 m，树干生，1982-6-25，王立松 82-742。禄丰县，中村乡，五台山，25°20'N，102°05'E，海拔 2350 m，栎（*Quercus* sp.）树干生，2009-5-1，王立松 09-30286，09-30256。腾冲县，猴桥镇古永乡，25°13'N，98°18'E，海拔 1830 m，松（*Pinus* sp.）树干生，2012-3-28，王立松 12-33345。

香格里拉县，碧融峡谷，28°24'N，99°46'E，海拔 3030 m，华山松 (*Pinus armandii*) 树干，2002-9-20，王立松 02-21615；大雪山东坡矿厂，海拔 3850 m，栎 (*Quercus* sp.) 树干生，2003-9-13，王立松 03-22719；哈巴村哈巴雪山，27°20'N，100°04'E，海拔 3800 m，云杉 (*Picea* sp.) 树干生，2002-10-26，王立松 02-22040；翁水村，大雪山；28°30'N，99°49'E，海拔 3800 m，树干生，2000-8-24，王立松 00-19818，00-19866；尼西附近山坡沟底，海拔 2600 m，栎 (*Quercus* sp.) 树干生，1981-7-5，黎兴江 1903；五凤山，海拔 3500 m，落叶松 (*Larix* sp.) 树干生，1993-8-12，王立松 93-3791；小雪山垭口，海拔 3860 m，桦 (*Betula* sp.) 树干生，1993-9-19，胡朝常 93-13338；碧塔海附近，海拔 3400 m，栎 (*Quercus* sp.) 树干生，1981-6-24，王立松 1997d；天宝山，27°36'N，99°53'E，海拔 3794 m，云杉 (*Picea* sp.) 树干生，2012-7-6，王立松 12-35018；大雪山垭口，28°34'N，99°49'E，海拔 4300 m，杜鹃 (*Rhododendron* sp.) 树干生，2013-6-19，王立松 13-38352；格咱乡，海拔 3100 m，栎 (*Quercus* sp.) 树干生，2013-6-18，王立松 13-38313，13-38322；格咱乡小雪山垭口，28°16'N，99°45'E，海拔 3289 m，冷杉 (*Abies* sp.) 树干生，2012-7-5，王立松 12-34910；小中甸，27°26'N，99°49'E，海拔 3210 m，树干生，2006-8-29，王立松 06-26765。师宗县，菌子山悬崖天路，24°38'N，104°09'E，海拔 2310 m，栎 (*Quercus* sp.) 树干生，2014-11-5，王立松 14-47221，14-47264，14-47292。禄劝县，撒营盘至则黑 30 km 处，26°04'N，102°36'E，海拔 2540 m，栎 (*Quercus* sp.) 树干生，2014-4-19，王立松 14-43188，14-43195，14-43221，14-43243；轿子雪山，海拔 3700 m，竹子生，1992-1-31，王立松 92-12884。维西县，犁地坪，27°09' N，99°24' E，海拔 3280 m，华山松 (*P. armandii*) 树干生，2006-8-2，王立松 06-26328；维登公社老乌后山海子边，海拔 3100 m，桦 (*Betula* sp.) 树干生，1982-5-23，王立松 82-384a，82-388。南涧县，大殿山，24°51'N，100°34'E，海拔 2543 m，松 (*Pinus* sp.) 树干生，2012-3-21，王立松 12-32890；无量药谷，24°52'N，100°34'E，海拔 2348 m，松 (*Pinus* sp.) 树干生，2012-12-19，王立松 12-37611。会泽县，大海草山，海拔 3700 m，岩面生，1996-10-30，王立松 96-17151。巧家县，巧家至大桥大风垭口，海拔 2700 m，树干生，1996-10-29，王立松 96-17168。

西藏 林芝县，29°59'N，94°55'E，海拔 2260 m，树干生，2007-8-20，王立松 07-28449；鲁朗镇色季拉山口，29°37'N，94°40'E，海拔 4260 m，树干生，2007-8-20，王立松 07-28380。米林县，海拔 3020 m，岩面生，2007-8-26，王立松 07-28672；米林县，巴嘎村，树干生，1975-7-28，臧穆 905。波密县，嘎瓦龙雪山，29°49'N，95°43'E，海拔 3211 m，2014-9-20，王立松 14-46083，14-46117，14-46191，14-46228；玉普乡，29°37'N，96°16'E，海拔 3222 m，岩面生，2014-9-21，王立松 14-46307。察隅县，古玉乡水电站，28°47'N，97°28'E，海拔 2465 m，岩面生，2014-9-24，王立松 14-46391，14-46394，14-46430；察隅至察瓦龙途中，28°47'N，97°33'E，海拔 3306 m，岩面生，2014-9-25，王立松 14-46835。

陕西 宝鸡市，太白山老君殿，33°54'N，107°47'E，海拔 2750 m，冷杉 (*Abies* sp.) 树干生，2014-9-2，王欣宇 14-45240，14-45246；太白山药王殿，33°55'N，107°46'E，海拔 3091 m，落叶松 (*Larix* sp.) 树干，2014-9-1，王欣宇 14-45196。佛坪县，佛坪自然保护区，33°40'N，107°51'E，海拔 2210 m，树干生，2010-9-20，王立松 10-31624。

文献记载：内蒙古 (Chen et al., 1981)，吉林 (Zhao，1964；Zhao et al.，1982；Chen et al.，1981)，黑龙江 (Zhao，1964；Zhao et al.，1982；Wei，1981；Chen et al.，1981；Luo 1984)，陕西 (Zhao，1964；Zhao et al.，1982)，四川 (Zahlbruckner，1930b；Zhao，1964；Zhao et al.，1982；Bjerke et al.，2005)，云南 (Hue，1889，1899；Zahlbruckner，1930b，1934；Zhao，1964；Zhao et al.，1982)，西藏 (Wei and Jiang，1981，1986，Bjerke et al.，2005)，湖北 (Chen et al.，1989)，山东 (Zhao et al.，1999)，安徽，浙江 (Zhao，1964；Zhao et al.，1982；Xu，1989)，湖南，福建 (Zahlbruckner 1930b；Wu et al.，1982)，台湾 (Zahlbruckner，1933；Asahina，1952；Wang-Yang and Lai，1973)，香港 (Thrower，1988；Aptroot and Seaward，1999)。

世界分布：北半球广布种，东亚地区、欧洲、北美洲及南美洲北部均有报道 (Wei，1991；Purvis et al.，1992；Aptroot et al.，2003；Bjerke，2004a，2004b，2005；Hinds and Hinds，2007；McCune and Geiser，2009)。

讨论：本种是孔叶衣属模式种，分类特征在于上表面具有凸起的圆形粉芽堆，粉芽白色粉末状，该种形态变异较小，易于鉴定。

三、附　　录

(一) 担子地衣 (Basidiolichen)

担子地衣 (Basidiolichen) 是担子菌与共生光合生物形成的一类地衣，约占已知地衣种数的 0.9%，全球 172 个种，隶属于 15 属、5 科、5 目和 1 纲 (Lücking et al.，2017)。

本卷研究的中国担子地衣隶属 2 目 2 科 3 属，共 9 种；其中，蜡伞科 Hygrophoraceae 含 2 属，即云片衣属 Dictyonema 1 种和地衣小荷叶属 Lichenomphalia 4 种，以及莲叶衣科 Lepidostromataceae 仅 1 属，即丽烛衣属 Sulzbacheromyces，含 4 种。此外，云片衣属中的 4 个变型曾在中国有文献记载，但我们未能获得研究标本，暂将它们放到了"本卷未包括的分类单位"中讨论。

中国担子地衣属检索表

1. 地衣体颗粒型或鳞叶型，子实体脐伞形 ·················· 地衣小荷叶属 *Lichenomphalia*
1. 地衣体壳状、纤维状或丝状，子实体棒状或覆瓦状，生于地衣体上表面或下表面 ·················· 2
  2. 地衣体纤维状、叶状，子实体覆瓦状，生于地衣体上表面或下表面 ········ 云片衣属 *Dictyonema*
  2. 地衣体壳状，子实体棒状，生于地衣体上表面 ·················· 丽烛衣属 *Sulzbacheromyces*

Key to the genera in China

1. Thallus *Botrydina* or *Coriscium* type, hymenophore umbelliform ·················· *Lichenomphalia*
1. Thallus crutose, filamentous or foliose, hymenophore clavate or tile-shaped, on thallus surface or underside ·················· 2
  2. Thallus filamentous or foliose, hymenophore tile-shaped, growing on thallus surface or underside ······
  ·················· *Dictyonema*
  2. Thallus crustose, hymenophore clavate, growing on thallus surface ·················· *Sulzbacheromyces*

1. 云片衣属 Dictyonema C. Agardh ex Kunth

Dictyonema C. Agardh ex Kunth, Syn. Pl. (Paris) **1**: 1, 1822.

Type species: *Dictyonema excentricum* C. Agardh [≡*Dictyonema sericeum* (Sw.) Berk.]

云片衣属隶属于真菌界 Fungi、担子菌门 Basidiomycota、伞菌亚纲 Agalicomycetidae、伞菌目 Agaricales、蜡伞科 Hygrophoraceae。

子实体形态特征：常见或稀见，无柄或贴生于基物，呈不规则斑块状或向上翻卷，呈近莲座状或覆瓦状，质地柔软，质薄，小型至大型。

地衣体形态特征：地衣体纤维状，生于子实层或贴生于基物，呈放射状或不规则排列，纤毛绿色至墨绿色，皮层、藻层、髓层分层不明显，藻细胞被菌丝包裹形成套状结构。

光合共生生物：蓝细菌 (蓝藻)。

全球约 30 个种、10 个变型 (Jørgensen，1998；Lücking, 2008；Lücking et al., 2013，2014；Lawrey et al.，2009；Yánez et al.，2012；Dal-Forno et al.，2013；Parmasto，1978)；文献记载了中国 3 种 4 变型 (魏江春，1991)，本卷仅 1 种被研究。

(1) 滇云片衣　图版 XXIII：A～C

Dictyonema yunnanum D. Liu, X. Y. Wang & Li S. Wang, in Liu, Goffinet, Wang, Hur, Shi, Zhang, Yang, Li, Yin & Wang, Mycosystema **37**(7): 856, 2018.

　　GenBank No.: KY435908.

　　Type: China, Yunnan Prov., Ximeng County, Mengsuolongtan Pond, alt. 1085 m, on moss, 2014.11.15, Li S. Wang & Mei X. Yang 15-49922(KUN-holotype).

地衣体形态特征：地衣体与藓类混生，疏松附生树干或树基部，直径 5～10 cm，地衣体纤毛型，墨绿色、灰绿色至蓝绿色，相互交织，基部亚匍匐，近顶端不规则直立或半直立；纤毛基部墨绿色、灰蓝色，近顶端白色；下地衣体和子实体未见。

显微特征：地衣体无皮层、藻层和髓层分化，由蓝藻细胞和菌丝构成；菌丝紧密，纵向平行不交织，直径 2～4 μm，透明，包裹藻细胞形成链状的鞘状结构，直径 10～15 μm；藻细胞单列、念珠状，方形或长圆柱形，直径 10～12 μm；顶端菌丝白色，不含藻细胞；菌丝不膨大，无锁状联合。

地衣特征化合物：不含地衣特征化合物。

生境：生于海拔 1000 m 的树基部苔藓层。

研究标本引证：

云南　西盟县，勐梭龙潭，海拔 1085 m，生于林下苔藓层，2014-11-15，王立松和杨美霞 15-49922 (holotype, KUN-L)。

文献记载：云南 (Liu et al.，2018)。

世界分布：仅发现于模式产地 (中国云南) (Liu et al.，2018)。

讨论：该种地衣体纤毛型，顶端白色，与苔藓混生，下地衣体和子实体不出现而易区别。

2. 地衣小荷叶属 Lichenomphalia Redhead, Lutzoni, Moncalvo & Vilgalys

Lichenomphalia Redhead, Lutzoni, Moncalvo & Vilgalys, Mycotaxon **83**: 38, 2002.

Type species：*Lichenomphalia hudsoniana* (H. S. Jenn.) Redhead, Lutzoni, Moncalvo & Vilgalys.

地衣小荷叶属隶属于真菌界 Fungi、担子菌门 Basidiomycota、伞菌亚纲 Agalicomycetidae、伞菌目 Agaricales、蜡伞科 Hygrophoraceae。

担子果形态特征：脐伞形，小型至中型；菌盖上表面黄色、灰褐色至棕褐色，肉质，盖表湿润，具有放射状褶棱；下表面菌褶下延，菌褶与上表面同色；菌柄肉质，略软骨质化，中空至部分中实，中生；菌髓菌丝纵向排列，无囊状体；担子果和地衣体均无锁状联合；担孢子无色透明，壁薄，表面光滑，非淀粉质，卵圆形，常有侧生小尖。

地衣体形态特征：鳞叶型 (*Coriscium*-type) 和胶粒型 (*Botrydina*-type)；其中鳞叶型地衣体鳞叶状，圆形或近圆形，上表面暗绿色或者黄绿色，平坦或中央略凹陷，边缘微上翘；胶粒型地衣体鲜绿色或暗绿色，颗粒状或近球形。

光合共生生物：胶球藻。

该种分布于北温带及高寒山地，仅少数种分布在大洋洲的澳大利亚与新西兰等地 (Barrasa，2001；Bigelow，1970；Redhead and Kuyper，1987)。全球 8 个种，其中中国 4 种 (含 1 个中国新记录种)。

中国地衣小荷叶属分种检索表

1. 地衣体鳞叶型 ···绿色地衣小荷叶 *L. hudsoniana*
1. 地衣体胶粒型 ··2
　2. 菌盖灰褐色或灰棕色，盖菌肉薄，褶棱颜色较深 ··············短绒地衣小荷叶 *L. velutina*
　2. 菌盖黄色、黄棕色或乳白色，菌盖肉厚，褶棱颜色较浅 ·······························3
3. 菌盖金黄色至橘黄色，孢子狭小，孢子小梗短 ··············金黄地衣小荷叶 *L. luteovitellina*
3. 菌盖乳白色至鹿皮褐色，孢子较大，孢子小梗较长 ··········伞形地衣小荷叶 *L. umbellifera*

Key to the species in China

1. Thallus squamulose (*Coriscium*-type)···*L. hudsoniana*
1. Thallus globose (*Botrydina*-type) ···2
　2. Pileus grey brown to dark brown, thiner, surface gill lines dark in color ···············*L. velutina*
　2. Pileus cream white, yellow or yellow brown, thicker, surface gill lines color pale···········3
3. Pileus golden yellow to orange, spore narrow, spore sterigma shorter ·············*L. luteovitellina*
3. Pileus cream whitish to brown, spore broader, spore sterigma longer···············*L. umbellifera*

(1) 绿色地衣小荷叶　图版 XXIII：D、E

Lichenomphalia hudsoniana (H. S. Jenn.) Redhead, Lutzoni, Moncalvo & Vilgalys, Mycotaxon **83**: 38, 2002.

　　GenBank No.: KY435909，KY435910，KY435911.

　　≡ *Hygrophorus hudsonianus* H. S. Jenn.. Mem. Carn. Mus., III **12**: 2, 1936.

　　Type: Canada, Northwest Territories, Southampton Island, G. M. Sutton 1930

(CM-holotype).

模式标本未见。

子实体形态特征：担子果伞形，小型至中型；菌盖直径 8～45 mm，黄色或淡黄色、乳黄色，盘面平坦或中央浅凹，呈盘状或漏斗状，边缘波形或锯齿状，有深而明显的条纹，光滑或具白色的绒毛。担子果新鲜时橙黄色，干燥后变成灰白色至淡黄色；菌肉厚，无特殊气味；菌褶轻微下延或中等下延，稀疏，与菌盖同色，边缘光滑，易与菌盖分离；菌柄与菌盖同色，高 1～6 cm，直径 1～3 mm，等径，中空，基部膨大有白色绒毛和菌斑。

地衣体形态特征：地衣体鳞叶型 (*Coriscium*-type)，贴生，直径 2～11 mm，黄绿色至暗绿色，圆形或近圆形，表面平坦或者轻微下凹，边缘向外翻卷；下表面白色，无脉纹与假根，边缘平滑，由菌丝紧密交织，与基物贴生处，菌丝疏松交织成絮状。

显微特征：髓层菌丝相互交织，直径 1～5 μm，无锁状联合和囊状体；担子大小 25～50 × 6～11 μm，棒状，上着生 4 个孢子，担孢子倒卵圆形或近圆形，常有向一侧突起的小尖端，透明，偶见滴状斑点，非淀粉质，7～11 × 4～5 μm，常具侧生小尖。

光合共生生物：胶球藻。

地衣特征化合物：地衣体与担子果表面 K–，髓层 K–，KC–，P–。

生境：常于海拔 3000～4100 m 的高寒山地土表，以及苔藓、树干或腐木生。

研究标本引证：

四川 康定县，杜鹃山，29°54′N，101°59′E，海拔 3880 m，土上，2006-7-7，王立松 06-26099。盐源县，火炉山，海拔 2750 m，冷杉 (*Abies* sp.)，1983-7-21，王立松 83-1153，海拔 3750 m，冷杉 (*Abies* sp.)，1983-7-23，王立松 83-1178a；盐源县，海拔 3780 m，树桩上，王立松 83-1431。红原县，刷经寺镇，雅喀山，海拔 3600 m，冷杉林下，1858-7-13，黎兴疆 1561。木里县，宁朗山，海拔 3900 m，土上，1982-6-24，宣宇 82-42。

云南 剑川县，老君山，26°37′N，99°43′E，海拔 3900 m，土上，2013-7-30，王立松等 13-38763，海拔 3800 m，树干上，2013-7-30，王立松等 13-38934～13-38936，26°37′N，99°44′E，海拔 4050 m，树干上，2013-7-30，王立松等 13-38781。贡山县，西哨房至东哨房途中，27°41′N，98°27′E，海拔 3510 m，石头上，2000-6-3，王立松 00-19099，27°42′N，98°26′E，海拔 2500 m，树桩上，2000-6-5，王立松等 00-19276；其期至西哨房途中，27°42′N，98°29′E，海拔 2800 m，石头上，2000-6-2，王立松 00-18777。大理市，苍山，25°41′N，100°06′E，海拔 3500 m，土上，2012-7-8，王立松等 12-35050。德钦县，白马雪山垭口，28°22′N，99°00′E，海拔 4300 m，土上，2013-6-21，王立松等 13-38411；梅里石村至索拉垭口，28°38′N，98°40′E，海拔 3336～3950 m，土层和腐木上，2012-9-9，刘栋等 12-35551，2012-9-9，刘栋等 12-35682；神瀑至下雨崩，28°23′N，98°47′E，海拔 3120 m，腐木上，2012-9-13，刘栋等 12-36872；雨崩，南宗拉山垭口，28°23′N，98°46′E，海拔 3210 m，腐木上，2012-9-14，刘栋等 12-36892；雨崩至笑农大本营，28°24′N，98°45′E，海拔 3620 m，腐木上，2012-9-14，刘栋等 12-36868，12-36876，12-36877。丽江市，九和乡，老君山，26°39′N，99°46′E，海拔 3690～4020 m，土上、树桩上及杜鹃林下藓层，2005-8-28，王立松 05-25035，2005-9-3，王立松 05-25056，2006-8-24～25，王立松等 06-26500，06-26504，06-26579，06-26583，2010-7-16，王立松 10-31510，2011-5-22，王立松等 11-32112，11-32116，2013-6-13，王立松等 13-38213。中甸县，白水台，27°39′N，

100°01'E，海拔 3400 m，树桩上，1994-9-19，王立松 94-14675；属都湖，海拔 3500 m，藓生，1998-5-26，王立松 98-18138；大雪山垭口，28°34'N，99°49'E，海拔 4500 m，石头上，2001-10-11，王立松 01-20754；哈巴村，哈巴雪山，27°20'N，100°04'E，海拔 3700 m，石头上，2002-10-26，王立松 02-22183，海拔 3900 m，树桩上，2006-12-12，王立松等 06-21900；小中甸，天池，27°37'N，99°33'E，海拔 3700 m，土上，2004-6-13，王立松 04-23292，04-23292；天宝山，27°36'N，99°53'E，海拔 3678 m，腐木上，2012-7-6，王立松等 12-34739，12-34740，12-35140～12-35143。

西藏　林芝县，鲁朗镇色季拉山口，29°37'N，94°40'E，海拔 4260 m，柏木 (*Juniperus* spp.) 上，2007-8-24，王立松等 07-28373。

文献记载：西藏 (Wei and Jiang，1981,1986；Wei，1991)，云南 (Hue，1889；Zahlbruckner，1930b；Wei et al.，2007；Liu et al.，2018)。

世界分布：加拿大，美国，中国，德国，法国，斯洛伐克，丹麦，冰岛，挪威，荷兰，澳大利亚 (Bigelow，1970；Barrasa，2001；Xiao et al.，2005)。

讨论：该种的地衣体鳞叶型，小型，贴生，中央常凹陷，边缘上卷，偶有白色环纹，呈勺状，担子果乳黄色至奶油黄色易于识别；主要分布在环北半球的高寒高山地区，在某些高寒极端的环境下担子果极少见，子实体形态随生态环境的不同而有差异，在滇西北采集的担子果菌盖直径可达 4 cm。

(2) 金黄地衣小荷叶　图版 XXIII: F

Lichenomphalia luteovitellina (Pilát & Nannf.) Redhead, Lutzoni, Moncalvo & Vilgalys, Mycotaxon **83**: 38, 2002.

　≡ *Omphalina luteovitellina* Pilát & Nannf., Friesia **5**: 22, 1954. − *Omphalina luteovitellina* (Pers.: Fr.) M. Lange, Meddr Grønland, **148**: 63, 1957; Zang et al., Fungi Hengduanshan Mt.: 392, 1996.

模式标本未见。

子实体形态特征：担子果脐伞形，小型；菌盖直径 5～13 mm，亮黄色或鲜黄色，上表面微凸或平坦，光滑，湿润有光泽，具有放射状褶棱，边缘偶波状，干后变成灰白色；菌肉较薄，与菌盖同色，无特殊气味；菌褶延生，与菌盖同色，较稀疏，边缘常增厚，光滑；菌柄长 10～18 mm，圆柱形，上下等径，中实；基部稍膨大，被绒毛，菌斑未见。

地衣体形态特征：地衣体胶粒型，鲜绿色或暗绿色，直径 35～90 μm；菌丝直径 1～5 μm，包裹藻细胞。

显微特征：菌盖菌丝相互交织或平行排列，金黄色，菌丝圆柱状，直径 2～5 μm，无锁状联合和囊状体；担子 20～50 × 5～7 μm，上常着生 4 个担孢子，偶见 2 个；担孢子椭圆形，光滑，非淀粉质，7～8 × 3～4.5 μm。

光合共生生物：胶球藻。

地衣特征化合物：地衣体与担子果皮层 K–，髓层 K–，KC–，P–。

生境：常见于山地土壤、苔藓或木桩。

研究标本引证：

云南 中甸县，纳帕海，土上，1999-8-17，王红 806；下吉沙村，土上，1986-7-25，臧穆 10475；东旺乡，葫芦海，流石滩，海拔 4564 m，岩面生，2021-7-15，王立松等 21-70070。景东县，哀牢山湖东，海拔 2300 m，土表生，1994-8-4，臧穆 12364。

文献记载：湖南，广西（Zang et al.，1996），云南（Liu et al.，2018）。

世界分布：加拿大，美国，中国，英国，芬兰（Bigelow，1970；Redhead and Kuyper，1987）。

讨论：该种菌盖为金黄色或亮黄色，担孢子较小，担子小梗黄色。

(3) 伞形地衣小荷叶　图版 XXIV：A

Lichenomphalia umbellifera (L.) Redhead, Lutzoni, Moncalvo & Vilgalys, Mycotaxon **83**: 38, 2002.

GenBank No.: KY435917, KY435918, KY435919, KY435920.

≡ *Agaricus umbelliferus* L., Sp. pl. **2**: 1175, 1753.

= *Omphalina ericetorum* (Pers.) M. Lange, Meddr Grønland, Biosc. **147**(11): 25, 1955; Zang et al., Fungi Hengduanshan Mt.: 391, 1996.

模式标本未见。

子实体形态特征：担子果脐伞形，小型；菌盖直径 5～20 mm，乳白色至鹿皮褐色，表面平坦或略向下弯曲，中央下凹，成熟后偶见漏斗状，菌盖上表面湿润，略浸水状，褶棱呈放射状，末端常二叉分枝，边缘锯齿状或呈波形；菌肉较薄，易破碎，与菌盖同色，无特殊气味；菌褶延生，白色或淡黄色，较稀疏至中等密集，边缘光滑，弧形或弓形，不分裂或偶二叉分裂；菌柄长 8～30 mm，圆柱形，上下等径或上端逐渐变细，红褐色，中实或中空，半软骨质；基部常膨大，有白色的绒毛，周围常见白色的菌斑。

地衣体形态特征：地衣体胶粒型，鲜绿色或暗绿色，直径 35～90 μm；菌丝直径 1～5 μm，包裹藻细胞。

显微特征：髓层菌丝圆柱形，菌丝相互交织，宽 1～6.5 μm，无锁状联合和囊状体；担子圆柱状，20～60 × 4.5～8.5 μm，顶端常见 2 个孢子，偶见 4 个；担孢子卵圆形或椭圆形，光滑，壁薄，非淀粉质，8～9 × 5～7.5 μm。

光合共生生物：胶球藻。

地衣特征化合物：地衣体与担子果皮层 K–，髓层 K–，KC–，P–。

生境：海拔 1500～4200 m 的高寒山地，常生于土壤、苔藓或者腐木。

研究标本引证：

四川 九龙县，五须海，29°09′N，101°24′E，海拔 3600 m，树桩上，2007-9-34，王立松 07-29193；康定县，雅家埂，29°47′N，102°03′E，海拔 2962 m，树桩上，2010-9-29，王立松 10-31833；木里县，海拔 3850 m，冷杉下，1983-9-8，陈可可 932。

云南 大理市，苍山，27°36′N，99°53′E，海拔 3678 m，腐木上，2012-7-6，王立松等 12-34741，25°40′N，100°06′E，海拔 3570 m，石头上，2006-7-28，王立松 6-26213。德钦县，雨崩至笑农大本营，28°24′N，98°45′E，海拔 3620 m，腐木上，2012-9-14，刘栋等 12-36869；神瀑至下雨崩，28°23′N，98°47′E，海拔 3120 m，腐木上，2012-9-13，刘栋等 12-36873；雨崩，南宗拉山垭口，28°23′N，98°46′E，海拔 3210 m，腐木上，2012-9-14，刘栋等 12-36881～12-36891，12-36893，12-36894。丽江县，九和乡，老君

山，26°37'N，99°43'E，海拔 3850～3895 m，土上，2006-8-24，王立松等 06-26501～06-26503，2017-7-5，王立松等 17-56343；玉龙雪山，27°00'N，100°10'E：三道湾村，海拔 3000 m，土上，1993-9-15，臧穆 11948，海拔 3600 m，冷杉林下，1985-7-3，王立松等 85-0238。维西县，犁地坪，27°13'N，99°24'E，海拔 3430 m，树桩上，2007-10-18，王立松 07-28817。中甸县，天宝山，27°36'N，99°53'E，海拔 3678 m，腐木上，2012-7-6，王立松等 12-35145，12-35147，12-35150～12-35154，2017-7-8，王立松等 17-56025；小雪山垭口，28°17'N，99°45'E，海拔 3461 m，腐木上，2012-7-5，王立松等 12-35137～12-35139；红山，海拔 3700 m，腐木上，1986-7-29，臧穆 10551。

西藏 墨脱县，岗日嘎布曲南面，海拔 2350 m，土上，1982-4-23，苏永革 1337；波密县，达兴村，海拔 2900 m，土上，1982-9-1，苏永革 721；芒康县，红拉山，23°16'N，98°40'E，海拔 4135 m，2007-8-16，王立松等 07-27900。

文献记载：吉林，黑龙江，浙江，福建，湖南，西藏，青海 (Zang et al.，1996)，四川，云南 (Liu et al.，2018)。

世界分布：欧洲，美国，加拿大，新西兰 (Barrasa，2001；Bigelow，1970；Redhead and Kuyper，1987)。

讨论：温带地区广泛分布，常见于欧洲和亚洲的高寒地带。其形态随生境而变化较大，土壤或苔藓上生长的子实体菌盖颜色较浅，呈米黄色或淡黄色，而生长在腐木上的菌盖为鹿皮褐色。

(4) 短绒地衣小荷叶 (新拟) 图版 XXIV：B

Lichenomphalia velutina (Quél.) Redhead, Lutzoni, Moncalvo & Vilgalys, Mycotaxon **83**: 43, 2002.

GenBank No.: KY435924.

≡ *Omphalia velutina* Quél., Compt. Rend. Assoc. Franç. Avancem. Sci. **13**: tab. 12. 1885.
− *Omphalina velutina* (Quél.) Quél.; Enchir. fung. (Paris): 44, 1886.

= *Omphalia grisella* P. Karst., Meddn Soc. Fauna Flora fenn. **16**: 92, 1890. − *Lichenomphalia grisella* (P. Karst.) Redhead, Lutzoni, Moncalvo & Vilgalys, Mycotaxon **83**: 38, 2002.

Type: Finland, Tavasti australis, Tammela, Myllyperä, 26 Aug. 1889, P. A. Karsten 3244 (H-holotype).

模式标本未见。

担子果形态特征：担子果脐伞形，小型；菌盖直径 4～12 mm，灰褐色至深棕色，湿润水浸状，盘面中央有脐点，边缘向下内卷，褶棱明显，末端二叉分枝，近灰黑色；菌肉薄，无特殊气味；菌褶下延，灰白色，稀疏；菌柄高 5～15 mm，中生，灰褐色至深灰色，菌柄表面被白色的绒毛，基部有菌丝体与地衣体相连。

地衣体形态特征：地衣体胶粒型，鲜绿色或暗绿色，直径 35～90 μm；菌丝直径 1～5 μm，包裹藻细胞。

显微特征：菌肉菌丝直径 4～8 μm，有黄色斑纹，无锁状联合和囊状体；担子 14～25 × 4～8.5 μm，圆柱形，常生 4 个担孢子，偶见 2 个；担孢子长椭圆形，具透明的薄壁，具侧生小尖，非淀粉质，6～9 × 4～6 μm。

光合共生生物：胶球藻。

地衣特征化合物：地衣体与担子果表面 K–，髓层 K–，KC–，P–。

生境：常生长于高寒山地土壤或苔藓上。

研究标本引证：

云南　大理市，苍山，25°41'N，100°06'E，海拔 3160～3500 m，土表，2011-8-14，王立松等 11-32289，2012-7-8，王立松等 12-35149，12-35156，12-35157，12-35159，12-35160～35168。

文献记载：云南 (Liu et al.，2018)。

世界分布：法国，挪威，瑞士，德国，北美洲 (Barrasa，2001；Bigelow，1970；Redhead and Kuyper，1987)。

讨论：该种的主要分类特征在于菌盖灰褐色至深棕色，褶棱明显，菌褶灰白色，菌柄密被白色绒毛。

3. 丽烛衣属 Sulzbacheromyces B. P. Hodk. & Lücking

Sulzbacheromyces B. P. Hodk. & Lücking, Fungal Diversity **64**(1): 165-179, 2013.

Type species: *Sulzbacheromyces caatingae* (Sulzbacher & Lücking) B. P. Hodk. & Lücking.

丽烛衣属 *Sulzbacheromyces* 隶属于真菌界 Fungi、担子菌门 Basidiomycota、莲叶衣目 Lepidostromales、莲叶衣科 Lepidostromataceae。

地衣体壳状，绿色、暗绿色或亮绿色，紧贴基物生长；光合共生生物为色球藻。

担子果白色、橙黄色至赭色，棒状至珊瑚状，不分枝或偶有分枝，单生或聚生；菌肉组织中的菌丝由基部至顶端平行排列，具或不具锁状联合；担子棒状，担孢子通常椭圆形至卵圆形，透明，非淀粉质，常具侧生小尖。生于土壤、砂石表面；热带、亚热带地区分布。

全球 6 种，中国 4 种。

中国丽烛衣属分种检索表

1. 担子果赭色、橙黄色、橘黄色 ·· 2
1. 担子果白色或淡黄色 ··· 3
　2. 地衣体深绿色至墨绿色，厚，边缘明显，银白色 ·················· 中华丽烛衣 *S. sinensis*
　2. 地衣体淡绿色至浅黄色，较薄，边缘不明显，与地衣体同色 ······ 云南丽烛衣 *S. yunnanensis*
3. 担子果基部与顶端常不同色；地衣体边缘明显，银白色 ············ 双色丽烛衣 *S. bicolor*
3. 担子果基部与顶端同色；地衣体边缘不明显，与地衣体同色 ·········· 湿地丽烛衣 *S. fossicolus*

Key to the species in China

1. Fruitebody ochre or orange ··· 2
1. Fruitebody white or pale yellow ··· 3
　2. Thallus green to dark green, thick, margin distinct, silvery ···················· **S. sinensis**
　2. Thallus pale yellow to pale green, thin, margin indistinct, concolor with thallus········ **S. yunnanensis**
3. Fruitebody apex and base color different, margin distinct, silvery ················ **S. bicolor**

3. Fruitebody apex and base concolorous, margin indistinct, concolor with thallus ················ ***S. fossicolus***

(1) 双色丽烛衣　图版 XXIV：C

Sulzbacheromyces bicolor D. Liu, Li S. Wang & Goffinet, Mycologia **109**(5): 735, 2017.

　　GenBank No.: KU999886，KU999887.

　　MycoBank No.: MB 816298.

　　Type: China, Yunnan Province, Mengle Co., Yiwu Village to Mengluen Village, 21°53'19.80"N, 101°25'04.83"E, 790 m alt., on soil, 2013-6-6, Li S. Wang & Xin Y. Wang 13-38187 (KUN-holotype).

　　子实体形态特征：担子果棒状、拟棒状、圆柱形，单一或偶见二叉分枝，顶端急尖，黄色，基部白色或乳白色，高 0.3～2.3 cm，直径 0.3～1.0 mm，光滑，中实；菌肉无特殊气味。

　　地衣体形态特征：地衣体壳状，易见，膜状贴生于基物，绿色至墨绿色，边缘具明显的银白色下地衣体；群落直径 10～40 cm；由菌丝包裹藻细胞形成的地衣体，无皮层、髓层或藻层的分化，菌丝无锁状联合，藻细胞圆形或不规则圆形，直径 3～14 μm。

　　显微特征：髓层菌丝紧密，沿子实体的生长方向平行排列，子实体顶端相互交织，菌丝透明，壁薄，直径 1～11 μm，局部呈结肠状膨大，具有锁状联合，菌丝末端球形膨大，直径约 8 μm；偶有油状结构生于菌丝组织间，球形或圆形，直径 3～15 μm，壁薄；担子幼时长椭圆形，成熟时棒状，壁薄，透明，顶端膨大，具滴状斑点，基部与子实层连接处有细小锁状联合，13～50 × 2.5～8.0 μm；担子具 2 个小梗，长 3.5～7.0 μm；担孢子椭圆形至倒卵圆形，3.5～8.5 × 4.5～7.5 μm，壁薄，透明，光滑，偶含有滴状斑点，常见侧生小尖。

　　光合共生生物：色球藻。

　　地衣特征化合物：地衣体与担子果表面 K–，髓层 K–，KC–，P–。

　　生境：生于热带地区的土壤表面。

　　研究标本引证：

　　云南　勐腊县，易武乡至勐仑途中，21°53'N，101°25'E，海拔 790 m，土上，2013-6-6，王立松等 13-38188；盈江县，铜壁关乡，海拔 1000 m，土上，2003-10-20，Yu 1211。

　　文献记载：云南 (Liu et al.，2017)。

　　世界分布：中国 (Liu et al.，2017)。

　　讨论：该种的鉴定特征在于地衣体边缘具银白色的下地衣体，担子果基部白色，向顶端渐变为淡黄色，菌丝具锁状联合。

(2) 湿地丽烛衣　图版 XXIV：D

Sulzbacheromyces fossicolus (Corner) D. Liu & Li S. Wang, Mycologia **109**(5): 737, 2017.

　　GenBank No.: KX431121, KX431120，KU999888.

　　MycoBank No.: MB 816309.

　　≡ *Clavaria fossicola* Corner, Ann. Bot. Mem. **1**: 691, 1950. – *Multiclavula fossicola* (Corner) R. H. Petersen, Am. Midl. Nat. **77**: 28, 1976; Zang et al., Fungi Hengduan Mt.:

162, 1996.

Type: Singapore, Reservoir Jungle, 28 Sep. 1934, E. J. H. Corner 576 (CGE-holotype).
模式标本未见。

子实体形态特征：担子果棒状，圆柱形，偶见长纺锤形；单一或偶二叉分枝，高 0.3～2.5 cm，直径 0.5～1.2 mm，中实，表面光滑，白色或乳白色，干燥后变成米黄色；顶端略膨大，钝圆，基部纤细，无绒毛和菌斑；菌肉无特殊气味。

地衣体形态特征：地衣体壳状，薄膜状贴生于基物，群落直径 5～30 cm，易见，绿色或墨绿色，具光泽，边缘银白色下地衣体易见，干后灰褐色至银白色，久存标本淡黑色；地衣体由菌丝包裹藻细胞而成，无皮层、髓层或藻层的分化，菌丝无锁状联合，藻细胞球形至不规则圆形，直径 3～12 (～18) μm。

显微特点：子实体髓层菌丝直径 2～8 (～10) μm，透明，壁薄；菌丝从基部向顶端规则平行排列；无锁状联合；担子棒状，17～22 × 2.5～8 μm，担子小梗 2～4 个，长 4.5～6 μm，易断；担孢子椭圆形至倒卵圆形，5～6.5 × 2.5～4.5 μm，壁薄，透明，光滑，偶有滴状斑点，常具侧生小尖。

光合共生生物：色球藻。

地衣特征化合物：地衣体与担子果表面 K–，髓层 K–，KC–，P–。

生境：热带地区土壤表面。

研究标本引证：

云南　勐腊县，西双版纳植物园，21°54′N，101°16′E，海拔 547～580 m，土上，1988-8-4～23，杨祝良 276，591；1989-11-19，杨祝良 745；1983-9-18，臧穆 24，87；1986-9-22，臧穆 1087；2014-7-26，王立松等 14-44144，14-44151，14-44152。

文献记载：云南 (Liu et al.，2017)。

世界分布：马来西亚，泰国，新加坡，印度北部地区 (Petersen，1967；Petersen and Zang，1986)。

讨论：该种担子果白色，菌丝不具锁状联合。

(3) 中华丽烛衣　图版 XXIV：E

Sulzbacheromyces sinensis (R. H. Petersen & M. Zang) D. Liu & Li S. Wang, Mycologia **109**(5): 740, 2017.

　　GenBank No.: KU999889, KU999890, KU999898.

　　MycoBank No.: MB 816310.

≡ *Multiclavula sinensis* R. H. Petersen & M. Zang, Acta bot. Yunn. **8**(3): 284, 1986; Zang et al., Fungi Hengduan Mt: 163, 1996.

= *Lepidostroma asianum* Yanaga & N. Maek., Mycoscience **56**: 1-9, 2015; Gang et al., Mycoscience **57**: 150-155, 2016.

　　Type: China, Yunnan Province, Xishuanbanna Botanical Garden, 580 m alt., on soil, 1983-9-17, 45644 (holotype, TENN), Petersen 10465 (KUN-isotype).

子实体形态特征：担子果蜡黄色、橙黄色或赭黄色，棒状或圆柱状，高 0.5～5.5 cm，直径 1～2.5 mm；单生或聚生，单一或偶有侧向疣突呈类珊瑚状，肉质，中空或中实，干后颜色加深，呈赭红色，质地较硬，上下不等径，上端比下端略宽，顶端钝圆或略尖，基部白色或灰白色，具白色绒毛和白色菌斑；菌肉无特殊气味。

地衣体形态特征：地衣体壳状，薄膜状贴生于基物，群落直径 5～70 cm，易见，绿色至墨绿色，边缘银白色下地衣体明显；地衣体由菌丝包裹藻细胞而成，无皮层、髓层或藻层的分化，菌丝无锁状联合，藻细胞球形、圆形或不规则圆形，直径 3～12 (～18) μm。

显微特征：子实体髓层菌丝无色透明，厚壁，由基部向顶端规则平行排列，顶端相互交织呈网状；菌丝不膨大，直径 1.5～4 μm，具有锁状联合；常有球形油状物贴生于菌丝表面，直径 3～7.5 μm，壁厚 2～3 μm；偶有藻细胞生于子实层中，椭圆形，1.5～5 × 4～10 μm；担子棒状，13～50 × 2.5～8 μm，基部与子实层连接处有锁状联合，具 4 个担子小梗，长 2～8 μm；担孢子椭圆形，5～12 × 2.5～7.5 μm，光滑，透明，壁薄，常有滴状斑点，具侧生小尖。

光合共生生物：色球藻。

地衣特征化合物：地衣体与担子果表面 K–，髓层 K–，KC–，P–。

生境：常生于新开垦的红壤表面。

研究标本引证：

安徽 岳西县，和平乡，30°53′52″N，116°06′20″E，海拔 847 m，土表生，2023-6-7，汪伦 1132。歙县，绍濂乡，29°40′38″N，118°28′26″E，海拔 362 m，土表生，2023-6-7，张思雨 1126。

福建 建瓯市，万亩林，海拔 400～450 m，2007-6-1，Q. F. Meng FJ1013，FJ1034，FJ1149。武夷山市，武夷山保护区，桐木村，挂墩，27°44′N，117°38′E，海拔 1230 m，土上，2015-5-27，王立松等 15-47004，15-47008，15-47010，15-47011，15-47021；皮坑，27°41′N，117°44′E，海拔 430 m，土上，2015-5-25，王立松等 15-46751，15-46755，27°45′N，117°40′E，海拔 780 m，土上，2015-5-27，王立松等 15-47044。南平市，大竹岚，27°41′N，117°38′E，海拔 980 m，土上，2015-5-29，王立松等 15-47235。

海南 昌江黎族自治县，霸王岭，19°15′N，109°02′E，土上，2008-10-5，魏江春 127131～127138 (in HMAS)。

湖南 冷水江市，铎山镇，花桥村，三工区家属区附近红土地，27°40′34″N，111°36′15″E，海拔 186 m，土上，2020-4-4，刘栋 20-66409，2020-4-19，刘栋和邓小清 20-66410～20-66413。

广东 广州市，温泉镇石门国家森林公园，23°38′55.96″N，113°46′23.73″E，海拔 286 m，土上，2019-5-19，王立松等 19-63123。

贵州 江口县，梵净山，海拔 670 m，土上，1988-7-2，臧穆 11454。

云南 勐腊县，勐仑曼岗，海拔 900 m，土上，1989-11-11，杨祝良 978；勐仑 53 道班，土上，1995-8-12，臧穆 12580；勐醒村森林林缘，海拔 800 m，土上，1994-8-16，臧穆 12440；勐仑自然保护区，海拔 800 m，土上，1986-9-22，臧穆 28119；西双版纳热带植物园，海拔 580 m，土上，1988-8-23，杨祝良 592，海拔 570 m，土上，1994-8-16，刘培贵 3122，21°54′N，101°16′E，海拔 547 m，土上，2014-7-26，王立松等 14-44145～14-44150。禄丰县，一平浪，土上，1986-8-16，臧穆 10900。河口县，南溪镇戈哈小组，老刀山，22°40′N，104°01′E，海拔 1350 m，土上或碎石上，2012-9-24，王立松等 11-32818～

11-32827。景东县，哀牢山，徐家坝，23°36'N，100°44'E，海拔 2400 m，土上，2008-8-18，王立松 08-29626；清凉山路上，24°20'N，100°50'E，海拔 1782 m，土上，2012-6-19，王立松等 12-34600；太忠乡，大水井村，24°29'N，100°56'E，海拔 1472 m，土上，2012-6-18，王立松等 12-34615。勐腊县，易武乡入口，21°59'N，101°26'E，海拔 1230 m，土上，2013-6-6，王立松等 13-38189。瑞丽市，弄岛，海拔 800 m，土上，1983-7-2，王立松 83-2706；土上，1980-8-13，臧穆 1486。普洱市，普洱国家森林公园，22°36'N，101°03'E，海拔 1295 m，土上和石上，2014-7-23，王立松等 14-44124，14-44125，14-44128，14-44129，14-44131，14-44135。澜沧县，惠民镇，22°26'N，100°00'E，海拔 1260 m，土石上，2014-7-26，王立松等 14-44138。勐海县，星火山村，22°06'N，100°10'E，海拔 1581 m，土上，2014-7-26，王立松等 14-44142。

西藏 墨脱县，西让村路边土坡，29°10'33.51″ N，95°00'46.85″ E，海拔 848 m，土生，2018-11-23，王欣宇等 18-61941。

台湾 南投县，鹿谷乡溪头自然教育园区，观景步道，23°40'N，120°47'E，海拔 1273 m，土上，2012-9-17，马文章 12-4313；嘉义县，奋起湖，23°28'N，120°42'E，海拔 1334～1360 m，土上，2015-9-25，王立松等 15-49330，15-49339，15-49353，15-49355，15-49356。

文献记载：福建，贵州，云南，台湾 (Liu et al.，2017)，海南 (Wei et al.，2013)。

世界分布：中国，日本 (Yanaga et al.，2014)。

讨论：该种的主要鉴定特征在于地衣体深绿色至墨绿色，边缘有银白色的下地衣体；成熟子实体较高，上下不等径，顶端钝圆或略尖，基部常有绒毛和菌斑，菌丝有锁状联合；不同生境下，地衣体和担子果的形态变化较大。

(4) 云南丽烛衣　图版 XXIV：F

Sulzbacheromyces yunnanensis D. Liu, Li S. Wang & Goffinet, Mycologia **109**(5): 742, 2017.

GenBank No.: KU999902, KU999910, KU999911.

MycoBank No.: MB 816299.

Type: China, Yunnan Province, Puer Ci., Tongxin Village, 22°58'34.8″N，101°3'12.9″E, 870 m alt., Under *Camellia sinensis*, on soil, 2014-7-22, Li S. Wang et al. 14-44123 (KUN-holotype).

担子果形态特征：担子果蜡黄色、橙黄色或淡黄色，棒状或圆柱状，偶呈长纺锤形，单生或丛生，单一，高 0.3～6.5 cm，直径 0.5～2.3 mm；表面湿润光滑，具白霜层，中空；幼时顶端到基部有纵向的凹陷，成熟后中部呈二叉（"Y"形）裂开；顶端略尖至钝圆，橙黄色，中部新鲜时黄色至淡粉黄色，干燥后橙黄色至赭黄色，近基部纤细，无白色菌斑；菌肉无特殊气味。

地衣体形态特征：地衣体壳状，质薄，不明显，薄膜状贴生于基物，黄绿色至绿色，边缘无下地衣体，群落直径 0.05～3 m；地衣体由菌丝包裹藻细胞而成，无皮层、髓层或藻层的分化；菌丝具锁状联合；藻细胞球形至不规则圆形，直径 4～8 μm。

显微特征：子实体髓层菌丝直径 2.0～7.5 μm，壁薄，偶有增厚，约 2 μm，从基部向顶端规则平行排列，顶端呈网状交织，菌丝末端膨大，有锁状联合；担子棒状，圆柱状，壁薄，透明，50～75×5～6.5 μm；具 4 个担子小梗，易弯曲，长 4.5～5.5 μm；担孢子圆形或椭圆形，10～12.5×4.5～7.5 μm，壁薄，光滑，透明，非淀粉质，偶有滴状斑点，侧生小尖常见。

光合共生生物：色球藻。

地衣特征化合物：地衣体与担子果表面 K–，髓层 K–，KC–，P–。

生境：常见红壤或砂土上，茶树下的红壤上生长较多。

研究标本引证：

云南 镇沅县，京联村附近山地，23°55'N，101°08'E，海拔 1101 m，土上，2012-6-20，王立松等 12-34444～12-34448。景东县，太忠乡，大水井村附近山地，24°29'N，100°56'E，海拔 1472 m，土上，2012-6-18，王立松等 12-34614，12-34615。勐腊县，易武乡入口，21°59'N，101°26'E，海拔 1230 m，土上，2013-6-6，王立松等 13-38190～13-38192。个旧市，蔓耗镇，23°02'N，103°25'E，海拔 1110 m，土上，2011-9-24，王立松和刘栋 11-32797。普洱市，洗马河水库，海拔 1450 m，土上，1991-7-2，杨祝良 1353；普洱国家森林公园，22°36'N，101°03'E，海拔 1295 m，土上或石头上，2014-7-23，王立松等 14-44126，14-44127，14-44130，14-44132～14-44134。澜沧县，勐朗镇，大林窝村，独水井组，22°35'N，100°00'E，海拔 1543 m，土上或碎石上，2014-7-25，王立松等 14-44137；澜沧县城至惠民镇途中，22°26'N，100°00'E，海拔 1581 m，2014-7-26，王立松等 14-44143。

文献记载：云南 (Liu et al.，2017)。

世界分布：中国 (Liu et al.，2017)。

讨论：该种的主要分类特征在于地衣体淡绿色或黄绿色，较薄，宿存；担子果橙黄色，幼时不分枝，成熟后常在中部呈等二叉 ("Y"形) 分裂，菌丝具锁状联合。

眼斑芫菁 *Mylabris cichorii* 以此种为食，该种的群落分布的距离与眼斑芫菁的分布和生活史有重合，推测二者可能存在互惠关系 (张含藻等，1990)。

(二) 本卷未包括的分类单位

本卷未包括的地衣共计 22 种及种下分类单位；其中，13 种文献有中国记录，但本卷未获得研究标本，4 种为错误鉴定或疑似错误鉴定，4 种存在分类学问题和 1 种为废弃名称。

1. 树发

Alectoria jubata (L.) Ach., Lich. Univ.: 592, 1810; Chen, Zhao & Luo, Journ. NE Forestry Inst. **3**: 128, 1981.

陈锡龄等 (1981) 报道了该种在黑龙江和内蒙古的分布。

Alectoria jubata (L.) Ach. 是多种的混杂名称，该名称已被废弃 (Brodo and Hawksworth，1977)。

2. 长匍树发

Alectoria sarmentosa (Ach.) Ach., Lich. Univ.: 595, 1810; Chen, Zhao & Luo, Journ. NE Forestry Inst. **3**: 128, 1981.

≡ *Lichen sarmentosus* Ach., Utkast till en Svensk Flora: 427, 1792. **16**: 212, 1795.

该种的地衣体悬垂型，等二叉分枝，表面灰绿色至金黄色，具粉芽，含松萝酸和树发酸等，易于区别于树发属中的其他种。

长匍树发是树发属的模式种，分布于欧洲、北美洲 (Brodo and Hawksworth，1977)；陈锡龄等 (1981) 报道该种在吉林有分布，其中所引证的标本 (陈 2137) 未能在 IFP 馆藏标本中找到 (疑遗失)；该种目前在亚洲尚无分布记录，中国的分布报道疑为错误鉴定。

3. 淡绵腹衣近似种——黄髓绵腹衣

Anzia aff. **hypoleucoides**, Lichenologist **47**(2): 106, 2015.

该种髓层为亮黄色至橘黄色，地衣体直径＜5 cm，裂片狭窄 (宽 0.5～1 mm)，裂片顶端为圆形，易于区别于中国绵腹衣属中的其他种，分布于云南南部亚热带地区。虽然该种与淡绵腹衣在形态上有明显的差别，但两者 ITS 分子片段差异较小，未能形成独立的单系群 (Wang et al.，2015)，因此暂将其作为淡绵腹衣近似种处理，待获得更多种群材料和多基因片段进行后续研究。

4. 小鸡冠绵腹衣

Anzia cristulata (Ach.) Stizenb., Flora, Regensburg **45**: 243, 1862；Zahlbruckner, Feddes Repert. Spec. Nov. Regn. Veg. **33**: 58, 1933; Wang-Yang & Lai, Taiwania **18**(1): 88, 1973; Wei, Enum. Lich. China: 26, 1991.

≡ *Parmelia cristulata* Ach., Syn. Meth. Lich. (Lund): 218, 1814.

= *Parmelia colpodes* var. *cristulata* (Ach.) Nyl., Syn. Meth. Lich. (Parisiis) **1**: 404, 1860.

本种的主要分类特征在于地衣体裂片狭长，裂片边缘具冠状锯齿。中国仅在台湾有该种记载 (Zahlbruckner，1933；Wang-Yang and Lai，1973)，本卷未获得该种的研究标本。

5. 膀果绵腹衣

Anzia physoidea A. L. Smith, Trans. Br. Mycol. Soc. **16**: 131, 1931; Wang, Acta Mycol. Sin. **14**(4): 313, 1995.

本种的主要特征为假根具有绵腹组织包被，其形态特征与棒根绵腹衣 *A. rhabdorhiza* 很相近，但区别在于其髓层不具有软骨质中轴，主要化学成分为肺衣酸。经过我们对 KUN 的标本研究发现，之前在云南和四川报道的膀果绵腹衣实际是棒根绵腹衣的错误鉴定 (Liang et al.，2012)。

6. 半圆柱绵腹衣

Anzia semiteres (Mont. & Bosch) Stizenb., Flora, Regensburg **45**: 243, 1862; Zahlbruckner, Feddes Repert. Spec. Nov. Regn. Veg. **33**: 59, 1933; Wang-Yang & Lai, Taiwania **18**(1): 88, 1973; Wei, Enum. Lich. China: 27, 1991.

≡ *Parmelia semiteres* Mont. & Bosch, in Montagne, Syll. Gen. Sp. Crypt. (Paris): 328, 1856.

本种的主要特征为裂片半圆柱形，绵腹组织黑色至深棕色，上表面具粉芽化泡状突，是中国唯一记载具粉芽的绵腹衣种，仅见于台湾报道 (Zahlbruckner，1933；Wang-Yang and Lai，1973)，本卷未获得研究标本，待后续研究。

7. 美洲小孢发

Bryoria americana (Motyka) Holien, Graphis Scripta 6(1): 40, 1994.

≡ *Alectoria americana* Motyka, Fragm. Florist. Geobot. **6**: 449, 1960; Wang-Yang & Lai, Taiwania **18**(2): 88, 1973; Chen, Zhao & Luo, Journ. NE Forestry Inst. **3**: 128, 1981.

美洲小孢发地衣体悬垂型，等二叉分枝，表面淡褐色至深褐色，局部有时炭化，呈黑色；假杯点长梭形，表面凹陷，褐色；含富马原岛衣酸和含卤苷黑茶渍素 (chloroatranorin)。

该种的形态特征和所含地衣特征化合物与亚洲小孢发 *B. asiatica* 极为相似，本卷对北美的美洲小孢发与亚洲小孢发模式产地 (四川) 的标本进行分子 (ITS) 比较研究发现，两者遗传距离较远，在我们研究中国的小孢发属 2500 余份标本中，没有发现美洲小孢发的存在。

陈锡龄等 (1981) 报道了美洲小孢发在吉林 (陈 2246-1) 和内蒙古 (陈 1713) 的分布记录，对上述两份标本研究发现，其是错误鉴定；Wang-Yang 和 Lai (1976) 在"A Checklist of the Lichens of Taiwan"中报道了台湾分布，但无引证标本。

8. 钢灰小孢发

Bryoria chalybeiformis (L.) Brodo & D. Hawksw., Opera Bot. **42**: 81, 1977; Wen, Tumur & Abbas. J. Wuhan Bot. Res. **27**(4): 437-440, 2009.

≡ *Lichen chalybeiformis* L., Sp. Pl. **2**: 1155, 1753.

文雪梅等 (2009) 报道该种在新疆有分布，是 *Bryoria fuscescens* 的异名 (Velmala et al.，2014)。

9. 类角小孢发

Bryoria cornicularioides (P. M. Jørg.) Brodo & D. Hawksw., Opera Bot. **42**: 195, 1977.

≡ *Alectoria cornicularioides* P. M. Jørg., Bryologist **78**: 77, 1975.

该种是 Jørgensen (1975) 根据 Giraldi 在陕西采集的唯一一份标本 (G. Giraldi 1896, in FI) 发表的新种，本卷编研期间未获得馆藏于 FI 的此号标本，从发表的描述看，该种与小孢发属中的多个种形态相近，暂作为遗留问题待后续研究。

10. 光滑小孢发

Bryoria levis D. D. Awasthi, in Awasthi & Awasthi, Candollea **40**(1): 310, 1985; Wang & Chen, Acta Bot. Yun. **16**(2): 149, 1994.

地衣体悬垂型，长约 7 cm，表面淡黄褐色至栗褐色，无侧生小刺，假杯点卵圆形，表面凹陷，无粉芽，含富马原岛衣酸。

王立松等 (1994) 报道该种在云南分布，文献中引证的标本是 92-829～92-833，92-838，经研究发现，上述标本为亚洲小孢发 *B. asiatica* 的错误鉴定；光滑小孢发目前仅知印度和尼泊尔分布 (Singh and Sinha，2010)。

11. 假暗褐小孢发

Bryoria pseudofuscescens (Gyeln.) Brodo & D. Hawksw., Opera Bot. **42**: 127, 1977; Wen, Tumur & Abbas. J. Wuhan Bot. Res. **27**(4): 437-440, 2009.

≡ *Alectoria pseudofuscescens* Gyeln., Ann. Mus. Nat. Hung. Bot. **28**: 283, 1934.

地衣体悬垂型，长 5～15 cm，淡褐色至暗褐色，假杯点丰多，卵圆形，表面白色，无粉芽及侧生小刺，该种所含地衣特征化合物是降斑点酸和聚降斑点酸 (norstictic and connorstictic acids) 而易于区别。

该种分布于欧洲及北美洲 (Brodo and Hawksworth,1977)，亚洲无分布记录。文雪梅等 (2009) 报道了该种在新疆的分布记录，但无标本引证，我们借阅和研究了新疆大学馆藏的小孢发属标本，均未发现该种存在。

12. 单一小孢发

Bryoria simplicior (Vain.) Brodo & D. Hawksw., Opera Bot. **42**: 109, 1977; Wen, Tumur & Abbas. J. Wuhan Bot. Res. **27**(4): 437-440, 2009.

≡ *Alectoria nidulifera* f. *simplicior* Vain., Meddn Soc. Fauna Flora Fenn. 6: 115, 1881.

地衣体匍卧型，基部等二叉分枝，表面鹿褐色至黑色，具侧生小刺，粉芽丰多，直径宽于地衣体分枝，表面白色至暗绿色，不含地衣酸类化合物；该种在欧洲、北美洲，以及蒙古有记录 (Brodo and Hawksworth，1977)。

文雪梅等 (2009) 报道了该种在新疆的记录，但无标本引证，我们借阅和研究了新疆大学馆藏的小孢发属标本，并未发现该种的存在。

13. 小舌云片衣 粗面变型

Dictyonema ligulatum f. **scabridum** (Vain.) Parmasto, Nova Hedwigia **29**(1-2): 120, 1977.

≡ *Rhipidonema irpicinum* f. *scabridum* Vain., Ann. Acad. Sci. fenn., Ser. A **19**(no. 15): 29, 1923. − *Dictyonema irpicinum* var. *scabridum* (Vain.) Zahlbr., Catal. Lich. Univ. **7**: 764, 1931.

Type: Philippines, Mindanao, Butuan, C. M. Weber, Mar.–July 1911, Vainio 32883(TUR, no. 1391, lectotype; M, isotype).

此变型的主要鉴别特征为子实体上表面密被指状疣突；分布于菲律宾、中国，以及爪哇岛、新几内亚岛 (Parmasto，1978)，该种是 *Dictyonema scabridum* (Vain.) Lücking 的异名 (Lücking et al.，2013)。

中国台湾有文献记载 (魏江春，1991)，本卷未获得研究标本。

14. 卷毛云片衣 原变型

Dictyonema sericeum f. **sericeum** (Sw.) Berk., Lond. J. Bot. **2**: 639, 1984. Wei, Enum. Lich. China: 89, 1991; Wu, Iconography of Chinese Lichen: 208, 1987.

Type: Ind. Occid., Swartz, Hb. Lev., W. Nylander 4198 (H, isotype?); dedit Swartz, G.

Wahlenberg (UPS, isotype?); *Dictyonema aeruginosa* Nee sab Esenb., *Cilicia aeruginosa* E. Fries (UPS, holotype).

≡ *Hydnum serieum* Sw., Prodr.: 149, 1788. – *Thelephora sericea* (Sw.) Sw., Fl. Ind. Occid. **2**: 1928, 1806. – *Dichonema sericeum* (Sw.) Mont. In Bél. & St.-Vincent, Voyage Indes-Orient. **2**: 155, tab. 14 fig. 1, 1846. – *Cora sericea* (Sw.) Fr., K. svenska Vetensk-Akad. Handl. 1848: 144, 1849.

= *Dictyonema thelephora* (Spreng.) Zahlbr., Cat. Lich. Univ. **7**: 748, 1931; Johow, Jahrb. Wiss. Bot. **15**, tab. 17 fig. 4, tab. 19 fig. 17-21, 1884; Zahlbr., in Engler & Prantl, Nat. Pflanzenfam. 1(1*) fig. 124 A-E, 1907.

　　该种主要分布于北美洲、南美洲、非洲、大洋洲，以及亚洲 (日本、中国、斯里兰卡、泰国、菲律宾、印度尼西亚) (Parmasto，1978)。

　　中国江西、福建和台湾有文献记载 (魏江春，1991)，本卷未获得研究标本。

15. 卷毛云片衣 丝柔变型

Dictyonema sericeum f. **thelephora** (Spreng.) Parmasto, Nova Hedwigia **29**: 111, 1977.

≡ *Dematium thelephora* Spreng., K. svenska Vetensk-Akad. Handl. **46**: 53, 1820. – *Dictyonema thelephora* (Spreng.) Zahlbr., Cat. Lich. Univers. **7**: 748, 1931.

= *Laudatea caespitosa* Johow, Jb. Wiss. Bot. **15**: 386, 1884. – *Dictyonema sericeum* f. *caespitosa* (Johow) P. Metzner, Ber. Dt. Bot. Ges. **52**: 238, 1934.

　　Types: West-Ind., Insula. Dominica. Laudat. V. 1883, Fr. Johow; Herbarium Lojkanum (B, holotype); Laudatea laxa Mull. Arg. Ined., Kew 1894 (G, holotype?); Peru, Doct. Krause (B, B, BM, isotype?).

　　该种通常不产生担孢子，偶见地衣体边缘形成半圆形菌盖；分布于北美洲、南美洲、南太平洋地区，以及亚洲 (中国、日本、泰国、印度尼西亚、菲律宾) (Parmasto，1978)。

　　中国台湾和香港有分布记录 (魏江春，1991)，本卷未获得研究标本。

16. 卷毛云片衣 薄膜变型

Dictyonema sericeum f. **membranaceum** P. Metzner, Ber. Lusch. Bot. Ges. **52**: 238, 1934.

= *Dictyonema membranaceum* C. Agardh, Cat. Lich. Univ. **VII**: 746, 1931.

　　此变型与丝柔变型很相似，不同之处在于纤毛尖端的颜色与丝柔变型不同；该变型分布于美国、坦桑尼亚、日本、印度尼西亚 (苏门答腊岛、爪哇岛) (Parmasto，1978)。

　　中国台湾有分布记录 (魏江春，1991)，本卷未获得研究标本。

17. 中华金丝

Lethariella sinensis J. C. Wei & Y. M. Jiang, Acta Phytotaxon. Sin. **20**(4): 498, 1982; Wei & Jiang, Lich. Xizang: 69, 1986; Obemayer, Bibl. Lichenol. **78**: 322, 2001.

= *Lethariella mieheana* Obermayer, Progr. Probl. Lichenol. Nineties. Proc. Third Symp. Intern. Assoc. Lichenol., Biblthca Lichenol. **68**: 56, 1997.

该种与金丝带的主要区别在于表面具明显强烈的纵向脊，以及化学成分的不同 (Wei and Jiang，1986)。2001 年，Obermayer 对中华金丝的主模式进行了化学分析，发现该模式是由两个不同的化学型组成的，其中之一与密尔赫金丝 *L. mieheana* 的化学成分相同，于是将密尔赫金丝作为中华金丝的异名。

我们对中华金丝的模式产地进行了全面的系统调查及分子系统研究，对从模式原产地采集的 30 余号标本进行了形态和化学及分子研究发现，中华金丝与金丝带表面纵向脊存在形态的过渡类型，且两种的分布区重叠，分子结果也不支持两个种的划分，我们认为中华金丝可能是金丝带的一个化学型，两种的分类界定问题还有待进一步研究。

18. 穴孔叶衣

Menegazzia caviisidia Bjerke & P. James, in Bjerke, Lichenologist **36**: 20, 2004; Moon et al., J. Jap. Bot. **81**(3): 130, 2006.

该种是由 Bjerke 在日本发表的新种，其最主要的鉴别特征为上表面具有裂芽，裂芽球形至圆柱形，中空，主要成分为地茶酸 (thamnolic acid)。

中国台湾地区有报道 (Moon et al.，2006)，本卷未获得研究标本。

19. 新热带孔叶衣 圆果亚种

Menegazzia neotropica ssp. **rotundicarpa** Bjerke & Sipman, Mycotaxon **91**: 420, 2005; Bjerke & Obermayer, Nov. Hedw. **81**: 307, 2005.

该亚种具狭长的裂片，穿孔稀疏，裂片顶端呈棕黑色，较小的圆形子囊盘 (直径 2 mm)，以及较大的子囊孢子 (长度可达 88 μm)；原产地在南美洲。

中国四川有报道 (Bjerke and Obermayer，2005)，本卷未获得研究标本。

20. 砖孢发

Oropogon loxensis (Fée) Th. Fr., Genera Heterolichenum europaea recognita: 49, 1861; Zahlbruckner, in Handel- Mazzetti, Symb. Sin. **3**: 203, 1930b.

≡ *Cornicularia loxensis* Fée, Essai crypt. Ecorc: 137, 1824.

该种是砖孢发属的模式种，主要分布于南美洲，亚洲并不存在 (Esslinger，1980，1989)。

Zahlbruckner (1930b) 曾报道了该种在云南的丽江分布，据王立松等 1981～2016 年对在丽江及周边采集的 50 余号该属标本的研究，也未发现该种的存在。

21. 水杨嗪砖孢发

Oropogon salazinicus Esslinger, Syst. Bot. Monographs **28**: 109, 1989.

Esslinger (1989) 根据 Kurokawa 采自台湾的 1 份标本 (Kurokawa 934A, holotype in TNS) 发表该种；该种因含水杨嗪酸 (salazinic acid) 而不同于属内其他种；分布于中国台湾和马来西亚的沙巴岛 (Esslinger，1989)；本卷未获得研究标本，待后续研究。

22. 宝岛砖孢发

Oropogon satoanus Esslinger, Syst. Bot. Monographs **28**: 109, 1989.

    Esslinger (1989) 根据 1963 年 Kurokawa 采自台湾阿里山的 1 份标本 (Kurokawa 164A, holotype in TNS) 发表该种；其分类特征在于：地衣体棕色，假杯点穿孔，孔口完整，髓层局部中空至致密，白色，含橄榄陶酸 (olivetoric acid)；仅知台湾分布 (Esslinger，1989)，本卷未获得研究标本，待后续研究。

本卷研究的物种在中国各省份的分布名录

　　本卷研究物种名录是根据引证标本的产地信息和相关文献分别将各省物种进行了统计。其中，云南不仅是"动植物王国"，也是中国地衣物种组成最具多样性的地区，本卷记载的 88 种中 (含文献记载的物种)，云南种数达 65 个，约占本卷研究物种的 74%；此外，横断山是中国树发类地衣的主要分布区，本卷记录的树发类 35 种和 1 变型在横断山地区均有分布。

内蒙古 (11 种)
Alectoria ochroleuca
Bryoria americana
Bryoria barbata
Bryoria bicolor
Bryoria furcellata
Bryoria nitidula
Bryoria trichodes
Evernia esorediosa
Evernia mesomorpha
Menegazzia asahinae
Menegazzia terebrata

吉林 (14 种)
Alectoria sarmentosa
Anzia opuntiella
Bryoria americana
Bryoria barbata
Bryoria confusa
Bryoria himalayensis
Bryoria trichodes
Bryoria yunnana
Evernia esorediosa
Evernia mesomorpha
Lichenomphalia umbellifera
Menegazzia asahinae
Menegazzia subsimilis

Menegazzia terebrata

黑龙江 (11 种)
Alectoria ochroleuca
Anzia opuntiella
Bryoria asiatica
Bryoria bicolor
Bryoria furcellata
Bryoria nitidula
Bryoria trichodes
Evernia esorediosa
Evernia mesomorpha
Lichenomphalia umbellifera
Menegazzia terebrata

湖北 (8 种)
Anzia opuntiella
Anzia ornata
Bryoria asiatica
Bryoria confusa
Bryoria nitidula
Menegazzia terebrata
Oropogon asiaticus
Sulcaria sulcata f. *sulcata*

湖南 (8 种)
Anzia formosana

Anzia japonica
Anzia opuntiella
Anzia ornata
Lichenomphalia luteovitellina
Lichenomphalia umbellifera
Menegazzia terebrata
Sulzbacheromyces sinensis

广东 (2 种)
Menegazzia subsimilis
Sulzbacheromyces sinensis

广西 (1 种)
Lichenomphalia luteovitellina

安徽 (7 种)
Anzia japonica
Anzia opuntiella
Anzia ornata
Menegazzia asahinae
Menegazzia terebrata
Sulcaria sulcata f. *sulcata*
Sulzbacheromyces sinensis

浙江 (9 种)
Anzia hypoleucoides
Anzia japonica
Anzia opuntiella
Anzia ornata
Lichenomphalia umbellifera
Menegazzia asahinae
Menegazzia subsimilis
Menegazzia terebrata
Sulcaria sulcata f. *sulcata*

江西 (1 种)
Dictyonema sericeum f. *sericeum*

福建 (8 种)
Anzia japonica
Anzia opuntiella
Anzia ornata
Dictyonema sericeum f. *sericeum*
Lichenomphalia umbellifera
Menegazzia asahinae
Menegazzia terebrata

海南 (1 种)
Sulzbacheromyces sinensis

贵州 (9 种)
Anzia japonica
Anzia opuntiella
Anzia ornata
Menegazzia asahinae
Menegazzia primaria
Menegazzia subsimilis
Menegazzia terebrata
Sulcaria sulcata f. *sulcata*
Sulzbacheromyces sinensis

四川 (54 种)
Anzia colpota
Anzia formosana
Anzia hypoleucoides
Anzia hypomelaena
Anzia japonica
Anzia leucobatoides
Anzia ornata
Anzia physoidea
Anzia pseudocolpota
Anzia rhabdorhiza
Bryoria asiatica
Bryoria barbata
Bryoria bicolor
Bryoria confusa
Bryoria divergescens

Bryoria fastigiata

Bryoria fruticulosa

Bryoria fuscescens

Bryoria hengduanensis

Bryoria himalayensis

Bryoria lactinea

Bryoria nadvornikiana

Bryoria nepalensis

Bryoria nitidula

Bryoria perspinosa

Bryoria poeltii

Bryoria rigida

Bryoria smithii

Bryoria tenuis

Bryoria trichodes

Bryoria variabilis

Bryoria wuii

Bryoria yunnana

Evernia divaricata

Evernia mesomorpha

Lethariella cladonioides

Lethariella zahlbruckneri

Lichenomphalia hudsoniana

Lichenomphalia umbellifera

Menegazzia asahinae

Menegazzia neotropica ssp. rotundicarpa

Menegazzia primaria

Menegazzia pseudocyphellata

Menegazzia subsimilis

Menegazzia terebrata

Oropogon asiaticus

Oropogon formosanus

Oropogon orientalis

Oropogon secalonicus

Oropogon yunnanensis

Pseudephebe minuscula

Sulcaria sulcata f. sulcata

Sulcaria sulcata f. vulpinoides

Sulcaria virens

云南 (65 种)

Alectoria ochroleuca

Alectoria spiculatosa

Anzia colpota

Anzia formosana

Anzia hypoleucoides

Anzia aff. hypoleucoides

Anzia hypomelaena

Anzia japonica

Anzia leucobatoides

Anzia opuntiella

Anzia ornata

Anzia physoidea

Anzia pseudocolpota

Anzia rhabdorhiza

Bryoria alaskana

Bryoria asiatica

Bryoria barbata

Bryoria bicolor

Bryoria confusa

Bryoria divergescens

Bryoria fastigiata

Bryoria fruticulosa

Bryoria fuscescens

Bryoria hengduanensis

Bryoria himalayensis

Bryoria lactinea

Bryoria nadvornikiana

Bryoria nepalensis

Bryoria nitidula

Bryoria perspinosa

Bryoria poeltii

Bryoria rigida

Bryoria smithii

Bryoria tenuis

Bryoria trichodes

Bryoria variabilis

Bryoria wuii

Bryoria yunnana

Dictyonema yunnanum
Evernia mesomorpha
Lethariella cladonioides
Lethariella flexuosa
Lethariella zahlbruckneri
Lichenomphalia hudsoniana
Lichenomphalia luteovitellina
Lichenomphalia umbellifera
Lichenomphalia velutina
Menegazzia asahinae
Menegazzia primaria
Menegazzia pseudocyphellata
Menegazzia subsimilis
Menegazzia terebrata
Oropogon asiaticus
Oropogon formosanus
Oropogon orientalis
Oropogon secalonicus
Oropogon yunnanensis
Pseudephebe minuscula
Sulcaria sulcata f. *sulcata*
Sulcaria sulcata f. *vulpinoides*
Sulcaria virens
Sulzbacheromyces bicolor
Sulzbacheromyces fossicolus
Sulzbacheromyces sinensis
Sulzbacheromyces yunnanensis

西藏 (47 种)

Alectoria ochroleuca
Anzia colpota
Anzia formosana
Anzia hypoleucoides
Anzia leucobatoides
Anzia ornata
Bryoria asiatica
Bryoria barbata
Bryoria bicolor
Bryoria confusa

Bryoria fastigiata
Bryoria fruticulosa
Bryoria furcellata
Bryoria fuscescens
Bryoria himalayensis
Bryoria lactinea
Bryoria nadvornikiana
Bryoria nepalensis
Bryoria nitidula
Bryoria perspinosa
Bryoria poeltii
Bryoria rigida
Bryoria smithii
Bryoria tenuis
Bryoria trichodes
Bryoria variabilis
Bryoria yunnana
Evernia divaricata
Evernia mesomorpha
Lethariella cladonioides
Lethariella zahlbruckneri
Lethariella flexuosa
Lethariella sinensis
Lichenomphalia hudsoniana
Lichenomphalia umbellifera
Menegazzia subsimilis
Menegazzia terebrata
Oropogon asiaticus
Oropogon formosanus
Oropogon loxensis
Oropogon orientalis
Oropogon secalonicus
Pseudephebe minuscula
Sulcaria sulcata f. *sulcata*
Sulcaria sulcata f. *vulpinoides*
Sulcaria virens
Sulzbacheromyces sinensis

陕西 (17 种)

Bryoria asiatica
Bryoria barbata
Bryoria bicolor
Bryoria confusa
Bryoria cornicularioides
Bryoria divergescens
Bryoria himalayensis
Bryoria nitidula
Bryoria rigida
Bryoria trichodes
Bryoria yunnana
Evernia divaricata
Evernia mesomorpha
Lethariella cladonioides
Menegazzia subsimilis
Menegazzia terebrata
Sulcaria sulcata f. *sulcata*

甘肃 (4 种)

Bryoria yunnana
Evernia divaricate
Evernia mesomorpha
Lethariella cladonioides

青海 (7 种)

Bryoria asiatica
Bryoria bicolor
Bryoria smithii
Evernia divaricata
Lethariella cladonioides
Lethariella zahlbruckneri
Lichenomphalia umbellifera

新疆 (10 种)

Bryoria chalybeiformis
Bryoria confusa
Bryoria furcellata
Bryoria fuscescens

Bryoria nadvornikiana
Bryoria pseudofuscescens
Bryoria simplicior
Evernia divaricate
Evernia esorediosa
Evernia mesomorpha

台湾 (35 种)

Anzia colpota
Anzia cristulata
Anzia formosana
Anzia hypoleucoides
Anzia japonica
Anzia opuntiella
Anzia ornata
Anzia pseudocolpota
Anzia semiteres
Bryoria americana
Bryoria asiatica
Bryoria bicolor
Bryoria confusa
Bryoria divergescens
Bryoria himalayensis
Bryoria lactinea
Bryoria nadvornikiana
Bryoria rigida
Bryoria yunnana
Dictyonema ligulatum f. *scabridum*
Dictyonema sericeum f. *sericeum*
Dictyonema sericeum f. *thelephora*
Dictyonema sericeum f. *membranaceum*
Menegazzia asahinae
Menegazzia caviisidia
Menegazzia primaria
Menegazzia pseudocyphellata
Menegazzia terebrata
Oropogon formosanus
Oropogon orientalis
Oropogon salazinicus

Oropogon satoanus
Sulcaria sulcata f. *sulcata*
Sulcaria virens
Sulzbacheromyces sinensis

香港 **(2 种)**
Dictyonema sericeum f. *thelephora*
Menegazzia terebrata

参 考 文 献

Abbas A, Wu J N. 1998. Lichens of Xinjiang. Urumqi: Sci-Tech & Hygiene Publishing House of Xinjiang: 1-178. [阿不都拉·阿巴斯, 吴继农. 1998. 新疆地衣. 乌鲁木齐: 新疆科技卫生出版社].

Aptroot A, Lai M J, Sparrius L. 2003. The genus *Menegazzia* (Parmeliaceae) in Taiwan. *Bryologist*, **106**: 157-161.

Aptroot A, Seaward M R D. 1999. Annotated checklist of Hongkong Lichens. *Tropical Bryology*, 17: 57-101.

Arup U. 2002. PCR techniques and automated sequencing in Lichens//Kranner I, Beckett R P, Varma A K. Protocols in Lichenology: Culturing, Biochemistry, Ecophysiology and Use in Biomonitoring. New York: Springer-Verlag: 392-411.

Asahina Y. 1935. *Anzia*-Artenaus. *Journal of Japanese Botany*, **11**: 224-238.

Asahina Y. 1937. *Anzia*-Artenaus Japan mitbesonderer berücksichtigung der chemischen bestandteile. *Journal of Japanese Botany*, **13**: 218-226.

Asahina Y. 1952. An addition to the Sato's Lichenes Khinganenses (Bot. Mag. Tokyo 65: 172). *Journal of Japanese Botany*, 27(12): 373-375.

Asahina Y, Sato M. 1939. Lichenes//Asahina Y. Nippon Inkwasyokubutu Dukan. Tokyo-Osaka: Sanseido Co., Ltd: 713.

Awasthi D D. 1970. On *Alectoria acanthodes* Hue, *Alectoria confusa* sp. nov. and systematic position of the genus *Alectoria*. *Proceedings of the Indian Academy of Sciences - Section B*, **72**: 149-155.

Awasthi G, Awasthi D D. 1985. Lichen genera *Alectoria*, *Bryoria* and *Sulcaria* from India and Nepal. *Candollea*, **40**: 305-320.

Baroni E. 1894. Sopra alcuni licheni della China raccolti nella provincia della Schen-Si settentrionale. *Bullettino della Società botanica italiana*, **1894**: 46-49.

Barrasa J. 2001. Lichenized species of *Omphalina* (Tricholomataceae) in the Iberian Peninsula. *Lichenologist*, **33**: 371-386.

Berkeley M J. 1843. Notices of some Brazilian fungi. *The London Journal of Botany*, **2**: 629-643.

Bigelow H E. 1970. *Omphalina* in North America. *Mycologia*, **62**: 1-32.

Bird C D. 1974. Studies on the lichen genus *Evernia* in Borth America. *Canadian Journal of Botany*, **52**: 2427-2434.

Bjerke J W. 2003. *Menegazzia subsimilis*, a widespread sorediate lichen. *Lichenologist*, **35** (5-6): 393-396.

Bjerke J W. 2004a. A new sorediate, fumarprotocetraric acid-producing lichen species of *Menegazzia* (Parmeliaceae, Ascomycota). *Systematics and Biodiversity*, **2**: 45-47.

Bjerke J W. 2004b. Revision of the lichen genus *Menegazzia* in Japan, including two new species. *Lichenologist*, **36**: 15-25.

Bjerke J W. 2005. Synopsis of the lichen genus *Menegazzia* (Parmeliaceae, Ascomycota) in South America. *Mycotaxon*, **91**: 423-454.

Bjerke J W, Elvebakk A. 2001. The sorediate species of the genus *Menegazzia* (Parmeliaceae, lichenized *Ascomycotina*) in southernmost South America. *Mycotaxon*, **78**: 363-392.

Bjerke J W, Obermayer W. 2005. The genus *Menegazzia* (Parmeliaceae, lichenized *Ascomycetes*) in the Tibetan Region. *Nova Hedwigia*, **81**: 301-309.

Brodo I M. 1986. A new species of the lichen genus *Sulcaria* (Ascomycotina, Alectoriaceae) from California. *Mycotaxon*, **27**: 113-117.

Brodo I M, Hawksworth D L. 1977. *Alectoria* and allied genera in North America. *Opera Botanica*, **42**: 1-164.

Bystrek J. 1969. Die Gattung *Alectoria*. Lichenes Usneaceae (Flechten des Himalaya 5). *Khumbu Himal*, **6**(1): 17-24.

Bystrek J. 1971. Taxonomic studies on the genus *Alectoria*. *Annales Universitatis Mariae Curie-Sklodowska, sectio C*, **26**: 265-279.

Calvelo S. 1996. Noteworthy reports on *Anzia* (lichenized *Ascomycotina*) from southern South-America. *Mycotaxon*, **58**: 147-156.

Chen J B. 1996. The lichen genus *Oropogon* from Chin. *Acta Mycologica Sinica*, **15**(3): 173-177. [陈健斌. 1996. 中国砖孢发属地衣研究. 真菌学报, 15(3): 173-177.]

Chen J B, Wu J N, Wei J C. 1989. Lichens of Shennongjia. in Fungi and Lichens of Shennongjia. Beijing: World Publishing Corp: 386-493. [陈健斌, 吴继农, 魏江春. 1989. 神农架真菌与地衣. 北京：世界图书出版公司: 386-493.]

Chen X L, Zhao C F, Luo G Y. 1981. A list of lichens in N.E. China. *Journal of Northeastern Forestry Institute*, **3**: 127-135, **4**: 150-160. [陈锡龄，赵从福，罗光裕. 1981. 东北地衣名录. 东北林学院学报, 3: 127-135, 4: 150-160.]

Chien S S. 1932. Vegetation of the rocky ridge of Chung Shan, Nanking. *Contr Biol Lab Sci Soc China Bot*, **7**(9): 215-227.

Chung H H. 1929. The study of botany in Fukien. *Lingnan Science Journal*, **7**: 121-130.

Coppins B, James P. 1979. British species of *Dictyonema*. *Lichenologist*, **11**(1): 103-105.

Crespo A, Lumbsch H T, Mattsson J E, Blanco O, Divakar P K, Articus K, Wiklund E, Bawingan P A, Wedin M. 2007. Testing morphology-based hypotheses of phylogenetic relationships in Parmeliaceae (Ascomycota) using three ribosomal markers and the nuclear RPB1 gene. *Molecular Phylogenetics and Evolution*, **44**: 812-824.

Culberson C F. 1963. The lichen substances of the genus *Evernia*. *Phytochemistry*, **2**: 335-340.

Culberson C F. 1972. Improved condition and new data for the identification of lichen products by a standardized thinlayer chromatographic method. *Journal of Chromatography*, **72**: 113-125.

Culberson C F, Kristinsson H. 1970. A standardized method for the identification of lichen products. *Journal of Chromatography*, **46**: 85-93.

Dal-Forno M, Lawrey J D, Sikaroodi M, Bhattarai S, Gillevet P M, Sulzbacher M, Lücking R. 2013. Starting from scratch: evolution of the lichen thallus in the basidiolichen *Dictyonema* (Agaricales: Hygrophoraceae). *Fungal Biology*, **117**: 584-598.

Darbishire O V. 1921. The lichens of the Swedish Antarctic Expedition. *Wissenschaftliche Ergebnisse der Swedischen Südpolar-Expedition 1901-1903*, **4**(2): 1-74.

Ding G, Li Y, Fu S B, Liu S C, Wei J C, Che Y S. 2008. Ambuic acid and torreyanic acid derivatives from the endolichenic fungus *Pestalotiopsis* sp. *Journal of Natural Products*, **72**(1): 182-186.

Du Rietz E. 1926. Vorarbeiten zu einer "synopsis Lichenum" I. Die Gattungen *Alectoria*, *Oropogon* und *Cornicularia*. *Arkiv før Botanik*, **20A**(11): 1-43.

Edgar R C. 2004. Muscle: multiple sequence alignment with high accuracy and high throughput. *Nucleic Acids Research*, **32**(5): 1792-1797.

Ekman S. 1999. PCR optimization and trouble shooting with special reference to the amplification of ribosomal DNA in lichenized fungi. *Lichenologist*, **31**: 517-531.

Elifio S L, Da Silva M L C C, Gorin I P A J. 2000. A lectin from the lichenized Basidiomycete *Dictyonema glabratum*. *New Phytologist*, **148**(2): 327-334.

Elix J A. 2007a. New species in the lichen family Parmeliaceae (Ascomycota) from Australasia. *Bibliotheca Lichenologica*, **95**: 171-182.

Elix J A. 2007b. Further new species in the lichen family Parmeliaceae (Ascomycota) from tropical and subarid Australasia. *Bibliotheca Lichenologica*, **96**: 61-72.

Elix J A. 2008. Four new lichens from tropical and subtropical Australasia. *Australasian Lichenology*, **62**: 35-40.

Elix J A, Bawingan P A, Lardizaval M, Schumm F. 2005. A new species of *Menegazzia* (Parmeliaceae, lichenized Ascomycota) and new records of Parmeliaceae from Papua New Guinea. *Australasian Lichenology*, **56**: 20-24.

Elix J A, Johnston J, Parker J L. 1987. A catalogue of standard thin layer chromatographic data and biosynthetic relationships for lichen substances. Canberra: Australian National University.

Elix J A, Wardlw J H, Yoshimura I. 1997. Sublobaric acid and oxolobaric acid, two new depsidones from the lichen *Anzia hypoleucoides*. *Australian Journal of Chemistry*, **50**: 763-765.

Eric B P, Diane M G, Bruce M, Eric Tp. 1998. *Sulcaria badia*, a rare lichen in Western North America. *Bryologist*, **101**(1): 112-115.

Eriksson O, Hawksworth D L. 1985. Outline of the *Ascomycetes*. *Systema Ascomycetum*, 4: 1-9.

Ertz D, Lawrey J D, Sikaroodi M, Gillevet P M, Fischer E, Killmann D, Serusiaux E. 2008. A new lineage of lichenized basidiomycetes inferred from a two-gene phylogeny: the Lepidostromataceae with three species from the tropics. *American Journal of Botany*, **95**(12): 1548-1556.

Esslinger T L. 1980. Typification of *Oropogon loxensis* and description of two related species. *Byrologist*, **83**(4): 529-532.

Esslinger T L. 1989. Systematics of *Oropogon* (Alectoriaceae) in the New World. *Systematic Botany Monographs*, **28**: 1-111.

Esslinger T L, Egan R S. 1995. A sixth checklist of the lichen-forming, lichenicolous, and allied fungi of the continental United States and Canada. *Bryologist*, **98**(4): 467-549.

Feuerer T, Hawksworth D L. 2007. Biodiversity of lichens, including a world-wide analysis of checklist data based on Takhtajan's floristic regions. *Biodiversity and Conservation*, **16**(1): 85-98.

Fischer E, Ertz D, Killmann D, Serusiaux E. 2007. Two new species of *Multiclavula* (lichenized basidiomycetes) from savanna soils in Rwanda (East Africa). *Botanical Journal of the Linnean Society*, **155**(4): 457-465.

Fries E. 1825. Systema Orbis Vegetabilis. Primas lineas novae constrictionis periclitatur Elias Fries. Pars I. Plantae homonemeae. Lund.

Galloway D J. 1983. New taxa in the New Zealand lichen flora. *New Zealand Journal of Botany*, **21**: 191-200.

Galloway D J. 2007. Flora of New Zealand Lichens. 2nd ed. Volume 1. Lincoln: Manaaki Whenua Press.

Gardes M, Bruns T D. 1993. ITS primers with enhanced specificity for basidiomycetes - application to the identification of mycorrhizae and rusts. *Molecular Ecology*, **2**(2): 113-118.

Gyelnik V. 1935. Conspectus Bryopogonum. *Repertorium Specierum Novarum Regni Vegetabilis*, **38**: 219-255.

Hale M E. 1983. The Biology of Lichens 3rd ed. London: Edward Arnold.

Halonen P, Myllys L, Velmala S, Hyvärinen H. 2009. *Gowardia* (Parmeliaceae) - a new alectorioid lichen genus with two species. *Bryologist*, **112**(1): 138-146.

Harada H, Okamoto T, Yoshimura I. 2004. A checklist of lichens and lichen-allies of Japan. *Lichenology*, **2**(2): 47-165.

Harada H, Wang L S. 2008. Taxonomic study on *Bryoria* (Lichenized Ascomycota, Parmeliaceae) of East Asia (4). External morphology and anatomy of pycnidia. *Lichenology*, **7**(2): 159-168.

Hariot P. 1891. Observations sur les espèces du genre *Dictyonema*. *Bulletin trimestriel de la Société mycologique de France*, **7**: 32-41.

Hariot P. 1892. Observations sur les espèces du genre *Dictyonema*. *Beihefte zum Botanischen Centralblatt*, **1892**: 19.

Haugan R. 1992. *Anzia centrifuga*, a new lichen species from Porto Santo, Madeira. *Mycotaxon*, **44**: 45-50.

Hawksworth D L. 1969. A new variety of *Alectoria virens* Tayl. from Yunnan Province, China. *Miscellanea Bryologica et Lichenologica*, **5**(1): 1-3.

Hawksworth D L. 1970. Chemical and nomenclatural notes on *Alectoria* (Lichens) II. *Taxon*, **19**(2): 237-243.

Hawksworth D L. 1971. Regional studies in *Alectoria* (Lichenes) I. The Central and South African species. *Botaniska Notiser*, **124**: 122-128.

Hawksworth D L. 1972. Regional studies in *Alectoria* (Lichenes) II. The British species. *Lichenologist*, **5**: 181-261.

Hawksworth D L. 1988. A new name for *Dictyonema pavonium* (Swartz) Parmasto. *Lichenologist*, **20**: 101.

Hawksworth D L. 2004. Rediscovery of the original material of Osbeck's *Lichen chinensis* and the re-establishment of the name *Parmotrema perlatum*. *Herzogia*, 17: 37-44.

He Q, Chen J B. 1995. Macrolichens of Taibai Mountain// Tan W Z. Recent Research Achievements of Young Mycologists in China. Chongqing: Southwest Normal University Press: 41-47. [贺青, 陈健斌. 1995. 太白山大型地衣名录//谭万忠. 中国中青年菌物学家研究进展. 重庆: 西南师范大学出版社: 41-47.]

Henssen A, Jahns H M. 1973. Lichenes eine Einfuhrung in die Flechtenkunde. Stuttgart: Thieme.

Henssen A, Kowallik K A. 1976. A note on the mycobiont of *Coriscium viride* (Ach.). Vain. *Lichenologist*, **8**(2): 197-197.

Hinds J W, Hinds P L. 2007. The Macrolichens of New England. pp1-584, in Memoirs of the New York Botanical Garden No. 96. New York, Bronx: New York Botanical Garden Press.

Hodkinson B P. 2012. An evolving phylogenetically based taxonomy of lichens and allied fungi. *Opuscula Philolichenum*, **11**: 4-10.

Hodkinson B P, Moncada B, Lücking R. 2014. *Lepidostromatales*, a new order of lichenized fungi (Basidiomycota, Agaricomycetes), with two new genera, *Ertzia* and *Sulzbacheromyces*, and one new species, *Lepidostroma winklerianum*. *Fungal Diversity*, **64**(1): 165-179.

Hodkinson B P, Uehling J K, Smith M E. 2012. *Lepidostroma vilgalysii*, a new basidiolichen from the New World. *Mycological Progress*, **11**(3): 827-833.

Holien H. 1989. The genus *Bryoria* Sect. *Implexae* in Norway. *Lichenologist*, **21**(3): 243-258.

Hue A M. 1887. Lichenes Yunnanenses a cl. Delavay anno 1885 collectos, et quorum novae species a celeb. W. Nylander descriptae fuerunt, exponit A. M. Hue. *Bulletin de la Société botanique de France*, **34**: 16-24.

Hue A M. 1889. Lichenes Yunnanenses a cl. Delavay praesertim annis 1886/87 collectis exponit. (suite). *Bulletin de la Société botanique de France*, **36**(ser. II, 11): 158-176.

Hue A M. 1890. Lichenes exoticos a professore W. Nylander descriptos vel recognitos et in herbario musei Parisiense pro maxima parte asservatos in ordine systematico deposuit. *Nouvelles Archives du Muséum* d'Histoire Naturelle, **3** (2): 208-322.

Hue A M. 1899. Nouvelles archives de museum d'histoire naturelle. *Paris: Masson et cie*, Ser. **4**: 86.

Hur J S, Koh Y J, Harada H. 2005. A checklist of Korean lichens. *Lichenoloy*, **4**: 65-95.

Ikoma Y. 1983. Macrolichens of Japan and Adjacent Regions. Tottori City, Japan.

James P W. 1985. *Menegazzia* Massal: 274-291// Galloway D J. Flora of New Zealand Lichens. Wellington: Government Printer.

James P W, Aptroot A, Diederich P, Sipman H J M, Sérusiaux E. 2001. New species of the lichen genus *Menegazzia* in New Guinea. *Bibliotheca Lichenologica*, **78**: 91-108.

James P W, Galloway D J. 1992. *Menegazzia. Flora of Australia*, **54**: 213-246.

Jatta A. 1902. Lichen cinesi raccolti allo Shen-si negli anni 1894-1898 dal. rev. Padre Missionario G. Giraldi. *Nuovo Giornale Botanico Italiano*, Ser. 2, **IX**: 460-481.

Jayalal U, Wolseley P, Gueidan C, Aptroot A, Wijesundara S, Karunaratne V. 2012. *Anzia mahaeliyensis* and *Anzia flavotenuis*, two new lichen species from Sri Lanka. *Lichenologist*, **44**: 38-389.

Jia Z F, Ren Q, Zhao Z T. 2008. The lichen genus *Multiclavula* RH Petersen in China. *Mycosystema*, **27**(4): 619-621.

Johow F. 1884. Die Gruppe der Hymenolichenen. Ein Beitrag zur Kenntnis basidiosporer Flechten. *Pringsheim's Jahrbücher für Wissenschaftliche Botanik*, **15**: 361-409.

Jørgensen P M. 1972. Further studies in *Alectoria* Sect. *Divaricatae* DR. *Svensk Botanisk Tidskrift*, **66**: 191-201.

Jørgensen P M. 1975. Further notes on Asian *Alectoria*. *Bryologist*, **78**: 77-78.

Jørgensen P M. 1998. *Acantholichen pannarioides*, a new basidiolichen from South America. *Bryologist*, **101**: 444-447.

Jørgensen P M, Myllys L, Velmala S, Wang L S. 2012. *Bryoria rigida*, a new Asian lichen species from the Himalayan region. *Lichenologist*, **44**(6): 777-781.

Kantvilas G. 2012. The genus *Menegazzia* (Lecanorales: Parmeliaceae) in Tasmania revisited. *Lichenologist*, **44**(2): 189-246.

Kantvilas G, James P W. 1987. The macrolichens of Tasmanian rainforest: key and notes. *Lichenologist*, **19**: 1-28.

Karnefelt I, Thell A. 1992. The evaluation of characters in lichenized families, exemplified with the alectorioid and some parmelioid genera. *Plant Systematics and Evolution*, **180**: 181-204.

Kinoshita K, Narui T, Koyama K, Takatori K, Culberson C F, Hasumi M, Nishino Y, Takahashi K. 2004. Secondary metabolites from *Lethariella sernanderi*. *Lichenology*, **3**: 1-8.

Kinoshita K, Togawa T, Hiraishi A, Nakajima Y, Koyama K, Narui T, Wang L S, Takahashi K. 2010. Antioxidant activity of red pigments from the lichens *Lethariella sernanderi*, *L. cashmeriana*, and *L. sinensis*. *Journal of Natural Medicines*, **64**: 85-88.

Kondratyuk S, Lőkös L, Tschabanenko S, Haji M M, Farkas E, Wang X, Oh S, Hur J S. 2013. New and noteworthy lichen-forming and lichenicolous fungi. *Acta Botanica Hungarica*, **55**(3-4): 275-349.

Krog H. 1976. *Lethariella* and *Protousnea*, two new lichen genera in Parmeliaceae. *Norwegian Journal of Botany*, **23**: 83-106.

Krog H, Swinscow D V. 1975. Parmeliaceae, with the exclusion of *Parmelia* and *Usnea*, in East Africa. *Norwegian Journal of Botany*, **22**: 115-123.

Kunth C S. 1822. Synopsis plantarum, quas in itinere circa plagas Orbis Novi Colleg. Humboldt et Bonpland. Paris.

Kurokawa S, Jinzenji Y. 1965. Chemistry and nomenclature of Japanese *Anzia*. *Bulletin of the National*

Science Museum, **8**: 369-374.

Lamb I M. 1963. Index Nominum Lichenum, Inter Annos 1932 et 1960 Divulgatorum. New York: Ronald Press Co.

Lawrey J D, Lücking R, Sipman H J M, Chaves J L, Redhead S A, Bungartz F, Sikaroodi M, Gillevet P M. 2009. High concentration of basidiolichens in a single family of agaricoid mushrooms (Basidiomycota: Agaricales: Hygrophoraceae). *Mycological Research*, **113**(10): 1154-1171.

Leavitt S T, Esslinger T L, Nelsen M P, Lumbsch H T. 2013. Further species diversity in Neotropical *Oropogon* (Lecanoromycetes: Parmeliaceae) in Central America. *Lichenologist*, **45**(4): 553-564.

Liang M M, Qian Z G, Wang X Y, Chen H M, Liu D, Wang L S. 2012. Contributions to the lichen flora of the Hengduan Mountains, China (5). *Anzia rhabdorhiza* (Parmeliaceae), a new species. *Bryologist*, **115**: 382-387.

Liu D, Goffinet B, Ertz D, Kesel A D, Wang X Y, Hur J S, Shi H X, Zhang Y Y, Yang M X, Wang L S. 2017. Circumscription and phylogeny of the *Lepidostromatales* (lichenized Basidiomycota) following discovery of new species from China and Africa. *Mycologia*, **109**(5): 730-748.

Liu D, Goffinet B, Wang X Y, Hur J S, Shi H X, Zhang Y Y, Yang M X, Li L J, Yin A C, Wang L S. 2018. Another lineage of basidiolichen in China, the genera *Dictyonema* and *Lichenomphalia* (Agaricales: Hygrophoraceae). *Mycosystema*, **37**(7): 849-864. [刘栋, Bernard Goffinet, 王欣宇, 许宰铣, 石海霞, 张雁云, 杨美霞, 李丽娟, 银安城, 王立松. 中国蜡伞科云片衣属和地衣小荷叶属担子地衣. 菌物学报, 37(7): 849-864.]

Lu D A. 1958. Notes on Chinese lichens 1 —*Peltigera. Acta Phytotaxonomica Sinica*, 7: 263-269. [陆定安. 1958. 中国地衣杂录 1—地卷属 (*Peltigera*). 植物分类学报, 7: 263-269.]

Lücking R. 2008. Foliicolous lichenized fungi. Flora Neotropica Monograph, 103, 866. New York, Bronx.: Organization for Flora Neotropica and The New York Botanical Garden Press.

Lücking R, Dal-Forno M, Lawrey J D, Bungartz F, Rojas M E H, Hernández M J E, Marcelli M P, Moncada B, Morales E A, Nelsen M P, Paz E, Salcedo L, Spielmann A A, Wilk K, Will-Wolf S, Yánez-Ayabaca A. 2013. Ten new species of lichenized Basidiomycota in the genera *Dictyonema* and *Cora* (Agaricales: Hygrophoraceae), with a key to all accepted genera and species in the *Dictyonema* clade. *Phytotaxa*, **139**(1): 1-38.

Lücking R, Barrie F R, Genney D. 2014. *Dictyonema coppinsii*, a new name for the European species known as *Dictyonema interruptum* (Basidiomycota: Agaricales: Hygrophoraceae), with a validation of its photobiont *Rhizonema* (Cyanoprokaryota: Nostocales: Rhizonemataceae). *Lichenologist*, **46**(3): 261-267.

Lücking R, Hodkinson B P, Leavitt S D. 2017. The 2016 classification of lichenized fungi in the Ascomycota and Basidiomycota – approaching one thousand genera. *Bryologist*, **119**(4): 361-416.

Lücking R, Lawrey J D, Sikaroodi M, Gillevet P M, Chaves J L, Sipman H J, Bungartz F. 2009. Do lichens domesticate photobionts like farmers domesticate crops? Evidence from a previously unrecognized lineage of filamentous cyanobacteria. *American Journal of Botany*, **96**(8): 1409-1418.

Luis C J, Lücking R, Sipman H J, Umaña L, Navarro E. 2004. A first assessment of the ticolichen biodiversity inventory in Costa Rica: the genus *Dictyonema* (Polyporales: Atheliaceae). *Bryologist*, **107**(2): 242-249.

Lumbsch H T, Huhndorf S M. 2010. Outline of Ascomycota 2009. Notes on ascomycete systematics. Nos. 4751-5113. *Myconet*, **14**: 1-69.

Luo G Y. 1984. Preliminary study on the lichen species distribution and their ecological characteristics on Dailing, Liangshui Forest Farm. *Journal of Northeastern Forestry Institute*, **12**(Suppl.): 84-88. [罗光裕. 1984. 带岭凉水林场地衣种的分布及其生态特性的初步研究. 东北林学院学报, 12(Suppl.): 84-88.]

Lutzoni F. 1995. *Omphalina* (Basidiomycota, Agaricales) as a model system for the study of coevolution in lichens. *Cryptogamic Botany*, **5**: 71-81.

Lutzoni F. 1997. Phylogeny of lichen-and non-lichen-forming omphalinoid mushrooms and the utility of testing for combinability among multiple data sets. *Systematic Biology*, **46**(3): 373-406.

Lutzoni F, Pagel M, Reeb V. 2001. Major fungal lineages are derived from lichen symbiotic ancestors. *Nature*, **411**(6840): 937-940.

Mägdefrau K, Winkler S. 1967. *Lepidostroma terricolens* n. g. n. sp., eine Basidiolichene der Sierra Nevada de Santa Marta (Kolumbien). *Mitteilungen des Institute Colombo-Alemán, Investigaciones Cientificas*, **1**: 11-17.

Magnusson A H. 1940. Lichens from Central Asia I. Rep. Sci. Exped. N.W. China S. Hedin -The Sino-Swedish expedition - (Publ. 13). XI. BoT. 1: 1-168.

Mattirolo O. 1881. Contribuzioni allo studio del genere *Cora* Fries. *Nuovo Giornale Botanico Italiano*, **13**: 245-267.

Mattsson J E, Wendin M. 1999. A re-assessment of the family Alectoriaceae. *Lichenologist*, **31**(5): 431-440.

McCune B, Geiser L. 2009. Macrolichens of the pacific northwest. 2nd ed. Corvallis: Oregon State University Press.

Metzner P. 1934. Zur Kenntnis der Hymenolichenen. *Berichte der Deutschen Botanischen Gesellschaft*, **51**: 231-240.

Moncalvo J M, Vilgalys R, Redhead S A, Johnson J E, James T Y, Catherine A M, Hofstetter V, Verduin S J, Larsson E, Baroni T J. 2002. One hundred and seventeen clades of euagarics. *Molecular Phylogenetics and Evolution*, **23**(3): 357-400.

Moon K H. 2013. Lichen-forming and lichenicolous fungi of Korea. National Institute of Biological Resources, Korea.

Moon K H, Kurokawa S, Kashiwadani H. 2006. Revision of the lichen genus *Menegazzia* (Ascomycotina: Parmeliaceae) in Eastern Asia. *Journal of Japanese Botany*, **81**: 127-138.

Moreau M, Moreau F. 1951. Lichens de China. *Revue de Bryologie et Lichénologie*, **20**: 183-199.

Motyka J. 1936. Lichenum generis *Usnea* studium monographicum. Pars systematica, volumen primum. *Leopoli*, iv: 304.

Motyka J. 1938. Lichenum generis *Usnea* studium monographicum. Pars systematica, volumen secundum. *Leopoli*, 305-651.

Müller J. 1889. Lichenologische Beiträge 32. *Flora*, **72**: 505-508.

Myllys L, Velmala S, Holien H, Halonen P. 2014. Taxonomy of *Bryoria* section *Implexae* (Parmeliaceae, Lecanoromycetes) in North America and Europe, based on chemical, morphological and molecular data. *Annales Botanici Fennici*, **51**: 345-371

Myllys L, Velmala S, Holien H, Halonen P, Wang L S, Goward T. 2011. Phylogeny of the genus *Bryoria*. *Lichenologist*, **43**(6): 617-638.

Myllys L, Velmala S, Lindgren H, Glavich D, Carlberg T, Wang L S, Goward T. 2014. Taxonomic delimitation of the genus *Bryoria* and *Sulcaria*, with a new combination *Sulcaria spiralifera* introduced. *Lichenologist*, **46**(6): 737-752.

Myllys L, Velmala S, Pino-Bodas R, Goward T. 2016. New species in *Bryoira* (Parmeliaceae, Lecanoromycetes) from north-west North America. *Lichenologist*, **48**(5): 355-365.

Nelsen M, Lücking R, Grube M, Mbatchou J, Muggia L, Plata E R, Lumbsch H. 2009. Unravelling the phylogenetic relationships of lichenised fungi in Dothideomyceta. *Studies in Mycology*, **64**: 135-144.

Niu D L, Harada H, Wang L S, Zhang Y J, Yang C R. 2011. Chemotaxonomic study of the *Lethariella cladonioides* complex (Lichenized Ascomycota, Parmeliaceae). *Lichenologist*, **43**(3): 213-223.

Niu D L, Wang L S, Zhang Y J, Yang C R. 2007. A chemotaxonomic study of *Lethariella zahlbruckneri* and *L. smithii* (Lichenized Ascomycota: Parmeliaceae) from Hengduanshan Mountains. *Lichenologist*, **39**(6): 549-553.

Niu D L, Yang C R. 2012. Identification and resource distribution of *Lethariella* original species. *Plant Diversity and Resourses*, **34**: 76-80. (牛东玲, 杨崇仁. 2012. 红雪茶基源种的鉴定及资源分布. 植物分类与资源学报, 34: 76-80.)

Nuno M. 1971. A preliminary note the *Alectoria asiatica*-group in Asia. *Miscellanea Bryologica et Lichenologica*, **5**: 157-158.

Obermayer W. 1995. Lichenotheca Graecensis. Fasc. 2 (Nos 21-40). *Fritschiana*, **3**: 1-8.

Obermayer W. 1997. Studies on *Lethariella* with special emphasis on the chemistry of the subgenus *Chlorea. Bibliotheca Lichenologica*, **68**: 45-66.

Obermayer W. 2001. On the identity of *Lethariella sinensis* Wei & Jiang, with new reports of Tibetan *Lethariella* species. *Bibliotheca Lichenologica*, **78**: 321-326.

Obermayer W. 2004. Additions to the lichen flora of the Tibetan region. *Bibliotheca Lichenologica*, 88: 479-526.

Oberwinkler F. 1970. Die Gattungen der basidiolichenen. *Deutsche Botanische Gesellschaft Neue Folge*, **4**: 139-169.

Oberwinkler F. 1980. Symbiotic relationships between fungus and alga in basidiolichens. *Endocytobiology Endosymbiosis and Cell Biology*, **1**: 305-315.

Oberwinkler F. 1984. Fungus-alga interactions in basidiolichens: 739-774//Hertel H, Oberwinkler F. Beitrage zur Lichenologie. Festschrift J. Poelt. Vaduz: Beiheft zur Nova Hedwigia 79. J. Cramer.

Oberwinkler F. 2001. Basidiolichens: 211-225//Hock B. The Mycota. Vol. IX. Fungal Associations. New York: Berlin, Heidelberg Springer-Verlag.

Oberwinkler F. 2012. 16 Basidiolichens: 341-362//Hock B. The Mycota. Vol. IX. New York: Fungal Associations; Berlin, Heidelberg: Springer-Verlag.

Ohmura Y. 2011. Notes on eight threatened species of lichens in Japan. *Bulletin of the National Museum of Nature and Science Series B*, **37**: 55-61.

Orange A, James P W, White F J. 2001. Microchemical methods for the identification of lichens. London: British Lichen Society.

Paulson R. 1928. Lichens from Yunnan. *The Journal of Botany*, **66**: 313-319.

Parmasto E. 1978. The genus *Dictyonema* ('Thelephorolichenes'). *Nova Hedwigia*, **29**(1-2): 99-144.

Petersen R H. 1967. Notes on clavarioid fungi. VII. Redefinition of the *Clavaria vernalis-C. mucida* complex. *The American Midland Naturalist Journal*, **77**: 205-221.

Petersen R H, Zang M. 1986. New or interesting clavarioid fungi from Yunnan, China. *Acta Botanica Yunnanica*, **8**: 281-294.

Poelt J. 1974. Systematik der Flechten. Bericht uber die Jahre 1972 und 1973 mit einigen Nachtragen. *Prog in Bot/Fortschr Bot*, 36: 263-276.

Posada D. 2008. jModelTest: phylogenetic model averaging. *Molecular Biology and Evolution*, **25**: 1253-1256.

Purvis O W, Coppins B J, Hawksworth D L, James P W, Moore D M. 1992. The Lichen Flora of Great Britain and Ireland. London: Natural History Museum Publications, British Lichen Society.

Rasanen V. 1943. Das system der Flechten. *Acta Botanica Fennica*, **33**: 1-82.

Redhead S A. 2002. Phylogeny of agarics: partial systematics solutions for bryophilous omphalinoid agarics outside of the Agaricales (euagarics). *Mycotaxon*, **82**: 151-168.

Redhead S A, Kuyper T W. 1987. Lichenized agarics: taxonomic and nomenclatural riddles. *Arctic and Alpine Mycology*, **2**: 319-348.

Redhead S A, Lutzoni F, Moncalvo J M, Vilgalys R. 2002. Phylogeny of agarics: partial systematics solutions for core omphalinoid genera in the Agaricales (euagarics). *Mycotaxon*, **83**: 19-57.

Ren M R, Hur J S, Kim J Y, Park K W, Park S C, Seong C N, Jeong I Y, Byun M W, Lee M K, Seo K I. 2009. Anti-proliferative effects of *Lethariella zahlbruckneri* extracts in human HT-29 human colon cancer cells. *Food and Chemical Toxicology*, **47**: 2157-2162.

Ronquist F, Huelsenbeck J P. 2003. MrBayes 3: Bayesian phylogenetic inference under mixed models. *Bioinformatics*, **19**: 1572-1574.

Ryan B D. 2001. *Dictyonema*: 169-171//Nash T H, Ryan B D, Gries C, Bungartz F. Lichen Flora of the Greater Sonoran Desert Region. Tempe, Arizona: Lichens Unlimited, Arizona State University.

Santesson R. 1942. The South American *Menegazziae*. *Arkiv før Botanik*, **30A**(11): 1-35.

Sato M. 1938. Enumeratio lichenum Insulae Formosae V. *Journal of Japanese Botany*, **14**: 783-790.

Sato M. 1939. Parmeliaceae (I). In Takenoshin Nakai et Masazi Hondo's Nova Flora Japonica vel Descriptiones et Systema Nova omnium plantarum in Imperie Japonice sponte nascentium: 1-87.

Sato M. 1952. Lichenes Khinganenses: or a list of lichens collected by Prof. T. Kira in the Khingan Range, Manchuria. *The Botanical Magazine, Tokyo*, **65**(769-770): 172-175.

Schoch C L, Sung G H, Lopez-Giraldez F, Townsend J P, Miadlikowska J, Hofstetter V, Robbertse B, Matheny P B, Kauff F, Wang Z, Gueidan C, Andrie R M, Trippe K. 2009. The Ascomycota tree of life: a phylum-wide phylogeny clarifies the origin and evolution of fundamental reproductive and ecological traits. *Systematic Biology*, **58**: 224-239.

Seitzman B H, Ouimette A, Mixon R L, Hobbie EA, Hibbett D S. 2011. Conservation of biotrophy in Hygrophoraceae inferred from combined stable isotope and phylogenetic analyses. *Mycologia*, **103**: 280-290.

Singh K P, Sinha G P. 2010. Indian Lichens an Annotated Checklist. Salt Lake City, Kolkata, India: Botanical Survey of India, Ministry of Environment and Forests.

Skirina I F. 2006. *Lethariella togashii* (Parmeliaceae), a rare new species to the lichen flora of Russia from the southern Far East. *Botanicheskii Zhurnal* (*St. Petersburg*), **91**: 1114-1116.

Stamatakis A. 2006. RAxML-VI-HPC: maximum likelihood-based phylogenetic analyses with thousands of taxa and mixed models. *Bioinformatics*, **22**: 2688-2690.

Sulzbacher M A, Baseia I G, Lücking R, Parnmen S, Moncada B. 2012. Unexpected discovery of a novel basidiolichen in the threatened Caatinga biome of Northeastern Brazil. *Bryologist*, **115**(4): 601-609.

Stizenberger E. 1861. *Anzia*, eine neue Flechtengattung. *Flora*, **44**: 390-393.

Stenroos S, Vitikainen O, Koponen T. 1994. Cladoniaceae, Peltigeraceae and other lichens from Northwestern Sichuan, China. *Journal of the Hattori Botanical Laboratory*, **75**: 319-344.

Sun H D. 1988. Spice plant resources in China. *Spice Fragrance and Cosmetics*, **3**: 2-14. [孙汉董. 1988. 中国香料植物资源. 香料香精化妆品, 3: 2-14.]

Sun H D, Lin Z W, Ding J K, Lou J F. 1983. Two new lichen spices - Chinese Oakmoss Ⅰ and Chinese Oakmoss Ⅱ. *Plant Diversity and Resourses*, **3**: 310. [孙汉董, 林中文, 丁靖凯. 1983. 娄加凤两种新的地衣香料—中国橡苔Ⅰ号和中国橡苔Ⅱ号. 植物分类与资源学报, 3: 310.]

Sun H D, Niu F D, Lin Z W, Cao D, Li B, Wu J L. 1990. Chemical constituents of four medicinal lichens. *Acta Botanica Sinica*, **32**(10): 783-788.

Sun L Y, Zhao Z T, Jia Z F. 2000. An investigation of l ichens of Sai Hanwula national nature reserve zone of Neimonggol Autonomous Region. *Shandong Science*, **13**(4): 35-38. [孙立彦, 赵遵田, 贾泽峰. 2000. 内蒙古自治区赛罕乌拉国家自然保护区地衣的初步研究. 山东科学, 13(4): 35-38.]

Sung J H, Chon J W, Lee M A, Park J K, Woo J T, Park Y K. 2011. The anti-obesity effect of *Lethariella cladonioides* in 3T3-L1 cells and obese mice. *Nutrition Research and Practice*, **5**: 503-510.

Talavera G, Castresana J. 2007. Improvement of phylogenies after removing divergent and ambiguously aligned blocks from protein sequence alignments. *Systematic Biology*, **56**: 564-577.

Tchou Y T. 1935. Note preliminaire sur les lichens de Chine. *Cont Inst Bot Nat Acad, Peiping*, 3: 229-322.

Tehler A, Wedin M. 2008. Systematics of lichenized fungi: 336-352//Nash III. Lichen Biology. Cambridge: Cambridge University Press.

Thell A, Crespo A, Divakar P K, Kärnefelt I, Leavitt S D, Lumbsch H T, Seaward M R D. 2012. A review of the lichen family Parmeliaceae - history, phylogeny and current taxonomy. *Nordic Journal of Botany*, **30**(6): 641-664.

Thomson J W. 1979. Lichens of the Alaskan Arctic Slope. Toronto: University of Toronto Press.

Thomson JW. 1984. American Arctic Lichens 1. The Macrolichens. New York: Columbia University Press.

Thrower S L. 1988. Hong Kong Lichens. Hong Kong: An Urban Council Publication.

Tomaselli R. 1949. Schema sistemafico dei Licheni italiani e delle regioni limitrofe. *Archivio Bot*, 25: 3-47.

Vainio E A. 1890. Etude sur la classification et la morphologie des lichens du Brésil, I. *Acta Societatis pro Fauna et Flora Fennica*, **7**: 1-247.

Velmala S, Myllys L, Goward T, Holien H, Halonen P. 2014. Taxonomy of *Bryoria* section *Implexae* (Parmeliaceae, Lecanoromycetes) in North America and Europe, based on chemical, morphological and molecular data. *Annales Botanici Fennici*, **51**: 345-371.

Vilgalys R, Hester M. 1990. Rapid genetic identification and mapping of enzymatically amplified ribosomal DNA from several *Cryptococcus* species. *Journal of Bacteriology*, **172**(8): 4238-4246.

Wang L S. 1995. *Anzia physoidea*, a lichen new to China. *Acta Mycologica Sinica*, **14**(4): 313-314. [王立松. 1995. 棒根绵腹衣在中国的首次发现. 真菌学报, 14(4): 313-314.]

Wang L S. 2004. *Bryoria confusa* (lichenized Ascomycota, Parmeliaceae) as a food for man and monkey in Sichuan and Yunnan, China. *Lichenology*, **3**(1): 25-26.

Wang L S. 2012. Lichens of Yunnan in China. Shanghai: Shanghai Science press: 1-238. [王立松. 2012. 中国云南地衣. 上海: 上海科技出版社: 1-238.]

Wang L S, Chen J B. 1994. The classification of the genus *Bryoria* from Yunnan. *Acta Botanica Yunnanica*, **16**(2): 144-152. [王立松, 陈健斌. 1994. 云南小孢发属地衣分类. 云南植物研究, 16(2): 144-152].

Wang L S, Harada H. 2001. Taxonomic study of *Bryoria asiatica*-group (lichenized Ascomycota, Parmeliaceae) in Yunnan, Southern China. *Natural History Research*, **6**: 43-52.

Wang L S, Harada H. 2008. Ethnic uses of lichens in Yunnan (2). *Sulcaria sulcata. Lichenology*, **7**(1): 31-34.

Wang L S, Harada H, Koh Y J, Hur Js. 2005. Two species of *Bryoria* (lichenized Ascomycota, Parmeliaceae) from the Sino-Himalayas. *Mycobiology*, **33**(4): 173-177.

Wang L S, Harada H, Koh Y J, Hur Js. 2006. Taxonomic study of *Bryoria* (lichenized Ascomycota, Parmeliaceae) from the Sino-Himalaya (2). *Bryoria fastigiata* sp. nov. *The Journal of the Hattori Botanical Laboratory*, **100**: 865-869.

Wang L S, Harada H, Narui T, Culberson C F, Culberson W L. 2003. *Bryoria hengduanensis* (lichenized Ascomycota, Parmeliaceae), a new species from Southern China. *Acta Phytotaxonomica et Geobotanica*, **54**(2): 99-104.

Wang L S, Harada H, Wang X Y. 2012. Contributions to the lichen flora of the Hengduan Mountains, China (3). *Bryoria divergescens* (Parmeliaceae), an overlooed species. *Bryologist*, **115**(1): 101-108.

Wang L S, Liu D, Shi H X, Zhang Y Y, Ye X, Chen X L, Wang X Y. 2015. *Alectoria spinosa*, a new lichen species from Hengduan Mountains, China. *Mycosphere*, 6(2): 159-164.

Wang L S, McCune B. 2010. Contributions to the lichen flora of the Hengduan Mountains, China 1. Genus *Pseudephebe* (lichenized Ascomycota, Parmeliaceae). *Mycotaxon*, 113: 431-437.

Wang L S, Narui T, Harada H, Culberson C F, Culberson W L. 2001. Ethnic uses of lichens in Yunnan, China. *Bryologist*, **104**(3): 345-349.

Wang L S, Qian Z G. 2013. Illustrated Medicinal Lichens of China. Yunnan: Yunnan Publishing Co., Yunnan Science press: 1-176. [王立松, 钱子刚. 2013. 中国药用地衣图鉴. 云南: 云南出版公司, 云南科技出版社: 1-176.]

Wang L S, Wang X Y, Liu D, Myllys L, Shi H X, Zhang Y Y, Yang M X, Li L J. 2017. Four new species of Bryoria (lichenized Ascomycota: Parmeliaceae) from the Hengduan Mountains, China. *Phytotaxa*, **297**(1): 29-41.

Wang X Y, Goffinet B, Liu D, Liang M M, Shi H X, Zhang Y Y, Zhang J, Wang L S. 2015. Taxonomic study of the genus *Anzia* (Lecanorales, lichenized Ascomycota) from Hengduan Mountains, China. *Lichenologist*, **47**(2): 99-115.

Wang X Y, Liu D, Li J W, Harada H, Wang L S. 2014. Lichen flora on the genera *Alectoria*, *Pseudephebe* and *Sulcaria* (lichenized Ascomycota, Parmeliaceae) from the Hengduan Mountains in China (4). Proceedings of the 2012 International Conference on Applied Biotechnology (ICAB 2012). *Lecture Notes in Electrical Engineering*, **250**: 1095-1105.

Wang-Yang J R, Lai M J. 1973. A checklist of the lichens of Taiwan. *Taiwania*, **18**(3): 83-104.

Wang-Yang J R, Lai M J. 1976. A checklist of the lichens of Taiwan. *Taiwania*, **21**(2): 226-228.

Wei A H, Zhou D N, Ruan J L, Cai Y L, Xiong C M, Li M X. 2012. Characterisation of phenols and antioxidant and hypolipidaemic activities of *Lethariella cladonioides*. *Journal of the Science of Food and Agriculture*, **92**: 373-379.

Wei J C. 1981. Lichenes Sinenses Exsiccati (Fasc. I: No. 1-50). *Bulletin of Botanical Research*, **1**(3): 81-91.

Wei J C. 1991. An Enumeration of Lichens in China. Beijing: International Academic Publishers. [魏江春. 1991. 中国地衣综览. 北京: 万国出版社.]

Wei J C, Chen J B. 1974. Materials for the lichen flora of the Mount Qomolangma region in Southern Xizang, China. In Report on the Scientific Investigations (1966-1968) in Mt. Qomolangma district. Biology and Alpine Physiology. Beijing: Science Press: 173-182.

Wei J C, Jia Z F, Wu X L. 2013. An investigation of lichen diversity from Hainan Island of China and prospect of the R&D of their resources. *Journal of Fungal Research*, 11(4): 224-238.

Wei J C, Jiang Y M. 1981. A biogeographical analysis of the lichen flora of Mt. Qomolangma region in Xizang. In Proceedings of Symposium on Qinghai-Xizang (Tibet) Plateau (Beijing, China) Geological and Ecological Studies of Qinghai-Xizang Plateau. Volume II Environment and Ecology of Qinghai-Xizang Plateau. Beijing: Science Press; Gordon and Breach, Science publishers, Inc. New York: 1145-1151.

Wei J C, Jiang Y M. 1982. New groups and datas of lichen from Xizang. *Acta Phytotaxonomica Sinica*, **20**: 496-501. [魏江春, 姜玉梅. 1982. 西藏地衣的新类群与新资料. 植物分类学报, **20**: 496-501.]

Wei J C, Jiang Y M. 1986. Lichens of Xizang. Beijing: Science Press. [魏江春, 姜玉梅. 1986. 西藏地衣. 北京: 科学出版社.]

Wei X L, Wang L S, Hur J S. 2007. Lichen flora of western part of Yunnan Province, China. *Journal of Fungal Research*, 5(3): 146-160.

Wei J C, Wang X Y, Wu J L, Wu J N, Chen X L, Hou J L. 1982. Lichenes Officinales Sinensis. Beijing:

Science Press. [魏江春, 王先业, 吴金陵, 吴继农, 陈锡龄, 侯家龙. 1982. 中国药用地衣. 北京: 科学出版社.]

Wen X M, Tumur A, Abbas A. 2009. A preliminary study of the *Bryoria* lichens in Northern Xinjiang. *Journal of Wuhan Botanical Research*, **27**(4): 437-440. [文雪梅, 艾尼瓦尔·吐米尔, 阿不都拉·阿巴斯. 2009. 新疆北部小孢发属地衣初步研究. 武汉植物学研究, **27**(4): 437-440.]

White F J, James P W. 1985. A revised guide to the microchemical techniques for the identification of lichen substances. *British Lichen Society Bulletin*, **57**: 1-41.

White T J, Bruns T, Lee S, Taylor J. 1990. Amplification and direct sequencing of fungal ribosomal RNA genes for phylogenies: 315-322//Innis M, Gelfand D, Shinsky J, White T. PCR protocols: a guide to methods and applications. Orlando: Academic Press.

Wu J L. 1981. Medicinal lichens in Qin Ling mountain. *Acta Pharmaceutica Sinica*, 16(3): 161-167. [吴金陵. 1981. 秦岭药用地衣. 药学学报, 16(3): 161-167.]

Wu J L. 1985. The Lichens collected from the steppe of Xinjiang. *Acta Phytotaxonomica Sinica*, **23**(1): 73-78. [吴金陵. 1985. 新疆草原地衣. 植物分类学报, **23**(1): 73-78.]

Wu J L. 1987. Lichen Iconography of China. Beijing: Zhanwang Press. [吴金陵. 1987. 中国地衣植物图鉴. 北京: 展望出版社.]

Wu J N, Xiang T, Qian Z G. 1982. Notes on Wuyi Mountain lichens (I). *Wuyi Science Journal*, **2**: 9-13.

Wu J N, Wang L S. 1992. The lichen families *Alectoriaceae* and *Anziaceae* in Lijiang Prefecture, Yunnan. *Acta Botanica Yunnanica*, **14**(1): 37-44. [吴继农, 王立松. 1992. 云南丽江地区树发科及绵腹衣科地衣. 云南植物研究, **14**(1): 37-44.]

Xiao Y Q, Yu F Q, Wang L S, Liu P G, Hur J S. 2005. *Lichenomphalia hudsoniana* (Lichenized Basidiomycota) from China. *Lichenology*, **4**(1): 29-32.

Xu B S. 1989. Cryptogamic flora of the Yangtze Delta and adjecent regions. Shanghai: Shanghai Scientific & Technical Publishers: 158-266.

Yánez A, Dal-Forno M, Bungartz F, Lücking R, Lawrey J D. 2012. A first assessment of Galapagos basidiolichens. *Fungal Diversity*, **52**: 225-244.

Yanaga K, Sotome K, Suhara H, Maekawa N. 2014. A new species of *Lepidostroma* (Agaricomycetes, Lepidostromataceae) from Japan. *Mycoscience*, **56**: 1-9.

Yoshimura I. 1974. Lichen Flora of Japan in Colour. Osaka: Hoikusha Publishing Co., Ltd.

Yoshimura I. 1987. Taxonomy and speciation of *Anzia* and *Pannoparmelia*. *Bibliotheca Lichenologica*, **25**: 185-195.

Yoshimura I. 1995. The lichen genus *Anzia* (Parmeliaceae, Lecanorales) in Central and South America: 377-387//Daniëls F J A, Schulz M, Peine J. Flechten Follmann. Cologne: Contributions to Lichenology in Honour of Gerhard Follmann, Geobotanical and Phytotaxonomical Study Group, Botanical Institute, University of Cologne.

Yoshimura I, Elix J A. 1993. The lichen genera *Anzia* and *Pannoparmelia* in Australia. *The Journal of the Hattori Botanical Laboratory*, **74**: 287-298.

Yoshimura I, Singh K P, Elix J A. 1997. The genus *Anzia* (lichenized Ascomycetes) in India. *The Journal of the Hattori Botanical Laboratory*, **82**: 343-352.

Yuan C, Zhang X J, Du Y D, Guo Y H, Sun L Y, Ren Q, Zhao Z T. 2010. Antibacterial compounds and other constituents of *Evernia divaricata* (L.) Ach. *Journal of The Chemical Society of Pakistan*, **32**(2): 189-193.

Zahlbruckner A. 1926. Lichenes (Flechten)// Engler A, Prantl K. Die Natürlichen Pflanzenfamilien. Leipzig: W. Engelmann.

Zahlbruckner A. 1930a. Catalogus Lichenum Universalis. Leipzig: Borntraeger.

Zahlbruckner A. 1930b. Lichenes//Handel-Mazzetti H. Symbolae Sinicae: Botanische Ergebnisse der Expedition der Akademie der Wissenschaften in Wein Nach Sudwest-China, 1914-1918. Wien: J. Springer: 1-254.

Zahlbruckner A. 1932. Botanische Ergebnisse der Deutschen Zentralasien-Expedition 1927-1928, Lichenes. *Feddes Repertorium specierum novarum regni vegetabilis*, **31**: 23-25.

Zahlbruckner A. 1933. Flechten der Insel Formosa (Fortsetzung und Schluß). *Feddes Repertorium Specierum Novarum Regni Vegetabilis*, **33**: 22-68.

Zahlbruckner A. 1934. Nachträge zur Flechtenflora Chinas. *Hedwigia*, **74**: 195-213.

Zahlbruckner A. 1941. Lichenes Novae Zelandiae a cl. H.H. Allan eiusque collaboratoribus lecti. Denkschr. Kaiserl. Akad. der Wissensch. Wien, Math.-Naturw. *Klasse*, **104**: 249-380.

Zang M, Li B, Xi J X. 1996. Fungi of Hengduan Mountains. Beijing: Science Press: 1-598. [臧穆, 李滨, 郗建勋. 1996. 横断山区真菌. 北京: 科学出版社: 1-598.]

Zhang Z J, Hu J Q. 1981. Chemical compounds research on *Lethariella*. *Herbal Medicine*, **12**(11): 11. [张振杰, 胡洁荃. 1981. 金刷把化学成分的研究, 12(11): 11.]

Zhang H Z, Hu Z Q, Que Z Y. 1990. Observation on the ecology of medicinal cantharides. *Entomological Knowledge*, **27**: 228-230. [张含藻, 胡周强, 薛震夷. 1990. 药用斑蝥生态的观察. 昆虫知识, **27**: 228-230.]

Zhao C, Zeng J M, Xiao J C, Zhang X H. 2002. Effects of highland *Lethariella* on atmospheric pressure and hypoxia tolerance of mice. *Yunnan Journal of Traditional Chinese Medicine and Materia Medica*, **23**(3): 31-32. [赵春, 曾建明, 肖建春, 张雪辉. 2002. 高原红雪茶对小鼠耐常压缺氧能力的影响. 云南中医中药杂志, **23**(3): 31-32.]

Zhao C, Zhang X H. 2005b. Research on anti-fatigue effect of the *Lethariella* mixture in mice. *Yunnan Journal of Traditional Chinese Medicine and Materia Medica*, **26**(4): 27-29. [赵春, 张雪辉. 2005. 红雪茶混合物对小鼠抗疲劳作用的研究. 云南中医中药杂志, **26**(4): 27-29.]

Zhao C, Zhang X H, Wang Q. 2005a. Protective effect of the *Lethariella* mixture on radiation injure in mice. *Chinese Journal of Radiological Health*, **14**(3): 175-177. [赵春, 张雪辉, 王琦. 2005. 红雪茶混合物对小鼠辐射损伤的保护作用. 中国辐射卫生, **14**(3): 175-177.]

Zhao J D. 1964. A preliminary study on Chinese *Parmelia*. *Acta Phytotaxonomica Sinica*, 9(2): 139-166. [赵继鼎. 1964. 中国梅花衣属的初步研究. 植物分类学报, 9(2): 139-166.]

Zhao J D, Hsu L W, Sun Z M. 1982. Prodromus Lichenum Sinicorum. Beijing: Science Press.

Zhao Z T, Liu H J, Jiang C L.1999. Study on lichens from mount Lao in Shandong Province. *Journal of Shandong Normal University-Natural Science*, **14**(4): 426-428. [赵遵田, 刘华杰, 姜纯连. 山东省崂山地衣研究. 山东师大学报 (自然科学版), **14**(4): 426-428.]

Zhou W N. 2000. Nine species of fleshy Aphyllophorales (Basidiomycotina) new to Taiwan. *Fungal Science*, **15**(3-4): 147-152.

中 名 索 引

学 名 索 引

（正名用正体，异名用斜体）

A. 金黄树发 *Alectoria ochroleuca* 生于杜鹃灌木枝 (云南，德钦县，白马雪山，王立松等 13-38579)；
B. 金黄树发表面凸起假杯点 (云南，德钦县，梅里雪山，牛东玲等 12-35822)；C. 粉刺树发 *A. spiculatosa* 模式标本 (云南，丽江县，老君山，王立松 等 14-44046, holotype)；D. 粉刺树发粉芽及裂芽型小刺 (云南，丽江县，老君山，王立松等 11-32102)；E. 阿拉斯加小孢发 *Bryoria alaskana* 等二叉分枝 (云南，中甸县，天池，1993-8，王立松 93-13658)；F. 阿拉斯加小孢发假杯点 (王立松 93-13658)。比例尺：B、D = 1 mm；C、E = 5 mm；F = 0.5 mm

图版 II

A. 亚洲小孢发 *Bryoria asiatica* 生于冷杉树干 (四川，康定县，木格措，王立松 06-26084)；B. 亚洲小孢发主模式标本 (China Sze-ch'uan, H. Smith 5018, 2 Oct., 1922, UPS holotype)；C. 亚洲小孢发侧生分枝及小刺 (H. Smith 5018)；D. 美鬚小孢发 *B. barbata* 生于冷杉树干 (云南，丽江县，老君山，王立松 11-32052，KUN-L46008，holotype)；E. 美鬚小孢发地衣体表面具长梭形假杯点 (陕西，宝鸡，太白山文公庙，王欣宇等 14-44986)。比例尺：B = 2 cm；C、E = 2 mm

A. 双色小孢发 *Bryoria bicolor* 生于冷杉树枝 (台湾，南投县，合欢山，太鲁阁公园，Alexander Mikulin T28)；B. 双色小孢发第二次和第三次分枝与主枝垂直 (台湾，合欢山，太鲁阁公园，Alexander Mikulin T28)；C. 双色小孢发亚顶生子囊盘 (云南，丽江县，九河乡，老君山，王立松 05-24761)；D. 刺小孢发 *B. confusa* 生于杜鹃树干 (云南，中甸县，格咱乡，大雪山，王立松 04-23230)；E. 刺小孢发不规则分枝及侧生小刺 (云南，禄劝县，转龙镇，轿子雪山，王立松 10-31363)；F. 刺小孢发亚顶生子囊盘 (云南，中甸县，碧塔海，王立松 94-14952)。比例尺：B = 4 mm；C = 1 mm；E = 2 mm；F = 5 mm

图版 IV

A. 广开小孢发 Bryoria divergescens 生于冷杉树枝，以及具缘毛的子囊盘 (云南，大理，苍山，王立松 05-24444)；B. 广开小孢发主模式标本 (云南，大理，R. P. Delavay, 1885, H-NYL 35972, holotype)；C. 广开小孢发丛生的地衣体、侧生小分枝和小刺 (四川，西昌市，螺髻山，王珏等 10-31404)；D. 密枝小孢发 B. fastigiata 生于密枝杜鹃灌木枝 (西藏，芒康县，红拉山，王立松等 14-45508)；E. 密枝小孢发亚顶生子囊盘 (王立松 04-23181, holotype)。比例尺：B、C、E = 5 mm

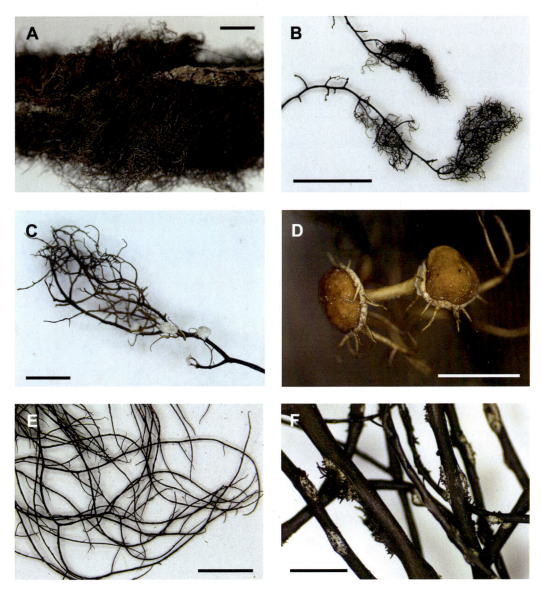

A. 卷毛小孢发 *Bryoria fruticulosa* 模式标本 (四川，乡城县，大雪山，王立松 02-23521，KUN-L 18795，holotype)；B. 卷毛小孢发主枝及稠密第三次分枝 (云南，中甸县，小中甸，王立松等 06-26759)；C. 卷毛小孢发具白色粉芽堆 (四川，木里县，巴松垭口，王立松 83-2360)；D. 卷毛小孢发具缘毛的子囊盘 (云南，德钦县，白马雪山，王立松 94-23401)；E. 叉小孢发 *B. furcellata* 等二叉分枝 (黑龙江，漠河县，陈舒泛 9304044)；F. 叉小孢发粉芽及裂芽型小刺 (陈舒泛 9304044)。比例尺：A = 1 cm；B = 5 mm；C、D = 2 mm；E = 5 mm；F = 1 mm

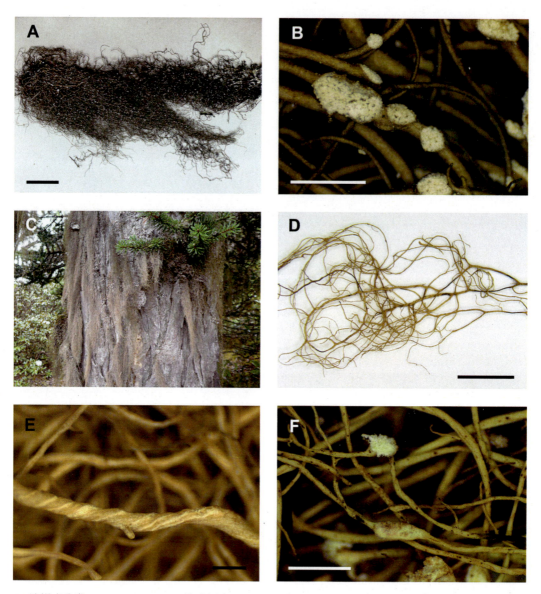

A. 淡褐小孢发 *Bryoria fuscescens* 模式标本 (Finland, Tavastia Austr., J. P. Norrlin, September 1882, Nyl. & Norrl., Lich. Fenn. Exs. no. 466, H. isolectotypes)；B. 淡褐小孢发粉芽堆 (no. 466, H. isolectotypes)；C. 横断山小孢发 *B. hengduanensis* 生于冷杉树干 (云南，德钦县，白马雪山，王立松 13-38435)；D. 横断山小孢发模式标本 (云南，中甸县，天池，王立松 93-13673, holotype in KUN-L)；E. 横断山小孢发地衣体表面线形假杯点 (93-13673, holotype)；F. 横断山小孢发地衣体表面出现的粉芽 (云南，丽江县，九河乡，老君山，王立松 10-31507)。比例尺：A = 2 cm；B、F = 1 mm；D = 5 mm；E = 0.5 mm

A. 喜马拉雅小孢发 *Bryoria himalayensis* 生于冷杉树枝 (云南，丽江县，老君山，王立松 06-26548)；
B. 喜马拉雅小孢发模式标本 (Himalaya, Sikkim, T. Thomson 299, isotype in BM)；C. 喜马拉雅小孢发与主枝垂直的侧生小分枝及小刺 (云南，禄劝县，轿子雪山，王立松 92-13124)；D. 喜马拉雅小孢发侧生子囊盘 (云南，禄劝县，轿子雪山，王立松 96-17051)；E. 乳白小孢发 *B. lactinea* 地衣体 (台湾，南投县，合欢山，王立松和王欣宇 15-49320)；F. 乳白小孢发模式标本侧生的子囊盘 (Japonia, Itjigome, E. Almqvist, 1879, H-Nyl. 35882, holotype)。比例尺：B = 2 cm；C = 2mm；D、F = 1 mm

图版 VIII

A. 蚕丝小孢发 *Bryoria nadvornikiana* 生于松树干 (云南，中甸县，碧塔海，王立松 94-14956a)；B. 蚕丝小孢发具粉芽堆的地衣体 (云南，贡山县，丙中洛至通达，王立松 99-18667)；C. 尼泊尔小孢发 *B. nepalensis* 生于冷杉树干 (云南，丽江县，老君山，王立松等 06-26546)；D. 尼泊尔小孢发侧生子囊盘 (云南，丽江县，老君山，王立松 10-31492)；E. 光亮小孢发 *B. nitidula* 生境 (云南，中甸县，红山，王立松等 09-31000)；F. 光亮小孢发地衣体分枝 (云南，中甸县，大雪山，王立松 01-20767)。
比例尺：A = 2.5 mm；B = 0.5 mm；D = 1 mm；F = 5 mm

A. 多叉小孢发 *Bryoria perspinosa* 生于冷杉树枝 (云南，禄劝县，轿子雪山，王立松 10-31368)；B. 多叉小孢发模式标本 (E. Nepal, Vorhimalaya, J. Poelt L 778, 9 October 1962, isotype in M)；C. 多叉小孢发侧生子囊盘 (云南，贡山县，丙中洛乡至通达垭口，王立松 99-18499)；D. 波氏小孢发 *B. Poeltii* 地衣体分枝 (E. Nepal, Himalaya, Mahalangur Himal, Khumbu, bei Bibre, J. Poelt L 805, September 1962, isotype in M)；E. 波氏小孢发地衣体表面粉芽堆 (Poelt L 805, isotype)。比例尺：B、D = 1 cm；C = 2 mm；E = 1 mm

A. 硬枝小孢发 Bryoria rigida 生于杜鹃树干 (四川，泸定县，贡嘎雪山，王立松 07-29075)；B. 硬枝小孢发近顶端不规则分枝及表面凹陷假杯点 (云南，大理，苍山，王立松 06-26208, holotype in KUN-L)；C. 珊粉小孢发 B. smithii 粉芽堆表面具裂芽型小刺 (四川，小金县，双桥沟，王立松 01-20558)，D. 珊粉小孢发侧生子囊盘 (王立松 01-20558)；E. 珊粉小孢发近顶端不规则分枝 (王立松 01-20558)。比例尺：B = 1 mm；C、D = 2 mm；E = 5 mm

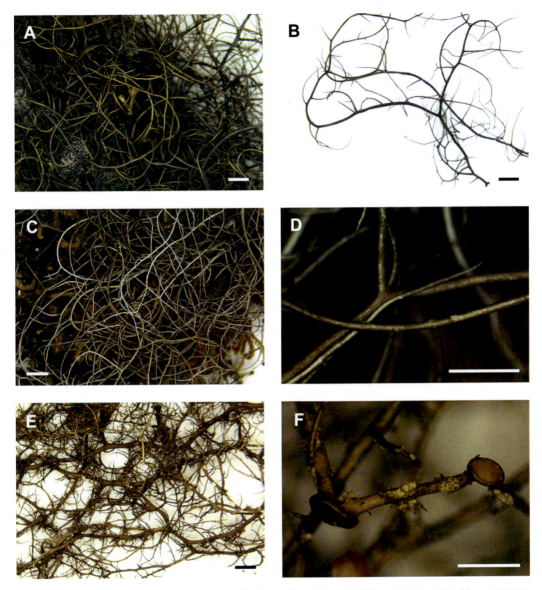

A. 瘦小孢发 Bryoria tenuis 生于冷杉树干上的瘦小孢发 (四川，九龙县，鸡丑山，王立松 96-16529b)；
B. 瘦小孢发不规则分枝 (王立松 96-16529b)；C. 毛状小孢发 B. trichodes 不规则分枝 (西藏，墨脱县，嘎瓦龙雪山，王立松等 14-46040)；D. 毛状小孢发分枝表面具椭圆形假杯点 (王立松等 14-46040)；E. 多形小孢发 B. variabilis 不等二叉分枝 (云南，中甸县，小中甸，王立松 06-26749)；F. 多形小孢发侧生子囊盘及粉芽具裂芽型小刺 (云南，中甸县，大雪山矿场，王立松 04-23342)。比例尺：A～C、E = 2 mm；D、F = 1 mm

A. 吴氏小孢发 *Bryoria wuii* 地衣体 (云南，德钦县，白马雪山，王立松 13-38506)；B. 吴氏小孢发近基部二叉式分枝；C. 吴氏小孢发假杯点；D. 云南小孢发 *B. yunnana* 生于冷杉树枝 (云南，丽江市，王立松等 17-55633)；E. 云南小孢发亚顶生子囊盘 (云南，中甸县，天宝雪山，王立松 12-34951)；F. 云南小孢发表面凸起的椭圆形假杯点 (云南，丽江市，老君山，王立松 11-32014)。比例尺：B = 2 mm；C、E、F = 1 mm；D = 5 mm

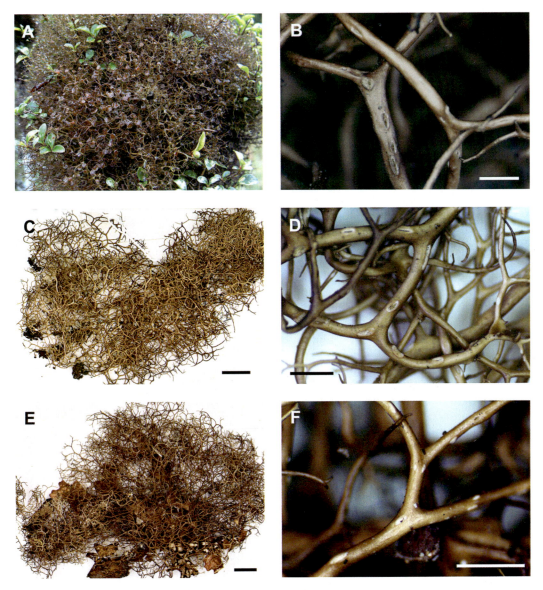

A. 亚洲砖孢发 Oropogon asiaticus 生境 (云南，云龙县，漕涧镇，志奔山垭口，王立松 06-27093)；B. 亚洲砖孢发假杯点特征 (云南，云龙县，漕涧镇，志奔山，王立松 05-24817)；C. 台湾砖孢发 O. formosanus 分枝特征 (云南，丽江县，巨甸镇，王立松 89-435)；D. 台湾砖孢发假杯点特征 (云南，丽江县，玉龙雪山，白水河，王先业等 6450)；E. 东方砖孢发 O. orientalis 分枝特征 (西藏，林芝县，树干生，王立松等 07-28431)；F. 东方砖孢发假杯点特征 (云南，丽江县，玉龙雪山，李丽嘉 04546)。比例尺：B、D、F = 1 mm；C、E = 1 cm

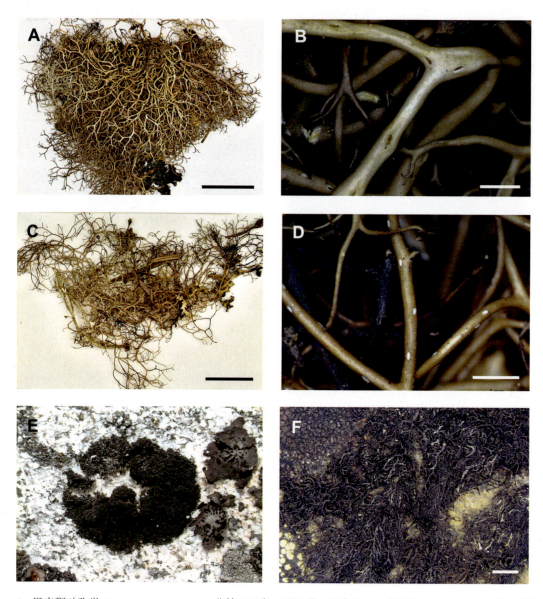

A. 黑麦酮砖孢发 *Oropogon secalonicus* 分枝 (云南，丽江县，玉龙雪山，黎兴江 80-1538)；B. 黑麦酮砖孢发假杯点特征 (黎兴江 80-1538)；C. 云南砖孢发 *O. yunnanensis* 子囊盘 (云南，丽江县，玉龙雪山，王立松 88-352)；D. 云南砖孢发分枝 (云南，贡山县，丙中洛至通达垭口，王立松 99-18540)；E. 袖珍拟毡衣 *Pseudephebe minuscula* 岩石表面 (四川，康定县，折多山，王立松 06-26090)；F. 袖珍拟毡衣分枝与表面具疣状突及弹坑状小凹陷 (王立松 06-26090)。比例尺：A、C = 2 cm；B、D、F = 2 mm

A. 槽枝衣　原变型 *Sulcaria sulcata* f. *sulcata* 生于栎树干 (云南,禄劝县,轿子雪山,王立松 06-26168);
B. 槽枝衣　原变型地衣体表面具纵向沟槽和亚顶生子囊盘 (云南, 丽江市, 九河乡, 老君山, 王立松 05-24409); C. 槽枝衣　黄枝变型 *S. sulcata* f. *vulpinoides* 生于松树干 (云南, 中甸县, 小中甸, 王立松 07-28887); D. 槽枝衣　黄枝变型亚顶生子囊盘和亮黄绿色地衣体 (云南, 德钦县, 梅里石至索拉垭口, 牛东玲等 12-35586); E. 绿丝槽枝衣 *S. virens* 生于杜鹃树干 (云南, 丽江市, 九河乡, 老君山, 王立松 05-25015); F. 绿丝槽枝衣佛氏变种 *S. virens* var. *forrestii* 模式标本 (Yunnan, Jhi-shan east of Tali lake, Aug., 1914, G. Forrest 13471, holotype in E)。比例尺: B、D = 2 mm; F = 2 cm

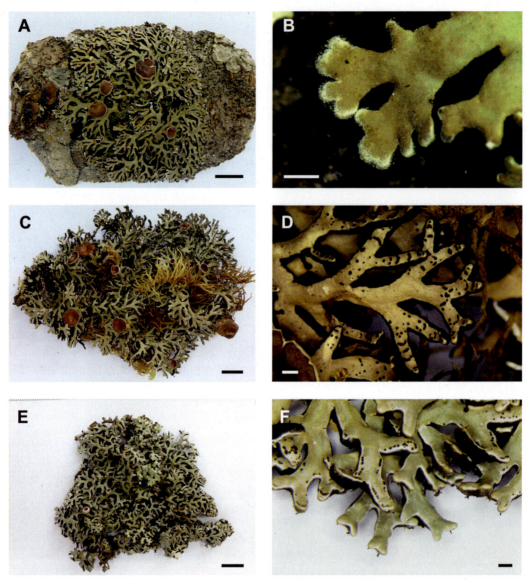

A. 霜绵腹衣 *Anzia colpota* 生于树皮 (云南，丽江县，玉峰寺，王立松 85-0060)；B. 霜绵腹衣裂片顶端覆盖白色粉霜层 (王立松 85-0060)；C. 台湾绵腹衣 *A. formosana* 生于树干 (云南，丽江市，高山植物园，王立松 11-32434)；D. 台湾绵腹衣裂片顶端密生的分生孢子器 (王立松 11-32434)；E. 淡绵腹衣 *A. hypoleucoides* 地衣体 (云南，南涧县，宝华镇，大中山，王立松 12-37721)；F. 淡绵腹衣裂片顶端呈二叉分枝 (王立松 12-37721)。比例尺：A、C、E = 1 cm；B、D、F = 1 mm

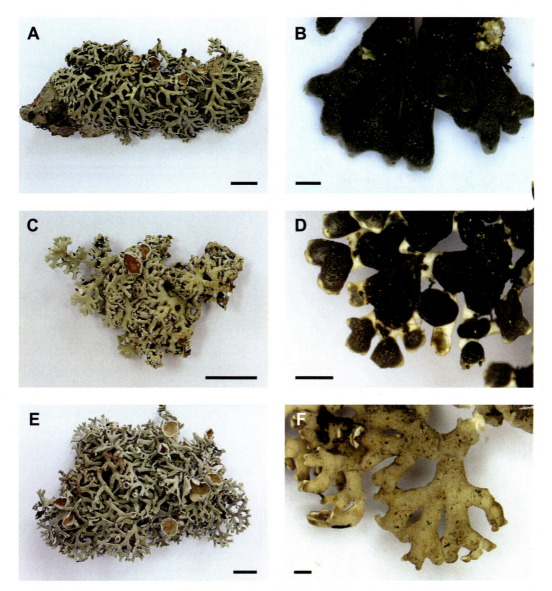

A. 黑绵腹衣 *Anzia hypomelaena* 生于树皮 (云南，南涧县，宝华镇，大中山，王立松 12-37898)；B. 黑绵腹衣下表面绵腹组织呈黑色 (王立松 12-37898)；C. 日本绵腹衣 *A. japonica* 地衣体 (云南，禄劝县，轿子雪山，王立松 06-26248)；D. 日本绵腹衣下表面绵腹组织呈圆块状 (王立松 06-26248)；E. 白绵腹衣 *A.leucobatoides* 地衣体 (云南，丽江市，高山植物园，王立松 11-32419)；F. 白绵腹衣下表面绵腹组织呈白色 (王立松 11-32419)。比例尺：A、C、E = 1 cm；B、D、F = 1 mm

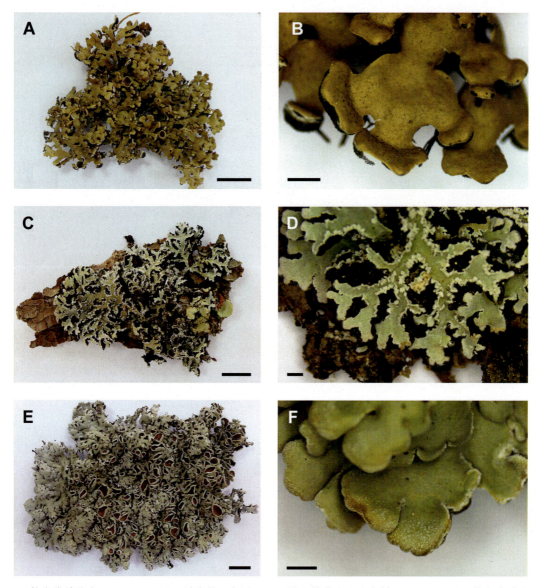

A. 仙人掌绵腹衣 *Anzia opuntiella* 地衣体 (贵州，江口县，梵净山，王立松 95-15680)；B. 仙人掌绵腹衣裂片顶端呈仙人掌状膨大 (王立松 95-15680)；C. 瘤绵腹衣 *A. ornata* 地衣体 (云南，维西县，维西至中甸途中，王立松 13-38282)；D. 瘤绵腹衣裂片边缘具有粉芽状小裂片 (王立松 13-38282)；E. 拟霜绵腹衣 *A. pseudocolpota* 地衣体 (云南，维西县，犁地坪，王立松 13-38940)；F. 拟霜绵腹衣裂片顶端覆盖有白色粉霜 (王立松 1338940)。比例尺：A、C、E = 1 cm；B、D、F = 1 mm

A. 棒根绵腹衣 *Anzia rhabdorhiza* 上表面皮层不连续及子囊盘特征 (云南，丽江县，老君山，王立松 11-32047，holotype)，B. 棒根绵腹衣下表面具白色裸露带及有绵腹组织包被的棒状假根 (王立松 11-32047)；C. 柔扁枝衣 *Evernia divaricata* 悬垂于灌木枝 (四川，小金县，日隆乡，四姑娘山，王立松 06-26059)；D. 裸扁枝衣 *E. esorediosa* 生于落叶松树干 (黑龙江，漠河县，观音山，刘栋等 12-34094)；E. 扁枝衣 *E. mesomorpha* 亚悬垂于杜鹃树干 (云南，香格里拉县，纳帕海，生于杜鹃树枝，王立松等 06-26641)。比例尺：A = 1 cm；B = 1 mm

A. 金丝刷 *Lethariella cladonioides* 生于柏木枯木桩 (西藏，察隅县，目若村至丙中洛途中，王立松等 14-46739)；B. 金丝刷主模式 (HG8252, PC0113626, holotype)；C. 曲金丝 *L. flexuosa* 生于海拔 4760 m 高山冻原流石滩 (云南，德钦县，白马雪山垭口，王立松等 09-31081)；D. 曲金丝主模式 (hooker & Thomson 1733, PC!-holotype)；E. 金丝带 *L. zahlbruckneri* 生于云杉树枝 (西藏，类乌齐山口，王立松等 07-28136)；F. 金丝带主模式 (Sze-ch'uan: reg. bor.-occid. Between Tsago-gomba and Tamba. Alt.: 4000 m, 2 X. 1922, Harry Smith 5014, UPS. (L-13292) 39500, holotypus)。比例尺：B = 1 mm；C、F = 2 mm；E = 2 cm

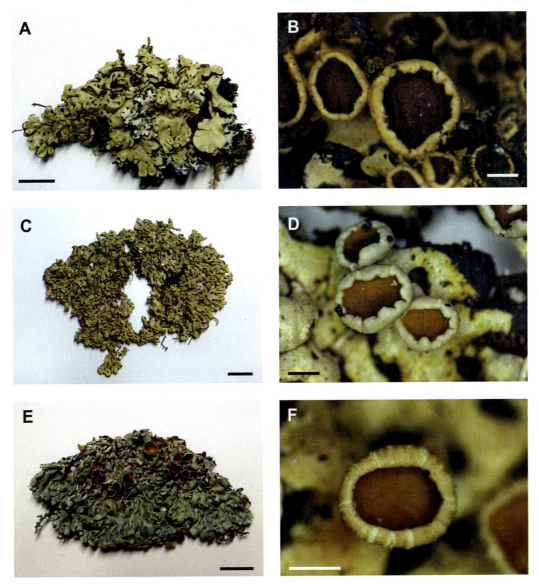

A. 凸缘孔叶衣 *Menegazzia asahinae* 地衣体 (云南，景东县，徐家坝，王立松 94-14399)；B. 凸缘孔叶衣子囊盘边缘具有圆形穿孔 (王立松 94-14399)；C. 平孔叶衣 *M. primaria* 地衣体 (云南，丽江，高山植物园，王立松 11-32459)；D. 平孔叶衣子囊盘边缘完整平滑 (王立松 11-32459)；E. 假杯点孔叶衣 *M. pseudocyphellata* 地衣体 (台湾，南投县，合欢山武岭，王立松 15-49206)；F. 假杯点孔叶衣子囊盘边缘具有线形假杯点 (王立松 15-49206)。比例尺：A、C、E = 1 cm；B、D、F = 1 mm

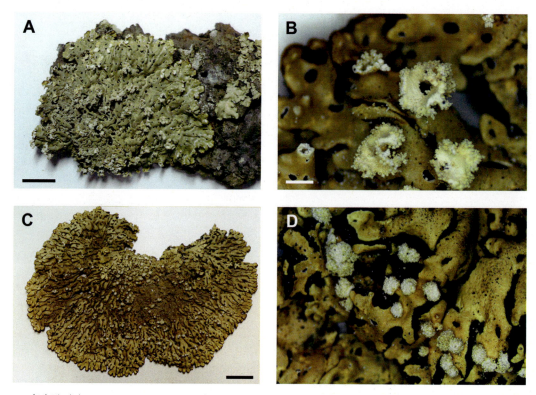

A. 离生孔叶衣 *Menegazzia subsimilis* 生于松树树干 (云南，洱源县，炼铁乡，王立松 05-24687)；B. 离生孔叶衣粉芽堆颗粒状，穿孔，呈撕裂状 (王立松 05-24687)；C. 孔叶衣 *M. terebrata* 地衣体 (西藏，米林县，王立松 07-28672)；D. 孔叶衣粉芽堆粉末状，圆形，无穿孔 (王立松 07-28672)

A. 滇云片衣 *Dictyonema yunnanum* 生于岩面苔藓层 (云南，普洱市，西盟县，勐梭龙潭，王立松等 15-49922)；B. 滇云片衣尖端灰白色至白色的纤毛状地衣体；C. 滇云片衣纤毛状的菌丝与藻细胞形成鞘状结构；D. 绿色地衣小荷叶 *Lichenomphalia hudsoniana* 幼担子果形态 (云南，丽江市，九龙乡，王立松等 11-32112)；E. 绿色地衣小荷叶成熟担子果形态 (云南，香格里拉县，天宝山，王立松等 12-34740)；F. 金黄地衣小荷叶 *L. luteovitellina* 的担子果形态 (云南，香格里拉县，东旺乡，王立松等 21-70070)。比例尺：C = 25 μm

A. 伞形地衣小荷叶 *Lichenomphalia umbellifera*，生于腐树干 (云南，香格里拉市，王立松等 17-56025)；
B. 短绒地衣小荷叶 *L. velutina*，生于土表 (云南，大理，王立松等 12-35156)；C. 双色丽烛衣 *Sulzbacheromyces bicolor*，生于土表 (云南，勐腊县，易武至勐仑途中，王立松等 13-38187)；D. 湿地丽烛衣 *S. fossicolus*，生长在土表 (云南，勐腊县，西双版纳热带植物园，王立松等 14-44144)；E. 中华丽烛衣 *S. sinensis*，生于土上和石面薄土层 (云南，普洱市，普洱国家森林公园，王立松等 14-44135)；F. 云南丽烛衣 *S. yunnanensis*，生于茶园林下土层 (云南，普洱市，同心乡，王立松等 14-44123)

(Q-5065.31)

ISBN 978-7-03-075913-9

9 787030 759139 >

定价：298.00 元